2006
2007

Tiles 墙地砖
for Walling and Flooring

目录 CONTENTS

索引(6~23)
品牌索引……6
产品分类索引……10
规格索引……14
价格索引……20
关键词索引……22
厂商索引……23

文章(50~65)
新自然主义的空间舞台……50
关于"设计师与材料选择"的讨论……56
瓷砖经典设计……59
室内设计精选……62

墙地砖产品展示(68~391)

辅助材料展示(392~399)

附录
墙地砖技术标准参考资料(2~21)
通讯录(22~23)

INDEX(6~23)
Brand Index……6
Classification Index……10
Specification Index……14
Price Index……20
Keywords Index……22
Manufacture Index……23

ESSAYS(50~65)
Back to Nature……50
Discussion about How Designers to Choose Materials……56
Classic Tile Design……59
Choiceness of Interior Design……62

PRODUCT EXHIBITION(68~391)

AUXILIARY MATERIAL EXHIBITION(392~399)

APPENDIX
Reference(2~21)
Addresses(22~23)

声明
STATEMENT

本书中所有产品信息(包括产品系列名称、产品编号、品类、规格、参考价格、产品特性说明及其他说明文字信息)均由厂商提供,本书对厂商提供的产品信息和说明进行了整理和编辑,仅供参考。

本书中产品的价格为厂家于2005年10月前提供,仅供参考,成交价格请直接咨询厂商。

本书中各项厂商信息,包括厂商的各种联系方式、简介、代表工程信息、质量认证和执行标准信息等均由各厂商提供,出现在各品牌的信息栏及产品展示最后一页的固定位置上,以便查询。

本书中所有产品检验报告和技术参数、施工示意图、规格尺寸图及相关数据、文字均由厂商提供,仅供参考。

本书所有产品图片及铺贴效果图片均由厂商提供,仅供参考,选用时请以实际产品为准。

本书所有信息资料提供截止日期为2005年10月,厂商如有调整和变动,恕不另行通知。

在此感谢所有厂商的大力支持。

All the information about the products(including the names of product series, the product serial numbers, category, specification, reference price, product distinctiveness description and other illustrative words and information) is completely provided by the manufacturers.This book classified and compiled the products information and description provided by the manufacturers and is for reference only.

The product prices in this book are provided by the manufacturers before the October of 2005 and are for reference only. Please directly consult the manufacturers for the transaction price.

All information in this book about the manufacturers (including contact ways, simple introduction, sample construction, quality certification and executive standard) is all provided by the manufacturers and appears in the information bar of each brand and the fixed positions on the last page of products exhibition for the users to check information conveniently.

All the production test reports, technical parameters, construction shop drawings, specification and size schedule, and related data and words in this book are all provided by the manufacturers and for reference only.

All the pictures of products and tiling effects in this book are all provided by the manufacturers and for reference only. In case of application, please refer to the actual products.

All the information is provided by the manufacturers before the October of 2005. The manufacturers reserved the right to make adjustments and changes without prior notice.

Thanks to all the manufacturers for their great support!

前言

室内建筑师从事着对技术性和创造力都要求很高的工作,通常是要把一个模糊的理念或简单的设想演变成一个真正可执行的设计方案。这不仅要通过空间布置来实现设计思想,还要通过对各种材料的选择保证设计方案能够实现,建筑材料的选择对室内建筑师来说是一项重要的工作内容。

为了在材料选择上给建筑师提供更多的帮助,建立起一个材料信息收集、整理、沟通的平台,我们编纂了这套《中国室内建筑师品牌材料手册》。之所以要用"品牌"作为编纂线索,是因为当今是一个品牌意识强烈的时代,也是建筑师在选材过程中重要的信息依据。我们希望通过我们拥有的资源和能力,帮助建筑师做好信息服务的工作,并以此逐步建立起一个标准化的信息收集、整理、查询、沟通与交流的方式和平台。

《手册》主要是围绕室内建筑师最经常使用的各种材料,根据一般选材和使用习惯进行分类,同时结合了企业的产品特征和生产情况,分类按年刊的方式出版发行。

《手册》以学术及信息资料方式及时派发给学会的室内建筑师和其它相关的使用者们,定期编纂,定期更新,希望能够帮助他们更好的选择品牌产品;同时让厂商更直接地把产品信息送到建筑师手中,起到真正有效的自我推荐作用。《手册》在编辑过程中力求工具书的严谨、真实性,并尽量把不同风格不同种类的产品素材按统一的信息元素编辑,提高室内建筑师的使用效率以及信息的实用性。

在《墙地砖产品分册(2004~2005卷)》推出之后,《手册》作为设计师的材料工具书,内容设置和信息编辑方面已经日臻完善。如何在《墙地砖产品分册(2006~2007卷)》中取得突破,是编委会面临的一大挑战。在对国内的建筑师读者进行广泛调查和意见征求之后,编委会除了在内容设置和品牌收集方面作了调整外,配套推出了广大建筑师们期待的《中国室内建筑师品牌材料技术光盘》。光盘中的高级索引形式能够让建筑师更加快速准确的检索到符合多重需求的墙地砖产品,大量的产品图纸和效果图下载等功能设置也从多方面辅助设计师的设计工作。

编委会所进行的《手册》的编纂与技术光盘的制作等工作,没有学会领导和专家的鼎力相助,没有国内广大建筑师给予的关注和意见,没有建材厂商们的支持与信任,是不可能成功的。我们期望并相信,《手册》的探索,必将把中国室内建筑之路带入新的里程。

PREFACE

Interior design asks highly ability both of creative and technical for designers. Generally it is to conduct an ambiguous or simple idea into a practicable design result. To realize a design theme need both space arrangement and material selection, thus selecting construction and decoration material becomes an important work for interior architects.

In order to help designers more on material selecting and establish a platform for information collection, integrating, exchanging, we edit and publish this series of 〈Manual of Qualified Brands for Interior Architects〉. The reason why we select "brands"as our editing direction is that we are living in a society with strong sense toward brands, and, brands always are important clew for designers to select materials. We hope that we can provide helpful information service for designers through our efforts and resources then establish a platform for information collecting, arranging, searching, exchanging and so on.

This series of manuals, published in the form of yearbooks, sorts materials according to general sorting ways and using frequency of designers. At the same time, it also takes products characteristics and production of enterprises into consideration.

This series of manuals will be distributed interior architects and other relevant users in the form of academy and information material. Volumes of this series will be edited and renewed timely in order to help designers select better brands for their work and manufactures deliver information of their products to designers in time. As to the editorial work of this series, we asked it to be as strict as glossary, try to integrate information of different sorts and styles into a unified manner so as to promote this series' practicality.

With the publication of 〈 Tiles for Walling and Flooring Part(Vol.2004-2005)〉, the Manual, as a reference book for the designers, has been increasingly improved in respects of content setup and information compilation. How to make breakthrough in the〈Tiles for Walling and Flooring Part(Vol.2006-2007)〉 is a challenge that the editorial board needs to deal with. After an extensive investigation and opinion invitation of domestic architects, the editorial board have not only adjusted the content setup and brand collection, but also released the Disc of Qualified Brands for Interior Architects, which architects have been looking forward to for a long time. The Disc consists not only all the information and production in , but also some new functions such as combination index and product picture download, so as to make it easier for architects to choose materials conveniently and shorten their time on designing by a large margin.

Without help from leaders and experts, attention and ideas from national architects, support and trust of material manufacturers, the editorial board will never succeed in editing the Manual and making the Disc. We expect, and we believe that the route of exploration of the Manual will lay a new milestone on the way of development of China's interior construction.

索引 品牌索引
BRAND INDEX

品牌索引排序说明：品牌索引依照英文字母顺序排序，以标志LOGO中品牌名称的第一个英文字母（左上起）为准，如遇中文，以中文拼音的第一个字母为准。

P68

P76

P84

P86

P100

P112

P124

P136

P146

P156

P164

P172

P178

P188

P196

P208

MAJOR 名家国际 名家国际(中国)有限公司代理以下五个品牌

P212

索引 品牌索引 | 品牌索引排序说明:品牌索引依照英文字母顺序排序，以标志LOGO中品牌名称的第一个英文字母(左上起)为准,如遇中文,以中文拼音的第一个字母为准。

BRAND INDEX

P228

P236

P252

P260

P286

P292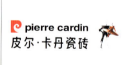

P300

P308

P314

P320

P324

P336

P342

P354

P366

P378

P382

辅助材料品牌索引

P392

P394

P396

索引 产品分类索引
CLASSIFICATION INDEX

坐标式索引：横坐标为产品分类，纵坐标为品牌名称，数字为相应产品所在页码。

产品分类 页码 品牌名称	室内墙地砖					
	室内墙砖			室内地砖		
	釉面砖	通体砖	其他材质 （微晶玻璃复合板材、玻璃、金属、石材）	釉面砖	通体砖	其他材质 （微晶玻璃复合板材、玻璃、金属、石材）
艾太克	74～75			68～75		
AZUVI	76～83			77～83		
宝玉			84			
博德	95～97	86～94	86～87	95～97	86～94	86～87
冠军	106～111	100～105		106～109	100～105	
斯米克	121～123	112～118		121～123	112～119	
东鹏	132～135	124～131		131～135	124～131	
宏宇	143～145	139～142		136～145	139～142	
皇冠	146～155			146～155		
汇晋	156～161	163	163	156～161		163
爱和陶	165～167	166				
个性	172～177		176	172～177		
嘉俊		178～187	182～183		178～187	182～183
科马	194～195	190～191			188～193	
金意陶	196～207			196～205		
蓝飞						
名家	216～226			216～227		
马可波罗	228～235			228～235		
蒙娜丽莎	246～251	236～245	238	246～251	236～245	238
能强		252～259			252～259	
欧神诺	274～279	260～285	266～267	275～279	260～285	266～267
安拿度	286～291			286～291		
皮尔卡丹	292～299			292～299		
哈伊马角	306	300～307		306	300～307	
罗马	308～311	312～313		311	312～313	
兴辉		314～319			314～319	
腾达						
特地	331～333	325～329	324	331～333	324～329	324
TOTO	338～339	339		338		
现代	342～352	348～351		342～352	348～351	
新中源	362～365	354～360		362～365	354～360	
鹰牌	366～377	369～373		366～377	369～372	
正中	378～379		380～381	378～379		380～381
中盛	386～389	382～385		388～389	382～385	
RUBI						

产品分类 品牌名称 页码	室外墙地砖					
	室外墙砖			室外地砖		
	釉面砖	通体砖	其他材质(微晶玻璃复合板材、玻璃、金属、石材)	釉面砖	通体砖	其他材质(微晶玻璃复合板材、玻璃、金属、石材)
艾太克	74~75					
AZUVI	83					
宝玉			84			
博德		86~94	86~87		88~94	
冠军		100~105			100~105	
斯米克		112~119			112~113	
东鹏		124~131			124~131	
宏宇		139~142		136~138		
皇冠						
汇晋						
爱和陶	165~167	166				
个性				177		
嘉俊		178~187	182~183		178~187	182~183
科马		189~193			189~193	
金意陶	196~197			196~197		
蓝飞	208~210	211				
名家						
马可波罗	228~235			228~235		
蒙娜丽莎		236~245	238		245	
能强		252~259			252~259	
欧神诺		264~280	266~267		260~285	
安拿度	286~291			286~291		
皮尔卡丹						
哈伊马角		305~307			305~307	
罗马	308~310					
兴辉		314~319				
腾达	323	321~323				
特地		326~327			326	
TOTO	340					
现代				352	348~351	
新中源		354~360			361	
鹰牌	366~368	369~373		366~368	369~372	
正中	378~379		380~381			
中盛	391	390				
RUBI						

产品分类索引
CLASSIFICATION INDEX

坐标式索引：横坐标为产品分类，纵坐标为品牌名称，数字为相应产品所在页码。

产品分类 页码 品牌名称	加工技术、辅助材料和工具							辅助材料和工具		
	加工技术									
	特殊规格加工	异型加工	水切割	定制配件	表面处理	颜色或图案加工	表面贴饰金属箔	胶粘剂	填缝材料	切割机
艾太克										
AZUVI										
宝玉	84~85						84~85			
博德	86~99	86~97	86~98	95~97			99			
冠军		100~102	100~102							
斯米克	112~120									
东鹏	124~131	124~135	124~131	132~135						
宏宇	139~142	136~142	139~142	143~145						
皇冠		146~155								
汇晋			156~158	159~160						
爱和陶									392~393	
个性	172~176			172~176						
嘉俊	178~187	178~187	178~187							
科马										
金意陶	196~207									
蓝飞				208~211						
名家										
马可波罗	228~235	228~235		228~235						
蒙娜丽莎	236~251	236~251	236~245	246~251						
能强	252~259	252~259	252~259							
欧神诺	260~285	264~285	260~285							
安拿度	286~291	286~291	286~288							
皮尔卡丹	292~299	295~296								
哈伊马角	300~307	300~306	305~307							
罗马	310~313		312~313						394~395	
兴辉				314~319						
腾达				321~323						
特地	325~333	325~333	325~329	331~333						
TOTO	340				340	340				
现代										
新中源	354~363	354~363		354~365						
鹰牌										
正中										
中盛	390									
RUBI										396~399

产品分类 页码 品牌名称	其他							
	配件砖			其他品类				
	腰线及腰线转角	踢脚线及踢脚线转角	其他配件（收口线、波打线、压顶线、装饰砖等）	马赛克	拼花	文化石	台面板	瓦
艾太克			72~73					
AZUVI	76~83							
宝玉	85							85
博德	95~98				92~99			
冠军	106~109							
斯米克	113~123			115			120	
东鹏	132~135		134					
宏宇	143~145							
皇冠	146~155		152~153					
汇晋				162~163			163	
爱和陶						168~170		
个性				174~175				
嘉俊								
科马				189~194				
金意陶	197~206							
蓝飞								
名家	216~226	216~223	216~227	212~215				
马可波罗	233							
蒙娜丽莎	246~251							
能强	252~253							
欧神诺	275~279			280	281~285			
安拿度	291							
皮尔卡丹	293~299							
哈伊马角	304~306	304~306	304					
罗马	308~311							
兴辉								
腾达								
特地	331~335					334		
TOTO	338			339				
现代	343~347			353				
新中源	362~365							
鹰牌	374~376							
正中				379~381				
中盛	386~389		389					
RUBI								

索引 规格索引[1]
SPECIFICATION INDEX

单位：毫米(mm)

长宽比例 品牌名称	室内墙砖（釉面砖）					室内墙砖（通体砖）		
	1:1	1:2	1:1.5	1:1.4	其他比例	1:1	1:2	其他比例
艾太克	50×50 200×200	100×100 400×400	100×200		100×300			
AZUVI	400×400	440×440	300×570	316×450	440×630 	110×440 220×630 300×900	110×630 250×400 316×500	
宝玉[2]	50×50	100×100	150×300					
博德				300×450		300×300 500×500 800×800 1200×1200	400×400 600×600 1000×1000	300×600 800×1600	600×1200	150×600 299×1200	297×1000
冠军			300×600	450×900	300×480	250×330	100×400	300×300 800×800	600×600	300×600	600×1200	
斯米克	200×200	300×300	300×600		300×450	250×330		300×300 600×600 1000×1000	400×400 800×800	300×600	600×1200	150×600
东鹏			300×600			250×330		800×800	300×600	600×1200	
宏宇			330×600		300×450		330×900	600×600 1000×1000	800×800	
皇冠			300×600		300×450	250×330				
汇晋	100×100 300×300 450×450 586×586	200×200 350×350 527.5×527.5	172.5×350 333×666	292×586	350×527.5			600×600		
爱和陶	45×45	75×75	45×95			22×145	45×145	45×45		22×145
个性	75×75 200×200 400×400 900×900	150×150 300×300 600×600 1200×1200	300×600	300×450	600×900	900×1200			
嘉俊							600×600 1000×1000	800×800	600×1200	800×1200
科马	340×340						300×300	450×450	305×560	45×145
金意陶	100×100 300×300 600×600	150×150 500×500 800×800	300×600	330×500		100×600 165×500	150×600			
名家	150×150	200×200	305×610	330×500		250×410	450×1125			
马可波罗	30×30 150×150	108×108 300×300	163.5×330 600×1200	300×600		30×600 80×330	65×500 120×300			

注：①因版面限制，规格索引不能将本节中出现的所有规格——列举，只将室内墙地砖（釉面砖/通体砖）和室外墙地砖（釉面砖/通体砖）的产品规格进行归类和列举，其他产品种类的规格不在本索引中，索引中横坐标表示产品类别和墙地砖的长宽比例，纵坐标表示产品品牌，数字表示该品牌在相应产品种类中的基本规格，室内墙地砖的边长尺寸包含该品牌内±30mm范围之内的近似规格，室外墙地砖的边长尺寸包含该品牌内±10mm范围之内的近似规格。
②宝玉的产品表面贴金属箔。

单位：毫米(mm)

长宽比例 品牌名称	室内墙砖（釉面砖）					室内墙砖（通体砖）		
	1:1	1:2	1:1.5	1:1.4	其他比例	1:1	1:2	其他比例
马可波罗	382.3×393.3　500×500 600×600　123.5×123.5				120×600 200×500 236.5×330　289×342.2			
蒙娜丽莎			200×300	300×450	250×350	600×600　800×800 1000×1000		
能强						600×600　800×800　300×600　600×1200　800×1200 1000×1000　1200×1200		
欧神诺	150×150　300×300		300×450			300×300　600×600　300×600　600×1200　800×1200　1200×1800 800×800　1000×1000 1200×1200		
安拿度	150×150　300×300 400×400　450×450 600×600　800×800	150×300　300×600 400×800　600×1200			50×300　60×600 75×450　75×600 100×600　100×1200 150×600　150×1200 200×600　200×800 200×1200　300×800 375×660　450×1200			
皮尔卡丹	200×200　300×300	300×600			250×300			
哈伊马角	305×305					80×80　150×150　150×300　300×600　80×300　80×600 300×300　600×600　　　　　　150×600　400×600 800×800		
罗马		45×95			250×330	600×600　800×800		
兴辉						500×500　600×600　300×600 800×800　1000×1000		
特地	300×300	330×600	300×450			600×600　800×800 1000×1000		
TOTO	300×300	300×600			98×300	144×144		
现代	300×300	300×600	300×450	250×330		300×300　600×600 800×800		
新中源		330×600		250×330	150×260　330×900	300×300　400×400 500×500　600×600 800×800　1000×1000		
鹰牌	300×300　450×450　300×600 600×600　900×900				300×500　300×900	600×600　800×800　600×1200		
正中	600×600	300×600			200×300			
中盛		330×600	300×450	250×330	200×500	600×600　800×800		

规格索引
SPECIFICATION INDEX

单位：毫米(mm)

品牌名称 \ 长宽比例	室内地砖（釉面砖）			室内地砖（通体砖）		
	1:1	1:2	其他比例	1:1	1:2	其他比例
艾太克	50×50 200×200	100×100 400×400				
AZUVI	400×400	450×450	110×440 220×630	110×630 440×630		
博德	300×300			300×300 500×500 800×800 1200×1200	400×400 600×600 1000×1000	300×600 800×1600	600×1200	150×600
冠军	300×300	300×600		300×300 800×800	600×600	300×600	600×1200	
斯米克	300×300			300×300 600×600 1000×1000	400×400 800×800	300×600	600×1200	150×600
东鹏	300×300			800×800	300×600	600×1200
宏宇	100×100	300×300		315×525	600×600 1000×1000	800×800	
皇冠	300×300					
汇晋	100×100 300×300 450×450 586×586	200×200 350×350 527.5×527.5	172.5×350 333×666	292×586	350×527.5	600×600		
个性	75×75 200×200 400×400 900×900	150×150 300×300 600×600 1200×1200	300×600	300×450 900×1200	600×900			
嘉俊				600×600 1000×1000	800×800	600×1200	800×1200
科马				300×300	450×450	300×600	85×445	305×560
金意陶	100×100 300×300 600×600	150×150 500×500 800×800	300×600	100×600 165×500	150×600			
名家	150×150 250×250 333×333	200×200 300×300		180×400			
马可波罗	30×30 150×150	108×108 300×300	163.5×330 600×1200	300×600	30×600 80×330	65×500 120×300		

单位：毫米(mm)

品牌名称＼长宽比例	室内地砖(釉面砖)						室内地砖(通体砖)					
	1:1		1:2		其他比例		1:1		1:2		其他比例	
马可波罗	382.3×393.3	500×500			120×600	123.5×531.5						
	600×600				200×500	236.5×330						
					289×342.2							
蒙娜丽莎	300×300						600×600	800×800				
							1000×1000					
能强							600×600	800×800	300×600	600×1200	800×1200	
							1000×1000	1200×1200				
欧神诺	300×300						300×300	600×600	300×600	600×1200	800×1200	1200×1800
							800×800	1000×1000				
							1200×1200					
安拿度	150×150	300×300	150×300	300×600	50×300	60×600						
	400×400	450×450	400×800	600×1200	75×450	75×600						
	600×600	800×800			100×600	100×1200						
					150×600	150×1200						
					200×600	200×800						
					200×1200	300×800						
					375×660	450×1200						
皮尔卡丹	300×300		300×600									
哈伊马角	305×305						80×80	150×150	150×300	300×600	80×300	80×600
							300×300	600×600			150×600	400×600
							800×800					
罗马	300×300						600×600	800×800				
兴辉							500×500	600×600	300×600			
							800×800	1000×1000				
特地	300×300	450×450					600×600	800×800				
							1000×1000					
TOTO	300×300											
现代	300×300						300×300	600×600				
							800×800					
新中源	330×330						300×300	400×400				
							500×500	600×600				
							800×800	1000×1000				
鹰牌	300×300	450×450	300×600		300×900		600×600	800×800	600×1200			
	600×600	900×900										
正中	600×600		300×600		200×300							
中盛	300×300						600×600	800×800				

规格索引
SPECIFICATION INDEX

单位：毫米(mm)

长宽比例 品牌名称	室外墙砖						室外地砖					
	1:1		1:2		其他比例		1:1		1:2		其他比例	
艾太克	50×50 200×200	100×100										
AZUVI					316×500							
宝玉	25×25 100×100	50×50	150×300									
博德	300×300 500×500 800×800 1200×1200	400×400 600×600 1000×1000	300×600	600×1200	150×600 299×1200	297×1000	300×300 500×500 800×800 1200×1200	400×400 600×600 1000×1000	300×600	600×1200	150×600	
冠军	300×300 800×800	600×600	300×600	600×1200			300×300 800×800	600×600	300×600	600×1200		
斯米克	300×300 600×600 1000×1000	400×400 800×800 1200×1200	300×600	600×1200	150×600		300×300	600×600	300×600		150×600	
东鹏	800×800		300×600	600×1200			800×800		300×600	600×1200		
宏宇	600×600 1000×1000	800×800					100×100	315×315			315×525	
爱和陶	45×45 95×95	75×75	45×95		22×145	45×145						
个性							75×75					
嘉俊	600×600 1000×1000	800×800	600×1200		800×1200		600×600 1000×1000	800×800	600×1200		800×1200	
科马	300×300		150×300				300×300		150×300			
金意陶	150×150 600×600	300×300	300×600		150×600		150×150 600×600	300×300	300×600		150×600	
蓝飞			45×95		45×145 60×227	45×195						
马可波罗	30×30 150×150 300×300 382.3×393.3 600×600	108×108 163.5×163.5 330×330 500×500	163.5×330 600×1200	300×600	30×600 80×330 120×600 236.5×330	65×500 120×300 123.5×531.5 289×342.2	30×30 150×150 300×300 382.3×393.3 600×600	108×108 163.5×163.5 330×330 500×500	163.5×330	300×600	30×600 80×330 120×600 236.5×330	65×500 120×300 123.5×531.5 289×342.2
蒙娜丽莎	600×600 1000×1000	800×800					600×600					
能强	600×600 1000×1000	800×800 1200×1200	300×600	600×1200	800×1200		600×600 1000×1000	800×800	300×600	600×1200	800×1200	

单位：毫米(mm)

品牌名称＼长宽比例	室外墙砖 1:1		1:2		其他比例		室外地砖 1:1		1:2		其他比例	
欧神诺	300×300	600×600	600×1200		800×1200		300×300	600×600	300×600	600×1200	800×1200	1200×1800
	800×800	1000×1000					800×800	1000×1000				
							1200×1200					
安拿度	150×150	300×300	150×300	300×600	50×300	60×600	150×150	300×300	150×300	300×600	50×300	60×600
	400×400	450×450	400×800	600×1200	75×450	75×600	400×400	450×450	400×800	600×1200	75×450	75×600
	600×600	800×800			100×600	100×1200	600×600	800×800			100×600	100×1200
					150×600	150×1200					150×600	150×1200
					200×600	200×800					200×600	200×800
					200×1200	300×800					200×1200	300×800
					375×660	450×1200					375×660	450×1200
哈伊马角	600×600		300×600				600×600		300×600			
罗马			45×95		45×145	60×215						
兴辉	500×500	600×600	300×600									
	800×800	1000×1000										
腾达			45×95	200×400	40×235	45×145						
			250×500	300×600	45×195	52×235						
					60×108	60×227						
					60×240							
特地	600×600	800×800					600×600	800×800				
	1000×1000											
TOTO			50×100									
现代							300×300	600×600				
							800×800					
新中源	300×300	400×400					100×100	150×150			300×500	
	500×500	600×600					190×190	300×300				
	800×800	1000×1000										
鹰牌	300×300	450×450	300×600	600×1200	300×900		300×300	450×450	300×600	600×1200	300×900	
	600×600	800×800					600×600	800×800				
	900×900						900×900					
正中	150×150	305×305	300×600		30×305	100×305						
	406×406	600×600			121×210	200×300						
中盛	15×15	60×60	45×95		45×145	45×195						
	73×73	95×95			60×108							

价格索引
PRICE INDEX

价格索引中的基本价位依照本书中出现的产品价格分布的集中程度来划分；索引页码只显示相应品牌的起始页码，产品参考价格以本书中出现的相应价格为准，未提供参考价格的品牌不在本索引中出现。

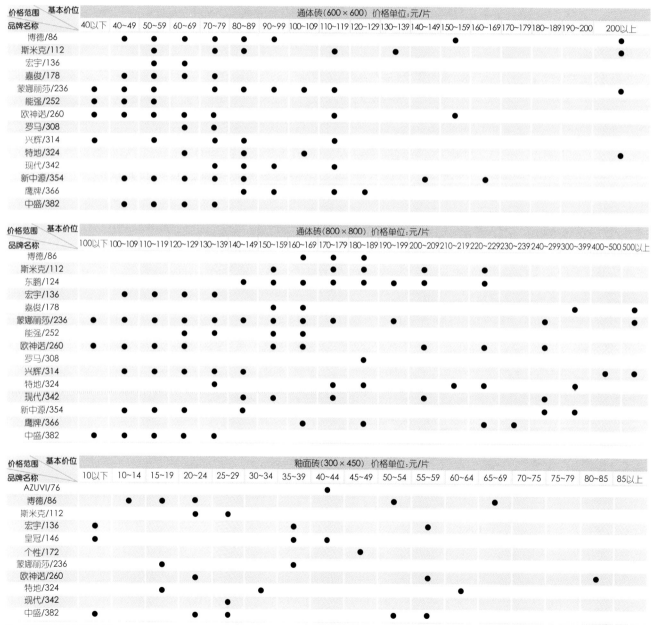

注：①价格索引中的产品规格包含在±30mm范围之内的近似规格。

釉面砖(300×300) 价格单位:元/片

品牌名称\价格范围	10以下	10~14	15~19	20~24	25~29	30~34	35~39	40~44	45~49	50~54	55~59	60~64	65~69	70~74	75~79	80~84	85~89	90~94	95~100	100以上
博德/86			●	●	●															
斯米克/112	●			●	●															
东鹏/124	●																			
宏宇/136	●		●	●	●	●														
皇冠/146	●																			
个性/172						●		●		●		●				●	●		●	
金意陶/196	●		●	●	●															
名家/212						●		●	●	●										
马可波罗/228			●		●	●	●			●				●			●			
蒙娜丽莎/336	●																			
欧神诺/260			●	●	●															
安拿度/286						●	●		●							●	●		●	
皮尔卡丹/292			●				●	●												
哈伊马角/300							●	●												
罗马/308	●																			
特地/324	●		●																	
TOTO/336				●	●		●													●
现代/342	●			●																
新中源/354	●																			
鹰牌/366	●																			
中盛/382	●	●																		

釉面砖(300×600) 价格单位:元/片

品牌名称\价格范围	10~19	20~29	30~39	40~49	50~59	60~69	70~79	80~89	90~99	100~109	110~119	120~129	130~139	140~150	150以上
AZUVI/76								●				●			●
斯米克/112			●	●								●			
东鹏/124		●	●												
宏宇/136	●	●		●	●										
皇冠/146	●														
个性/172											●		●		
金意陶/196			●	●	●	●									
名家/212													●		
马可波罗/228			●				●						●		
安拿度/286						●	●					●	●		
皮尔卡丹/292				●											
特地/324				●											
TOTO/336				●			●								
现代/342				●											
新中源/254	●														
鹰牌/366	●														
正中/378										●					
中盛/382	●			●											

关键词索引 | KEYWORDS INDEX

索引

本书中选出9个关键词,以厂商提供的资料为依据进行索引,仅供参考,选用时请以实际产品为准。

页码 品牌名称 关键词	仿古	仿石	仿金属	仿木	仿马赛克	仿布艺	仿铁锈	仿玉质	仿琥珀蜜蜡
AZUVI	76~83	78~83		81					
博德	94	88~97			90				
冠军		100~109							
斯米克		112~123							
东鹏		124~135							
宏宇		139~142							
汇晋	159~161	158	156~157						
个性	177		174~176						
嘉俊		178~187							
科马			188~189						
金意陶	198~203			204					
蓝飞	209~211	210							208~209
马可波罗	228~232		232						
蒙娜丽莎		236~245							
能强		252~259	253						
欧神诺	260~280	264~273							
安拿度		286~291		290					
皮尔卡丹	295		298		292~294	296			
哈伊马角		305~307	306						
兴辉		314~319							
腾达	321~323	322~323							
特地	333	325~329	333						
TOTO			339						
现代		352	344~351				351		
新中源	362~365	357~363						354~356	
鹰牌		369~372	373	366~368					
正中	380							378~379	

厂商索引
MANUFACTURER INDEX

中国

宝玉
南京金箔集团宝玉工艺有限公司/84

博德
广东博德精工建材有限公司/86

冠军
信益陶瓷(中国)有限公司/100

斯米克
上海斯米克建筑陶瓷股份有限公司/112

东鹏
广东东鹏陶瓷股份有限公司/124

宏宇
广东宏宇陶瓷有限公司/136

皇冠
山东皇冠陶瓷股份有限公司/146

个性
个性瓷砖有限公司/172

嘉俊
佛山市嘉俊陶瓷有限公司/178

金意陶
金意陶陶瓷有限公司/196

蓝飞
晋江海华建材工贸有限公司/208

马可波罗
广东唯美陶瓷有限公司/228

蒙娜丽莎
广东蒙娜丽莎陶瓷有限公司/236

能强
广东能强陶瓷有限公司/252

欧神诺
欧神诺陶瓷有限公司/260

皮尔卡丹
浙江荣联陶瓷工业有限公司/292

罗马
浙江荣联陶瓷工业有限公司/308

兴辉
佛山市兴辉陶瓷有限公司/314

腾达
晋江腾达陶瓷有限公司/320

特地
佛山市特地陶瓷有限公司/324

现代
宁波现代建筑材料有限公司/342

新中源
广东新中源陶瓷有限公司/354

鹰牌
佛山石湾鹰牌陶瓷有限公司/366

中盛
佛山市中盛陶瓷有限公司/382

意大利

艾太克
艾太克陶瓷(中国)联络处/68

汇晋
上海汇晋建材公司(代理商)/156

名家
名家国际(中国)有限公司(代理商)/212

安拿度
深圳市安拿度陶瓷有限公司/286

西班牙

AZUVI
上海恒晖建筑材料有限公司(代理商)/76

正中
北京正中公司(代理商)/378

RUBI(切割机)
苏州瑞比机电科技有限公司/396

日本

爱和陶
爱和陶(广东)陶瓷有限公司/164

TOTO
东陶机器(中国)有限公司/336

泰国

汇晋
上海汇晋建材公司(代理商)/156

澳大利亚

科马
科马卫生间设计产品开发有限公司/188

阿联酋

哈伊马角
佛山市哈伊马角陶瓷有限公司/300

土耳其

正中
北京正中公司(代理商)/378

感受艺术　品味生活

中国名牌　国家免检产品　工厂代码：K000004　ISO9001认证　国家火炬计划　广东省著名商标
获奖时间：2003年9月　获奖时间：2003年1月　放射性水平：A类　　　　　　　重点高新技术企业
有效期至2006年9月　有效期至2006年1月

MONALISA TILES　蒙娜丽莎瓷砖

Enjoy the fashion space

Enjoy the fashion space

Enjoy the fashion space

斯米克磁砖

享受時尚空間

CIMIC 斯米克

斯米克追求**时尚**，也追求**格调**。

我们相信：不懈的努力可以成就完美，更可以造就辉煌。

缔造惊世妙品，享受每一个完美瞬间的诞生，就在**斯米克**。

上海斯米克建筑陶瓷股份有限公司
SHANGHAI CIMIC TILE CO.,LTD

厂址：上海市闵行区浦江镇谈家港三鲁公路2121号
TEL: 021-64110567　　邮编：201112
FAX: 021-64110553　　http://www.cimic.com

3C认证　中国名牌　国家免检产品

与建筑文明同在

砂岩石产品文化：
不管在过去还是在将来，砂岩与建筑文明同在。而东鹏砂岩石继续传承和发扬这一文明，使之新生，塑造一种全新的砂岩石装饰潮流。

砂岩石产品特点：
天然矿石：源自稀有天然矿石原料，造就东鹏砂岩石粗犷而不失细腻，质朴而不失亮丽的独特装饰效果；

自然纹理：采用最先进的深层渗花和通体砂粒制造工艺，成就东鹏砂岩石黄、白、灰等多种互为交融的自然纹理；

五种面材：引入国外当今最为流行的设计理念，在东鹏砂岩石表面可制造抛光、哑光、麻面、凹凸和釉面五种材感。

广东东鹏陶瓷股份有限公司
GUANGDONG DONGPENG CERAMIC COMPANY LIMITED

详情请咨询当地东鹏专卖店
地址：广东省佛山市禅城区江湾三路八号 电话：86-757-82273345 82272900 网址：www.dongpeng.cn

致辞

中国建筑学会室内设计分会名誉会长：**曾坚**
Honorary President of China Institute of Interior Design: **Zeng Jian**

三年来，《手册》已出版了《卫浴产品分册》、《墙地砖产品分册》和《住宅厨房设备分册》，《办公空间产品分册》与《照明设备分册》也正在紧张的编辑过程中。不同种类的《手册》陆续送到室内建筑师的手里，收到十分积极的反映，《手册》作为建材产品生产和消费单位的桥梁作用已经得到肯定。《手册》的编辑出版者面对每个分册的资料搜集、整理、筛选、订合同、直至编辑出版，都是浩瀚工程，但是他们的辛苦不是白费的，除了为制造商和室内设计师作了有益的服务以外，更重要的他们正为建筑界填补一项空白——中国第一个建筑材料系列手册，这是我国建筑材料史上从未有过的创举。

For three years, the Manual had published Sanitary Ware Part, Tiles for Walling and Flooring Part and House Kitchen Equipment Part. The compilatory staff are speeding the compilation of the Office Space Product Part and Lighting Equipment Part. Various kinds of manuals have been delivered to interior designers in succession and the feedbacks are active and inspiring. This new-born manual has been accepted as the communication bridge between the constructional materials production units and their consumption units. The material collection, management, filtration, contract signing, editing and publishing of each part are all grand projects for its editors and publishers. But their efforts will not be wasted. Besides the beneficial services provided for the manufacturers and interior designers, the more important thing is that they filled up a gap in the field of construction-they established the first constructional material series of manuals and this is the unique creation in the history of Chinese constructional materials.

SPEECH

中国建筑学会室内设计分会
副理事长兼秘书长:**周家斌**
Vice-president and Secretary General of
China Institute of Interior Design: **Zhou Jiabin**

With great efforts by the experts and editorial committee of this series, the Part of Tiles for Walling and Flooring(Vol.2006~2007) will be presented for readers. CIID ask the editorial committee to accelerate the editing work in order to finish this series as soon as possible. Meanwhile, we emphasize that this series of manuals must satisfy the international standard of construction material information service as well. Because these manuals aims to serve interior designers with complex information of materials including not only information on papers but also digitalized one on CD-ROMs or internet therefore can be applied to designers' work.

We do believe that, with efforts from both CIID and material enterprises, this series of manuals will become helpful information platform of international standard.

在学会《手册》专家委员会和编委会的努力下,《墙地砖分册2006~2007》就要与学会的设计师见面了。学会要求编委会加快各专业分册的编制速度,尽早出齐相关门类的专业分册的同时,我们强调《中国室内建筑师品牌材料手册》是室内设计师的一个综合材料信息的专业平台,不仅要提供平面的材料信息,还要为设计师配套制作能在实际工作中直接应用的材料技术光盘,开通专门针对室内设计师使用的材料专业网站。所有这些都要达到符合国际水平的材料信息服务。

我们相信,在学会和企业的共同努力之下,《中国室内建筑师品牌材料手册》一定能成为国际水准的设计师服务平台。

致辞

中国建筑卫生陶瓷协会会长：丁卫东
President of China Building Ceramics & Sanitary Ware: Ding Weidong

中国建筑学会室内设计分会正在为中国室内建筑师群体编纂《中国室内建筑师品牌材料手册》，并已经出版完成了《卫浴》分册和《墙地砖》分册。这是一件很好的事情，对于整个建筑陶瓷领域也有很重要的意义。我们的很多陶瓷产品都是要通过建筑师的设计而最终被用户接受的，同时，室内建筑师也经常需要使用陶瓷产品来实现其设计理念，陶瓷产品在设计师的选材中占有很大比重。因此，《卫浴》分册与《墙地砖》分册对建筑卫生陶瓷产品从设计师使用的角度进行的整合，无疑对设计师和材料厂商双方都有非常大的帮助。

《中国室内建筑师品牌材料手册》的显著特点在于它是"品牌"手册，在这本《手册》中，收录了我国建筑卫生陶瓷行业中优秀的品牌产品，这其中既有我国著名的民族品牌，也有国际知名品牌，在产品展示上既注重设计师使用数据的收集，同时力图将产品的精致与精美展现在设计师面前。这不仅让设计师可以更好的了解和使用品牌产品，也能够帮助企业更好的提升品牌知名度，开拓广阔的市场。

感谢中国建筑学会室内设计分会所作的这项工作，并希望这本《手册》能够成为中国室内建筑师与厂商之间沟通的桥梁，让这两者能够有更多的交流，能够相互促进，共同进步。

CIID is now editing a series of 〈Manual of Qualified Brands for Interior Architects〉 for Chinese interior architects and has finished the first two volumes of 〈Sanitary Ware〉 and 〈Tiles for Walling and Flooring〉. Such work is very good and meaningful for the business of ceramic products for buildings. Many kinds of ceramic products are accepted by customers through architects' design. Meanwhile, interior architects frequently express their design concepts by using ceramic products. Therefore, the volumes of 〈Sanitary Ware〉 and 〈Tiles for Walling and Flooring〉 which integrate information about those products based on the real needs of designers will doubtlessly be great help to both manufactures and designers.

The most distinguishable characteristic of the series of 〈Manual of Qualified Brands for Interior Architects〉 lies on the "brands". This manual collect excellent brands of ceramic products including both our national ones and internationally famous ones. It makes great efforts both on collecting relevant date for designers and presenting products with accurate and beautiful graphics. Such a way can help designers understanding more about products and using them more conveniently. At the same time, it also can help manufactures promoting their brands and develop more markets.

Thanks for this work done by CIID. I hope this series of manuals can become the bridge between manufactures and designers to promote communications and make progress together.

SPEECH

The 〈Tiles for Walling and Flooring Part(Vol.2006~2007)〉 will be presented to interior designers. During the editing process, we collected opinions from more interior architects and refined our work in many aspects to satisfy the real needs of interior design.

Tiles for walling and flooring are special construction materials with their own characteristics. We hope through our selecting and editing of information on these tiles, designers will be easier to choose and recommend them thus could work more efficiently.

Limited by the characteristics of tiles, it is not easy to express basic information such as the texture, pattern and style of tiles, but these information are very important for design. This is exactly a difficulty and new challenge for our editing work. If there is any disadvantage of this volume, we'd like to refine it in later works by exploring into most primitive materials.

《墙地砖产品分册(2006~2007卷)》即将与广大室内建筑师见面了。在这本手册的编制过程中,我们认真听取了更多专业室内建筑师的意见,更加注意内容与信息的编纂设置与室内建筑师的实际设计工作紧密结合,使得我们在这个分册中有了很多改进,能够真正成为室内建筑师的工具和助手。

建筑材料中的墙地砖产品,有自己独特的产品特征。我们希望通过我们的筛选和编辑,让这些产品更适合于设计师的选择和推荐,提高信息的使用效率和工作效率。

受产品特性所限,墙地砖的视觉表现有着相当的难度,产品的基础资料对最有效地表现瓷砖的纹样、质感和设计风格也有着非同一般的影响。这给我们编委会出了难题,同时也给出了新的课题。我们会在今后的编辑工作中,从最基础的原始资料入手,弥补这期分册中存在的不足之处。

编委会主任:梁进
Director of Editorial Committee: Liang Jin

专家委员会

专家委员会主任：**李书才**
Director of Expert Committee: Li Shucai

曾坚
中国资深室内建筑师
中国建筑学会室内设计分会名誉理事长

张世礼
清华美术学院教授
中国建筑学会室内设计分会理事长

李书才
北京建筑工程学院教授
中国建筑学会室内设计分会副理事长

劳智权
建设部设计院副总建筑师
中国建筑学会室内设计分会副理事长

饶良修
建设部设计院副总建筑师
中国建筑学会室内设计分会副理事长

王炜钰
中国资深室内建筑师
清华大学教授

张文忠
天津大学教授
中国建筑学会室内设计分会副理事长

来增祥
上海同济大学教授
中国建筑学会室内设计分会副理事长

安志峰
中国建筑西北设计研究院副总建筑师
中国建筑学会室内设计分会副理事长

史春珊
哈尔滨建筑工程学院教授
中国建筑学会室内设计分会副理事长

周家斌
北京现代应用科学院院长
中国建筑学会室内设计分会副理事长兼秘书长

吴家骅
深圳大学教授
《世界建筑导报》杂志主编

周燕珉
清华大学建筑学院副教授
著名卫浴专家

赵虎
中国室内网CEO

王传顺
上海高级室内建筑师
中国建筑学会室内设计分会理事

叶铮
上海高级室内建筑师
中国建筑学会室内设计分会理事

温少安
广东佛山高级室内建筑师
中国建筑学会室内设计分会理事

谢剑洪
北京高级室内建筑师
中国建筑学会室内设计分会理事

陈耀光
杭州高级室内建筑师
中国建筑学会室内设计分会理事

王琼
苏州高级室内建筑师
中国建筑学会室内设计分会理事

姜峰
深圳高级室内建筑师
中国建筑学会室内设计分会理事

张强
天津高级室内建筑师
中国建筑学会室内设计分会理事

阚署彬
天津高级室内建筑师
中国建筑学会室内设计分会理事

谢江
北京高级室内建筑师
中国建筑学会室内设计分会理事

林学明
广州资深高级室内建筑师
中国建筑学会室内设计分会理事

崔华峰
广州资深高级室内建筑师
中国建筑学会室内设计分会
广州专业委员会秘书长

EXPERT COMMITTEE

Zeng Jian
Chinese Senior Interior Architect
Honorary President of China Institute of Interior Design

Zhang Shili
Professor of Academy of Arts and Design, Tsinghua University
President of China Institute of Interior Design

Li Shucai
Professor of Beijing Institute of Civil Engineering and Architecture
Vice-president of China Institute of Interior Design

Lao Zhiquan
Vice-chief architect of China Architecture Design and Research Group Vice-president of China Institute of Interior Design

Rao Liangxiu
Vice-chief architect of China Architecture Design and Research Group
Vice-president of China Institute of Interior Design

Wang Weiyu
Professor of Tsinghua University
Chinese Senior Interior Architect

Zhang Wenzhong
Professor of Tianjin University
Vice-president of China Institute of Interior Design

Lai Zengxiang
Professor of Tongji University
Vice-president of China Institute of Interior Design

An Zhifeng
Vice-chief Architect of China North-West Archetecture Design and Research Institution
Vice-president of China Institute of Interior Design

Shi Chunshan
Professor of Harbin Architecture Institute
Vice Board Chairman China Institute of Interior Design

Zhou Jiabin
President of Beijing Modern Applied Science Institute
Vice-president and Secretary General of China Institute of Interior Design

Wu Jiahua
Professor of Shenzhen University
Chief Editor of World Architecture Record

Zhou Yanmin
Assistant-Professor of School of Architecture, Tsinghua University
Sanitary Ware Expert

Zhao Hu
CEO of China Interior Network

Wang Chuanshun
Superior Interior Designer in Shanghai
Director of China Institute of Interior Design

Ye Zheng
Superior Interior Designer in Shanghai
Director of China Institute of Interior Design

Wen Shao'an
Superior Interior Designer in Foshan
Director of China Institute of Interior Design

Xie Jianhong
Superior Interior Designer in Beijing
Director of China Institute of Interior Design

Chen Yaoguang
Superior Interior Designer in Hangzhou
Director of China Institute of Interior Design

Wang Qiong
Superior Interior Designer in Suzhou
Director of China Institute of Interior Design

Jiang Feng
Superior Interior Designer in Shenzhen
Director of China Institute of Interior Design

Zhang Qiang
Superior Interior Designer in Tianjin
Director of China Institute of Interior Design

Kan Shubin
Superior Interior Designer in Tianjin
Director of China Institute of Interior Design

Xie Jiang
Superior Interior Designer in Beijing
Director of China Institute of Interior Design

Lin Xueming
Senior Superior Interior Architect in Guangzhou
Director of China Institute of Interior Design

Cui Huafeng
Senior Superior Interior Architect in Guangzhou
Secretary General of Guangzhou Professional Committee of China Senior Interior Architect

顾问委员会

顾问委员会主任：刘景洲
Director of Consultant Committee: Liu Jingzhou

刘景洲
中国建材企业管理协会常务副会长

丁卫东
中国建筑卫生陶瓷协会会长

陈宗云
国家建材工业科技教育委员会专业委员会委员
中国建筑卫生陶瓷协会副会长

缪斌
中国建筑卫生陶瓷协会秘书长

陈丁荣
中国建筑卫生陶瓷协会专家顾问

史哲民
原国家建材局科技委员会委员

杨宏儒
建材研究院陶瓷室主任

余明清
中非集团人工晶体研究院院长

武庆涛
国家建材工业技术监督研究中心主任

CONSULTANT COMMITTEE

Liu Jingzhou
President of the Building Material Management Association of China
Ding Weidong
President of China Building Ceramics & Sanitary Ware
Chen Zongyun
vice-President of China Ceramics Industry Association
Commissioner of the Education Committee of China Building Material Industry
Miao Bin
Secretary General of China Building Ceramics &Sanitary Ware
Chen Dingrong
Academy Consultant of China Building Ceramics & Sanitary Ware
Shi Zhemin
Former commissioner of the Committee of Science & Technology,China BMI
Yang Hongru
Director of the Pottery Office Building Material Research Department
Yu Mingqing
President of the Artificial Crystal Research Institute Sino-African Corporation
Wu Qingtao
Director of the National Building Material Administration Center

编委会

《中国室内建筑师品牌材料手册》编委会
Editorial Committee

主任：	Director:
梁进	Liang Jin

委员： Commissioner:

梁进	Liang Jin
林宏	Lin Hong
季思九	Ji Sijiu
韩娟	Han Juan
金雨	Jin Yu
马晓耘	Ma Xiaoyun
叶慧斌	Ye Huibin
张珂	Zhang Ke
李天瑶	Li Tianyao
杨咏嘉	Yang Yongjia
李萌萌	Li Mengmeng

EDITORIAL COMMITTEE

专业顾问：饶良修
资深室内建筑师，
对中国室内设计有着
深刻的理解和丰富的经验

Academy Consultant: Rao Liangxiu
Senior Interior Architect
Have deep understanding and abundant
experience in Chinese interior design

策划顾问：于冰
资深编辑，长期从事建筑专业书籍编撰工作

Academy Consultant: Yu Bing
Senior Editer
Has been working for compiling
on architecture for a long time

专业顾问：周燕珉
清华大学建筑学院副教授，
在厨卫空间设计的理论研究方面有突出成绩

Academy Consultant: Zhou Yanmin
Associate Professor of School
of Architecture , Tsinghua University
Has outstanding achievement
in theoretical research on design
of kitchen and bathroom

专业顾问：陈丁荣
著名陶瓷专家
二十多年从事陶瓷行业的市场研究和市场推广

Academy Consultant: Chen Dingrong
Famous Ceramics Expert
Engaged in the survey and marketing of the ceramic trade
for 20 years

图书在版编目(CIP)数据

中国室内建筑师品牌材料手册. 墙地砖产品分册/中国建筑学会室内设计分会《中国室内建筑师品牌材料手册》编委会编. — 北京:中国建筑工业出版社,2005
ISBN 7-112-07828-8

Ⅰ.中… Ⅱ.中… Ⅲ.①装饰材料-中国-手册②墙地砖-室内装饰-装饰材料-中国-手册③瓷砖-室内装饰-装饰材料-中国-手册 Ⅳ.TU56-63

中国版本图书馆CIP数据核字(2005)第128318号

中国室内建筑师品牌材料手册	Manual of Qualified Brands for Interior Architects
墙地砖产品分册(2006~2007)	Tiles for Walling and Flooring Part(Vol.2006~2007)
编纂:北京华标盛世信息咨询有限公司	Compiler: CN.STANDARD Information Inquiry Co.Ltd.
《中国室内建筑师品牌材料手册》编委会	Editorial Committee of <Manual of Qualified Brands for Interior Architects>
出版发行:中国建筑工业出版社	Publisher: China Architecture & Building Press
专业顾问:饶良修/周燕珉/陈丁荣	Specialty Consultants: Rao Liangxiu / Zhou Yanmin / Andy.D.R.Chen
策划顾问:于冰	Planning Consultant: Yu Bing
总策划:梁进	General Director: Liang Jin
视觉总策划:季思九	Vision Director: Ji Sijiu
主编:韩娟	Editor-in-chief: Han Juan
编辑:王爽/李欣欣/岳建光	Editor: Wang Shuang / Li Xinxin / Yue Jianguang
美术编辑:李萌萌/曹淑娜	Art Editor: Li Mengmeng / Cao Shuna
资料管理:马晓耘	Information Manager: Ma Xiaoyun
市场推广:林宏/金雨/杨咏嘉	Marketing Director: Lin Hong / Jin Yu / Yang Yongjia
设计师推广:叶慧斌/孙文松	Popularize for Designers: Ye Huibin / Sun Wensong
设计制作:华标视觉工作室	Design: CN.STANDARD Vision Design Studio

编委会地址:北京市丰台区右安门东滨河路4号505室
邮编:100069
电话:010-83549859 83549909
传真:010-83546712
E-mail:cn.standard@vip.163.com
网址:www.cnstandard.com.cn
出版社地址:北京市百万庄中国建筑工业出版社
邮编:100037
印刷:利丰雅高印刷(深圳)有限公司
开本:889×1194(毫米) 1/16
印张:26.5
印数:1~10,000册
书号:ISBN 7-112-07828-8
    (13782)
定价:320.00元

Add: Room 505, No.4, Dongbinhe RD, Youanmen, Fengtai District, Beijing
Post Code: 100069
Tel: 010-83549859 83549909
Fax: 010-83546712
E-mail: cn.standard@vip.163.com
http://www.cnstandard.com.cn
Add: China Architecture & Building Press, Baiwanzhuang, Beijing
Post Code: 100037
Printed by LEEFUNG-ASCO Printers(Shenzhen) Co.Ltd
Sized: 889×1194(mm) 1/16
Total Pages: 424 Pages
Issued Copies: 1~10,000 Copies

本书所有版面,未经许可不得翻译、翻印、转登、转载。
All copy rights reserved. Any kind of translation, copying, quoting is illegal if without authorizing from the editorial committee.

文章目录 / essays

新自然主义的空间舞台/50
Back to Nature

关于"设计师与材料选择"的讨论/56
Discussion about How Designers to Choose Materials

瓷砖经典设计/59
Classic Tile Design

室内设计精选/62
Choiceness of Interior Design

新自然主义的空间舞台 Back to Nature
——2006年世界瓷砖设计新趋势   ■文/陈丁荣

New Trends in Ceramic Tiles Design of The World 2006

本文概要

从建筑风格与空间设计的多种文化发展来观察,2006年的瓷砖设计走向,反应了新时尚设计与自然风尚的新自然主义趋势。综合国内外瓷砖的未来潮流,约可看成七大主流风格,而这些潮流,以意大利、西班牙、德国为起点,正在走出欧洲,走向美洲,进入亚洲,进而影响全世界。

作者简介
陈丁荣,台湾政治大学EMBA,斯米克集团执行副总裁,罗马瓷砖公司副总经理,台湾第五届十大杰出经理人,中国建筑卫生陶瓷协会专家顾问。

有人类的历史,就有陶瓷的文明。

几千年来,建筑用陶瓷,在不同的国家与时代,均扮演着当代文明的具体呈现。用各种不同火候,以及采用不同特色的陶土、陶石去焠炼的陶瓷材料,代表着人类对于文化的向往。

陶瓷,是一种用"激情"去烘制的材料,用"热情"去点亮当地及当代空间文化的文明。从古埃及文明的尼罗河陶砖(Cotto brick),古希腊文明的赤陶(Terracotta),到古中国文明的秦砖汉瓦,都显示了陶瓷在建筑文化舞台中的地位。

19世纪,工业革命之后,建筑风格由古典主义的古典美学,走向功能主义的机械美学,却成就了现代化大都市千篇一律的水泥丛林。

因此,世界著名的瑞士建筑师,Beton建筑奖得主,美国耶鲁大学教授Mario Botta(马利奥·波塔),就主张结合"古典美学"与"机械美学",形成"现代建筑文化美学"。

Mario Botta 有两句建筑名言:
"Architecture is the mother of all arts."
"Architecture is the matrix of all arts."
(建筑不但是所有艺术之母,在表现上更要将所有艺术作有机的排列组合。)

Mario教授,从旧金山的苏玛SOMA文化特区,到刚落成的三星艺术博物馆(SMOA)(Samsung Museum of Art)的设计方案中,为了将大自然最美的光与影结合,寻找最能代表现代美与古典美的"建筑材料语言",特别找到了文艺复兴时代的发源地,采用了当年米开朗基罗建筑佛罗伦萨(Florence)Duomo广场的墙与瓦,所使用的托斯卡纳(Toscana)自然文明陶板素材,也成为当代设计大师的一种风尚与潮流。

因此,瓷砖对于空间文明的重要性,远比纺

2006年,建筑设计大师与瓷砖工业共同研究的主题,正是"新自然主义"的来临(Back to nature),即将时下最流行的简约主义、极简概念、新古典主义、现代主义及后现代主义等空间设计概念发展到陶瓷材料上。

纺织布料对于时尚服装的影响力更重大且深刻久远,因为"她"代表着一种深远的文化内涵与建筑文明语言。

观诸全世界的瓷砖工业中,论产量而言,当属中国独占鳌头。然而,从引领世界的陶瓷砖设计潮流来看,则以意大利的地砖、西班牙的墙砖、日本与德国的外墙砖,独领风骚,为引导全世界最新建筑风格所需之素材。

而为了让建筑与材料能更紧密地规划与结合,意大利陶瓷协会Assopiatrelle更与世界级的建筑师结合,成立一个全新的"设计与材料"研究机构——"Markitecture",也就是Market(市场),加上"Architecture"(建筑)的综合体。

2006年,建筑设计大师与瓷砖工业共同研究的主题,正是"新自然主义"的来临(Back to nature),即将时下最流行的简约主义、极简概念、新古典主义、现代主义及后现代主义等空间设计概念发展到陶瓷材料上。无独有偶,西班牙、德国、美国与日本的陶瓷材料也正走向自然主义设计风潮;中国建筑卫生陶瓷协会与中国建筑学会室内设计分会合作,与意大利、日本及中国的设计师共同规划了"Cerarchitecture",也就是"Ceramics"加上"Architecture"的世界瓷砖设计论坛,更提倡了"新自然风尚"陶瓷材料的使用与规划。

事实上,这也是整个地球的环保主义、自然主义与简约主义的混合体。

从建筑风格与空间设计的多种文化发展来观察,2006年的瓷砖设计走向,也反应了新时尚设计与自然风尚的新自然主义趋势。而综合国内外瓷砖的未来潮流,约可看成七大主流风格。

TRENDS 趋势

一、新自然美学 (Neo-naturalism)

陶片(Cotto)、红砖(Brick)与石材(Stone),是人类建筑文明史上最重要的三大空间自然素材,而陶瓷的发展也正运用着最新的科技,将这些失落的、独特的、稀有的建筑材料重新发掘,塑造新材料,赋予新生命。

在全球高倡环保主义的背景下,世界各工业国家,如德国、意大利、日本、英国与美国,却思考着如何在不破坏环境的前提下,找到创造新设计文明的建筑材料。

而瓷砖就成了这个新设计文明舞台的主角。

1. 还原陶砖 (Reduction Firing Brick)

还原砖、过火砖都曾经在古今中外的不朽建筑文明中扮演着重要的地位,如英国、法国、意大利的皇宫殿堂、贵族古堡,上海的外滩,天津、大连和青岛的万国建筑群。

而日本、德国等以外墙为主的国家,则成为哥特式(Gothic)与巴洛克式(Baroque)陶砖的代表。其尺寸大小,则以同古典砖块正面与侧面大小相同的60mm×227mm及60mm×108mm的配套二丁挂与小口砖为主。

2. 大型陶板 (Terra cotta)

文艺复兴时期,陶板几乎被充分地使用在屋瓦、墙壁及地板上。而在中国古代的宫殿,陶板也被广泛使用。然而,由于优质的陶板、赤陶需要有非常优质的天然陶土,不能假借人工染色。因此,在供应上也就较为稀有。

21世纪的新型建筑中,如美国纽约、意大利米兰、日本东京等城市的个性化建筑,以及五星级酒店如希尔顿(Hilton)、康拉德(Conrad)酒店,也都采用了文艺陶板作为个性外墙。

这些世界级的优质陶板,以意大利的托斯卡纳(Toscana)、德国的巴伐利亚(Bavaria)、法国以及日本的常滑(Tokonamei)等地较为出名。

3. 锻烧石材 (Refiring Stone)

石材的种类成千上万,几乎世界各国都有生产。然而经典的建筑,所采用的经典不朽石材却是不可多得。

文艺复兴大师米开朗基罗(Michaelangelo），为了寻找雕刻梵帝冈（Vanticam）教堂的名贵石材Statuario，带了12个人花了9个月的时间，才在意大利北部卡拉拉（Carrara）山脉，千辛万苦地寻觅到珍贵纹理的石材，造就了人类历史上伟大的建筑与雕刻艺术作品，而今，这种石材已很难再被发现。

因此，欧洲的顶尖瓷砖厂与石材矿厂结合，寻找各种经典石材的原始矿脉，去芜存菁，将石材用最新的计算机科技，控温火侯重新锻烧。将"石"炼成"材"，就如同"铁"炼成"钢"的做法，创造了新的科技锻烧经典石材。因而，还原了顶级稀有的经典石材的原有风貌，更在石材属性上加以强化，使其不老化（aging）、不风化。

如五星级酒店最爱的Statuario、Michaelangelo系列石材，以及突破最高技术难点的巴西黑金沙（New Tijuca）、南非黑金沙（Belfast）顶级石材等，均成为国际名师的最爱，最新完成的世界顶级名车意大利法拉利（Ferrari）博物馆，就是采用了此类产品。

二、新玻化美学（New Porcelain）

中国的玻化砖，扮演着世界瓷砖产业中的主要角色，而随着技术的进步与产能的不断提升，新时代的玻化砖应运而生，发展方向则有下列四个方面：

1. 新多管布料（New Multiple Pipe）

在原有自由喂料、多管布料的基础上，将仿石纹作得更细致、更自然，更由三管进入多管的纹理搭配。

2. 新自由渗透（New Rotor Soluble Salt）

市场上的新趋势中，摒弃过去渗透釉单一石纹的缺点，更精致地以XRRC（XXL Random Rotor Color）多元胶滚印刷，呈现玉石般新自由渗花的质感及每一片砖不同的纹路肌理。

3. 新微粉玻化（New Micro Power）

微粉砖的发展，将进入新的时代，过去的微粉有着较明显的直纹方向性，而在新的"反打微粉"中，则呈现较随机（Random）的纹理，而更新的发展方向，则是微粉加上渗花，微粉加上熔块等，均可制造出更多元的微粉两次喂料精致效果。

4. 新微晶玻化（New Crystal Porcelain）

在日本10年前风行的微晶玻璃，目前在国内也激起一个新的浪潮，而除了类似日本NEG（日硝）所生产的通体微晶玻璃外，市场上更推出了微晶与玻化砖结合的微晶玻化复合板。在产品方面，微晶玻化板也从颗粒结晶走向单色细粉结晶，更走向第二代的仿大理石纹结晶复合板，提供了更多的选择性。

总体而言，由于玻化砖种类的多元化，也使其运用场合由地面至墙面，由室内至室外，更多更广地被设计师使用。

三、新釉面玻化（Glazed Porcelain）

釉面墙地砖的发展，在最近两年中有着显著的变化。

釉面墙砖方面，高亮釉修边砖已经成为市场主流，而欧美新流行的釉面玻化砖也应运而生，其中分成两类：

一种是白色坯体（white body）釉化玻化砖，国际市场上称为glazed-porcelain，表示瓷砖釉面与砖坯不同颜色，适用于墙面与室内地砖。

另一种是有色坯体（Color body）釉面玻化砖，表示瓷砖釉面与坯体同一颜色，国际市场上称为Gres Porcelain，更适于用在墙、地一体的设计。

基本上，釉面砖与玻化砖的合流，将来会有更多的类似效果出现。

四、新黄金美学（New Golden Ratio）

在2005年的西班牙瓦伦西亚（Valencia）瓷美赛玛（Cevisama）的世界瓷砖大展中，强调了象征极简主义的新黄金比例，也就是1:3比例的新简约瓷砖。

在市场已成为主流的长方形黄金比例瓷砖，大多数是传统1:1.5或1:1.6左右的瓷砖。而在简约主义（Minimalism）的风潮下，强调less is more"少就是多"的主张，也就是用较少的元素去创造更多、更丰富空间概念。

因此，西班牙展中300mm×900mm、300mm×1200mm及330mm×1000mm等极长比例的瓷砖，配合各种不同的面状，让空间设计的规划，完全突破了传统 200mm×200mm、200mm×300mm、250mm×330mm、250mm×400 mm等常规尺寸，也使建筑设计在墙面、地面材料上有着更丰富的选择。

五、新艺术美学（New Art Style）

在2005年的西班牙与意大利瓷砖大展中，将现代艺术溶入瓷砖风格中的设计仍占有一定的比例。其中，有波希米亚风格（Bohemian）的个性主义图案，更有人主张新波普（New POP）时代的来临。

波普艺术（POP Art）来自英国及美国，1960年 Independent group 在伦敦举办"这是明天"的展会，用新的艺术去关注现代技术与消费者和大众传媒文化。

而在第三波计算机信息革命的今天，瓷砖设计除了将20世纪60年代的波普艺术中注入了简约主义的白、棕、灰色外，更将大自然的颜色——导入，配合立体波普（POP）造型的樱桃红、苹果绿、柠檬黄等，都为自然与艺术的结合注入鲜活的色彩与生命。

六、新素材美学（New Materials Concept）

空间设计中，自然素材的使用与选择是一个相当重要的规则。

在新环保共生与自然主义的世界大潮流下，取自大自然的仿天然材料成为一种风尚，例如原木、复合木板、麻织品、棉织品、竹制品、藤制品及毛毯等。

建筑陶瓷以其多变的可塑性及耐久性，在世界瓷砖三大展（美国的ITSE、西班牙的Cevisama、意大利的Cersaie）中，均巧妙地将陶瓷与新自然风格的素材进行原材重现或有机组合。

而在马赛克方面，除了传统的小马赛克外，更有沟槽式马赛克、金属釉马赛克、石材马赛克，更有陶瓷坯体加上不锈钢的白金马赛克。马赛克更从方形发展成长方

形、椭圆形、多边形等,让生活空间有更多的选择。

在材料组合方式上,拉槽式的瓷砖配上金属或嵌入玻璃更是陶瓷与其他素材的整合设计与配套演出。

在功能方面,为了使瓷砖保持永久的美观,最新的内外墙瓷砖中,也将最新的纳米(Nano)科技运用在瓷砖表面,形成自洁与抗菌的效果。

七、新混搭美学(New Mix & Match)

M&M,新混合主义或新混搭主义,是一个新的潮流与设计风格。

混而合之、混而搭之,在国际瓷砖的使用上,已经发展出可供配套的M&M瓷砖,以避免混而"不搭"、混而"不合"的大杂烩空间。

就尺寸而言,瓷砖在尺寸的搭配使用上,突破以往单一尺寸的单调设计,在混搭最大公约数的尺寸的规则下,例如300mm×600mm搭配了300mm×300mm、150mm×150mm、100mm×300mm、50mm×300mm、50mm×50mm等,不同的设计组合可依空间及个性搭出不同风格的设计。而为了方便使用设计,很大部分材料均在300mm×300mm的砖面上拉沟槽,形成不同尺寸300mm×900mm的壁砖,搭出150mm×900mm的极简风格砖,不但使瓷砖走出浴室、厨房,更走向客厅、餐厅、电梯、大堂,甚至迎宾大厅,可谓登堂入室也。

就面状而言,瓷砖的运用,从过去的平面到现在的多元化三维效果,在"Markitecture"的主导下,各种立体面应运而生,如烧面(Flamed)、水烧面、砂岩面(Sand-brushed)、山型面(Yama)、板岩面

(Slate)、凿岩面(Hammered)、剖岩面、几合面等,均可与平面砖作成不同建筑空间风格所需之混合素材搭配使用。

就光度而言,三位一体的光影结合,也成为主要的趋势。玻化砖等瓷砖的表面光度,在国外是以亚光(Matt)及亚抛光(Honed)为主,国内则以抛光(Polished)为主。在国际性的的空间设计中,很多设计师将不同光度的瓷砖合为一体,将光度为20~30°的亚抛砖结合抛光砖及亚光砖,甚至利用岩面立体砖作不同光度的结合以产生变化有序的光影综合体。

总之,新自然主义是建筑设计界与瓷砖工业合作探讨未来空间设计材料的新走向,而这些潮流,以意大利、西班牙、德国为起点,正在走出欧洲,走向美洲,进入亚洲,进而影响全世界。

部分图片提供:
名家国际(中国)有限公司
广东博德精工建材有限公司
艾太克陶瓷(中国)联络处
北京正中公司
上海汇晋建材公司

FORUM 论谈

编者按

设计师对材料的鉴别和选择有相当的发言权。《手册》编委会邀请了国内知名设计师,就室内设计材料选择问题进行讨论,并把他们的讨论进行收集整理,希望通过《手册》的桥梁作用,将设计师的一些观点和看法传达给厂家,也希望藉此抛砖引玉,让更多的设计师参与到"设计与选材"的讨论中来,从而对设计师的实际选材工作有所裨益。

关于"设计师与材料选择"的讨论

Discussion about How Designers to Choose Materials

崔恺
中国建筑设计研究院副院长、总建筑师
国家工程设计大师

林学明
广州集美组室内设计工程有限公司总经理
中国特许高级室内建筑师

> 建筑师很关注建筑与材料的关系，建筑的创新对材料的发展起到了很大的作用。反过来，建筑材料的创新也为建筑的创新提供了重要的手段。
>
> —— 崔恺

建筑师很关注建筑与材料的关系，建筑的创新对材料的发展起到了很大的作用。反过来，建筑材料的创新也为建筑的创新提供了重要的手段。我将现代建筑运用材料的趋向简单地归纳为五个方向，希望这样的提法能够为陶瓷材料的发展提供参考：

一、新简约主义，也叫新现代主义。其最大的特点是去掉烦琐的装饰，直接展示建筑本身的特点，强调材料自身的表现力。

二、回归自然，选用一些天然的材料，如木材、石材甚至植被作为建筑材料，这些材料可以在气候的影响下，随时间的流逝而变化。

三、计算机设计语言的发展，使建筑设计从传统的平面体系正在向不规则曲面体系过渡。这也要求建筑材料的加工方法和规格控制也能适应异型化和精确度的高要求。

四、复合材料的发展不仅可以改善传统建材的性能，也能提供新的视觉体验，如彩釉印刷玻璃、光导纤维混凝土等等。

五、节能、环保型建材的发展，对提高建筑质量和减少环境污染也起着重要的作用。

英国伊顿中心植物园使用的 ETFE 膜材

某室内空间使用木条板作为空间界面材料

简约主义作品

异型玻璃幕墙和天然石材的组合

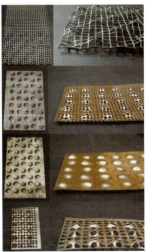
赫尔佐格和德米隆事务所对金属穿孔板进行的研究

> 陶瓷有很丰富的表达语言来表现自身的特点，传统的产品也更朴素自然，更富含民族的文化。如果传统的产品得到相得益彰的应用，既可以体现现代瓷砖所无法体现出来的特点，也可以体现出现代时尚的一种精神。
>
> —— 林学明

著名的万豪大酒店，从设计中可以看到以往人们认为已被淘汰的产品在这里被大量地使用。万豪大酒店是一个集娱乐、休闲与办公为一体的豪华酒店，其设计中采用的都是一些很朴素的材料，用的是普通规格的瓷砖，其地面还采用了国内已很不常见的水磨石、水刷石。

人们追新追巧的今天，传统产品正在悄悄影响着现代的设计理念。

上世纪80年代，我对国内产品有一种抵触的情绪。那时刚刚毕业到北京，因为当时渐变的红绿色瓷砖正在铺天遍地地应用，公共卫生间、饭堂、大厅等等都在使用这种材料，所以北京给我的感觉是到处都是"厕所"。

90年代初期时，接触五星级酒店设计的机会越来越多。因为意识到大量使用石材是对人类生态资源的破坏，于是就在国外寻找好的瓷砖来替代石材产品。但在向业主推荐时，瓷砖却不被业主所接受，因为当时瓷砖被认为是低档产品，我想改变这种观念却心有余而力不足。

最近几年来，生产大尺寸的瓷砖形成了一股潮流，也看到了陶瓷模仿各类材料的一种趋势，这令我想起了当今盛行的整容术，虽然它做得很逼真，但却使其失去了本身的特点，对于广大企业家来说，陶瓷的设计失去了本身的特点，也就意味着失去大量的设计师。

陶瓷有很丰富的表达语言来表现自身的特点，传统的产品也更朴素自然，更富含民族的文化，如果传统的产品得到相得益彰的应用，既可以体现现代瓷砖所无法体现出来的特点，也可以体现出现代时尚的一种精神。我们的传统产品正在国际上很多高档酒店中扮演着重要的角色，期望生产厂家树立对传统产品制造的信心。现在瓷砖行业充斥着盲目追求新奇，而不注重设计师的实际要求，这是一种非常不理性的环境，应该通过企业家对差异化竞争的重视以及个性特点的挖掘而得到改善，而不应该去盲目地摹仿其他材料，我认为只有这样才能提高我们的竞争力。

编者按

以下选取的几组瓷砖设计汲取了多种文化艺术的养分,兼顾瓷砖的材料、结构、形态、色彩、表面加工及装饰。设计者将艺术传统和浪漫情调融入他们的瓷砖设计中,依赖细节,体现了艺术与功能的和谐统一,从而形成了自己的富有个性和创造性的作品,营造出舒适浪漫、高品质的个性空间。

瓷砖经典设计
Classic Tile Design

PALATIUM(文艺复兴)系列和MICHELANGELO(米开朗琪罗)系列由意大利ARKADIA(亚卡迪亚)公司于1997年生产,由设计总监ALESSANDRO GIANNASI及内部的研发部门共同设计。

PALATIUM(文艺复兴)系列陶瓷砖的砖体为红色,表面施彩釉,可用于室内外装饰。许多不同深浅颜色及不规则边围的恰当运用,给瓷砖增添了一种天然的效果。PALATIUM系列的精髓及灵感源于中世纪的光辉壮丽的历史以及文艺复兴时的城堡和大教堂。在这文学、社会、科学及艺术重生的新时代,人们对美的鉴赏有了新的发现。这新的发现带来了珍贵优美的颜色及闪耀的装饰艺术。那个时代的魅力传递到今天我们对文艺复兴系列的坚持,它能给私人住宅带来一种古老的感觉,随着时间的流逝,遗留下了历史的色泽。

【图1】

MICHELANGELO(米开朗琪罗)系列是由陶土混合在一起,在960℃的高温下烘干,然后由优秀陶艺师作手工绘制,最后再进行第二次烘烤以便修饰定型。MICHELANGELO(米开朗琪罗)系列的审美与装饰风格深受米开朗琪罗作品的影响,并采用昔日的工艺技巧生产出来,呈现的是一种"手工制作"的魅力。这种不同规格的流行组合及布置会让房间变得更温暖、更个性化,同时从这些留有个性化痕迹的作品中,也能激发你产生联想和情感。【图2】

意大利设计师Piero Fornasetti(皮耶罗·弗纳塞提)设计的tema e variazione系列由20幅规格为100mm×100mm手绘釉面砖组成,砖表面镀24K白金,主要用于室内墙,有亮光与亚光两种选择。在Piero Fornasetti的笔下,这些天使般的脸庞在银色背景的映衬下默默注视着我们。每个脸庞都各有特色,就像生活般变幻莫测。在这里,大师用这些个性鲜明、优雅的脸谱把时间永恒地定格在瓷砖上,日常生活的琐碎与个性成为永恒的主题。云彩、明月、日光与脸庞融合交汇,不断提醒我们,世界属于人类,人类所选择的美好环境与永恒世界不可分割。【图3】

设计师Piero Fornasetti(1913~1988),意大利米兰人,被誉为当代艺术宗师,他涉足广泛,是画家、雕塑家、室内设计师和美术书刊的印制者,尤其在舞台、服装和展会设计方面享负盛名。Fornasetti常常有创新的意念,使得他的作品总是走在时代的尖端,引领时尚。

意大利时装设计师Laura Biagiotti（劳拉·比亚焦蒂）设计的Tagina瓷砖不仅具有无与伦比的艺术魅力，而且具有一种无法与之相抗衡的贵族气息，品味Tagina犹如欣赏一件完美的艺术品，在它的身上蕴藏着一种遥远的希腊人文传统，古庞贝城的艺术遗风，甚至还有奥古斯都时代的罗马贵族格调，伊斯兰教典雅的教堂装饰，来自印度恒河的魅力体验和法兰西的乡村童话。【图4】

在Tagina MINOICA象牙系列中，瓷砖温暖柔和的色泽质感像极了珍贵的象牙，而且局部细节中运用了复古马赛克的拼花设计，使得整体有着如同象牙雕刻出来的精致生动，富有祥和高贵的气息。在古希腊，橄榄（Olive）是天地"和而一统"的象征，从皇家贵族到普通平民的家门口都挂着一串翠绿的橄榄，特别是新婚燕尔的夫妇，他们的家门口必定挂着橄榄，祈祷家庭美满，婚姻幸福。如今你可以从Tagina MINOICA象牙系列的设计中看到青翠的橄榄叶，它正是你婚姻幸福的保护神。不仅如此，你还可以看到来自法兰西乡村童话中的蝴蝶花（Butterfly flower），蝴蝶花意味着基督教的圣父、圣子和圣灵三位一体，而且还象征了民族纯洁、庄严和光明磊落。古希腊神话中，美丽的蝴蝶花还是夫妇的代名词，每一对恋爱中的人都希望他们生前死后也能够像蝴蝶花一样白头到老。【图5】

设计师Laura Biagiotti，意大利著名女时装设计大师，在时装方面以羊绒的设计闻名，被纽约时代杂志冠以"羊绒皇后"的美誉。为奖励她多年来在时装领域中的杰出表现和为意大利READY-TO-WEAR系列在世界上成名而做出的贡献，1978年她被Italian Repubblic授予'COMMENDATORE'奖。20世纪80年代Laura Biagiotti与意大利高档瓷砖生产厂商Tagina签署合作协议，由此开始了成功的合作。

图片提供：上海汇晋建材公司/艾太克陶瓷(中国)联络处/名家国际(中国)有限公司

Choiceness of Interior Design
室内设计精选

编者按

浴室与瓷砖像是不可分割的整体,越来越多花色瓷砖的制造,似乎都是为了丰富浴室的设计而准备。正因为此,一座用瓷砖装饰的建筑可能会让人叹为观止,而想让一间用瓷砖铺装的浴室成为设计经典,却越来越难。

这间现代感十足的浴室完成于50年前，它的设计者是开创现代建筑艺术门派的先驱人物——设计师科尔比西耶（Le Corbusier）。这个浴室专门为坐落于法国普瓦西（Poissy）的萨瓦别墅（Villa Savoye）而设计的。这间没有任何装饰的浴室恰恰就是这位影响力巨大的瑞士设计大师笔下的经典之作，它把科尔比西耶所倡导的"家只是'生活的工具'"这一理念体现得淋漓尽致。他所采用的这种单色瓷砖环境设计成为了后来质朴、平滑而又兼具功能性设计的先驱。浴室前端的体型躺椅在最近又开始成为流行时尚，尤其是在一次性成型塑料浴盆上得到更多的体现。这种体型塑料浴盆可以支撑沐浴者躺倒的身体。位于浴室左侧的橙色小隔间是一个陈列架。设计师在小隔间与浴室之间设计了一根橙色的帘柱，帘柱挂上帘子后就可以将浴室同卧室的其他部分隔开，而实际上浴室和剩下的部分是整个卧室的两个组成部分。

这是一间墙壁和地面都铺设了大理石砖的宽敞浴室。浴室墙壁、地面上的大理石砖和它们在玻璃镜面吊顶中的倒影连成一体，将浴室里的沐浴者包裹在高雅而且尊贵的豪华氛围之中。大理石斑驳的灰色色调不断延伸并且扩展到大型双人浴盆、坐便器和净身盆上，使得这些主要的卫浴用具不会对浴室的主题色调产生任何的影响。实际上，坐便器和净身盆采用了隐藏式设计，它们被布置在面盆柜的后方，这就产生了一种效果：浴室看起来是一个整体，没有被人为地分割开。当人们步入浴室环视四周时，目光就不会因为任何一件卫浴用具阻挡而停顿下来，甚至大型双人浴盆也不会破坏浴室的整体感。在面盆的下方，面盆柜上的玻璃镜面反射并且突出了大理石砖的深色条纹，让人不由得联想起表面光滑的大理石制品，这样一来整个浴室就像是用大理石雕刻出来一样的华丽气派。

拼花"百衲被"(crazy-quilt)的独特效果可以通过将形态和设计风格迥异的瓷砖混合、搭配、拼凑在一起来获得。尽管由不同瓷砖拼凑起来的墙面看上去总体布局有些随意，但是这些瓷砖的色彩和格调都是经过设计者犀利而敏锐的眼睛精心筛选过的。所以，尽管每一块瓷砖上都烧制有各不相同的几何图案，但是它们的身上都透带着一种柔和统一的泥土色调，从而使浴盆四周的墙壁看上去是连贯一致的。这种设计手法不会造成鲜艳明亮的原色侵入，扰乱整体色调的一致性。在这间浴室里，就连翼壁上的小鸟蜻蜓天空图案的彩色玻璃窗也沿袭了放松而且柔和的质朴情调，这与沉浸在柔和泥土质感环境中的浴室所散发出来的格调是完全一致的。在这里，木制小浴盆和窗台上的海星完美地统一在一起，给你一种回归自然的感觉，这里俨然就是树木和海洋生物最好的居所。

这间浴室的设计风格采用的是带着更多传统色彩光环的折衷主义——如果光环这个词用在这里恰如其分的话。白色和灰色的四方砖铺设在浴室四周的墙壁和浴池上，形成棋盘黑白相间的样式；天花板上的塔夫绸织物柔和地拦住了从古希腊科林斯人麦秆形灯柱中向上射出的灯光；浴池边摆放着一尊佩戴金色头盔，前胸镀金的亚马孙女神半身像；一串珊瑚花簇与安妮女王时代的座椅上所运用花形图案设计相映成趣，相辅相成；两只大柳条箱子和柳条篮子用于盛放盆栽植物；悬挂在浴池上方的双旭日镜子就像一只阿兹特克人神灵的万能之眼，不停地注视着前方；这是一个名副其实的由不同时空组成的集锦空间，在这里，广口瓶、小罐子和其他物品聚集在一张小桌上，依偎着浴室各个角落所折射出的几个世纪的宏伟历史。

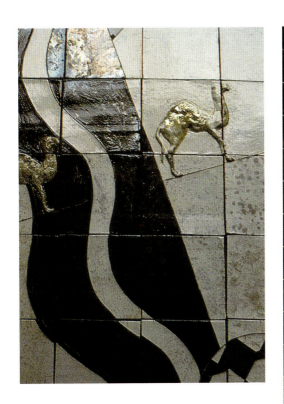

这间浴室所运用的超现实主义设计风格会给置身浴盆之中的沐浴者带来一种视觉上的冲击,幻想的欲望油然而生,这种梦幻一般奇妙的感觉会引诱着每一个沐浴者花上好几个小时去猜想眼睛到底是在耍弄什么样的神秘把戏。手绘定制的彩釉瓷砖是专门为后墙而准备的。棋盘图案的黑白格子旗帜在墙壁上起伏不定,好像随着微风不停地飘舞。金色骆驼组成的驼队正安详地穿越明暗交错的色彩地带,眼前的这番景象构成了一幅梦境一般的图画,好像惊醒后的梦中人脑海中惟一残留的记忆,而梦本身早已随风飘逝了。

图文选自<Beyond The Bath>

A
altaeco 艾太克 68~75
AZUVI 雅诗美 76~83

B
BAOYU 宝玉 84~85
BODE 博德 86~99

C
CHAMPION 冠军 100~111
CIMIC 斯米克 112~123

D
东鹏 124~135

H
宏宇 136~145
皇冠 146~155
汇晋 STEPWISE 156~163

I
ICOT 爱和陶 164~171
Individuality Ceramic 个性 172~177

J
嘉俊 178~187

K
科马 188~195
KITO 金意陶 196~207

L
LA FE 蓝飞 208~211

M
MAJOR 名家 212~227
Marco Polo 马可波罗 228~235
MONALISA 蒙娜丽莎 236~251

N
能强 GRIFINE 252~259

O
OCEANO 欧神诺 260~285
ONNA 安拿度 286~291

P
pierre cardin 皮尔卡丹 292~299

R
R.A.K. 哈伊马角 300~307
ROMA 罗马 308~313

产品展示

product exhibition

品牌排序说明：品牌依照英文字母顺序排序，以标志LOGO中品牌名称的第一个英文字母（左上起）为准，如遇中文，以中文拼音的第一个字母为准。

S
SANFI 兴辉 314～319

T
TENGDA TILE 腾达 320～323
TiDiY 特地 324～335
TOTO 336～341

X
现代 342～353
新中源 354～365

Y
鹰牌 366～377

Z
正中 378～381
中盛 382～391

辅助材料产品展示
ICOT 爱和陶 392～393
ROMA 罗马 394～395
RUBI 瑞比 396～399

艾太克陶瓷（中国）联络处
地址：深圳市益田路3013号南方国际广场A座0220室
邮编：518048

关于VOGUE

VOGUE 系列瓷砖已经过20多年的发展，最初的特点是：纯色系、明快的颜色、率直的线条、标准化的规格，能配合各种结构设计的要求。

在20世纪80年代初期，瓷砖市场中矩形产品系列占据主导地位，色系也都是"FIAMMATE"和"CUOIO"。VOGUE 推出多种纯色方形系列，通过混合和搭配不同颜色和尺寸创造了更多不同表面风格的瓷砖。包含了几何形状、彩色系列，同时也拓展了瓷砖创作风格，从颜色转换到纹理，强光泽装饰表面，防滑表面设计。

1998年，VOGUE 推出"VOGUE"系列，此系列丰富、完整，一种颜色结合5种不同的纹理，而且特殊材质的产品也适应像耐寒、运输、卫生、光滑等各种场所对地面的要求，VOGUE 产品的应用更加广泛。

产品介绍

选择VOGUE 系列产品中同一种颜色不同规格和纹理的产品便于墙面和地面的铺贴设计，产品不仅适合外墙铺贴也适用于游泳池的铺贴，可以满足各种技术和建筑的要求。为进一步拓展VOGUE 系列，VOGUE 还在保留主要产品特点的基础上结合其他元素来满足不同装饰的更多需要。

电话:0755-82821023
传真:0755-82821255
服务热线:13189133533

网址:www.altaeco.com
E-mail:altaeco@126.com

品牌国别:意大利
生产地区:意大利

产品特性　VOGUE系列的原材料选自高岭白泥土做底,完全瓷化,吸水率为0.5%＜E≤3%,施工前只需对墙体做普通防水处理,可节省建造墙体的成本。砖表面抗污能力强、易维护、清洁简单。产品釉面采用特殊工艺处理,可持久保持光亮,永不褪色,无须使用清洁用品,避免污染水资源。

VOGUE系列产品贴合性好,各类产品的规格和厚度都协调一致,贴合时接口处仅为2mm左右,增加了艺术效果和装饰质量,现有的VOGUE系列产品规格是平均实际规格,产品规格的公差与欧洲标准UNIEN14411一致,瓷砖与瓷砖的接合处在公差范围之内变化。模块性的特性使VOGUE系列的产品比传统一次性铺贴更美观,也减少了铺贴成本。

◆ **VOGUE 系列产品实际规格与产品规格示意图**(单位:mm)

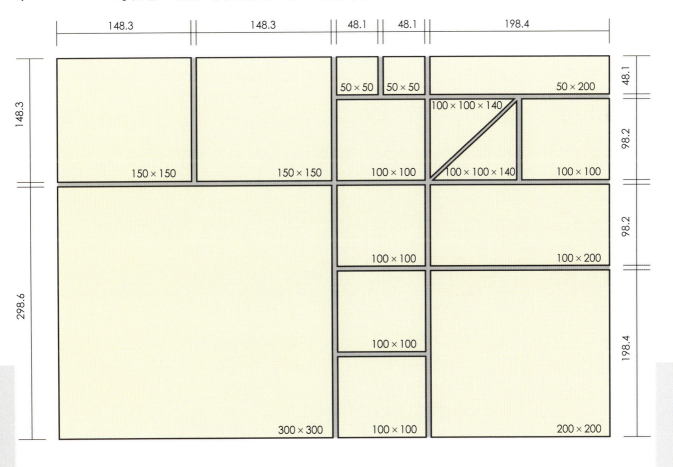

※外围尺寸为VOGUE系列产品中该产品的平均实际规格。

各地联系方式:如需各地联系方式请咨询艾太克陶瓷(中国)联络处。

执行标准:欧洲标准ISO 10545-3

艾太克陶瓷（中国）联络处
地址：深圳市益田路3013号南方国际广场A座0220室
邮编：518048

◆ VOGUE 系列产品规格示意图（单位:mm）

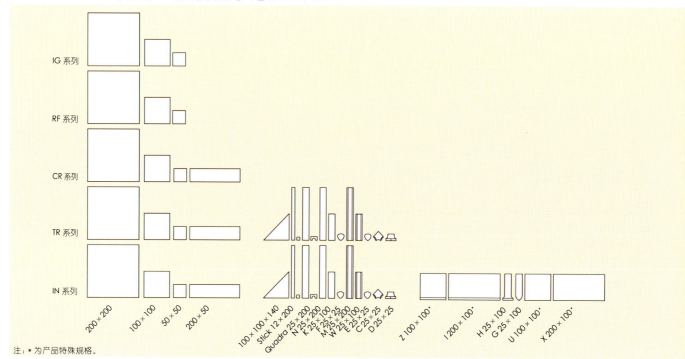

注：* 为产品特殊规格。

◆ VOGUE 系列产品颜色及表面示意图

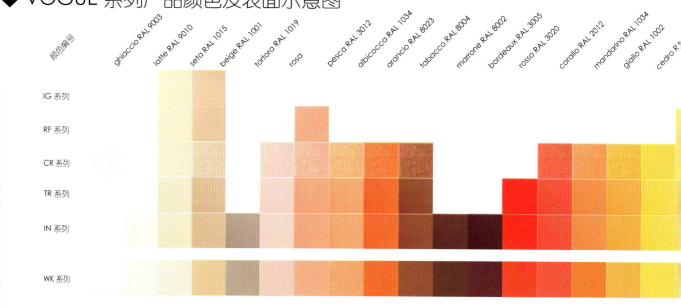

The Vogue system consists of six collections/surfaces which have colours and shapes in common. Five of these collections are always available in 3 basic sizes(50mm × 50mm, 100mm × 100mm, 200mm × 200mm) and the colours are repeated in the different textures, in addition there is the sixth surface suitable for floor coverings and available in one size.

电话:0755-82821023
传真:0755-82821255
服务热线:13189133533

网址:www.altaeco.com
E-mail:altaeco@126.com

品牌国别:意大利
生产地区:意大利

艾太克

◆ **VOGUE 系列配件规格及铺贴示意图**（单位:mm）

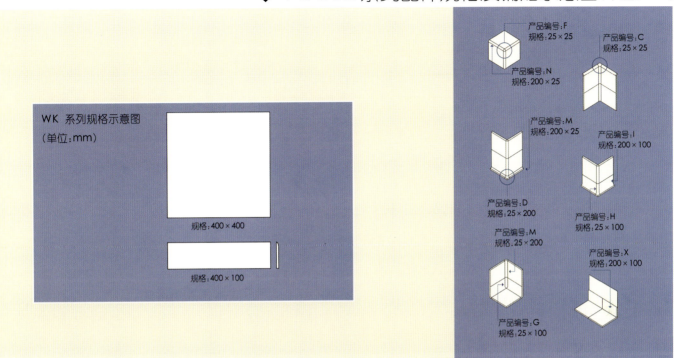

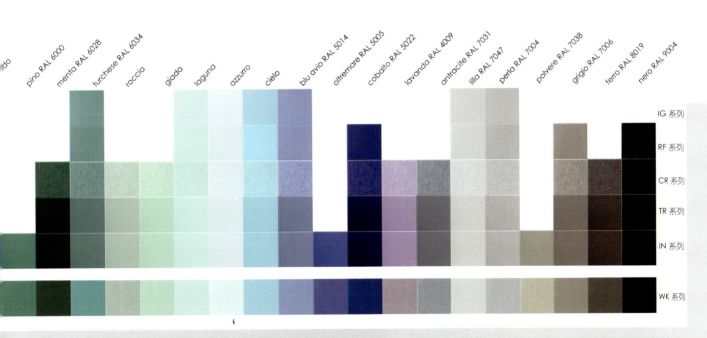

VOGUE 由6个系列组成:IN 系列、TR 系列、CR 系列、RF 系列、IG 系列、WK 系列;有4种表面效果:亮光、亚光、渐变、防滑;主要有3种规格:50mm×50mm、100mm×100mm、200mm×200mm;以4种不同纹理为基调,表现各种图案,一个颜色在不同系列中保持一致。

艾太克陶瓷(中国)联络处
地址：深圳市益田路3013号南方国际广场A座0220室
邮编：518048

VOGUE 系列配件

VOGUE 系列配件产品可与VOGUE 的TR 系列、IG 系列搭配使用，有亮光表面和亚光表面可供选择。适用于游泳池、卫生间、厨房等空间的边缘及死角铺贴，既美观又便于清洁。VOGUE 系列配件产品规格见VOGUE 系列配件规格及铺贴示意图，如需详细价格请咨询艾太克陶瓷(中国)联络处。

产品编号：cod.U

产品编号：cod.Z

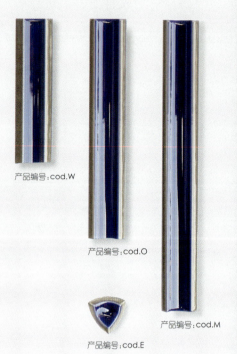

产品编号：cod.W
产品编号：cod.O
产品编号：cod.E
产品编号：cod.M

产品编号：cod.V

产品编号：cod.J

产品编号：cod.C

产品编号：cod.X

产品编号：cod.I

产品编号：cod.D

⚠ 注意：由于印刷关系，可能与实际产品的颜色有所差异，选用时请以实物颜色为准。

电话:0755-82821023
传真:0755-82821255
服务热线:13189133533

网址:www.altaeco.com
E-mail:altaeco@126.com

品牌国别:意大利
生产地区:意大利

A 艾太克

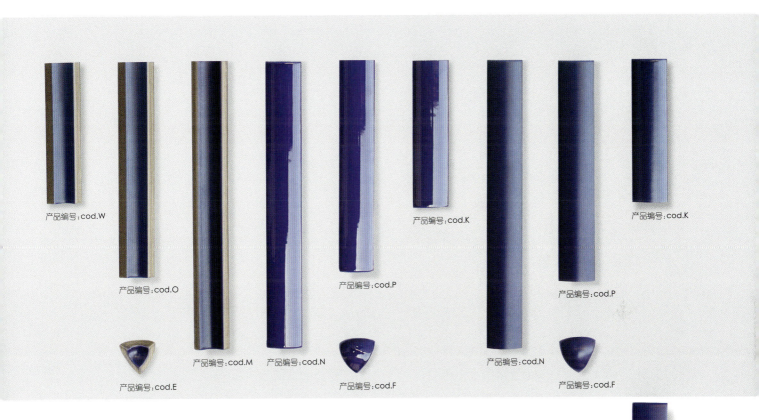

产品编号:cod.W
产品编号:cod.O
产品编号:cod.M
产品编号:cod.N
产品编号:cod.K
产品编号:cod.P
产品编号:cod.K
产品编号:cod.E
产品编号:cod.F
产品编号:cod.N
产品编号:cod.P
产品编号:cod.F

产品编号:cod.C
产品编号:cod.D
产品编号:cod.G
产品编号:cod.H
产品编号:quadra
产品编号:stick
产品编号:STICK

⚠ 注意:由于印刷关系,可能与实际产品的颜色有所差异,选用时请以实物颜色为准。

艾太克陶瓷(中国)联络处
地址：深圳市益田路3013号南方国际广场A座0220室
邮编：518048

VOGUE 系列 瓷质釉面砖。

采用VOGUE系列产品铺贴效果

采用VOGUE系列产品铺贴效果

电话:0755-82821023
传真:0755-82821255
服务热线:13189133533

网址:www.altaeco.com
E-mail:altaeco@126.com

品牌国别:意大利
生产地区:意大利

艾太克

产品编号:V3 mandarino 室内墙砖
规格(mm):300×100
参考价格:详细价格请咨询厂商

产品编号:TR azzurro 室内墙砖
规格(mm):100×100
参考价格:详细价格请咨询厂商

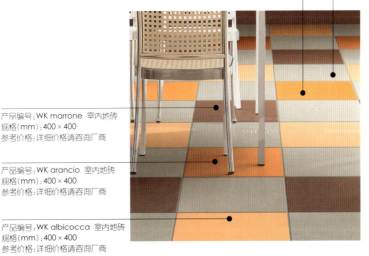

产品编号:WK polvere 室内地砖
规格(mm):400×400
参考价格:详细价格请咨询厂商

产品编号:WK mandarino 室内地砖
规格(mm):400×400
参考价格:详细价格请咨询厂商

产品编号:WK marrone 室内地砖
规格(mm):400×400
参考价格:详细价格请咨询厂商

产品编号:WK arancio 室内地砖
规格(mm):400×400
参考价格:详细价格请咨询厂商

产品编号:WK albicocca 室内地砖
规格(mm):400×400
参考价格:详细价格请咨询厂商

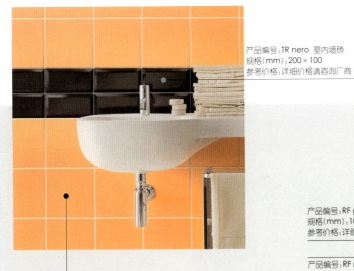

产品编号:TR nero 室内墙砖
规格(mm):200×100
参考价格:详细价格请咨询厂商

产品编号:IN mandarino 室内墙砖
规格(mm):200×200
参考价格:详细价格请咨询厂商

产品编号:TR nero 室内墙砖
规格(mm):200×100
参考价格:详细价格请咨询厂商

产品编号:IN mandarino 室内墙砖
规格(mm):100×200
参考价格:详细价格请咨询厂商

产品编号:RF ghiaccio 室内地砖
规格(mm):100×100
参考价格:详细价格请咨询厂商

产品编号:RF nero 室内地砖
规格(mm):50×50
参考价格:详细价格请咨询厂商

产品编号:WK nero 室内地砖
规格(mm):400×400
参考价格:详细价格请咨询厂商

上海恒晖建筑材料有限公司（代理商）
地址：上海市静安区万航渡路1号环球世界大厦B座507室
邮编：200040

MINIMAL MARBLE
陶质釉面砖，亚光釉面，仿古设计，
如需产品技术参数请咨询厂商。

产品编号：LOFT COMBI dark
（深色条块）室内墙砖
规格(mm)：316×450×10
参考价格(元/片)：43.80

产品编号：LOFT white
（浅色）室内墙砖
规格(mm)：316×450×10
参考价格(元/片)：43.80

产品编号：NOVA combi 腰线
规格(mm)：45×450×10
参考价格(元/片)：40.00

电话:021-62492061/62492063
传真:021-62497031

网址:www.hbmc-sh.com
E-mail:hangfai@sh163.net

品牌国别:西班牙
生产地区:西班牙

MINIMAL MARBLE

1 产品编号:IURA crema(浅色) 室内墙砖
规格(mm):300×570×10
参考价格(元/片):85.50

2 产品编号:RIOJA chardonnay 室内地砖
规格(mm):400×400×10
参考价格(元/片):58.00

3 产品编号:RIOJA macabeo 室内墙地砖
规格(mm):400×400×10
参考价格(元/片):58.00

上海恒晖建筑材料有限公司（代理商）
地址：上海市静安区万航渡路1号环球世界大厦B座507室
邮编：200040

MINIMAL MARBLE

陶质釉面砖,仿天然的大理石设计,
如需产品技术参数请咨询厂商。

1 产品编号：IURA gris
（浅色）室内墙砖
规格(mm)：300×570×10
参考价格(元/片)：85.50

产品编号：IURA SCALA gris
（两边金属线）室内墙砖
规格(mm)：300×570×10
参考价格(元/片)：280.00

产品编号：IURA DUO SCALA gris
（中间金属线）室内墙砖
规格(mm)：300×570×10
参考价格(元/片)：248.00

产品编号：IURA cafe
（深色）室内地砖
规格(mm)：400×400×10
参考价格(元/片)：52.50

2 产品编号：BORGONA DUO crema 室内墙砖
规格(mm)：300×900×13
参考价格(元/片)：168.00

产品编号：LARACHE nogal 腰线
规格(mm)：90×300×13
参考价格(元/片)：60.00

3 产品编号：FIRENZE avorio1 室内地砖
规格(mm)：440×440×13
参考价格(元/片)：63.50

电话:021-62492061/62492063
传真:021-62497031

网址:www.hbmc-sh.com
E-mail:hangfai@sh163.net

品牌国别:西班牙
生产地区:西班牙

MINIMAL MARBLE

1 产品编号:SAMARA blanco brillo 室内墙砖
规格(mm):300×900×13
参考价格(元/片):158.00

2 产品编号:BORGONA DUO caliza 室内墙砖
规格(mm):300×900×13
参考价格(元/片):168.00

产品编号:SCALA BORGONA caliza 腰线
规格(mm):50×900×13
参考价格(元/片):230.00

3 产品编号:FIRENZE avorio2 室内墙砖
规格(mm):300×900×13
参考价格(元/片):158.00

产品编号:LARIANO crema 腰线
规格(mm):100×300×13
参考价格(元/片):78.00

上海恒晖建筑材料有限公司（代理商）
地址：上海市静安区万航渡路1号环球世界大厦B座507室
邮编：200040

GEO TECH
瓷质釉面砖，仿石设计，如需产品技术参数请咨询厂商。

1 产品编号：JACA marengo 室内墙地砖
规格(mm)：440×630×10
参考价格(元/片)：128.00

2 产品编号：LENA beige 室内墙地砖
规格(mm)：440×440×10
参考价格(元/片)：82.00

产品编号：LENA beige（长条砖）室内墙地砖
规格(mm)：110×440×10
参考价格(元/片)：65.00

3 产品编号：LENA marengo1 室内墙地砖
规格(mm)：440×440×10
参考价格(元/片)：82.00

产品编号：LENA marengo（长条砖）室内墙地砖
规格(mm)：110×440×10
参考价格(元/片)：65.00

产品编号：LENA marengo2 室内墙地砖
规格(mm)：440×630×10
参考价格(元/片)：128.00

产品编号：LENA ARCO marengo
（拼花腰线）室内墙地砖
规格(mm)：110×630×10
参考价格(元/片)：268.00

电话:021-62492061/62492063
传真:021-62497031

网址:www.hbmc-sh.com
E-mail:hangfai@sh163.net

品牌国别:西班牙
生产地区:西班牙

FOREST

瓷质釉面砖,亚光釉面,仿木设计,如需产品技术参数请咨询厂商。

1 产品编号:FOREST HAYA 室内墙地砖
规格(mm):440×630×10
参考价格:详细价格请咨询厂商

2 产品编号:FOREST WENGE1 室内墙砖
规格(mm):440×630×10
参考价格:详细价格请咨询厂商

产品编号:FOREST WENGE2 室内墙砖
规格(mm):220×630×10
参考价格:详细价格请咨询厂商

3 产品编号:FOREST WENGE3 室内地砖
规格(mm):220×630×10
参考价格:详细价格请咨询厂商

4 产品编号:FOREST SICOMORO1 室内墙地砖
规格(mm):440×630×10
参考价格:详细价格请咨询厂商

产品编号:FOREST SICOMORO2 室内墙地砖
规格(mm):220×630×10
参考价格:详细价格请咨询厂商

上海恒晖建筑材料有限公司（代理商）
地址：上海市静安区万航渡路1号环球世界大厦B座507室
邮编：200040

WHITE FASHION 陶质釉面砖，如需产品技术参数请咨询厂商。

1 产品编号：MONTECARLO blanco
（白色小格子砖）室内墙砖
规格(mm)：250×400×10
参考价格(元/片)：36.80

2 产品编号：ANETO TWIN red
（红色）室内墙砖
规格(mm)：250×400×10
参考价格(元/片)：49.80

产品编号：ANETO TWIN blanco
（白色）室内墙砖
规格(mm)：250×400×10
参考价格(元/片)：30.80

3 产品编号：PALMER blue
（蓝灰色）室内墙砖
规格(mm)：250×400×10
参考价格(元/片)：36.80

电话:021-62492061/62492063
传真:021-62497031

网址:www.hbmc-sh.com
E-mail:hangfai@sh163.net

品牌国别:西班牙
生产地区:西班牙

PER FRM ANCE

瓷质釉面砖,亚光釉面,仿古、仿石设计,
如需产品技术参数请咨询厂商。

产品编号:SHAPE TRAVERTINO white
(浅色条块)室内外墙砖
规格(mm):316×500×13
参考价格(元/片):86.50

产品编号:BORDURA TRAVERTINO white 腰线
规格(mm):50×200×13
参考价格(元/片):85.00

产品编号:LOFT metal
(深色)室内地砖
规格(mm):450×450×10
参考价格(元/片):58.00

厂商简介:已闻名世界的西班牙AZUVI公司具有长久的历史和丰富的瓷砖研制经验,在瓷砖业中历久弥新。AZUVI从产品技术开发、研究、设计、产品控制等一系列瓷砖生产要素着手进行一场新世纪的技术革新。怀着精益求精的精神AZUVI在顾客中获得良好的信誉,产品销售遍布世界各地。早在1994年AZUVI就获得了环保科技创新品的美誉。现在上海恒晖建材有限公司已将AZUVI引进中国,也将AZUVI独特的风格带给中国的设计师。公司的目标就是立足中国市场,为飞跃中的中国及追求高尚生活品质的人士提供最佳服务,让创造理想家居的美梦成真。

各地联系方式:
上海展示中心
地址:上海市宜山路320号
喜盈门卫浴陶瓷商城205A
电话:021-64384723

北京展示中心
地址:北京市红星美凯龙
2楼C222展厅
电话:010-63423681

代表工程:
上海仁恒滨江苑
上海汤臣高尔夫别墅
上海东亚环球酒店
上海长宁滨河花园

上海仁恒河滨花园
上海盛大金磐花园
深圳五洲宾馆
深圳国宾馆

福州国宾馆
厦门华侨宾馆
汕头金海湾大酒店

北京国际电信俱乐部
北京中信国际大厦

所获认证:ISO9001

南京金箔集团宝玉工艺有限公司
地址：江苏省南京市江宁区东山镇金箔路98号
邮编：211100

采用宝玉金砖产品铺贴效果

产品编号：BYzc-zj22 葡萄纹
规格(mm)：150×300×10

宝玉金砖

瓷质室内外墙砖，表面贴饰金箔，可提供特殊规格加工、贴饰其他金属箔服务。

产品编号：BYzc-zj18 麻面
规格(mm)：95×95×7

产品编号：BYzc-fy04 麻面
规格(mm)：95×95×7

产品编号：BYzb-zj07 麻面玻璃
规格(mm)：100×100×8

产品编号：BYzc-zj20 葡萄纹
规格(mm)：100×100×8

产品编号：BYmb-zj12 浪海马赛克
规格(mm)：50×50×8

产品编号：BYmc-zj17 麻面马赛克
规格(mm)：45×45×7

产品编号：BYmb-zj10 龟背纹马赛克
规格(mm)：25×25×5

产品编号：BYmb-zj11 水波纹马赛克
规格(mm)：25×25×5

产品编号：BYmc-zj16 平面马赛克
规格(mm)：25×25×5

宝玉金砖系列参考价格（ 仿金参考价格　真金参考价格）

产品编号	BYzc-zj22		BYzc-zj18		BYzc-fy04		BYzb-zj07		BYzc-zj20		BYmb-zj12		BYmc-zj17		BYmb-zj10		BYmb-zj11		BYmc-zj16	
参考价格(元/片)	26.00	52.00	5.40	11.68	5.40	11.68	5.38	11.68	5.38	11.68	6.48	3.45	1.35	3.45	0.50	1.25	0.50	1.25	0.50	1.25
参考价格(元/m²)	578.00	1,156.00	540.00	1,168.00	540.00	1,168.00	538.00	1,168.00	538.00	1,168.00	648.00	1,380.00	650.00	1,380.00	780.00	1,680.00	780.00	1,680.00	780.00	1,680.00

⚠ 注意：由于印刷关系，可能与实际产品的颜色有所差异，选用时请以实物颜色为准。

电话:025-52196303/52287074/52185198
传真:025-52282282
服务热线:025-52282282/52185198

网址:www.njbaoyu.net
E-mail:njbaoyu@yahoo.com.cn

品牌国别:中国
生产地区:中国

B 宝玉

采用宝玉金砖产品铺贴效果

产品编号:BYyc-zj24 牡丹腰线
规格(mm):200×50×9

产品编号:BYyc-zj26 如意腰线
规格(mm):200×80×13

产品编号:BYyc-zj27 吉祥腰线
规格(mm):200×100×12

产品编号:BYwc-zj34 滴水檐
规格(mm):详细规格请咨询厂商

产品编号:BYwc-zj35 花沿
规格(mm):详细规格请咨询厂商

产品编号:BYwc-zj36 底瓦
规格(mm):详细规格请咨询厂商

产品编号:BYwc-zj35 + BYwc-zj36 花沿底瓦组合
规格(mm):详细规格请咨询厂商

宝玉金砖系列参考价格(仿金参考价格 真金参考价格)

产品编号	BYyc-zj24		BYyc-zj26		BYyc-zj27		BYwc-zj34		BYwc-zj35		BYwc-zj36	
参考价格(元/片)	21.00	40.00	24.00	40.00	24.00	40.00	50.00	97.50	54.00	105.00	35.60	70.00

宝玉金砖系列产品技术参数

吸水率	破坏强度	断裂模数	边直度	直角度	长度	宽度	厚度	表面平整度	表面质量	抗冻性
3%～5%	厚度≥7mm时,≥1300N	≥15MPa	±0.2%	±0.3%	±0.5%	±0.5%	±10%	±0.2%	0.8m垂直观察至少95%无影响缺陷	符合国家标准

厂商简介:南京金箔集团宝玉工艺有限公司是世界上较大的金箔深加工产品生产基地之一。产品可用于大面积内外墙装饰、也可点缀贴饰。"宝玉"牌金砖、瓦系列产品已获得国家专利和上海建筑及构件质量监督检查站、国家金银制品质量监督检验中心的检测。被中国建材工业协会评为"中国建材企业及知名产品",并向全国建材装饰工程推荐使用,是国家认定的绿色环保装饰材料。南京金箔集团宝玉工艺有限公司近年推出的手工金壁纸、金面砖、贴金马赛克、金面瓦、金腰线和贴金装饰板等系列真金装饰材料,已逐步成为新潮设计师彰显个性的首选材料。

代表工程:中央电视台 中国银行 北京人民大会堂国宴厅 南京希尔顿大酒店 上海东方明珠 上海城市规划展示馆
江苏张家港国贸大厦 哈尔滨中心花园 武汉五月花大酒店 南京金元宝大酒店

质量认证:ISO9002
执行标准:Q/320121JNJ035-2002

注意:由于印刷关系,可能与实际产品的颜色有所差异,选用时请以实物颜色为准。

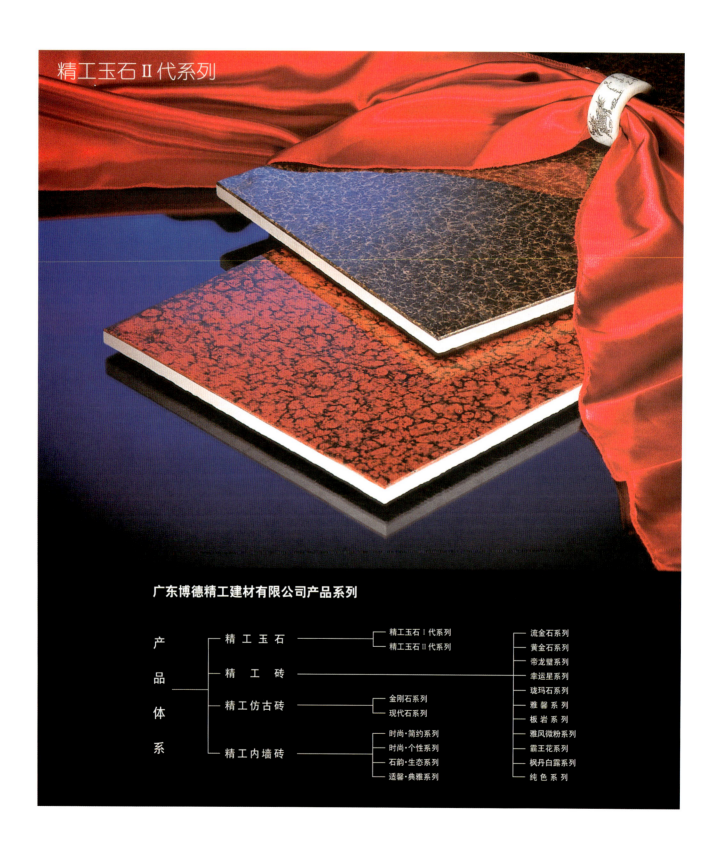

电话:0757-83201938/83200989
传真:0757-83201971
网址:www.bodestone.com
E-mail:bodematerial@163.com
品牌国别:中国
生产地区:中国

精工玉石 I 代系列

精工玉石是博德公司首创的专利产品,是一种被誉为"实现了世界陶瓷科技的革命"的新生代高科技环保建材。精工玉石表层为高级微晶玻璃,底坯为优质玻化陶瓷,兼具微晶玻璃豪华的装饰效果和优质陶瓷抗折抗压强度的特性。

采用博德精工玉石 I 代系列产品铺贴效果

产品编号:BJA01
规格(mm):600×600×14.5
参考价格(元/片):209.04
参考价格(元/m²):580.67

产品编号:BJA02
规格(mm):600×600×14.5
参考价格(元/片):209.04
参考价格(元/m²):580.67

产品编号:BJB01
规格(mm):600×600×14.5
参考价格(元/片):209.04
参考价格(元/m²):580.67

产品编号:BJB02
规格(mm):600×600×14.5
参考价格(元/片):209.04
参考价格(元/m²):580.67

产品编号:BJC01
规格(mm):600×600×14.5
参考价格(元/片):209.04
参考价格(元/m²):580.67

产品编号:BJE01
规格(mm):600×600×14.5
参考价格(元/片):218.40
参考价格(元/m²):606.67

产品编号:BJE02
规格(mm):600×600×14.5
参考价格(元/片):218.40
参考价格(元/m²):606.67

精工玉石 II 代系列

精工玉石 II 代以精工玉石 I 代产品技术为渊源,承玉石之贵气,全新的欧式色系,花纹丰富多彩,色彩效果绚烂夺目。变幻莫测的纹理、超强的抗腐蚀性无不体现出万石之王——精工玉石 II 代的至尊品位。

产品编号:B2J21
规格(mm):600×600×14.5
参考价格:详细价格请咨询厂商

产品编号:B2J25
规格(mm):600×600×14.5
参考价格:详细价格请咨询厂商

产品编号:B2J31
规格(mm):600×600×14.5
参考价格:详细价格请咨询厂商

产品编号:B2J51
规格(mm):600×600×14.5
参考价格:详细价格请咨询厂商

产品编号:B2J61
规格(mm):600×600×14.5
参考价格:详细价格请咨询厂商

精工玉石系列产品(通体砖)特性说明　　精工玉石系列另有规格(mm):294×1190/297×297/297×600/297×980/397×397/600×1200/800×800/980×980

项目	说明							
适用范围	室外地	□	室外墙	☑	室内地	☑	室内墙	☑
材质	瓷质	☑	半瓷质	□	陶质	□	微晶玻璃复合板材	☑
表面处理	抛光	☑	亚光	□	凹凸	□	其他	□
服务项目	特殊规格加工	☑	异型加工	☑	冰印割	□	其他	□

※博德精工玉石系列产品技术参数见精工玉石产品技术参数表格。

 注意:由于印刷关系,可能与实际产品的颜色有所差异,选用时请以实物颜色为准。

广东博德精工建材有限公司
地址：广东省佛山市汾江南路162号创业大厦6楼
邮编：528000

流金石系列

产品编号：BT1812
规格(mm)：600×600×10
参考价格(元/片)：58.61
参考价格(元/m²)：162.80

产品编号：BT1813
规格(mm)：600×600×10
参考价格(元/片)：58.61
参考价格(元/m²)：162.80

产品编号：BT1821
规格(mm)：600×600×10
参考价格(元/片)：58.61
参考价格(元/m²)：162.80

产品编号：BT1823
规格(mm)：600×600×10
参考价格(元/片)：58.61
参考价格(元/m²)：162.80

产品编号：BT1894
规格(mm)：600×600×10
参考价格(元/片)：58.61
参考价格(元/m²)：162.80

采用博德流金石系列产品铺贴效果

流金石采用博德公司最新研发的高温透明粉料和世界首创的颗粒釉料，结合各种粉料的有机混合，砖面倍显通透润泽，层次丰富，光彩照人，折射出沧海桑田、岁月流金的特有纹理，又兼具超现实的时尚之感。

黄金石系列

产品编号：BT1931
规格(mm)：600×600×10
参考价格(元/片)：95.72
参考价格(元/m²)：265.89

产品编号：BT1932
规格(mm)：600×600×10
参考价格(元/片)：95.72
参考价格(元/m²)：265.89

产品编号：BT1933
规格(mm)：600×600×10
参考价格(元/片)：95.72
参考价格(元/m²)：265.89

产品编号：BT1971
规格(mm)：600×600×10
参考价格(元/片)：95.72
参考价格(元/m²)：265.89

产品编号：BT1972
规格(mm)：600×600×10
参考价格(元/片)：95.72
参考价格(元/m²)：265.89

产品编号：BT1973
规格(mm)：600×600×10
参考价格(元/片)：95.72
参考价格(元/m²)：265.89

黄金石集超细微粉智能多点布料、透明微晶定点、立体渗花等最新工艺于一体，呈现出超强的立体感和晶莹的通透感，纹理细腻柔和、流畅自然，具有黄金般的华贵外表与超越天然石材的个性化装饰效果。

流金石系列/黄金石系列产品(通体砖)特性说明　　流金石系列/黄金石系列另有规格(mm)：600×1200/800×800/1000×1000/1200×1200

项目	说明							
适用范围	室外地	☑	室外墙	☑	室内地	☑	室内墙	☑
材质	瓷质	☑	半瓷质	☐	陶质	☐	其他	☐
表面处理	抛光	☑	亚光	☐	凹凸	☐	其他	☐
表面设计	仿古	☐	仿石	☑	仿木	☐	其他	☐
服务项目	特殊规格加工	☑	异型加工	☑	水切割	☐	其他	☐

※博德流金石系列/黄金石系列产品技术参数见精工砖产品技术参数表格。

⚠ 注意：由于印刷关系，可能与实际产品的颜色有所差异，选用时请以实物颜色为准。

电话:0757-83201938/83200989
传真:0757-83201971
网址:www.bodestone.com
E-mail:bodematerial@163.com
品牌国别:中国
生产地区:中国

帝龙璧系列

"璧"为玉中之上品。帝龙璧系列产品综合运用了十种以上的工艺,以巧妙的组合和搭配,完美再现了璧玉的质感、色彩、纹理和美感。每一块产品均由八种以上颜色协调搭配而成,色彩丰富且层次分明,蕴含古代皇家用瓷的品位及风格。

采用博德帝龙璧系列产品铺贴效果

产品编号:BT921
规格(mm):800×800×12
参考价格(元/片):170.43
参考价格(元/m²):266.30

产品编号:BT925
规格(mm):800×800×12
参考价格(元/片):170.43
参考价格(元/m²):266.30

产品编号:BT926
规格(mm):800×800×12
参考价格(元/片):170.43
参考价格(元/m²):266.30

产品编号:BT981
规格(mm):800×800×12
参考价格(元/片):187.48
参考价格(元/m²):292.94

帝龙璧系列/幸运星系列产品(通体砖)特性说明　　　　　　　　　　　　　　　帝龙璧系列另有规格(mm):600×600/600×1200/800×800/1000×1000/1200×1200

项目	说明							
适用范围	室外地	✓	室外墙		室内地	✓	室内墙	✓
材质	瓷质	✓	半瓷质		陶质		其他	
表面处理	抛光	✓	亚光		凹凸		其他	
表面设计	仿古		仿石	✓	仿木		其他	
服务项目	特殊规格加工	✓	异型加工	✓	水切割	✓	其他	

※博德帝龙璧系列产品技术参数见精工砖产品技术参数表格。

⚠ 注意:由于印刷关系,可能与实际产品的颜色有所差异,选用时请以实物颜色为准。

广东博德精工建材有限公司
地址:广东省佛山市汾江南路162号创业大厦6楼
邮编:528000

幸运星系列

本系列另有规格(mm):500×500/1000×1000,产品特性说明见帝龙璧系列产品特性说明表格。

利用世界先进设备、引入高科技所取得的突破性成果。将环保、天然的闪光晶体与陶瓷坯体一次成型烧成,砖体表面晶莹通透,闪光颗粒如繁星点点,熠熠发光。

采用博德幸运星系列产品铺贴效果

幸运星系列
备选颜色:

BT801   BT802   BT805

产品编号:BT804
规格(mm):1200×1200×12
参考价格(元/片):644.55
参考价格(元/m²):447.60

产品编号:BT804
规格(mm):800×800×12
参考价格(元/片):160.84
参考价格(元/m²):251.31

产品编号:BT804
规格(mm):1200×600×12
参考价格(元/片):180.96
参考价格(元/m²):251.33

产品编号:BT804
规格(mm):600×600×10
参考价格(元/片):72.79
参考价格(元/m²):202.19

珑玛石系列

与马赛克相比,珑玛石吸水率更低,强度更高,规格尺寸更大,施工更加方便,既保留了马赛克的装饰效果,又突出了抛光砖的优点,表现力更加丰富,大大拓展了设计空间。

产品编号:BT501
规格(mm):600×300×10
参考价格(元/片):32.76
参考价格(元/m²):182.00

产品编号:BT502
规格(mm):600×300×10
参考价格(元/片):32.76
参考价格(元/m²):182.00

产品编号:BT506
规格(mm):600×300×10
参考价格(元/片):42.12
参考价格(元/m²):234.00

产品编号:BT511
规格(mm):600×300×10
参考价格(元/片):42.12
参考价格(元/m²):234.00

珑玛石系列产品(通体砖)特性说明　　　　　　　　　　　　　　　　　　　　　　　　※博德幸运星系列/珑玛石系列产品技术参数见精工砖产品技术参数表格。

项目	说明							
适用范围	室外地	☐	室外墙	☐	室内地	☑	室内墙	☑
材质	瓷质	☑	半瓷质	☐	陶质	☐	其他	☐
表面处理	抛光	☑	亚光	☐	凹凸	☑	其他	☐
表面设计	仿古	☐	仿石	☐	仿木	☐	仿马赛克	☑
服务项目	特殊规格加工	☑	异型加工	☐	水切割	☑	其他	☐

⚠ 注意:由于印刷关系,可能与实际产品的颜色有所差异,选用时请以实物颜色为准。

电话:0757-83201938/83200989
传真:0757-83201971
网址:www.bodestone.com
E-mail:bodematerial@163.com
品牌国别:中国
生产地区:中国

雅馨系列

产品编号:BT702
规格(mm):800×800×12
参考价格(元/片):164.21
参考价格(元/m²):256.57

产品编号:BT706
规格(mm):800×800×12
参考价格(元/片):164.21
参考价格(元/m²):256.57

采用博德雅馨系列产品铺贴效果

微粉花纹高贵淡雅,渗花纹理若隐若现,集微粉加渗花工艺于一身,创造出巧夺天工、美妙绝伦之效果。比普通抛光砖更防污、更美观、更高雅、更接近天然石材的效果。

产品编号:BT731
规格(mm):800×800×12
参考价格(元/片):164.21
参考价格(元/m²):256.57

产品编号:BT732
规格(mm):800×800×12
参考价格(元/片):164.21
参考价格(元/m²):256.57

雅馨系列产品(通体砖)特性说明　　　　　　　　　　　　　　　　　雅馨系列另有规格(mm):297×600/297×1000/300×300/400×400/600×600/600×1200/1000×1000/1200×1200

项目	说明							
适用范围	室外地	☐	室外墙	☐	室内地	☑	室内墙	☑
材　质	瓷质	☑	半瓷质	☐	陶质	☐	其他	☐
表面处理	抛光	☑	亚光	☐	凹凸	☐	其他	☐
表面设计	仿古	☐	仿石	☑	仿木	☐	其他	☐
服务项目	特殊规格加工	☑	异型加工	☑	水切割	☑	其他	☐

※博德雅馨系列产品技术参数见精工砖产品技术参数表格。

板岩系列

板岩系列犹如取自大自然的天然石片。大规格产品最适用于外墙干挂,彰显现代建筑刚劲俊朗之力度;小规格产品适用于室内墙面特别是形象艺术墙身的铺贴,独具特色,高雅大方。

产品编号:BT6313
规格(mm):600×300×10
参考价格(元/片):41.46
参考价格(元/m²):230.36

产品编号:BT601
规格(mm):600×300×10
参考价格(元/片):37.71
参考价格(元/m²):209.47

产品编号:BT602
规格(mm):600×300×10
参考价格(元/片):37.71
参考价格(元/m²):209.47

产品编号:BT606
规格(mm):600×300×10
参考价格(元/片):41.46
参考价格(元/m²):230.36

板岩系列产品(通体砖)特性说明　　　　　　　　　　　　　　　　　板岩系列另有规格(mm):299×1200/600×600/1200×600

项目	说明							
适用范围	室外地	☐	室外墙	☑	室内地	☐	室内墙	☑
材　质	瓷质	☑	半瓷质	☐	陶质	☐	其他	☐
表面处理	抛光	☐	亚光	☐	凹凸	☑	其他	☐
表面设计	仿古	☐	仿石	☑	仿木	☐	其他	☐
服务项目	特殊规格加工	☑	异型加工	☑	水切割	☑	其他	☐

※博德板岩系列产品技术参数见精工砖产品技术参数表格。

注意:由于印刷关系,可能与实际产品的颜色有所差异,选用时请以实物颜色为准。

广东博德精工建材有限公司
地址：广东省佛山市汾江南路162号创业大厦6楼
邮编：528000

雅风微粉系列 同种规格产品颜色不同价格不同。

产品编号：BT311
规格(mm)：1200×1200×12
参考价格(元/片)：657.81
参考价格(元/m²)：456.81

产品编号：BT311
规格(mm)：600×600×10
参考价格(元/片)：82.93
参考价格(元/m²)：230.36

产品编号：BT311
规格(mm)：600×300×10
参考价格(元/片)：41.61
参考价格(元/m²)：231.14

产品编号：BT311
规格(mm)：800×800×12
参考价格(元/片)：164.17
参考价格(元/m²)：256.52

产品编号：BPA35 拼花
规格(mm)：800×1600
参考价格：详细价格请咨询厂商

采用博德雅风微粉系列产品铺贴效果

采用高科技电脑多管自由布料，纹理天然逼真，每片绝不雷同；采用超微粉原料制造，质地致密，更具超强防污功能。雅风系列品质优越、色系齐全、花色繁多、图案丰富，犹如设计师手中的调色盒，是目前市场上使用最广泛的系列产品。

雅风微粉系列备选颜色：

BT301	BT302	BT303	BT304	BT305	BT306	BT308

BT312　　BT313　　BT314　　BT315　　BT317　　BT318　　BT319

雅风微粉系列/霸王花系列/枫丹白露系列产品（通体砖）特性说明　　　　　　　　雅风微粉系列另有规格(mm)：300×300/400×400/500×500/1000×1000

项目	说明							
适用范围	室外地	☑	室外墙	☑	室内地	☑	室内墙	☑
材　质	瓷质	☑	半瓷质	☐	陶质	☐	其他	☐
表面处理	抛光	☑	亚光	☐	凹凸	☐	其他	☐
表面设计	仿古	☐	仿石	☑	仿木	☐	其他	☐
服务项目	特殊规格加工	☑	异型加工	☑	水切割	☑	其他	☐

※博德雅风微粉系列产品技术参数见精工砖产品技术参数表格。

⚠ 注意：由于印刷关系，可能与实际产品的颜色有所差异，选用时请以实物颜色为准。

电话:0757-83201938/83200989
传真:0757-83201971
网址:www.bodestone.com
E-mail:bodematerial@163.com
品牌国别:中国
生产地区:中国

霸王花系列
本系列另有规格(mm):500×500/600×1200/800×800/1000×1000,产品特性说明见左页。

霸王花系列的图案网版全部由西班牙设计师提供,印花色料为西班牙优质色料,是目前花色最为独特、设计空间最具广泛性的米黄类渗花墙地砖。

产品编号:BT103
规格(mm):600×600×10
参考价格(元/片):50.97
参考价格(元/m²):141.57

产品编号:BT108
规格(mm):600×600×10
参考价格(元/片):50.97
参考价格(元/m²):141.57

枫丹白露系列
本系列另有规格(mm):400×400/600×1200/800×800/1000×1000,产品特性说明见左页。

产品编号:BT201
规格(mm):600×600×10
参考价格(元/片):67.59
参考价格(元/m²):187.75

产品编号:BT208
规格(mm):600×600×10
参考价格(元/片):67.59
参考价格(元/m²):187.75

产品编号:BT209
规格(mm):600×600×10
参考价格(元/片):67.59
参考价格(元/m²):187.75

产品编号:BT215
规格(mm):600×600×10
参考价格(元/片):67.59
参考价格(元/m²):187.75

枫丹白露系列以纯自然的设计手法,达到了天然雪花白石材的效果,采用国际最先进的防污剂进行表面防污处理,卓有成效地防止污渍渗透,做到了长"白"不污。

纯色系列
本系列另有规格(mm):400×400/500×500/600×1200/800×800/1000×1000/1200×1200

产品编号:BT401
规格(mm):600×600×10
参考价格(元/片):67.59
参考价格(元/m²):187.76

产品编号:BT402
规格(mm):600×600×10
参考价格(元/片):150.81
参考价格(元/m²):418.90

产品编号:BT403
规格(mm):600×600×10
参考价格(元/片):46.80
参考价格(元/m²):130.00

产品编号:BT406
规格(mm):600×600×10
参考价格(元/片):46.80
参考价格(元/m²):130.00

纯色系列具有简约、高雅、时尚、纯净、大方的特点,适用于大面积的地面装饰,防污性能好,易于清洗,具有很强的空间视觉感。

纯色系列产品(通体砖)特性说明

项目	说明							
适用范围	室外地	✓	室外墙	✓	室内地	✓	室内墙	✓
材质	瓷质	✓	半瓷质	☐	陶质	☐	其他	☐
表面处理	抛光	✓	亚光	☐	凹凸	☐	其他	☐
服务项目	特殊规格加工	✓	异型加工	☐	水切割	☐	其他	☐

※博德霸王花系列/枫丹白露系列/纯色系列产品技术参数见精工砖产品技术参数表格。

⚠ 注意:由于印刷关系,可能与实际产品的颜色有所差异,选用时请以实物颜色为准。

采用博德纯色系列产品铺贴效果

广东博德精工建材有限公司
地址：广东省佛山市汾江南路162号创业大厦6楼
邮编：528000

金刚石系列

金刚石系列在设计理念上融汇了欧洲文艺复兴的古典主义与现代最前卫的时尚科技主义，在制作工艺上一贯秉承"精工技术，精益求精"的宗旨，把金刚石的质感、色彩、纹理发挥到完美。

产品编号：BMF531A 室内外墙地砖
规格(mm)：600×600×12
参考价格(元/片)：57.21
参考价格(元/m²)：158.90

产品编号：BMF531AT1 室内外墙地砖
规格(mm)：600×600×12
参考价格(元/片)：96.99
参考价格(元/m²)：269.40

金刚石系列备选颜色：

BMF101A

BMF201A

BMF301A

BMF431A

BMF732A

采用博德金刚石系列产品铺贴效果

产品编号：BMF531AM
室内外墙地砖
规格(mm)：300×300×12
参考价格(元/片)：28.15
参考价格(元/m²)：312.74

产品编号：BMF531AM1
室内外墙地砖
规格(mm)：300×300×12
参考价格(元/片)：28.15
参考价格(元/m²)：312.74

产品编号：BMF531AT2
室内外墙地砖
规格(mm)：300×300×12
参考价格(元/片)：24.25
参考价格(元/m²)：269.40

产品编号：BMF531AT 室内外墙地砖
规格(mm)：600×300×12
参考价格(元/片)：48.49
参考价格(元/m²)：269.40

金刚石系列产品(通面砖)特性说明　　　　　金刚石系列另有规格(mm)：150×600/500×500/600×1200/800×800

项目	说明						
材　质	瓷质	☑	半瓷质	☐	陶质	☐	其他 ☐
表面处理	抛光	☐	亚光	☑	凹凸	☐	其他 ☐
表面设计	仿古	☐	仿石	☑	仿木	☐	其他 ☐
服务项目	特殊规格加工	☑	异型加工	☑	水切割	☐	定制配件 ☑

※博德金刚石系列产品技术参数见精工砖产品技术参数表格。

现代石系列

产品编号：BT6112
规格(mm)：600×600×12
参考价格(元/片)：60.64
参考价格(元/m²)：168.44

产品编号：BT6117
规格(mm)：600×600×12
参考价格(元/片)：60.64
参考价格(元/m²)：168.44

产品编号：BT6121
规格(mm)：600×600×12
参考价格(元/片)：60.64
参考价格(元/m²)：168.44

产品编号：BT6152
规格(mm)：600×600×12
参考价格(元/片)：60.64
参考价格(元/m²)：168.44

现代石砖体表面小颗粒分布匀称，犹如斧凿的痕迹，外观上与天然石材更加相近，且具有极好的防滑功能。

现代石系列产品(通面砖)特性说明　　　　　现代石系列另有规格(mm)：150×600/300×300/300×600/500×500/800×800

项目	说明								
适用范围	室外地	☑	室外墙	☑	室内地	☑	室内墙	☑	
材　质	瓷质	☑	半瓷质	☐	陶质	☐	其他	☐	
表面处理	抛光	☐	亚光	☐	凹凸	☑	其他	☐	
表面设计	仿古	☐	仿石	☑	仿木	☐	其他	☐	
服务项目	特殊规格加工	☑	异型加工	☑	水切割	☐	定制配件	☑	

※博德现代石系列产品技术参数见精工砖产品技术参数表格。

⚠ 注意：由于印刷关系，可能与实际产品的颜色有所差异，选用时请以实物颜色为准。

电话:0757-83201938/83200989
传真:0757-83201971
网址:www.bodestone.com
E-mail:bodematerial@163.com
品牌国别:中国
生产地区:中国

博 德

精工内墙砖

精工内墙砖由国际顶尖大师设计,是采用先进的一次烧成技术和业界成熟的辊筒印花工艺制成的新一代厨卫空间"砖"家。产品原材料完全进口,纯平镜面效果,是高档厨卫空间的首选产品。

时尚·简约系列——黑白韵律

产品编号:BUY11001PN(亚光)腰线
规格(mm):300×95×10
参考价格(元/片):38.42

产品编号:BMH700A(亚光)室内地砖
规格(mm):300×300×10
参考价格(元/片):20.20
参考价格(元/m²):224.47

产品编号:BYN1001(亚光)室内墙砖
规格(mm):300×450×10
参考价格(元/片):18.49
参考价格(元/m²):136.93

产品编号:BYN1001H(亚光)室内墙砖
规格(mm):300×450×10
参考价格(元/片):53.66
参考价格(元/m²):397.51

采用博德时尚·简约系列BYN1001产品铺贴效果

时尚·简约系列——冰清玉洁

产品编号:BUY11001P(亮光)腰线
规格(mm):300×95×10
参考价格(元/片):38.42

产品编号:BMH100A(亮光)室内地砖
规格(mm):300×300×10
参考价格(元/片):19.06
参考价格(元/m²):211.78

产品编号:BYG1001(亮光)室内墙砖
规格(mm):300×450×10
参考价格(元/片):11.82
参考价格(元/m²):131.96

产品编号:BYG1001H(亮光)室内墙砖
规格(mm):300×450×10
参考价格(元/片):53.67
参考价格(元/m²):397.51

采用博德时尚·简约系列BYG1001产品铺贴效果

时尚·简约系列产品(釉面砖)特性说明

项目	说明								
材 质	瓷质	□	半瓷质	□	陶质	☑	其他	□
表面设计	仿古	□	仿木	□	仿金属	□	仿石	☑
服务项目	特殊规格加工	☑	异型加工	☑	定制配件	☑	其他	□

⚠ 注意:由于印刷关系,可能与实际产品的颜色有所差异,选用时请以实物颜色为准。

广东博德精工建材有限公司
地址：广东省佛山市汾江南路162号创业大厦6楼
邮编：528000

石韵·生态系列——古朴悠远

产品编号：BYN2551R（亚光）室内墙砖
规格(mm)：300×450×10
参考价格(元/片)：20.59
参考价格(元/m²)：152.53

产品编号：BYN2551D（亚光）室内地砖
规格(mm)：300×300×10
参考价格(元/片)：12.37
参考价格(元/m²)：137.45

产品编号：BUX12551G（亚光）腰线
规格(mm)：300×30×10
参考价格(元/片)：38.42

产品编号：BUY12551G（亚光）腰线
规格(mm)：300×100×10
参考价格(元/片)：46.53

采用博德石韵·生态系列BYN2551R产品铺贴效果

石韵·生态系列——奢华本色

产品编号：BYF2563H（亮光）室内墙砖
规格(mm)：300×450×10
参考价格(元/片)：67.55
参考价格(元/m²)：500.36

产品编号：BYF2563R（亮光）室内墙砖
规格(mm)：300×450×10
参考价格(元/片)：19.89
参考价格(元/m²)：147.33

产品编号：BUY12563P（亮光）腰线
规格(mm)：300×105×10
参考价格(元/片)：41.30

产品编号：BYF2563D（亮光）室内地砖
规格(mm)：300×300×10
参考价格(元/片)：12.37
参考价格(元/m²)：137.45

采用博德石韵·生态系列BYF2563R产品铺贴效果

石韵·生态系列产品（釉面砖）特性说明

项目	说明							
材　质	瓷质	☐	半瓷质	☐	陶质	☑	其他	☐
表面设计	仿古	☐	仿木	☐	仿金属	☐	仿石	☑
服务项目	特殊规格加工	☑	异型加工	☑	定制配件	☑	其他	☐

⚠ 注意：由于印刷关系，可能与实际产品的颜色有所差异，选用时请以实物颜色为准。

电话:0757-83201938/83200989
传真:0757-83201971

网址:www.bodestone.com
E-mail:bodematerial@163.com

品牌国别:中国
生产地区:中国

博德

石韵·生态系列——华贵万端

产品编号:BYF2501H(亮光)室内墙砖
规格(mm):300×450×10
参考价格(元/片):53.66
参考价格(元/m²):397.51

产品编号:BYF2501R(亮光)室内墙砖
规格(mm):300×450×10
参考价格(元/片):19.89
参考价格(元/m²):147.33

产品编号:BUY12501P(亮光)腰线
规格(mm):300×105×10
参考价格:详细价格请咨询厂商

产品编号:BYF2501D(亮光)室内地砖
规格(mm):300×300×10
参考价格(元/片):12.37
参考价格(元/m²):137.45

采用博德石韵·生态系列BYF2501R产品铺贴效果

石韵·生态系列——高贵典雅

产品编号:BYF2503H(亮光)室内墙砖
规格(mm):300×450×10
参考价格(元/片):53.66
参考价格(元/m²):397.51

产品编号:BYF2503R(亮光)室内墙砖
规格(mm):300×450×10
参考价格(元/片):19.89
参考价格(元/m²):147.33

产品编号:BUY12503P(亮光)腰线
规格(mm):300×105×10
参考价格:详细价格请咨询厂商

产品编号:BYF2503D(亮光)室内地砖
规格(mm):300×300×10
参考价格(元/片):12.37
参考价格(元/m²):137.45

采用博德石韵·生态系列BYF2503R产品铺贴效果

博德精工内墙砖产品技术参数

吸水率	破坏强度	断裂模数	长度	宽度	厚度	表面平整度	边直度	直角度	抗热震性	抗釉裂性
10%<E<18%	700N	平均值≥18MPa	±0.25%	±0.25%	±6%	±(0.10%~0.35%)	±0.15%	±0.25%	符合国家标准	符合国家标准

⚠ 注意:由于印刷关系,可能与实际产品的颜色有所差异,选用时请以实物颜色为准。

广东博德精工建材有限公司
地址：广东省佛山市汾江南路162号创业大厦6楼
邮编：528000

配套产品

博德公司向客户提供最优质的产品加工服务，多款产品经组合、加工可制作成台面板、梯级板、门坎石、窗台板、墙脚线等。公司还以独特的产品花色、雄厚的设计能力和先进的加工设备，形成了别具一格的墙地砖产品深加工特色，各种艺术拼图、腰线、角线，创意新颖，加工精致，规格尺寸可任意设计，成为博德精工玉石、精工砖的一大特色。

腰线系列

可提供特殊规格加工、水切割服务，如需详细价格、技术参数等相关信息请咨询厂商。

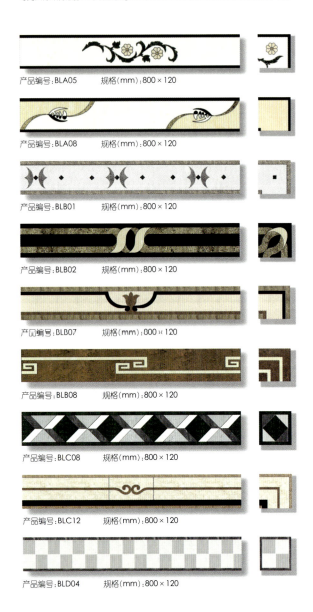

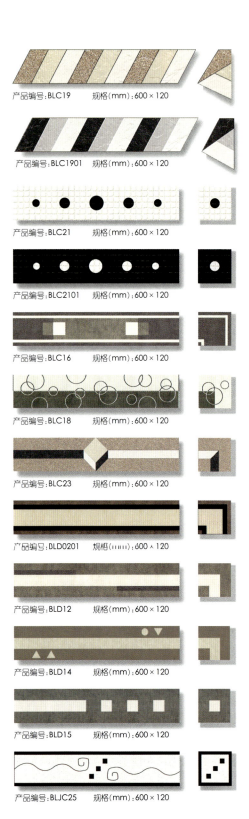

注意：由于印刷关系，可能与实际产品的颜色有所差异，选用时请以实物颜色为准。

电话:0757-83201938/83200989
传真:0757-83201971

网址:www.bodestone.com
E-mail:bodematerial@163.com

品牌国别:中国
生产地区:中国

博 德

拼花系列
可提供特殊规格加工、特殊图案设计服务,如需技术参数等相关信息请咨询厂商。

产品编号:BPA25
规格(mm):800×800
参考价格:详细价格请咨询厂商

产品编号:BPA26
规格(mm):800×800
参考价格:详细价格请咨询厂商

产品编号:BPB13
规格(mm):800×800
参考价格:详细价格请咨询厂商

产品编号:BPA32
规格(mm):800×800
参考价格:详细价格请咨询厂商

产品编号:BPA33
规格(mm):800×800
参考价格:详细价格请咨询厂商

产品编号:BPA34
规格(mm):800×800
参考价格:详细价格请咨询厂商

产品编号:BPA28
规格(mm):800×2800
参考价格:详细价格请咨询厂商

产品编号:BPA29
规格(mm):800×2800
参考价格:详细价格请咨询厂商

博德精工玉石产品技术参数

吸水率	破坏强度	断裂模数	长度	宽度	厚度	边直度	直角度	耐磨度
≤0.04%	≥3200N	≥45MPa	±0.8%	±0.8%	±3%	±0.1%	±0.1%	≤150mm³

博德精工玉石产品技术参数

表面硬度	抗热震性	耐污性	光泽度	表面平整度	放射性	防滑性
6级	经十次抗热震试验不出现炸裂或裂纹	5级以上	≥95	±0.1%	符合A类标准	5级以上

博德精工砖产品技术参数

吸水率	破坏强度	断裂模数	长度	宽度	厚度	边直度	直角度	耐磨度	表面硬度	抗热震性	耐污性	光泽度	表面平整度	放射性	防滑性
≤0.1%	≥3200N	≥35MPa	±0.8%	±0.8%	±3%	±0.1%	±0.1%	≤150mm³	6级	经十次抗热震试验不出现炸裂或裂纹	4级以上	≥60	±0.1%	符合A类标准	5级以上

厂商简介:广东博德精工建材有限公司是一家中外合资的高新技术企业,专注于新型高科技环保建材的设计、开发和生产,拥有一流的生产规模、国际先进的生产设备、雄厚的技术力量和科学的管理体系。公司以强大的创新能力享誉业界,以优异的产品雄踞市场潮头,成为目前墙地砖产品配套最为齐全的陶瓷生产企业,拥有精工玉石、精工砖、精工仿古砖、精工内墙砖四大类别,十几大系列,数百种花色品种的强大产品链,尤其是公司首创了国际领先水平的"绿色超石材"——精工玉石,被誉为"实现了世界陶瓷科技的革命",获得了国家发明专利,成为远远超越天然石材和瓷质抛光砖的新生代建材产品,树立了世界建筑陶瓷生产崭新的里程碑。ISO9001国际质量体系认证、ISO14001国际环境管理体系认证、中国国家强制性产品认证和中国环保产品认证是博德产品优秀品质坚实的保证;"中国名优产品"、"国家重点新产品"、"国家级火炬计划项目产品"、"广东省名牌产品"、"广东省重点新产品"和"中国工程建设推荐产品"等多项荣誉,推动博德公司大步迈向"以科技创造完美的国际品牌"的目标。

各地联系方式:

北京
地址:北京市十里河闽龙建材仓储中心33号厅
电话:010-67474455

沈阳
地址:辽宁省沈阳市东北陶瓷城4栋6号、9栋12号
电话:024-88201042

重庆
地址:重庆市渝北区松石南路27号(龙溪建材市场)
电话:023-61807288

长沙
地址:湖南省长沙市远大一路607号
电话:0731-4786377

西安
地址:陕西省西安市大明宫建材市场东区A6号库
电话:029-86318193/86318779

深圳
地址:广东省深圳市福田区八卦五街国安居A001号
电话:0755-82414965

广州
地址:广东省广州市天河区珠江新城N5区南国花园C区商铺三号二楼
电话:020-38892248

上海
地址:上海市恒大建材市场24号库1-3号门
电话:021-68327658

昆明
地址:云南省昆明市西山区西南建材市场4区1~2号
电话:0871-8226455

代表工程:
广州维多利广场
广州中海康城
上海市水清木华高级住宅区
上海市世贸滨江花园高级住宅区
新疆移动枢纽工程办公大楼
包头市人大常委会办公大楼
西安市规划局办公大楼
南昌财富广场
乌鲁木齐仁和春天商场
北京电子工程大楼

质量认证:ISO9001 ISO14001
执行标准:GB/T4100.1-1999

⚠ 注意:由于印刷关系,可能与实际产品的颜色有所差异,选用时请以实物颜色为准。

信益陶瓷(中国)有限公司
地址:江苏省昆山市玉山镇经济开发区冠军路1号
邮编:215300

采用冠军万年宝石系列产品铺贴效果

电话:0512-57537755
传真:0512-57538808
网址:www.sinyih.com.cn
E-mail:welcome@sinyih.com.cn
品牌国别:中国
生产地区:中国

万年宝石系列

产品编号:PT80101
规格(mm):800×800×11.5
参考价格:详细价格请咨询厂商

产品编号:PT80102
规格(mm):800×800×11.5
参考价格:详细价格请咨询厂商

产品编号:PT80301
规格(mm):800×800×11.5
参考价格:详细价格请咨询厂商

产品编号:PT80302
规格(mm):800×800×11.5
参考价格:详细价格请咨询厂商

产品编号:PT80303
规格(mm):800×800×11.5
参考价格:详细价格请咨询厂商

产品编号:PT80305
规格(mm):800×800×11.5
参考价格:详细价格请咨询厂商

产品编号:PT80306
规格(mm):800×800×11.5
参考价格:详细价格请咨询厂商

产品编号:PT80307
规格(mm):800×800×11.5
参考价格:详细价格请咨询厂商

产品编号:PT80308
规格(mm):800×800×11.5
参考价格:详细价格请咨询厂商

注意:由于印刷关系,可能与实际产品的颜色有所差异,选用时请以实物颜色为准。

信益陶瓷(中国)有限公司
地址:江苏省昆山市玉山镇经济开发区冠军路1号
邮编:215300

万年宝石系列

产品编号:PT612101
规格(mm):600×1200×13
参考价格:详细价格请咨询厂商

产品编号:PT612302
规格(mm):600×1200×13
参考价格:详细价格请咨询厂商

产品编号:PT612306
规格(mm):600×1200×13
参考价格:详细价格请咨询厂商

产品编号:PT612307
规格(mm):600×1200×13
参考价格:详细价格请咨询厂商

万年宝石系列/冠军钻石系列产品(通体砖)特性说明

项目	说明							
适用范围	室外地	☑	室外墙	☑	室内地	☑	室内墙	☑
材质	瓷质	☑	半瓷质	☐	陶质	☐	其他	☐
表面处理	抛光	☑	亚光	☐	凹凸	☐	其他	☐
表面设计	仿古	☐	仿石	☑	仿木	☐	其他	☐
服务项目	特殊规格加工	☐	异型加工	☑	水切割	☑	其他	☐

冠军万年宝石系列产品技术参数

吸水率	断裂模数	长度	宽度	厚度	边直度	直角度	中心弯曲度	边弯曲度	翘曲度	耐磨度	莫氏硬度	耐化学腐蚀性	抗热震性
≤0.08%	≥42MPa	±0.4mm	±0.4mm	±0.3mm	±0.05%	±0.05%	±0.06%	±0.05%	±0.06%	≤150mm³	≥7	≥UA级	经过12次抗热震试验不出现炸裂或裂纹

冠军钻石系列

产品编号:P60100
规格(mm):600×600×10
参考价格:详细价格请咨询厂商

产品编号:P60101
规格(mm):600×600×10
参考价格:详细价格请咨询厂商

产品编号:P60105
规格(mm):600×600×10
参考价格:详细价格请咨询厂商

产品编号:P60502
规格(mm):600×600×10
参考价格:详细价格请咨询厂商

冠军钻石系列产品技术参数

吸水率	断裂模数	耐磨度	莫氏硬度	亮度	耐化学腐蚀性	耐污染性	抗热震性
≤0.08%	≥42MPa	≤150mm³	≥7	≥75	≥UA级	4级	经过12次抗热震试验不出现炸裂或裂纹

⚠ 注意:由于印刷关系,可能与实际产品的颜色有所差异,选用时请以实物颜色为准。

电话:0512-57537755
传真:0512-57538808

网址:www.sinyih.com.cn
E-mail:welcome@sinyih.com.cn

品牌国别:中国
生产地区:中国

冠军

产品编号:P80110
规格(mm):800×800×11
参考价格:详细价格请咨询厂商

产品编号:P80111
规格(mm):800×800×11
参考价格:详细价格请咨询厂商

产品编号:P80112
规格(mm):800×800×11
参考价格:详细价格请咨询厂商

产品编号:P80311
规格(mm):800×800×11
参考价格:详细价格请咨询厂商

产品编号:P80322
规格(mm):800×800×11
参考价格:详细价格请咨询厂商

产品编号:P80500
规格(mm):800×800×11
参考价格:详细价格请咨询厂商

产品编号:PD80511
规格(mm):800×800×11
参考价格:详细价格请咨询厂商

产品编号:PD80515
规格(mm):800×800×11
参考价格:详细价格请咨询厂商

产品编号:PD80516
规格(mm):800×800×11
参考价格:详细价格请咨询厂商

※冠军钻石系列产品特性说明见左页。

 注意:由于印刷关系,可能与实际产品的颜色有所差异,选用时请以实物颜色为准。

信益陶瓷（中国）有限公司
地址：江苏省昆山市玉山镇经济开发区冠军路1号
邮编：215300

地新岩系列——第一代

采用冠军地新岩系列产品铺贴效果

产品编号：CR30302
规格(mm)：300×300×9
参考价格：详细价格请咨询厂商

产品编号：CR63302
规格(mm)：600×300×10
参考价格：详细价格请咨询厂商

产品编号：CR30306
规格(mm)：300×300×9
参考价格：详细价格请咨询厂商

产品编号：CR63306
规格(mm)：600×300×10
参考价格：详细价格请咨询厂商

产品编号：CR30300
规格(mm)：300×300×9
参考价格：详细价格请咨询厂商

产品编号：CR30301
规格(mm)：300×300×9
参考价格：详细价格请咨询厂商

产品编号：CR30303
规格(mm)：300×300×9
参考价格：详细价格请咨询厂商

产品编号：CR63303
规格(mm)：600×300×10
参考价格：详细价格请咨询厂商

产品编号：CR30308
规格(mm)：300×300×9
参考价格：详细价格请咨询厂商

产品编号：CR63308
规格(mm)：600×300×10
参考价格：详细价格请咨询厂商

产品编号：CR63300
规格(mm)：300×600×10
参考价格：详细价格请咨询厂商

产品编号：CR63301
规格(mm)：300×600×10
参考价格：详细价格请咨询厂商

地新岩系列——第一代产品(通体砖)特性说明

项目	说明						
适用范围	室外地	☑	室外墙	☑	室内地	☑	室内墙	☑
材质	瓷质	☑	半瓷质	☐	陶质	☐	其他	☐
表面处理	亮光	☐	亚光	☐	凹凸	☑	其他	☐
表面设计	仿古	☐	仿石	☑	仿木	☐	其他	☐

⚠ 注意：由于印刷关系，可能与实际产品的颜色有所差异，选用时请以实物颜色为准。

电话:0512-57537755
传真:0512-57538808
网址:www.sinyih.com.cn
E-mail:welcome@sinyih.com.cn
品牌国别:中国
生产地区:中国

地新岩系列——第二代

采用冠军地新岩系列产品铺贴效果

产品编号：FR30301
规格(mm)：300×300×9
参考价格：详细价格请咨询厂商

产品编号：FR63301
规格(mm)：600×300×10
参考价格：详细价格请咨询厂商

产品编号：FR30307
规格(mm)：300×300×9
参考价格：详细价格请咨询厂商

产品编号：FR30308
规格(mm)：300×300×9
参考价格：详细价格请咨询厂商

产品编号：FR30300
规格(mm)：300×300×9
参考价格：详细价格请咨询厂商

产品编号：FR63300
规格(mm)：600×300×10
参考价格：详细价格请咨询厂商

产品编号：FR30302
规格(mm)：300×300×9
参考价格：详细价格请咨询厂商

产品编号：FR63302
规格(mm)：600×300×10
参考价格：详细价格请咨询厂商

产品编号：FR63307
规格(mm)：300×600×10
参考价格：详细价格请咨询厂商

产品编号：FR63308
规格(mm)：300×600×10
参考价格：详细价格请咨询厂商

产品编号：FR30303
规格(mm)：300×300×9
参考价格：详细价格请咨询厂商

产品编号：FR63303
规格(mm)：600×300×10
参考价格：详细价格请咨询厂商

地新岩系列——第二代产品(釉面砖)特性说明

项目	说明								
适用范围	室外地	✓	室外墙	✓	室内地	✓	室内墙	✓	
材质	瓷质	✓	半瓷质	□	陶质	□	其他	□	
釉面效果	亮光	□	亚光	✓	凹凸	□	其他	□	
表面设计	仿古	□	仿石	✓	仿木	□	其他	□	

冠军地新岩系列产品技术参数

吸水率	断裂模数	长度	宽度	厚度	耐磨度	莫氏硬度	耐化学腐蚀性	抗热震性
<0.1%	≥42MPa	±0.3mm	±0.3mm	±0.2mm	4级	≥8	≥GLA级	经过12次抗热震试验不出现炸裂或裂纹

⚠ 注意：由于印刷关系，可能与实际产品的颜色有所差异，选用时请以实物颜色为准。

信益陶瓷(中国)有限公司
地址:江苏省昆山市玉山镇经济开发区冠军路1号
邮编:215300

自然石系列 陶质釉面砖,仿石设计。

产品编号:16513（亮光）腰线
规格(mm):300×130×10
参考价格:详细价格请咨询厂商

产品编号:3W6513（亚光）
室内地砖
规格(mm):300×300×8.3
参考价格:详细价格请咨询厂商

产品编号:LM6513S（亮光）腰线
规格(mm):300×25×10
参考价格:详细价格请咨询厂商

产品编号:P30100（亮光）
室内地砖
规格(mm):300×300×8.3
参考价格:详细价格请咨询厂商

产品编号:LZM6513S（亮光）
腰线转角
规格(mm):25×25
参考价格:详细价格请咨询厂商

产品编号:63513（亮光）室内墙砖
规格(mm):300×600×10
参考价格:详细价格请咨询厂商

产品编号:63301（亮光）室内墙砖
规格(mm):300×600×10
参考价格:详细价格请咨询厂商

产品编号:L66301（亮光）腰线
规格(mm):300×60×10
参考价格:详细价格请咨询厂商

采用冠军自然石系列产品铺贴效果

产品编号:FR30301（亚光）
室内地砖
规格(mm):300×300×8.3
参考价格:详细价格请咨询厂商

产品编号:49701（亮光）室内墙砖
规格(mm):450×900×11
参考价格:详细价格请咨询厂商

产品编号:FR30307（亚光）
室内地砖
规格(mm):300×300×8.3
参考价格:详细价格请咨询厂商

 注意:由于印刷关系,可能与实际产品的颜色有所差异,选用时请以实物颜色为准。

电话:0512-57537755
传真:0512-57538808

网址:www.sinyih.com.cn
E-mail:welcome@sinyih.com.cn

品牌国别:中国
生产地区:中国

C
冠军

采用冠军自然石系列产品铺贴效果

产品编号:3W6512（亚光）
　　　　室内地砖
规格(mm):300×300×8.3
参考价格:详细价格请咨询厂商

产品编号:63512（亮光）室内墙砖
规格(mm):300×600×10
参考价格:详细价格请咨询厂商

产品编号:66512（亮光）腰线
规格(mm):300×60×10
参考价格:详细价格请咨询厂商

产品编号:LD6512S（亮光）腰线
规格(mm):300×50×10
参考价格:详细价格请咨询厂商

产品编号:LZD6512S（亮光）
　　　　腰线转角
规格(mm):50×10
参考价格:详细价格请咨询厂商

产品编号:LM6512S（亮光）腰线
规格(mm):300×25×10
参考价格:详细价格请咨询厂商

产品编号:LZM6512S（亮光）
　　　　腰线转角
规格(mm):25×25
参考价格:详细价格请咨询厂商

产品编号:83100（亮光）室内墙砖
规格(mm):300×480×10
参考价格:详细价格请咨询厂商

产品编号:LDA102（亮光）室内墙砖
规格(mm):300×480×10
参考价格:详细价格请咨询厂商

产品编号:P30500（亮光）
　　　　室内地砖
规格(mm):300×300×8.3
参考价格:详细价格请咨询厂商

产品编号:83706（凹凸）室内墙砖
规格(mm):300×480×10
参考价格:详细价格请咨询厂商

产品编号:3R706（亚光）
　　　　室内地砖
规格(mm):300×300×8.3
参考价格:详细价格请咨询厂商

产品编号:LZ1306（凹凸）
　　　　腰线转角
规格(mm):10×100×10
参考价格:详细价格请咨询厂商

产品编号:L5100（亮光）腰线
规格(mm):300×50×10
参考价格:详细价格请咨询厂商

产品编号:12100（亮光）腰线
规格(mm):300×20×10
参考价格:详细价格请咨询厂商

产品编号:L1306（凹凸）腰线
规格(mm):300×100×10
参考价格:详细价格请咨询厂商

冠军自然石系列产品技术参数						
吸水率	断裂模数	长度	宽度	厚度	耐化学腐蚀性	抗热震性
≤16%	≥16.5MPa	±0.2mm	±0.2mm	±0.2mm	≥GLA级	经过12次抗热震试验不出现炸裂或裂纹

⚠ 注意:由于印刷关系,可能与实际产品的颜色有所差异,选用时请以实物颜色为准。

信益陶瓷(中国)有限公司
地址:江苏省昆山市玉山镇经济开发区冠军路1号
邮编:215300

内墙砖系列 陶质釉面砖,仿石设计。

产品编号:35712（亚光）室内墙砖
规格(mm):330×250×8
参考价格:详细价格请咨询厂商

产品编号:30713（亚光）室内地砖
规格(mm):300×300×8.3
参考价格:详细价格请咨询厂商

产品编号:35121（亮光）室内墙砖
规格(mm):330×250×8
参考价格:详细价格请咨询厂商

产品编号:30772（亚光）室内地砖
规格(mm):300×300×8.3
参考价格:详细价格请咨询厂商

产品编号:35713（亚光）室内墙砖
规格(mm):330×250×8
参考价格:详细价格请咨询厂商

产品编号:35712T（亚光）室内墙砖
规格(mm):330×250×8
参考价格:详细价格请咨询厂商

产品编号:35121T（亮光）室内墙砖
规格(mm):330×250×8
参考价格:详细价格请咨询厂商

产品编号:59121（亮光）腰线
规格(mm):330×98×8
参考价格:详细价格请咨询厂商

产品编号:56712（亚光）腰线
规格(mm):330×60×8
参考价格:详细价格请咨询厂商

产品编号:59712（亚光）腰线
规格(mm):330×98×8
参考价格:详细价格请咨询厂商

产品编号:M35722（亮光）室内墙砖
规格(mm):330×250×8
参考价格:详细价格请咨询厂商

产品编号:3R6701（亚光）室内地砖
规格(mm):300×300×8.3
参考价格:详细价格请咨询厂商

产品编号:35912（亚光）室内墙砖
规格(mm):330×250×8
参考价格:详细价格请咨询厂商

产品编号:30772（亚光）室内地砖
规格(mm):300×300×8.3
参考价格:详细价格请咨询厂商

产品编号:58722（亮光）腰线
规格(mm):250×80×8
参考价格:详细价格请咨询厂商

产品编号:59912（亚光）腰线
规格(mm):330×98×8
参考价格:详细价格请咨询厂商

产品编号:52912（亚光）腰线
规格(mm):330×20×8
参考价格:详细价格请咨询厂商

注意:由于印刷关系,可能与实际产品的颜色有所差异,选用时请以实物颜色为准。

电话：0512-57537755
传真：0512-57538808

网址：www.sinyih.com.cn
E-mail:welcome@sinyih.com.cn

品牌国别：中国
生产地区：中国

C 冠军

采用冠军内墙砖系列产品铺贴效果

产品编号：35720（亚光）室内墙砖
规格(mm)：330×250×8
参考价格：详细价格请咨询厂商

产品编号：LDA320（亚光）室内墙砖
规格(mm)：330×250×8
参考价格：详细价格请咨询厂商

产品编号：30720（亚光）室内地砖
规格(mm)：300×300×8.3
参考价格：详细价格请咨询厂商

产品编号：L6320（亚光）腰线
规格(mm)：330×60×8
参考价格：详细价格请咨询厂商

产品编号：35100（亮光）室内墙砖
规格(mm)：330×250×8
参考价格：详细价格请咨询厂商

产品编号：35100T（亮光）室内墙砖
规格(mm)：330×250×8
参考价格：详细价格请咨询厂商

产品编号：35721（亚光）室内墙砖
规格(mm)：330×250×8
参考价格：详细价格请咨询厂商

产品编号：35721T（亚光）室内墙砖
规格(mm)：330×250×8
参考价格：详细价格请咨询厂商

产品编号：58100（亮光）腰线
规格(mm)：250×80×8
参考价格：详细价格请咨询厂商

产品编号：58721（亚光）腰线
规格(mm)：250×80×8
参考价格：详细价格请咨询厂商

产品编号：30772（亚光）室内地砖
规格(mm)：300×300×8.3
参考价格：详细价格请咨询厂商

产品编号：30721（亚光）室内地砖
规格(mm)：300×300×8.3
参考价格：详细价格请咨询厂商

冠军内墙砖系列产品技术参数

吸水率	断裂模数	长度	宽度	厚度	边直度	直角度	中心弯曲度	边弯曲度	翘曲度	耐化学腐蚀性	抗热震性
≤16%	≥16.5MPa	±0.5mm	±0.5mm	±0.2mm	±0.10%	±0.12%	0.2%~-0.1%	0.2%~-0.1%	±0.15%	≥GLA级	经过12次抗热震试验不出现炸裂裂纹

 注意：由于印刷关系，可能与实际产品的颜色有所差异，选用时请以实物颜色为准。

信益陶瓷（中国）有限公司
地址：江苏省昆山市玉山镇经济开发区冠军路1号
邮编：215300

雅色系列

陶质釉面室内墙砖。

采用冠军雅色系列产品铺贴效果

产品编号：14100（亮光）
规格(mm)：400×100×8.3
参考价格：详细价格请咨询厂商

产品编号：14112（亮光）
规格(mm)：400×100×8.3
参考价格：详细价格请咨询厂商

产品编号：14110（亮光）
规格(mm)：400×100×8.3
参考价格：详细价格请咨询厂商

产品编号：14110T（亮光）
规格(mm)：400×100×8.3
参考价格：详细价格请咨询厂商

产品编号：14105（亮光）
规格(mm)：400×100×8.3
参考价格：详细价格请咨询厂商

产品编号：14105P（亮光）
规格(mm)：400×100×8.3
参考价格：详细价格请咨询厂商

产品编号：14105H（亮光）
规格(mm)：400×100×8.3
参考价格：详细价格请咨询厂商

产品编号：14105J（亮光）
规格(mm)：400×100×8.3
参考价格：详细价格请咨询厂商

产品编号：14106（亮光）
规格(mm)：400×100×8.3
参考价格：详细价格请咨询厂商

产品编号：14106T（亮光）
规格(mm)：400×100×8.3
参考价格：详细价格请咨询厂商

产品编号：14107（亮光）
规格(mm)：400×100×8.3
参考价格：详细价格请咨询厂商

产品编号：14107T（亮光）
规格(mm)：400×100×8.3
参考价格：详细价格请咨询厂商

产品编号：14111（亮光）
规格(mm)：400×100×8.3
参考价格：详细价格请咨询厂商

产品编号：14111T（亮光）
规格(mm)：400×100×8.3
参考价格：详细价格请咨询厂商

产品编号：14705（亚光）
规格(mm)：400×100×8.3
参考价格：详细价格请咨询厂商

产品编号：14705T（亚光）
规格(mm)：400×100×8.3
参考价格：详细价格请咨询厂商

产品编号：14113（亮光）
规格(mm)：400×100×8.3
参考价格：详细价格请咨询厂商

产品编号：14113T（亮光）
规格(mm)：400×100×8.3
参考价格：详细价格请咨询厂商

产品编号：14706（亚光）
规格(mm)：400×100×8.3
参考价格：详细价格请咨询厂商

产品编号：14706T（亚光）
规格(mm)：400×100×8.3
参考价格：详细价格请咨询厂商

⚠ 注意：由于印刷关系，可能与实际产品的颜色有所差异，选用时请以实物颜色为准。

电话：0512-57537755
传真：0512-57538808
网址：www.sinyih.com.cn
E-mail:welcome@sinyih.com.cn
品牌国别：中国
生产地区：中国

产品编号：14710（亚光）
规格(mm)：400×100×8.3
参考价格：详细价格请咨询厂商

产品编号：14710T（亚光）
规格(mm)：400×100×8.3
参考价格：详细价格请咨询厂商

采用冠军雅色系列产品铺贴效果

冠军雅色系列产品技术参数

吸水率	断裂模数	长度	宽度	厚度	边直度	直角度	中心弯曲度	边弯曲度	翘曲度	耐化学腐蚀性	抗热震性
≤16%	≥16.5MPa	±0.5mm	±0.3mm	±0.2mm	±0.1%	±0.1%	±0.1%	±0.1%	±0.1%	≥GLA级	经过12次抗热震试验不出现炸裂或裂纹

厂商简介：冠军建材集团，旗下企业包含台湾冠军建材股份有限公司、台湾林木、林田村文教基金会、信益陶瓷（中国）有限公司、信益陶瓷（蓬莱）有限公司等中国各地15家分公司及50个营业所。集团总资产2.6亿美元，产品外销欧、美、日、澳、非等十余国。1997年以注册资本额3,000万美元于江苏昆山设立信益陶瓷（中国）有限公司，占地500亩，引进世界顶级意大利设备，打造国内第一座具公园化、自动化、零污染的绿色瓷砖生产基地。产品先后通过ISO-9001国际质量认证、ISO-14001国际环境管理系统认证和CCC认证，并获得国家"绿色选择"标志建材企业荣誉、中国环境标志杰出贡献奖项暨"国家免检产品"等殊荣。2004年与国际研发机构共同研发成功"纳米"抗菌、自洁、止滑等功能性瓷砖，将瓷砖性能推入另一个新纪元。

各地联系方式：

东北分公司
地址：辽宁省沈阳市铁西区建设中路32号10门
电话：024-88538300
传真：024-88538301

北京分公司
地址：北京市北四环西路25-1号东配楼
电话：010-51659730
传真：010-62632309

天津分公司
地址：天津市河西区解放南路473号环渤海装饰城13号仓库
电话：022-88231066
传真：022-88242473

山东分公司
地址：山东省青岛市四方区兴隆路125号
电话：0532-83738824
传真：0532-83738824

西北分公司
地址：陕西省西安市大明宫家居城仓库CF2-5（百花家居城对面）
电话：029-86618965
传真：029-86610081

上海分公司
地址：上海市凯旋路2701-7号
电话：021-54258585
传真：021-54254878

苏南分公司
地址：江苏省苏州市阊胥路130号金洲大厦9层A3
电话：0512-65572762
传真：0512-65572770

南京分公司
地址：江苏省南京市虎踞南路65号
电话：025-52326000
传真：025-52898780

杭州分公司
地址：浙江省杭州市上城区海月花园11幢一层
电话：0571-86887950
传真：0571-86887951

宁波分公司
地址：浙江省宁波市中兴南路72号
电话：0574-87843477
传真：0574-87842712

华中分公司
地址：湖北省武汉市建设大道161号
电话：027-83539961
传真：027-83563712

福建分公司
地址：福建省厦门市开元区莲花5村龙山工业区东区3号厂房一楼
电话：0592-5567105
传真：0592-5552151

华南分公司
地址：广东省深圳市福田上步工业区202栋西座2楼228号冠军瓷砖
电话：0755-83264640
传真：0755-83215714

西南分公司
地址：四川省成都市蜀汉路158号（地铁大厦）冠军瓷砖
电话：028-85157039
传真：028-87560617

质量认证：ISO-9001 ISO-14001 CCC认证
执行标准：GB/T4100.1-1999

代表工程：北京西屋国际公寓 北京人民政协报社大厦 北京乐府江南 北京阳光100健身房项目 北京和乔酒店式公寓 大连国际金融大厦 深圳市民中心 深圳东方时代广场 上海东方艺术中心 上海浦东机场 上海磁悬浮列车站 重庆地铁站 北戴河疗养院 西安人民大厦 厦门航空基地 太原邮政大厦 成都检察院 江苏省人民医院

⚠ 注意：由于印刷关系，可能与实际产品的颜色有所差异，选用时请以实物颜色为准。

上海斯米克建筑陶瓷股份有限公司
地址：上海市闵行区浦江镇三鲁公路2121号
邮编：201112

钛金石系列

采用斯米克钛金石系列（钛金灰）产品铺贴效果

斯米克钛金石系列备选颜色：

Y15060UD（钛金灰）　　Y81060UD（钛金棕）　　Y11060UD（钛金浅灰）　　Y31060UD（钛金黄）　　Y01060UD（钛金白）

⚠ 注意：由于印刷关系，可能与实际产品的颜色有所差异，选用时请以实物颜色为准。

电话:021-64110567
传真:021-64110553
服务热线:021-54312300

网址:www.cimic.com
E-mail:xsglb@cimic.com

品牌国别:中国
生产地区:中国

斯米克

钛金石系列
同种规格产品颜色不同价格相同。

产品编号:Y11060UD(钛金浅灰) 室内外墙地砖
规格(mm):600×600×10
参考价格(元/片):57.00
参考价格(元/m²):158.00

产品编号:Y11060LD(钛金浅灰) 室内外墙地砖
规格(mm):600×150×10
参考价格(元/片):14.00
参考价格(元/m²):158.00

产品编号:D1CD7WD150598(钛金浅灰) 腰线
规格(mm):600×150×10
参考价格(元/片):46.00

产品编号:D1CD7AD150598(钛金浅灰) 腰线
规格(mm):600×150×10
参考价格(元/片):56.00

产品编号:D1CD7JD150150
(钛金浅灰) 腰线转角
规格(mm):150×150×10
参考价格(元/片):13.00

产品编号:Y11060LD(钛金浅灰)
室内外墙地砖
规格(mm):600×300×10
参考价格(元/片):28.00
参考价格(元/m²):158.00

产品编号:Y11030ED(钛金浅灰)
室内外墙地砖
规格(mm):300×300×10
参考价格(元/片):23.80
参考价格(元/m²):268.00

产品编号:Y11030VD(钛金浅灰)
室内外墙地砖
规格(mm):300×300×10
参考价格(元/片):23.80
参考价格(元/m²):268.00

产品编号:Y11030UD(钛金浅灰)
室内外墙地砖
规格(mm):300×300×10
参考价格(元/片):14.00
参考价格(元/m²):158.00

采用斯米克钛金石系列(钛金浅灰)产品铺贴效果

钛金石系列产品(通体砖)特性说明

项目	说明							
材质	瓷质	□	半瓷质	☑	陶质	□	其他	□
表面处理	抛光	□	亚光	☑	凹凸	□	其他	□
表面设计	仿古	□	仿石	☑	仿木	□	简约	☑
服务项目	特殊规格加工	☑	异型加工	□	水切割	□	其他	□

※斯米克钛金石系列产品技术参数见通体砖产品技术参数表格。

注意:由于印刷关系,可能与实际产品的颜色有所差异,选用时请以实物颜色为准。

上海斯米克建筑陶瓷股份有限公司
地址：上海市闵行区浦江镇三鲁公路2121号
邮编：201112

大峡谷系列

产品编号：A010C0LD（峡谷白）
规格(mm)：1200×600×13
参考价格(元/片)：378.50
参考价格(元/m^2)：528.00

产品编号：A100C0LD（峡谷灰）
规格(mm)：1200×600×13
参考价格(元/片)：378.50
参考价格(元/m^2)：528.00

产品编号：A201C0LD（峡谷黑）
规格(mm)：1200×600×13
参考价格(元/片)：378.50
参考价格(元/m^2)：528.00

产品编号：A311C0LD（峡谷黄）
规格(mm)：1200×600×13
参考价格(元/片)：378.50
参考价格(元/m^2)：528.00

产品编号：A413C0LD（峡谷红）
规格(mm)：1200×600×13
参考价格(元/片)：378.50
参考价格(元/m^2)：528.00

采用斯米克大峡谷系列产品铺贴效果

板岩系列

产品编号：U001C0LA（板岩白）
规格(mm)：1200×600×13
参考价格(元/片)：220.80
参考价格(元/m^2)：308.00

产品编号：U208C0LA（板岩黑）
规格(mm)：1200×600×13
参考价格(元/片)：406.80
参考价格(元/m^2)：568.00

产品编号：U801C0LA（板岩黄）
规格(mm)：1200×600×13
参考价格(元/片)：220.80
参考价格(元/m^2)：308.00

产品编号：F104C0LA（板岩灰白麻）
规格(mm)：1200×600×13
参考价格(元/片)：220.80
参考价格(元/m^2)：308.00

大峡谷系列/板岩系列产品（通体砖）特性说明

项目	说明							
适用范围	室外地	☐	室外墙	☑	室内地	☑	室内墙	☑
材　质	瓷　质	☑	半瓷质	☐	陶　质	☐	其　他	☐
表面处理	抛　光	☐	亚　光	☐	凹　凸	☑	其　他	☐
表面设计	仿　古	☐	仿　石	☑	仿　木	☐	其　他	☐
服务项目	特殊规格加工	☑	异型加工	☐	水切割	☐		

※斯米克大峡谷系列/板岩系列产品技术参数见通体砖产品技术参数表格。

注意：由于印刷关系，可能与实际产品的颜色有所差异，选用时请以实物颜色为准。

电话:021-64110567
传真:021-64110553
服务热线:021-54312300

网址:www.cimic.com
E-mail:xsglb@cimic.com

品牌国别:中国
生产地区:中国

斯米克

宝马石系列
左列产品为抛光表面,右列产品为凹凸表面。

采用斯米克宝马石系列产品铺贴效果

宝马石系列产品(通体砖)特性说明

项目	说明						
适用范围	室外地	☐	室外墙	☑	室内地	☑	室内墙	☑
材质	瓷质	☑	半瓷质	☐	陶质	☐	其他	☐
表面设计	仿古	☐	仿石	☑	仿木	☐	其他	☐
服务项目	特殊规格加工	☑	异型加工	☐	水切割	☐	其他	☐

※斯米克宝马石系列产品技术参数见通体砖产品技术参数表格。

⚠ 注意:由于印刷关系,可能与实际产品的颜色有所差异,选用时请以实物颜色为准。

产品编号:P01060KP(新宝马白)
规格(mm):600×600×10
参考价格(元/片):110.00
参考价格(元/m²):308.00

产品编号:P0106BKP(宝马白) 马赛克花砖
规格(mm):600×600×10
参考价格(元/片):286.00
参考价格(元/m²):800.00

产品编号:P11260KP(新宝马灰)
规格(mm):600×600×10
参考价格(元/片):110.00
参考价格(元/m²):308.00

产品编号:P1126BKP(宝马灰) 马赛克花砖
规格(mm):600×600×10
参考价格(元/片):286.00
参考价格(元/m²):800.00

产品编号:P31260KP(新宝马米)
规格(mm):600×600×10
参考价格(元/片):110.00
参考价格(元/m²):308.00

产品编号:P3126BKP(宝马米) 马赛克花砖
规格(mm):600×600×10
参考价格(元/片):286.00
参考价格(元/m²):800.00

产品编号:P41260KP(新宝马红)
规格(mm):600×600×10
参考价格(元/片):138.80
参考价格(元/m²):388.00

产品编号:P4126BKP(宝马红) 马赛克花砖
规格(mm):600×600×10
参考价格(元/片):286.00
参考价格(元/m²):800.00

产品编号:P51860KP(新宝马绿)
规格(mm):600×600×10
参考价格(元/片):138.80
参考价格(元/m²):388.00

产品编号:P5186BKP(宝马绿) 马赛克花砖
规格(mm):600×600×10
参考价格(元/片):286.00
参考价格(元/m²):800.00

上海斯米克建筑陶瓷股份有限公司
地址:上海市闵行区浦江镇三鲁公路2121号
邮编:201112

欧珀石系列

采用斯米克欧珀石系列产品铺贴效果

产品编号:DF0160KP(欧珀白)
规格(mm):600×600×10
参考价格(元/片):88.80
参考价格(元/m²):248.00

产品编号:DF3160KP(欧珀黄)
规格(mm):600×600×10
参考价格(元/片):88.80
参考价格(元/m²):248.00

产品编号:DF4160KP(欧珀红)
规格(mm):600×600×10
参考价格(元/片):88.80
参考价格(元/m²):248.00

天工石系列

产品编号:D01060KP(天王白)
规格(mm):600×600×10
参考价格(元/片):78.00
参考价格(元/m²):218.00

产品编号:D11260KP(天王灰)
规格(mm):600×600×10
参考价格(元/片):78.00
参考价格(元/m²):218.00

产品编号:D21060KP(天王铁)
规格(mm):600×600×10
参考价格(元/片):85.00
参考价格(元/m²):238.00

产品编号:D31060KP(天王黄)
规格(mm):600×600×10
参考价格(元/片):78.00
参考价格(元/m²):218.00

产品编号:D81360KP(天王褐)
规格(mm):600×600×10
参考价格(元/片):78.00
参考价格(元/m²):218.00

欧珀石系列/天工石系列产品(通体砖)特性说明　　　　　　　　　　欧珀石系列另有规格(mm):800×800;天工石系列另有规格(mm):300×300/400×400/800×800/1000×1000

项目	说明						
适用范围	室外地	□	室外墙	☑	室内地	☑	室内墙	☑
材　质	瓷质	☑	半瓷质	□	陶质	□	其他	□
表面处理	抛光	☑	亚光	□	凹凸	□	其他	□
表面设计	仿古	□	仿石	☑	仿木	□	其他	□
服务项目	特殊规格加工	☑	异型加工	□	水切割	□		

※斯米克欧珀石系列/天工石系列产品技术参数见通体砖产品技术参数表格。

⚠注意:由于印刷关系,可能与实际产品的颜色有所差异,选用时请以实物颜色为准。

电话:021-64110567
传真:021-64110553
服务热线:021-54312300

网址:www.cimic.com
E-mail:xsglb@cimic.com

品牌国别:中国
生产地区:中国

斯米克

玉石系列

产品编号:IR0180KP(玉石白)
规格(mm):800×800×13
参考价格(元/片):170.66
参考价格(元/m²):268.00

产品编号:IR6180KP(玉石浅绿)
规格(mm):800×800×13
参考价格(元/片):221.61
参考价格(元/m²):348.00

产品编号:IR3080KP(玉石黄)
规格(mm):800×800×13
参考价格(元/片):170.66
参考价格(元/m²):268.00

新梦幻石系列

产品编号:I02080KP(新莎安娜)
规格(mm):800×800×13
参考价格(元/片):157.93
参考价格(元/m²):248.00

产品编号:I04380KP(白沙石)
规格(mm):800×800×13
参考价格(元/片):184.30
参考价格(元/m²):288.00

产品编号:I01180KP(莎安娜)
规格(mm):800×800×13
参考价格(元/片):208.80
参考价格(元/m²):328.00

产品编号:I33280KP(帝王黄)
规格(mm):800×800×13
参考价格(元/片):208.80
参考价格(元/m²):328.00

产品编号:I01880KP(新卡拉拉)
规格(mm):800×800×13
参考价格(元/片):184.30
参考价格(元/m²):288.00

采用斯米克玉石系列产品铺贴效果

玉石系列/新梦幻石系列产品(通体砖)特性说明

项目	说明							
适用范围	室外地	☐	室外墙	☑	室内地	☑	室内墙	☑
材质	瓷质	☑	半瓷质	☐	陶质	☐	其他	☐
表面处理	抛光	☑	亚光	☐	凹凸	☐	其他	☐
表面设计	仿古	☐	仿石	☑	仿木	☐	其他	☐
服务项目	特殊规格加工	☑	异型加工	☐	水切割	☐	其他	☐

※斯米克玉石系列/新梦幻石系列产品技术参数见通体砖产品技术参数表格。

注意:由于印刷关系,可能与实际产品的颜色有所差异,选用时请以实物颜色为准。

上海斯米克建筑陶瓷股份有限公司
地址：上海市闵行区浦江镇三鲁公路2121号
邮编：201112

尊岩系列

产品编号：D010C0LP(天王白)
规格(mm)：1200×600×13
参考价格(元/片)：272.20
参考价格(元/m²)：378.00

产品编号：D112C0LP(天王灰)
规格(mm)：1200×600×13
参考价格(元/片)：272.20
参考价格(元/m²)：378.00

产品编号：D310C0LP(天王黄)
规格(mm)：1200×600×13
参考价格(元/片)：272.20
参考价格(元/m²)：378.00

产品编号：G002C0LP(松香白)
规格(mm)：1200×600×13
参考价格(元/片)：242.00
参考价格(元/m²)：338.00

产品编号：R021C0LP(维瓦地)
规格(mm)：1200×600×13
参考价格(元/片)：220.80
参考价格(元/m²)：308.00

产品编号：R321C0LP(克拉玛)
规格(mm)：1200×600×13
参考价格(元/片)：220.80
参考价格(元/m²)：308.00

产品编号：R821C0LP(圣罗兰)
规格(mm)：1200×600×13
参考价格(元/片)：371.00
参考价格(元/m²)：518.00

产品编号：U015C0LP(爵士白)
规格(mm)：1200×600×13
参考价格(元/片)：278.00
参考价格(元/m²)：388.00

采用斯米克尊岩系列产品铺贴效果

尊岩系列产品(通体砖)特性说明

项目	说明						
适用范围	室外地	☐	室外墙	☑	室内地	☑	室内墙	☑
材质	瓷质	☑	半瓷质	☐	陶质	☐	其他	☐
表面处理	抛光	☑	亚光	☐	凹凸	☐	其他	☐
表面设计	仿古	☐	仿石	☑	仿木	☐	其他	☐
服务项目	特殊规格加工	☑	异型加工	☐	水切割	☐	其他	☐

斯米克通体砖产品技术参数

吸水率	破坏强度	长度	宽度	厚度	边直度	直角度	表面平整度	莫氏硬度	抗热震性	耐化学腐蚀性
<0.07%	≥40MPa	±0.1%	±0.1%	±3.5%	±0.1%	±0.1%	±0.1%	7	符合国家标准	符合国家标准

⚠ 注意：由于印刷关系，可能与实际产品的颜色有所差异，选用时请以实物颜色为准。

电话：021-64110567
传真：021-64110553
服务热线：021-54312300

网址：www.cimic.com
E-mail:xsglb@cimic.com

品牌国别：中国
生产地区：中国

斯米克

欧姆石系列

斯米克欧姆石系列是一种长效、高强、耐磨、耐腐、耐老化、防火抗压的高档防静电瓷质地板。斯米克欧姆石系列广泛用于各种领域，创造永恒的生活空间。

采用斯米克欧姆石系列产品铺贴效果（湖南电视台）

玻化石幕墙系列

斯米克玻化石幕墙系列打破了传统幕墙的概念，为设计师带来了一个更大的创意空间。斯米克玻化石幕墙系列有：背栓式玻化石干挂幕墙、开槽式玻化石干挂幕墙、背栓式玻化石挂贴幕墙。

采用斯米克玻化石幕墙系列产品铺贴效果（北京广电大厦）

注意：由于印刷关系，可能与实际产品的颜色有所差异，选用时请以实物颜色为准。

上海斯米克建筑陶瓷股份有限公司
地址：上海市闵行区浦江镇三鲁公路2121号
邮编：201112

台面板系列

瓷质通体砖，抛光表面，适用于内台面，可提供特殊规格加工服务。如需产品技术参数请咨询厂商。

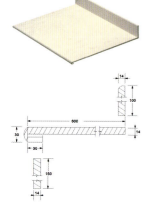

产品编号：C型(浅色)台面板、挡水板、托面板
规格(mm)：详见工程图
参考价格(元/m)：93.50

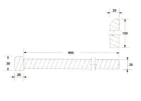

产品编号：T型(深色)台面板、挡水板、托面板
规格(mm)：详见工程图
参考价格(元/m)：93.50

产品编号：R0201OLP
规格(mm)：1800×600×14
参考价格(元/片)：850.50
参考价格(元/m²)：525.00

产品编号：U208IBLP
规格(mm)：1800×600×20
参考价格(元/片)：1,377.00
参考价格(元/m²)：850.00

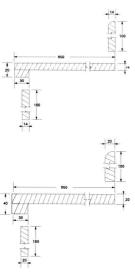

产品编号：E型(浅色)台面板、挡水板、托面板
规格(mm)：详见工程图
参考价格(元/m)：25.00

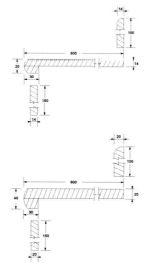

产品编号：B型(深色)台面板、挡水板、托面板
规格(mm)：详见工程图
参考价格(元/m)：50.00

采用斯米克台面板系列产品铺贴效果

⚠ 注意：由于印刷关系，可能与实际产品的颜色有所差异，选用时请以实物颜色为准。

电话:021-64110567
传真:021-64110553
服务热线:021-54312300

网址:www.cimic.com
E-mail:xsglb@cimic.com

品牌国别:中国
生产地区:中国

斯米克

樱桃系列 陶质釉面砖,亮光釉面。

产品编号:VWA173M 室内墙砖
规格(mm):200×200×7.8
参考价格(元/片):4.20
参考价格(元/m²):105.00

产品编号:VCA171M 室内墙砖(花砖)
规格(mm):200×200×7.8
参考价格(元/片):36.00

产品编号:VCA172M 室内墙砖(花砖)
规格(mm):200×200×7.8
参考价格(元/片):36.00

产品编号:VDA172H 腰线
规格(mm):200×25×7.8
参考价格(元/片):14.40

产品编号:VDA171N 腰线
规格(mm):200×40×7.8
参考价格(元/片):21.60

产品编号:VWA170N 室内墙砖
规格(mm):200×200×7.8
参考价格(元/片):3.84
参考价格(元/m²):96.00

产品编号:VFEA16N 室内地砖
规格(mm):300×300×9
参考价格(元/片):9.00
参考价格(元/m²):100.00

采用斯米克樱桃系列产品铺贴效果

杜勒丽系列 陶质釉面砖,亚光釉面。

产品编号:VWH090N 室内墙砖
规格(mm):330×250×8
参考价格(元/片):7.92
参考价格(元/m²):96.00

产品编号:VCH091N 室内墙砖(花砖)
规格(mm):330×250×8
参考价格(元/片):36.00

产品编号:VCH092N 室内墙砖(花砖)
规格(mm):330×250×8
参考价格(元/片):36.00

产品编号:VDH091N 腰线
规格(mm):330×80×8
参考价格(元/片):21.60

果趣系列 陶质釉面砖,亮光釉面。

产品编号:VWH280N 室内墙砖
规格(mm):330×250×8
参考价格(元/片):7.92
参考价格(元/m²):96.00

产品编号:VCH281M 室内墙砖(花砖)
规格(mm):330×250×8
参考价格(元/片):48.00

产品编号:VDH281M 腰线
规格(mm):330×80×8
参考价格(元/片):28.80

斯米克樱桃系列/杜勒丽系列/果趣系列产品技术参数

吸水率	破坏强度	长度	宽度	厚度	平整度	边直度	直角度	耐急冷急热性	抗污性	抗釉裂	耐化学腐蚀性
≤16%	≥20MPa	±0.3%	±0.3%	±5.0%	±0.23%	±0.25%	±0.25%	10次循环不开裂(15±5℃ 145±5℃)	不低于3级	釉裂试验无裂纹和剥落	A级

 注意:由于印刷关系,可能与实际产品的颜色有所差异,选用时请以实物颜色为准。

上海斯米克建筑陶瓷股份有限公司
地址：上海市闵行区浦江镇三鲁公路2121号
邮编：201112

水晶石系列——兰黛
陶质釉面砖，简约设计。

产品编号：VWF330M
（亚光/凹凸）室内墙砖
规格(mm)：300×600×10.7
参考价格(元/片)：40.20
参考价格(元/m²)：223.33

产品编号：VCF331N
（亚光/凹凸）室内墙砖
规格(mm)：300×600×10.7
参考价格(元/片)：120.00

产品编号：VWF001N
（亚光）室内墙砖
规格(mm)：300×600×10.7
参考价格(元/片)：37.80
参考价格(元/m²)：210.00

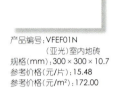

产品编号：VFEF01N
（亚光）室内地砖
规格(mm)：300×300×10.7
参考价格(元/片)：15.48
参考价格(元/m²)：172.00

产品编号：VDF331M
（亮光）腰线
规格(mm)：300×60×10.7
参考价格(元/片)：49.50

采用斯米克水晶石系列——兰黛产品铺贴效果

水晶石系列——金玉石
陶质釉面砖，仿石设计。

产品编号：VWK363N
（亮光）室内墙砖
规格(mm)：300×450×10.7
参考价格(元/片)：23.40
参考价格(元/m²)：173.33

产品编号：VFEK33N
（亮光）室内地砖
规格(mm)：300×300×10.7
参考价格(元/片)：15.48
参考价格(元/m²)：172.00

产品编号：VDK361N
（亚光）腰线
规格(mm)：300×70×10.7
参考价格(元/片)：39.60

⚠ 注意：由于印刷关系，可能与实际产品的颜色有所差异，选用时请以实物颜色为准。

电话：021-64110567
传真：021-64110553
服务热线：021-54312300

网址：www.cimic.com
E-mail：xsglb@cimic.com

品牌国别：中国
生产地区：中国

斯米克

水晶石系列——柯林思
陶质釉面砖，简约设计。

产品编号：VWF350M
（亮光/凹凸）室内墙砖
规格(mm)：300×600×10.7
参考价格(元/片)：40.20
参考价格(元/m²)：223.33

产品编号：VWF353M
（亮光/凹凸）室内墙砖
规格(mm)：300×600×10.7
参考价格(元/片)：40.20
参考价格(元/m²)：223.33

产品编号：VFEF10M（亮光）室内地砖
规格(mm)：300×300×10.7
参考价格(元/片)：17.04
参考价格(元/m²)：189.33

产品编号：VWF000M
（亮光）室内墙砖
规格(mm)：300×600×10.7
参考价格(元/片)：40.20
参考价格(元/m²)：223.33

产品编号：VDF351M（亮光）腰线
规格(mm)：300×80×10.7
参考价格(元/片)：49.50

水晶石系列——帕兰多石
陶质釉面砖，仿石设计。

产品编号：VWK193N
（亚光）室内墙砖
规格(mm)：300×450×10.7
参考价格(元/片)：23.40
参考价格(元/m²)：173.33

产品编号：VWK197M
（亚光）室内墙砖
规格(mm)：300×450×10.7
参考价格(元/片)：24.60
参考价格(元/m²)：182.22

产品编号：VDK191N
（亚光）腰线
规格(mm)：300×80×10.7
参考价格(元/片)：39.60

产品编号：VFEK93N
（亚光）室内地砖
规格(mm)：300×300×10.7
参考价格(元/片)：15.48
参考价格(元/m²)：172.00

产品编号：VFEK97M
（亚光）室内地砖
规格(mm)：300×300×10.7
参考价格(元/片)：17.04
参考价格(元/m²)：189.33

产品编号：VWEA07X
（亚光）室内墙砖
规格(mm)：300×300×10.7
参考价格(元/片)：20.40
参考价格(元/m²)：226.64

斯米克水晶石系列产品技术参数

吸水率	破坏强度	长度	宽度	厚度	边直度	直角度
≤16%	平均值≥20MPa	±0.15%	±0.15%	±5.0%	±0.15%	±0.25%

斯米克水晶石系列产品技术参数

表面平整度	耐急冷急热性	抗污性	抗釉裂	耐化学腐蚀性
±0.15%	10次热循环不裂(15±5℃～145±5℃)	5级	釉裂试验无裂痕和剥落	符合国家标准

厂商简介：上海斯米克股份有限公司成立于1993年，拥有总资产11亿元人民币。现有11条生产线，主要产品有玻化砖、釉面墙地砖、钛金石、经纬石、玉石及水晶砖等数十个独特的产品设计系列。斯米克运用高新技术改造传统产业，拥有世界最先进的瓷砖生产设备及由高素质人才组成的研发中心，也是国内率先采用LOTUS NOTES 和BPCS 系统进行全面电子商务管理的陶瓷企业。斯米克一贯奉行"争取全瓷砖产品的领导品牌地位，面向世界，争取国际领导品牌之地位"的发展策略，为客户提供由现代科技与自然艺术完美结合的产品，努力为客户创造价值。

各地联系方式：

北京
地址：北京市朝阳区十里河大羊坊路79号A座雍凯大厦办公楼4层402号
电话：010-87378477

天津
地址：天津市河西区解放南路473号环渤海经贸大厦915房间
电话：022-88257007

沈阳
地址：辽宁省沈阳市大东区东望街15号
电话：024-88206769

重庆
地址：重庆市渝北区龙溪镇龙脊路101号龙溪园装饰材料城B区三楼
电话：023-67913599

广州
地址：广东省广州市黄埔大道西123号之2
电话：020-85583031

南京
地址：江苏省南京市集庆门大街108号国信利德家园B座702室
电话：025-86465968

杭州
地址：浙江省杭州市南复路陶瓷品市场4号A408～A409摊位
电话：0571-86080632

上海
地址：上海市中山南一路893号斯米克广场
电话：021-63013988转132/133

西安
地址：陕西省西安市太华北路218号大明宫现代家居有限责任公司西北角办公区
电话：029-88118221

武汉
地址：湖北省武汉市建设大道海军工程大学营房仓库
电话：027-83625833

代表工程：东京银座SONY PLAZA 国家外交部办公大楼 国家质量检验检疫总局
上海浦东国际机场 北京协和医院 昆明世博园 杭州黄龙体育中心 上海银行大厦
深圳沃尔玛超市 广州香格里拉大酒店

质量认证：法国BVQI ISO9002 法国BVQI ISO9001 ISO14000 CCC认证
执行标准：GB/T 4100.1-1999 GB/T 4100.3-1999 GB/T 4100.5-1999

⚠ 注意：由于印刷关系，可能与实际产品的颜色有所差异，选用时请以实物颜色为准。

广东东鹏陶瓷股份有限公司
地址：广东省佛山市禅城区江湾三路8号
邮编：528031

电话:0757-82273345/82272900
传真:0757-82272343
服务热线:0757-82272900

网址:www.dongpeng.com

品牌国别:中国
生产地区:中国

砂岩石系列

产品编号:YG801630（抛光）
规格(mm):800×800×12.5
参考价格(元/片):195.00
参考价格(元/m²):304.70

产品编号:YG801622（抛光）
规格(mm):800×800×12.5
参考价格(元/片):153.00
参考价格(元/m²):239.10

产品编号:YG801620（抛光）
规格(mm):800×800×12.5
参考价格(元/片):153.00
参考价格(元/m²):239.10

产品编号:YG801651（抛光）
规格(mm):800×800×12.5
参考价格(元/片):195.00
参考价格(元/m²):304.70

产品编号:YG801301（抛光）
规格(mm):800×800×12.5
参考价格(元/片):173.00
参考价格(元/m²):270.30

产品编号:YW801650（亚光）
规格(mm):800×800×12.5
参考价格(元/片):195.00
参考价格(元/m²):304.70

产品编号:YG801656（抛光）
规格(mm):800×800×12.5
参考价格(元/片):195.00
参考价格(元/m²):304.70

砂岩石系列产品(通体砖)特性说明

项目	说明							
适用范围	室外地	☑	室外墙	☑	室内地	☑	室内墙	☑
材　质	瓷　质	☑	半瓷质	☐	陶　质	☐	其　他	☐
表面设计	仿　古	☐	仿　石	☑	仿　木	☐	其　他	☐
服务项目	特殊规格加工	☑	异型加工	☑	水切割	☑	其　他	☐

东鹏砂岩石系列产品技术参数

吸水率	破坏强度	断裂模数	莫氏硬度	光泽度	抗热震性	防静电	放射性
≤0.1%	≥3200N	≥40MPa	≥7	≥65	经过10次抗热震试验不出现炸裂或裂纹	符合国家标准	A类标准

⚠ 注意:由于印刷关系,可能与实际产品的颜色有所差异,选用时请以实物颜色为准。

广东东鹏陶瓷股份有限公司
地址：广东省佛山市禅城区江湾三路8号
邮编：528031

砂岩石系列

采用东鹏砂岩石系列产品铺贴效果

产品编号：YF631905（凹凸）
规格(mm)：300×600×9.5
参考价格(元/片)：37.00
参考价格(元/m²)：205.60

产品编号：YF631701（凹凸）
规格(mm)：300×600×9.5
参考价格(元/片)：34.00
参考价格(元/m²)：188.90

产品编号：YF631703（凹凸）
规格(mm)：300×600×9.5
参考价格(元/片)：34.00
参考价格(元/m²)：188.90

产品编号：YF631705（凹凸）
规格(mm)：300×600×9.5
参考价格(元/片)：34.00
参考价格(元/m²)：188.90

产品编号：YF631901（凹凸）
规格(mm)：300×600×9.5
参考价格(元/片)：37.00
参考价格(元/m²)：205.60

注意：由于印刷关系，可能与实际产品的颜色有所差异，选用时请以实物颜色为准。

电话:0757-82273345/82272900
传真:0757-82272343
服务热线:0757-82272900

网址:www.dongpeng.com

品牌国别:中国
生产地区:中国

D 东鹏

砂岩石系列

本页产品另有规格(mm):800×800×12.5

产品编号:YG271622(抛光)
规格(mm):600×1200×13.5
参考价格(元/片):210.00
参考价格(元/m²):291.70

产品编号:YG271630(抛光)
规格(mm):600×1200×13.5
参考价格(元/片):278.00
参考价格(元/m²):386.10

采用东鹏砂岩石系列产品铺贴效果

产品编号:YG271632(抛光)
规格(mm):600×1200×13.5
参考价格(元/片):278.00
参考价格(元/m²):386.10

产品编号:YW271620(亚光)
规格(mm):600×1200×13.5
参考价格(元/片):210.00
参考价格(元/m²):291.70

产品编号:YW271630(亚光)
规格(mm):600×1200×13.5
参考价格(元/片):278.00
参考价格(元/m²):386.10

产品编号:YW271651(亚光)
规格(mm):600×1200×13.5
参考价格(元/片):278.00
参考价格(元/m²):386.10

⚠ 注意:由于印刷关系,可能与实际产品的颜色有所差异,选用时请以实物颜色为准。

广东东鹏陶瓷股份有限公司
地址:广东省佛山市禅城区江湾三路8号
邮编:528031

银河石系列

产品编号:YUGA80805
规格(mm):800×800×12.5
参考价格(元/片):222.00
参考价格(元/m²):346.90

产品编号:YG800917
规格(mm):800×800×12.5
参考价格(元/片):150.00
参考价格(元/m²):234.40

产品编号:YUNG80825
规格(mm):800×800×12.5
参考价格(元/片):222.00
参考价格(元/m²):346.90

产品编号:YG800951
规格(mm):800×800×12.5
参考价格(元/片):195.00
参考价格(元/m²):304.70

产品编号:YUGC80907
规格(mm):800×800×12.5
参考价格(元/片):142.00
参考价格(元/m²):221.90

产品编号:YG800783
规格(mm):800×800×12.5
参考价格(元/片):195.00
参考价格(元/m²):304.70

飞天石系列

产品编号:YG800881
规格(mm):800×800×12.5
参考价格(元/片):222.00
参考价格(元/m²):346.97

产品编号:YG800883
规格(mm):800×800×12.5
参考价格(元/片):222.00
参考价格(元/m²):346.97

产品编号:YG800885
规格(mm):800×800×12.5
参考价格(元/片):202.00
参考价格(元/m²):315.62

※东鹏银河石系列/飞天石系列产品特性说明见珊瑚玉系列产品特性说明表格,技术参数见珊瑚玉系列产品技术参数表格。

注意:由于印刷关系,可能与实际产品的颜色有所差异,选用时请以实物颜色为准。

电话:0757-82273345/82272900
传真:0757-82272343
服务热线:0757-82272900

网址:www.dongpeng.com

品牌国别:中国
生产地区:中国

D 东鹏

天山石系列

产品编号:HG803117
规格(mm):800×800×12.5
参考价格(元/片):165.00
参考价格(元/m²):257.00

产品编号:HG803181
规格(mm):800×800×12.5
参考价格(元/片):165.00
参考价格(元/m²):257.00

采用东鹏天山石系列产品铺贴效果

产品编号:HG803194
规格(mm):800×800×12.5
参考价格(元/片):185.00
参考价格(元/m²):289.00

产品编号:HG803196
规格(mm):800×800×12.5
参考价格(元/片):185.00
参考价格(元/m²):289.00

产品编号:HG803198
规格(mm):800×800×12.5
参考价格(元/片):185.00
参考价格(元/m²):289.00

⚠ 注意:由于印刷关系,可能与实际产品的颜色有所差异,选用时请以实物颜色为准。

※ 东鹏天山石系列产品特性说明见珊瑚玉系列产品特性说明表格,技术参数见珊瑚玉系列产品技术参数表格。

广东东鹏陶瓷股份有限公司
地址：广东省佛山市禅城区江湾三路8号
邮编：528031

珊瑚玉系列

产品编号：BG802011
规格(mm)：800×800×12.5
参考价格(元/片)：160.00
参考价格(元/m²)：250.00

产品编号：YG802001
规格(mm)：800×800×12.5
参考价格(元/片)：160.00
参考价格(元/m²)：250.00

产品编号：YG802002
规格(mm)：800×800×12.5
参考价格(元/片)：165.00
参考价格(元/m²)：257.80

产品编号：BG802010
规格(mm)：800×800×12.5
参考价格(元/片)：160.00
参考价格(元/m²)：250.00

采用东鹏珊瑚玉系列产品铺贴效果

产品编号：YG802003
规格(mm)：800×800×12.5
参考价格(元/片)：165.00
参考价格(元/m²)：257.80

珊瑚玉系列/银河石系列/飞天石系列/天山石系列产品（通体砖）特性说明

项目	说明							
适用范围	室外地	☑	室外墙	☑	室内地	☑	室内墙	☑
材 质	瓷 质	☑	半瓷质	☐	陶 质	☐	其 他	☐
表面处理	抛 光	☑	亚 光	☐	凹 凸	☐	其 他	☐
表面设计	仿 古	☐	仿 石	☑	仿 木	☐	其 他	☐
服务项目	特殊规格加工	☑	异型加工	☑	水切割	☑	其 他	☐

东鹏珊瑚玉/银河石系列/飞天石系列/天山石系列产品技术参数

吸水率	破坏强度	断裂模数	莫氏硬度	光泽度	抗热震性	防静电	放射性
≤0.1%	≥3200N	≥40MPa	≥7	≥65	经过10次抗热震试验不出现炸裂或裂纹	符合国家标准	A类标准

⚠ 注意：由于印刷关系，可能与实际产品的颜色有所差异，选用时请以实物颜色为准。

电话:0757-82273345/82272900
传真:0757-82272343
服务热线:0757-82272900

网址:www.dongpeng.com

品牌国别:中国
生产地区:中国

D 东鹏

泰山石系列

采用东鹏泰山石系列产品铺贴效果

产品编号:YS270264
规格(mm):1200×600×13.5
参考价格(元/片):254.00
参考价格(元/m^2):352.80

产品编号:YS270266
规格(mm):1200×600×13.5
参考价格(元/片):304.00
参考价格(元/m^2):422.20

产品编号:YS270263
规格(mm):1200×600×13.5
参考价格(元/片):304.00
参考价格(元/m^2):422.20

产品编号:YS270260
规格(mm):1200×600×13.5
参考价格(元/片):254.00
参考价格(元/m^2):352.80

泰山石系列产品(通体砖)特性说明

项目	说明							
适用范围	室外地	☑	室外墙	☑	室内地	☑	室内墙	☑
材质	瓷质	☑	半瓷质	☐	陶质	☐	其他	☐
表面处理	抛光	☐	亚光	☑	凹凸	☑	其他	☐
表面设计	仿古	☐	仿石	☑	仿木	☐	其他	☐
服务项目	特殊规格加工	☑	异型加工	☑	水切割	☑	其他	☐

东鹏泰山石系列产品技术参数

吸水率	破坏强度	断裂模数	莫氏硬度	表面平整度	抗热震性	防静电	放射性
≤0.1%	≥3200N	≥40MPa	≥7	±0.1%	经过10次抗热震试验不出现炸裂或裂纹	符合国家标准	A类标准

⚠ 注意:由于印刷关系,可能与实际产品的颜色有所差异,选用时请以实物颜色为准。

广东东鹏陶瓷股份有限公司
地址：广东省佛山市禅城区江湾三路8号
邮编：528031

纯雅之风系列

产品编号：LNA63713
（亚光）室内墙砖
规格(mm)：300×600×10.5
参考价格(元/片)：20.00
参考价格(元/m²)：111.10

产品编号：LNA63714
（亚光）室内墙砖
规格(mm)：300×600×10.5
参考价格(元/片)：25.00
参考价格(元/m²)：138.90

产品编号：LPA30713
（亚光）室内地砖
规格(mm)：300×300×8
参考价格(元/片)：9.00
参考价格(元/m²)：100.00

产品编号：LND88714Z41
（亚光）腰线
规格(mm)：300×70×10.5
参考价格(元/片)：25.00

产品编号：LNA88714R41
（亚光）腰线转角
规格(mm)：15×70
参考价格(元/片)：20.00

采用东鹏纯雅之风系列产品铺贴效果

产品编号：LNA63721
（亚光）室内墙砖
规格(mm)：300×600×10.5
参考价格(元/片)：20.00
参考价格(元/m²)：111.10

产品编号：LNA63722
（亚光）室内墙砖
规格(mm)：300×600×10.5
参考价格(元/片)：25.00
参考价格(元/m²)：138.90

产品编号：LND63822
（亚光）室内墙砖
规格(mm)：300×600×10.5
参考价格(元/片)：37.00
参考价格(元/m²)：205.60

产品编号：LPA30701
（亚光）室内地砖
规格(mm)：300×300×8
参考价格(元/片)：9.00
参考价格(元/m²)：100.00

产品编号：LND27722Z41
（亚光）腰线
规格(mm)：300×55×10.5
参考价格(元/片)：35.00

产品编号：LND31722Z41
（亚光）腰线
规格(mm)：300×100×10.5
参考价格(元/片)：45.00

产品编号：LNA31722R41
（亚光）腰线转角
规格(mm)：15×100
参考价格(元/片)：20.00

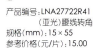

产品编号：LNA27722R41
（亚光）腰线转角
规格(mm)：15×55
参考价格(元/片)：15.00

注意：由于印刷关系，可能与实际产品的颜色有所差异，选用时请以实物颜色为准。

电话:0757-82273345/82272900
传真:0757-82272343
服务热线:0757-82272900

网址:www.dongpeng.com

品牌国别:中国
生产地区:中国

东 鹏

纯雅之风系列

采用东鹏纯雅之风系列产品铺贴效果

产品编号:LPA30716
(亚光)室内地砖
规格(mm):300×300×8
参考价格(元/片):9.00
参考价格(元/m²):100.00

产品编号:LND95716Z01
(亚光)腰线
规格(mm):600×150×10.5
参考价格(元/片):25.00

产品编号:LND95716Z02
(亚光)腰线
规格(mm):600×150×10.5
参考价格(元/片):25.00

产品编号:LNA63715
(亚光)室内墙砖
规格(mm):600×300×10.5
参考价格(元/片):20.00
参考价格(元/m²):111.10

产品编号:LNA63716
(亚光)室内墙砖
规格(mm):600×300×10.5
参考价格(元/片):25.00
参考价格(元/m²):138.90

产品编号:LPA30718
(亚光)室内地砖
规格(mm):300×300×10.5
参考价格(元/片):9.00
参考价格(元/m²):100.00

产品编号:LND31718Z41
(亮光)腰线
规格(mm):300×100×10.5
参考价格(元/片):45.00

产品编号:LNA31718R14
(亮光)腰线转角
规格(mm):15×100
参考价格(元/片):20.00

产品编号:LNA63718
(亮光)室内墙砖
规格(mm):300×600×10.5
参考价格(元/片):20.00
参考价格(元/m²):111.10

产品编号:LND27718Z41
(亮光)腰线
规格(mm):300×50×10.5
参考价格(元/片):40.00

产品编号:LNA27718R41
(亮光)腰线转角
规格(mm):15×50
参考价格(元/片):15.00

纯雅之风系列产品(釉面砖)特性说明

项目	说明							
材质	瓷质	☐	半瓷质	☑	陶质	☐	其他	☐
表面设计	仿古	☐	仿石	☑	仿木	☐	其他	☐
服务项目	特殊规格加工	☐	异型加工	☑	定制配件	☑	其他	☐

※东鹏纯雅之风系列产品技术参数见厨房专用砖系列产品技术参数表格。

⚠ 注意:由于印刷关系,可能与实际产品的颜色有所差异,选用时请以实物颜色为准。

广东东鹏陶瓷股份有限公司
地址：广东省佛山市禅城区江湾三路8号
邮编：528031

厨房专用砖系列

产品编号：LMA53755
（亚光）室内墙砖
规格(mm)：330×250×8
参考价格(元/片)：5.83
参考价格(元/m²)：70.70

产品编号：LMA53756
（亚光）室内墙砖
规格(mm)：330×250×8
参考价格(元/片)：6.43
参考价格(元/m²)：77.90

产品编号：LMA53732
（亚光）室内墙砖
规格(mm)：330×250×8
参考价格(元/片)：5.83
参考价格(元/m²)：70.70

产品编号：LMC53732H01
（亚光）室内墙砖
规格(mm)：330×250×8
参考价格(元/片)：38.76

产品编号：LPA30755
（亚光）室内地砖
规格(mm)：300×300×8
参考价格(元/片)：9.00
参考价格(元/m²)：100.00

产品编号：LMB11755Z01
（亚光）腰线
规格(mm)：250×80×8
参考价格(元/片)：17.16

产品编号：LMB11755Z02
（亚光）腰线
规格(mm)：250×80×8
参考价格(元/片)：17.16

产品编号：LPA30733
（亚光）室内地砖
规格(mm)：300×300×8
参考价格(元/片)：9.00
参考价格(元/m²)：100.00

产品编号：LMB58732Z01
（亚光）腰线
规格(mm)：330×80×8
参考价格(元/片)：17.16

产品编号：LMA49732Z01
（亚光）压顶线
规格(mm)：330×18×8
参考价格(元/片)：17.16

产品编号：LMA53029
（亮光）室内墙砖
规格(mm)：330×250×8
参考价格(元/片)：5.83
参考价格(元/m²)：70.70

产品编号：LMB53713
（亮光）室内墙砖
规格(mm)：330×250×8
参考价格(元/片)：6.43
参考价格(元/m²)：77.90

产品编号：LMB53029H01
（亮光）室内墙砖
规格(mm)：330×250×8
参考价格(元/片)：36.60

产品编号：LMB53029H02
（亮光）室内墙砖
规格(mm)：330×250×8
参考价格(元/片)：36.60

产品编号：LPO30356
（亮光）室内地砖
规格(mm)：300×300×8
参考价格(元/片)：9.00
参考价格(元/m²)：100.00

产品编号：LPO30350
（亚光）室内地砖
规格(mm)：300×300×8
参考价格(元/片)：9.00
参考价格(元/m²)：100.00

产品编号：LMB58029Z01
（亮光）腰线
规格(mm)：330×80×8
参考价格(元/片)：17.16

产品编号：LMB58029Z02
（亮光）腰线
规格(mm)：330×80×8
参考价格(元/片)：17.16

⚠ 注意：由于印刷关系，可能与实际产品的颜色有所差异，选用时请以实物颜色为准。

电话:0757-82273345/82272900
传真:0757-82272343
服务热线:0757-82272900

网址:www.dongpeng.com

品牌国别:中国
生产地区:中国

厨房专用砖系列

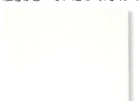

产品编号:LMA53115
(亚光)室内墙砖
规格(mm):330×250×8
参考价格(元/片):5.83
参考价格(元/m²):70.70

产品编号:LMC53115H02
(亚光)室内墙砖
规格(mm):330×250×8
参考价格(元/片):38.76

产品编号:LMA53651
(亮光)室内墙砖
规格(mm):330×250×8
参考价格(元/片):5.83
参考价格(元/m²):70.70

产品编号:LMB53652
(亮光)室内墙砖
规格(mm):330×250×8
参考价格(元/片):6.43
参考价格(元/m²):77.90

产品编号:LMB58115Z02
(亚光)腰线
规格(mm):330×80×8
参考价格(元/片):17.16

产品编号:LMB53651H01
(亮光)室内墙砖
规格(mm):330×250×8
参考价格(元/片):36.60

产品编号:LPEA30304
(亚光)室内地砖
规格(mm):300×300×8
参考价格(元/片):9.00
参考价格(元/m²):100.00

产品编号:LPO30356
(亮光)室内地砖
规格(mm):300×300×8
参考价格(元/片):9.00
参考价格(元/m²):100.00

厨房专用砖系列产品(釉面砖)特性说明

项目	说明							
材　质	瓷质	☐	半瓷质	☑	陶质	☐	其他	☐
表面设计	仿古	☐	仿石	☑	仿木	☐	其他	☐
服务项目	特殊规格加工	☐	异型加工	☑	定制配件	☑	其他	☐

东鹏厨房专用砖系列/纯雅之风系列产品技术参数

吸水率	破坏强度	断裂模数	表面平整度	边直度	抗热震性	耐腐蚀性
3.0%~4.0%	≥1100N	≥35MPa	±0.3%	±0.2%	经过10次抗热震试验不出现炸裂或裂纹	符合国家标准

厂商简介:广东东鹏陶瓷股份有限公司位于著名陶都——佛山,是专业生产墙地砖、工业用砖及卫浴产品的企业。东鹏陶瓷以"品质铸就品牌,科技推动品牌,口碑传播品牌"为宗旨,引进世界最先进的设备及技术,成功研发了多项新技术填补了行业空白,先后获得36项国家专利技术。产品通过ISO9001-2000管理体系认证和ISO14001-1996环境体系认证及CCC认证。企业先后被评为"广东省高新技术企业"、"广东省专利试点企业"、"广东省百强民营企业"、"中国名牌"、"国家免检产品"、"中国500最具价值品牌"、"中国建陶市场行业最具竞争力十大品牌"、"广东省著名商标"等荣誉称号。东鹏陶瓷在推出新产品的同时将高新技术产品和东方陶瓷文化融入人们的生活,缔造了家居文化空间、时尚商用空间、整体厨卫空间、工业品展示空间、外墙干挂空间及整体卫浴生产馆等灵性空间,引领着行业潮流。东鹏在全国建立了近千个品牌形象专卖店及服务网络,以"阳光天使零距离服务"为承诺,为消费者提供全方位的产品服务和家装解决方案。

各地联系方式:

宁波
地址:浙江省宁波市现代建筑装饰市场西区1~6号
电话:0574-87390388

温州
地址:浙江省温州市经济技术开发区富青江路100号
电话:0577-86537777

无锡
地址:浙江省无锡市锡沪路华东建材市场2~10号
电话:0510-2414658

上海
地址:上海市徐汇区宜山路320号喜盈门卫浴陶瓷商城2楼249~269号
电话:021-64281596/64286428/64281604

南京
地址:江苏省南京市江东南路8号
电话:025-86510022

重庆
地址:重庆市渝中区临江门丽景大厦
电话:023-63902757

北京
地址:北京市丰台区南四环马家楼商业区5号
电话:010-67486668

江西
地址:江西省南昌市何坊西路309号建材大市场
电话:0791-5237440

东莞
地址:广东省东莞市罗沙新兴装饰材料城首层
电话:0769-2611983

长沙
地址:湖南省长沙市马王堆建材大市场A1~A2栋
电话:0731-2641911

代表工程:国家大剧院　石家庄交通指挥大楼
北京锋尚住宅　北京618工程　河南济源邮政大楼
太仓市公安局　南京地铁站　义乌国际商贸城
江西南昌移动大楼　广州眼科医院　中国陶瓷城

质量认证:ISO9001-2000　ISO14001-1996　CCC认证
执行标准:GB/T4100.1-1999　GB/T4100.5-1999

⚠ 注意:由于印刷关系,可能与实际产品的颜色有所差异,选用时请以实物颜色为准。

广东宏宇陶瓷有限公司
地址:佛山市禅城区江湾三路与楼湾路交汇处
邮编:528031

电话:0757-82266933
传真:0757-82276787
服务热线:0757-82266333

网址:www.hy100.com.cn
E-mail:hy100@hongyuceramics.com

品牌国别:中国
生产地区:中国

H 宏宇

广场砖系列
半瓷质釉面室内外地砖,可提供异型加工服务。

产品编号:AE101
规格(mm):100×100
参考价格(元/片):0.60
参考价格(元/m²):45.45

产品编号:AE101A
规格(mm):100×100
参考价格(元/片):0.60
参考价格(元/m²):45.45

产品编号:AE102
规格(mm):100×100
参考价格(元/片):0.92
参考价格(元/m²):69.70

产品编号:AE104
规格(mm):100×100
参考价格(元/片):1.71
参考价格(元/m²):130.30

产品编号:AE122
规格(mm):100×100
参考价格(元/片):1.32
参考价格(元/m²):100.00

产品编号:AE125
规格(mm):100×100
参考价格(元/片):1.71
参考价格(元/m²):130.30

产品编号:AE237
规格(mm):100×100
参考价格(元/片):1.32
参考价格(元/m²):100.00

产品编号:AE142
规格(mm):100×100
参考价格(元/片):1.32
参考价格(元/m²):100.00

产品编号:AE162
规格(mm):100×100
参考价格(元/片):1.32
参考价格(元/m²):100.00

产品编号:AE195
规格(mm):100×100
参考价格(元/片):0.92
参考价格(元/m²):69.70

产品编号:AE201
规格(mm):100×100
参考价格(元/片):0.60
参考价格(元/m²):45.45

产品编号:AE204
规格(mm):100×100
参考价格(元/片):1.71
参考价格(元/m²):130.30

产品编号:AE257B
规格(mm):100×100
参考价格(元/片):1.72
参考价格(元/m²):130.30

产品编号:AE293
规格(mm):100×100
参考价格(元/片):0.92
参考价格(元/m²):69.70

产品编号:AE295
规格(mm):100×100
参考价格(元/片):0.92
参考价格(元/m²):69.70

产品编号:AE301
规格(mm):100×100
参考价格(元/片):0.60
参考价格(元/m²):45.45

产品编号:AE384
规格(mm):100×100
参考价格(元/片):1.32
参考价格(元/m²):100.00

产品编号:AE393
规格(mm):100×100
参考价格(元/片):0.92
参考价格(元/m²):69.70

产品编号:AE395A
规格(mm):100×100
参考价格(元/片):1.32
参考价格(元/m²):100.00

产品编号:AK301
规格(mm):100×100
参考价格(元/片):0.60
参考价格(元/m²):45.45

产品编号:AK309
规格(mm):100×100
参考价格(元/片):1.04
参考价格(元/m²):78.79

产品编号:AK395
规格(mm):100×100
参考价格(元/片):0.92
参考价格(元/m²):69.70

产品编号:GAE101
规格(mm):100×100
参考价格(元/片):0.90
参考价格(元/m²):68.18

产品编号:TAE103A
规格(mm):100×100
参考价格(元/片):1.56
参考价格(元/m²):118.19

产品编号:BE201
规格(mm):108×108
参考价格(元/片):0.69
参考价格(元/m²):45.45

产品编号:BE201A
规格(mm):108×108
参考价格(元/片):0.69
参考价格(元/m²):45.45

产品编号:BE202
规格(mm):108×108
参考价格(元/片):1.06
参考价格(元/m²):69.70

产品编号:BE203
规格(mm):108×108
参考价格(元/片):1.20
参考价格(元/m²):78.79

产品编号:BE203A
规格(mm):108×108
参考价格(元/片):1.20
参考价格(元/m²):78.79

产品编号:BE214
规格(mm):108×108
参考价格(元/片):1.52
参考价格(元/m²):100.00

产品编号:BE242
规格(mm):108×108
参考价格(元/片):1.52
参考价格(元/m²):100.00

产品编号:BE262
规格(mm):108×108
参考价格(元/片):1.52
参考价格(元/m²):100.00

产品编号:BE275
规格(mm):108×108
参考价格(元/片):1.06
参考价格(元/m²):69.70

产品编号:BE295
规格(mm):108×108
参考价格(元/片):1.06
参考价格(元/m²):69.70

产品编号:BE295A
规格(mm):108×108
参考价格(元/片):1.52
参考价格(元/m²):100.00

产品编号:BE299
规格(mm):108×108
参考价格(元/片):1.06
参考价格(元/m²):69.70

※宏宇广场砖系列产品技术参数
见导言砖系列产品技术参数表格。

⚠ 注意:由于印刷关系,可能与实际产品的颜色有所差异,选用时请以实物颜色为准。

137

广东宏宇陶瓷有限公司
地址：佛山市禅城区江湾三路与槎湾路交汇处
邮编：528031

导盲砖系列
半瓷质釉面室内外地砖，可提供异型加工服务。

产品编号：GAE803A
规格(mm)：315×315
参考价格(元/片)：28.17
参考价格(元/m²)：281.70

产品编号：TAE803A
规格(mm)：315×315
参考价格(元/片)：28.17
参考价格(元/m²)：281.70

产品编号：TAE809
规格(mm)：315×315
参考价格(元/片)：28.17
参考价格(元/m²)：281.70

采用宏宇广场砖系列产品铺贴效果

步行街专用砖系列
半瓷质釉面室内外地砖，可提供异型加工服务。

产品编号：AE801A	产品编号：AE802A	产品编号：AE803A	产品编号：AE833A	产品编号：AE899
规格(mm)：315×315	规格(mm)：315×315	规格(mm)：315×315	规格(mm)：315×315	规格(mm)：315×315
参考价格(元/片)：12.73	参考价格(元/片)：16.65	参考价格(元/片)：18.78	参考价格(元/片)：20.29	参考价格(元/片)：15.75
参考价格(元/m²)：127.30	参考价格(元/m²)：166.50	参考价格(元/m²)：187.80	参考价格(元/m²)：202.90	参考价格(元/m²)：157.50

产品编号：AF801A	产品编号：AF813A	产品编号：AF833A	产品编号：AF854A
规格(mm)：525×315	规格(mm)：525×315	规格(mm)：525×315	规格(mm)：525×315
参考价格(元/片)：24.24	参考价格(元/片)：28.78	参考价格(元/片)：39.38	参考价格(元/片)：39.38
参考价格(元/m²)：145.44	参考价格(元/m²)：172.68	参考价格(元/m²)：236.28	参考价格(元/m²)：236.28

宏宇导盲砖系列/步行街专用砖系列/广场砖系列产品技术参数

吸水率	破坏强度	边直度	边长偏差	厚度	抗热震性
4.0%	2489N	+0.1~+0.3mm	-1.32~-0.3mm	+0.7~+1.0mm	经过10次抗热震试验不出现炸裂或裂纹

※如需宏宇导盲砖/步行街专用砖/广场砖厚度请咨询厂商。

⚠ 注意：由于印刷关系，可能与实际产品的颜色有所差异，选用时请以实物颜色为准。

电话:0757-82266933
传真:0757-82276787
服务热线:0757-82266333

网址:www.hy100.com.cn
E-mail:hy100@hongyuceramics.com

品牌国别:中国
生产地区:中国

H 宏宇

米兰春色系列

本系列另有规格(mm):
800×800/1000×1000

产品编号:PA16025
规格(mm):600×600
参考价格(元/片):55.88
参考价格(元/m²):155.35

产品编号:PA16026
规格(mm):600×600
参考价格(元/片):55.88
参考价格(元/m²):155.35

产品编号:PA16012
规格(mm):600×600
参考价格(元/片):55.88
参考价格(元/m²):155.35

产品编号:PA26020
规格(mm):600×600
参考价格(元/片):55.88
参考价格(元/m²):155.35

产品编号:PA26030E
规格(mm):600×600
参考价格(元/片):61.20
参考价格(元/m²):170.14

产品编号:PA16016
规格(mm):600×600
参考价格(元/片):55.88
参考价格(元/m²):155.35

产品编号:PA16018
规格(mm):600×600
参考价格(元/片):55.88
参考价格(元/m²):155.35

产品编号:PA16032
规格(mm):600×600
参考价格(元/片):55.88
参考价格(元/m²):155.35

产品编号:PA26012D
规格(mm):600×600
参考价格(元/片):61.20
参考价格(元/m²):170.14

采用宏宇米兰春色系列产品铺贴效果

产品编号:PA36019
规格(mm):600×600
参考价格(元/片):66.52
参考价格(元/m²):184.93

产品编号:PA36022
规格(mm):600×600
参考价格(元/片):66.52
参考价格(元/m²):184.93

※宏宇米兰春色系列产品特性说明见凤凰石系列产品特性说明表格,技术参数见通体砖产品技术参数表格,如需砖厚度请咨询厂商。

 注意:由于印刷关系,可能与实际产品的颜色有所差异,选用时请以实物颜色为准。

广东宏宇陶瓷有限公司
地址：佛山市禅城区江湾三路与槎湾路交汇处
邮编：528031

世纪冰川石系列　　玉麒麟系列

产品编号：HPE18002
规格(mm)：800×800
参考价格(元/片)：119.73
参考价格(元/m²)：187.08

产品编号：HPOT18032
规格(mm)：800×800
参考价格(元/片)：138.36
参考价格(元/m²)：216.19

产品编号：HPOT18036
规格(mm)：800×800
参考价格(元/片)：138.36
参考价格(元/m²)：216.19

产品编号：HPE28002
规格(mm)：800×800
参考价格(元/片)：127.72
参考价格(元/m²)：199.56

产品编号：HPOT18026
规格(mm)：800×800
参考价格(元/片)：138.36
参考价格(元/m²)：216.19

产品编号：HPOT18037
规格(mm)：800×800
参考价格(元/片)：138.36
参考价格(元/m²)：216.19

产品编号：HPE28003
规格(mm)：800×800
参考价格(元/片)：127.72
参考价格(元/m²)：199.56

采用宏宇世纪冰川石系列产品铺贴效果

※宏宇世纪冰川石系列/玉麒麟系列产品特性说明见凤凰石系列产品特性说明表格，技术参数见通体砖产品技术参数表格，如需砖厚度请咨询厂商。

⚠ 注意：由于印刷关系，可能与实际产品的颜色有所差异，选用时请以实物颜色为准。

电话:0757-82266933
传真:0757-82276787
服务热线:0757-82266333

网址:www.hy100.com.cn
E-mail:hy100@hongyuceramics.com

品牌国别:中国
生产地区:中国

H 宏宇

麒麟石系列

产品编号:HPO18018
规格(mm):800×800
参考价格(元/片):116.49
参考价格(元/m^2):182.02

产品编号:HPO18025
规格(mm):800×800
参考价格(元/片):116.49
参考价格(元/m^2):182.02

产品编号:HPO38019
规格(mm):800×800
参考价格(元/片):133.04
参考价格(元/m^2):207.86

产品编号:HPO18030
规格(mm):800×800
参考价格(元/片):116.49
参考价格(元/m^2):182.02

产品编号:HPO18026
规格(mm):800×800
参考价格(元/片):116.49
参考价格(元/m^2):182.02

采用宏宇麒麟石系列产品铺贴效果

产品编号:HPO18032
规格(mm):800×800
参考价格(元/片):116.49
参考价格(元/m^2):182.02

产品编号:HPO18035
规格(mm):800×800
参考价格(元/片):116.49
参考价格(元/m^2):182.02

※宏宇麒麟石系列产品特性说明见凤凰石系列产品特性说明表格。
技术参数以实体砖产品技术参数表格,如需酸厚度请咨询厂商。

⚠ 注意:由于印刷关系,可能与实际产品的颜色有所差异,选用时请以实物颜色为准。

广东宏宇陶瓷有限公司
地址：佛山市禅城区江湾三路与榉湾路交汇处
邮编：528031

凤凰石系列

金砂岩系列

产品编号：PAT18018
规格(mm)：800×800
参考价格(元/片)：138.36
参考价格(元/m²)：216.19

产品编号：HPP18001
规格(mm)：800×800
参考价格(元/片)：101.11
参考价格(元/m²)：157.98

产品编号：HPP18002
规格(mm)：800×800
参考价格(元/片)：101.11
参考价格(元/m²)：157.98

产品编号：PAT18026
规格(mm)：800×800
参考价格(元/片)：138.36
参考价格(元/m²)：216.19

产品编号：HPP18005
规格(mm)：800×800
参考价格(元/片)：101.11
参考价格(元/m²)：157.98

产品编号：HPP18003
规格(mm)：800×800
参考价格(元/片)：101.11
参考价格(元/m²)：157.98

产品编号：PAT18030
规格(mm)：800×800
参考价格(元/片)：138.36
参考价格(元/m²)：216.19

凤凰石系列/金砂岩系列/米兰春色系列/世纪冰川石系列/玉麒麟系列/麒麟石系列产品(通体砖)特性说明

项目	说明							
适用范围	室外地	□	室外墙	☑	室内地	☑	室内墙	☑
材质	瓷质	☑	半瓷质	□	陶质	□	其他	□
表面处理	抛光	☑	亚光	□	凹凸	□	其他	□
表面设计	仿古	□	仿石	☑	仿木	□	其他	□
服务项目	特殊规格加工	☑	异型加工	☑	水切割	☑	其他	□

※如需宏宇凤凰石系列/金砂岩系列砖厚度请咨询厂商。

宏宇通体砖产品技术参数

吸水率	破坏强度	断裂模数	边直度	长度
平均值：0.08%，单块最大值：0.12%	平均值：3282N	平均值：47MPa，单块最小值：45MPa	−0.01%～+0.01%	+0.2～+0.5mm

宏宇通体砖产品技术参数

宽度	厚度	中心弯曲度	边弯曲度	耐磨度	抗热震性
−0.02～+0.02mm	2.4～4.4mm	−0.01%～+0.04%	−0.02%～+0.05%	116～131mm³	经过10次抗热震试验不出现炸裂或裂纹

⚠ 注意：由于印刷关系，可能与实际产品的颜色有所差异，选用时请以实物颜色为准。

电话:0757-82266933
传真:0757-82276787
服务热线:0757-82266333

网址:www.hy100.com.cn
E-mail:hy100@hongyuceramics.com

品牌国别:中国
生产地区:中国

H 宏宇

新石韵釉面砖系列
陶质釉面砖,可提供定制配件服务。

产品编号:2-3D63092
(亚光)室内墙砖
规格(mm):330×600
参考价格(元/片):18.31
参考价格(元/m²):92.47

产品编号:2-3D63092E1-W
(亚光)室内墙砖
规格(mm):330×600
参考价格(元/片):48.85

产品编号:2-3E63070
(亚光)室内墙砖
规格(mm):330×600
参考价格(元/片):18.53
参考价格(元/m²):93.58

产品编号:2-3E63070E1-W5
(亚光)室内墙砖
规格(mm):330×600
参考价格(元/片):48.85

产品编号:2-3R33092
(亚光)室内地砖
规格(mm):330×330
参考价格(元/片):10.35
参考价格(元/m²):93.15

产品编号:2-3D63092E1-H (亚光)腰线
规格(mm):330×80
参考价格(元/片):16.90

产品编号:2-3D63092G-H9
(亚光)腰线
规格(mm):330×100
参考价格(元/片):35.92

产品编号:2-3R33070
(亚光)室内地砖
规格(mm):330×330
参考价格(元/片):10.35
参考价格(元/m²):93.15

产品编号:2-3E63070E1-H5 (亚光)腰线
规格(mm):330×120
参考价格(元/片):14.96

产品编号:2-3E63070G-H9
(亚光)腰线
规格(mm):330×90
参考价格(元/片):35.92

采用宏宇新石韵釉面砖系列产品铺贴效果

产品编号:2-3D63101
(亚光)室内墙砖
规格(mm):330×600
参考价格(元/片):18.53
参考价格(元/m²):93.58

产品编号:2-3D63101E1-W
(亚光)室内墙砖
规格(mm):330×600
参考价格(元/片):48.85

产品编号:2-3R33101
(亚光)室内地砖
规格(mm):330×330
参考价格(元/片):10.35
参考价格(元/m²):93.15

产品编号:2-3D63101E1-H
(亚光)腰线
规格(mm):330×80
参考价格(元/片):16.90

※宏宇新石韵釉面砖系列产品技术参数见新石韵釉面砖系列产品(330mm×600mm)技术参数表格,如需砖厚度请咨询厂商。

⚠ 注意:由于印刷关系,可能与实际产品的颜色有所差异,选用时请以实物颜色为准。

广东宏宇陶瓷有限公司
地址：佛山市禅城区江湾三路与槎湾路交汇处
邮编：528031

新石韵釉面砖系列
陶质釉面砖，可提供定制配件服务。

产品编号：3A63102
（亮光）室内墙砖
规格(mm)：330×600
参考价格(元/片)：16.36
参考价格(元/m²)：82.62

产品编号：3A63102E1-W1
（亮光）室内墙砖
规格(mm)：330×600
参考价格(元/片)：48.85

产品编号：3-3B63018
（亮光）室内墙砖
规格(mm)：330×600
参考价格(元/片)：20.43
参考价格(元/m²)：103.18

产品编号：3-3B63018E1-V6
（亮光）室内墙砖
规格(mm)：330×600
参考价格(元/片)：48.85

产品编号：3A63102E1-H1
（亮光）腰线
规格(mm)：330×80
参考价格(元/片)：16.90

产品编号：3-3B63018E1-H6
（亮光）腰线
规格(mm)：330×130
参考价格(元/片)：19.96

产品编号：2-3R33102
（亚光）室内地砖
规格(mm)：330×330
参考价格(元/片)：10.35
参考价格(元/m²)：93.15

产品编号：2-3R33018
（亚光）室内地砖
规格(mm)：330×330
参考价格(元/片)：10.35
参考价格(元/m²)：93.15

产品编号：3A45096
（亮光）室内墙砖
规格(mm)：300×450
参考价格(元/片)：9.86
参考价格(元/m²)：72.89

产品编号：3A45096E1-W
（亮光）室内墙砖
规格(mm)：300×450
参考价格(元/片)：34.72

产品编号：3A45096G-V9
（亮光）室内墙砖
规格(mm)：300×450
参考价格(元/片)：57.45

产品编号：2-3R30096
（亚光）室内地砖
规格(mm)：300×300
参考价格(元/片)：7.59
参考价格(元/m²)：83.49

产品编号：3A45096E1-H（亮光）腰线
规格(mm)：300×80
参考价格(元/片)：14.48

产品编号：3A45096G-H9
（亚光）腰线
规格(mm)：300×80
参考价格(元/片)：35.92

※宏宇新石韵釉面砖系列产品技术参数见右页，如需砖厚度请咨询厂商。

⚠ 注意：由于印刷关系，可能与实际产品的颜色有所差异，选用时请以实物颜色为准。

电话:0757-82266933
传真:0757-82276787
服务热线:0757-82266333

网址:www.hy100.com.cn
E-mail:hy100@hongyuceramics.com

品牌国别:中国
生产地区:中国

宏宇

新石韵釉面砖系列
陶质釉面砖,可提供定制配件服务。

产品编号:2-3R33078
（亚光）室内地砖
规格(mm):330×330
参考价格(元/片):10.35
参考价格(元/m²):93.15

产品编号:3A93078G-H9
（亚光）腰线
规格(mm):330×100
参考价格(元/片):35.92

产品编号:3A93078（亮光）室内墙砖
规格(mm):330×900
参考价格(元/片):50.02
参考价格(元/m²):168.42

产品编号:2-3R33082
（亚光）室内地砖
规格(mm):330×330
参考价格(元/片):10.35
参考价格(元/m²):93.15

产品编号:2-3B93082G-H
（亚光）腰线
规格(mm):330×100
参考价格(元/片):35.92

产品编号:2-3B93082（亚光）室内墙砖
规格(mm):330×900
参考价格(元/片):50.02
参考价格(元/m²):168.42

宏宇新石韵釉面砖系列产品(330mm×600mm)技术参数

吸水率	破坏强度	断裂模数	厚度	中心弯曲度	边弯曲度	耐化学腐蚀性	耐污染性	抗热震性
平均值:16%,单块最小值:15%	平均值:1466N	平均值:22MPa,单块最小值:21MPa	+1.2%~+2.3%	-0.01%~+0.01%	-0.06%~+0.05%	GA级	5级	经过10次抗热震试验不出现炸裂或裂纹

宏宇新石韵釉面砖系列产品(330mm×900mm)技术参数

吸水率	破坏强度	断裂模数	厚度	中心弯曲度	边弯曲度	耐化学腐蚀性	耐污染性	抗热震性
平均值:16%,单块最小值:15%	平均值:1911N	平均值:25MPa,单块最小值:23MPa	-0.2%~+0.9%	+0.01%~+0.05%	0%~+0.04%	GA级	5级	经过10次抗热震试验不出现炸裂或裂纹

厂商简介：广东宏宇陶瓷有限公司是佛山地区一家专业生产、销售陶瓷墙地砖的现代化企业。主要生产销售完全玻化石、广场铺石及"新石韵"釉面内墙砖。公司拥有当今世界上先进的生产技术和设备，产品各项企业内控技术指标均高于国家标准。公司先后通过ISO9001-2000国际质量管理体系认证、"Ⅲ型环境标志证书"、"中国绿色建筑陶瓷推荐证书"、国家强制性CCC认证。产品经国家权威机构检测，符合国家建筑材料放射性核素限量标准——GB6566-2001中A类材料要求，并荣获"广东省名牌产品"、"广东省著名商标"等荣誉称号。宏宇陶瓷有限公司经过多年不懈的努力与追求，拥有一整套完善的产品开发、设计、销售和服务的体系，深受客户的赞誉，产品畅销国内外。

各地联系方式：

新疆乌鲁木齐市万通建材公司
地址:新疆自治区乌鲁木齐市信中市场2栋5号
电话:0991-3831000
传真:0991-3851988

上海市雄耀经贸有限公司
地址:上海市恒大8号库17号门
电话:021-58329812
传真:021-68523266

天津市塘沽区宏达陶瓷经营部
地址:天津市塘沽滨海陶瓷市场三区95库
电话:022-62042245
传真:022-25351833

温州市瓯海装饰材料市场宏翔陶瓷经营部
地址:浙江省温州市瓯海装饰材料市场7A-2仓库
电话:0577-86362653
传真:0577-86362653

杭州裕兴陶瓷厂经营部
地址:浙江省杭州市陶瓷品市场3-1-15号
电话:0571-86082230/13666664088
传真:0571-86082230

西安市未央区新时代陶瓷营销部
地址:陕西省西安市大明宫建材市场东区B2排25号
电话:029-86741210
传真:029-86735379

大连市金州区中益市场群兴建材经销处
地址:辽宁省大连市金州陶瓷批发市场504展厅
电话:0411-87848498
传真:0411-87848498

营口陶瓷商城建华陶瓷批发中心
地址:辽宁省营口市北方建材陶瓷商城二期1208~1212
电话:0417-3823518
传真:0417-3823618

代表工程：首都机场 昆明世博园 上海东方明珠广场
珠海体育中心 广州大学城 大连奥林匹克花园
珠海体育中心 秦皇岛奥体中心 广州碧桂凤凰城

深圳市金宏源建材有限公司
地址:广东省深圳市罗湖区田贝四路湖景大厦153号
电话:0755-25825889/25538673
传真:0755-25613256

北京市华北宏达陶瓷有限公司
地址:北京市朝阳区十里河闽龙陶瓷市场1-15号
电话:010-67489688
传真:010-67489588

质量认证:ISO9001-2000 CCC认证
执行标准:GB/T4100.1-1999 GB6566-2001.A类
GB/T4100.5-1999 Q/GDHY 1-2004
QB440681 91 5384-2004

⚠ 注意:由于印刷关系,可能与实际产品的颜色有所差异,选用时请以实物颜色为准。

山东皇冠陶瓷股份有限公司
地址：山东省淄博市建陶工业园
邮编：255185

梦想时代系列 陶质釉面砖，可提供异型加工服务。

采用皇冠梦想时代系列产品铺贴效果

产品编号：63015（亮光）室内墙砖
规格(mm)：600×300×10
参考价格(元/片)：14.40
参考价格(元/m²)：80.00

产品编号：30615（亚光）室内地砖
规格(mm)：300×300×10
参考价格(元/片)：6.75
参考价格(元/m²)：83.00

产品编号：YY63015（凹凸）腰线
规格(mm)：300×80
参考价格(元/片)：30.00

产品编号：Y63015A（亮光）腰线
规格(mm)：300×60
参考价格(元/片)：20.00

⚠ 注意：由于印刷关系，可能与实际产品的颜色有所差异，选用时请以实物颜色为准。

电话:0533-5493036/5493037
传真:0533-5490036
服务热线:0533-5493036/5490037

网址:www.sdcrownceramics.com
E-mail:support1@sdcrownceramics.com

品牌国别:中国
生产地区:中国

采用皇冠梦想时代系列产品铺贴效果

产品编号:63007（亮光）室内墙砖
规格(mm):600×300×10
参考价格(元/片):14.40
参考价格(元/m²):80.00

产品编号:30607（亚光)室内地砖
规格(mm):300×300×10
参考价格(元/片):6.75
参考价格(元/m²):83.00

产品编号:Y63007A1（亮光)腰线
规格(mm):300×95
参考价格(元/片):20.00

产品编号:Y63007A2（亮光)腰线
规格(mm):300×95
参考价格(元/片):20.00

⚠ 注意:由于印刷关系,可能与实际产品的颜色有所差异,选用时请以实物颜色为准。

山东皇冠陶瓷股份有限公司
地址:山东省淄博市建陶工业园
邮编:255185

梦想时代系列 陶质釉面砖,可提供异型加工服务。

采用皇冠梦想时代系列产品铺贴效果

产品编号:Y63005A(亮光)腰线
规格(mm):300×110
参考价格(元/片):20.00

产品编号:Y63006NA(亮光)腰线
规格(mm):300×50
参考价格(元/片):12.00

产品编号:Y63006NB(亮光)腰线
规格(mm):300×25
参考价格(元/片):8.00

产品编号:30606(亚光)室内地砖
规格(mm):300×300×10
参考价格(元/片):6.75
参考价格(元/m²):83.00

产品编号:63005(亮光)室内墙砖
规格(mm):300×600×10
参考价格(元/片):14.40
参考价格(元/m²):80.00

产品编号:63006(亮光)室内墙砖
规格(mm):300×600×10
参考价格(元/片):14.40
参考价格(元/m²):80.00

⚠ 注意:由于印刷关系,可能与实际产品的颜色有所差异,选用时请以实物颜色为准。

电话:0533-5493036/5493037
传真:0533-5490036
服务热线:0533-5493036/5490037

网址:www.sdcrownceramics.com
E-mail:support1@sdcrownceramics.com

品牌国别:中国
生产地区:中国

H 皇冠

采用皇冠梦想时代系列产品铺贴效果

采用皇冠梦想时代系列产品铺贴效果

产品编号:63210（亚光)室内墙砖
规格(mm):300×600×10
参考价格(元/片):14.40
参考价格(元/m²):80.00

产品编号:63209（亚光)室内墙砖
规格(mm):300×600×10
参考价格(元/片):14.40
参考价格(元/m²):80.00

产品编号:63012（亮光)室内墙砖
规格(mm):300×600×10
参考价格(元/片):14.40
参考价格(元/m²):80.00

产品编号:63011（亮光)室内墙砖
规格(mm):300×600×10
参考价格(元/片):14.40
参考价格(元/m²):80.00

产品编号:30610（亚光)室内地砖
规格(mm):300×300×10
参考价格(元/片):6.75
参考价格(元/m²):83.00

产品编号:Y63209（亚光)腰线
规格(mm):300×95
参考价格(元/片):30.00

产品编号:30612（亚光)室内地砖
规格(mm):300×300×10
参考价格(元/片):6.75
参考价格(元/m²):83.00

产品编号:YY63011（亮光)腰线
规格(mm):300×60
参考价格(元/片):30.00

⚠ 注意:由于印刷关系,可能与实际产品的颜色有所差异,选用时请以实物颜色为准。

山东皇冠陶瓷股份有限公司
地址：山东省淄博市建陶工业园
邮编：255185

梦想时代系列 陶质釉面砖，可提供异型加工服务。

产品编号：30608（亚光）室内地砖
规格(mm)：300×300×10
参考价格(元/片)：6.75
参考价格(元/m²)：83.00

产品编号：YY63008（亮光）腰线
规格(mm)：300×80
参考价格(元/片)：24.80

产品编号：63008（亮光）室内墙砖
规格(mm)：300×600×10
参考价格(元/片)：14.40
参考价格(元/m²)：80.00

采用皇冠梦想时代系列产品铺贴效果

纯真时代系列 陶质釉面砖。

采用皇冠纯真时代系列产品铺贴效果

※皇冠梦想时代系列产品技术参数见浪漫时代系列产品技术参数表格，如需腰线厚度请咨询厂商。

产品编号：35083（亮光）室内墙砖
规格(mm)：330×250×10
参考价格(元/片)：4.32
参考价格(元/m²)：52.36

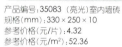

产品编号：S35083（亮光）室内墙砖
规格(mm)：330×250×10
参考价格(元/片)：12.80
参考价格(元/m²)：155.14

产品编号：35085（亮光）室内墙砖
规格(mm)：330×250×10
参考价格(元/片)：4.32
参考价格(元/m²)：52.36

产品编号：S35085（亮光）室内墙砖
规格(mm)：330×250×10
参考价格(元/片)：12.80
参考价格(元/m²)：155.14

产品编号：33200（亚光）室内地砖
规格(mm)：330×330×8
参考价格(元/片)：5.40
参考价格(元/m²)：49.59

注意：由于印刷关系，可能与实际产品的颜色有所差异，选用时请以实物颜色为准。

电话:0533-5493036/5493037
传真:0533-5490036
服务热线:0533-5493036/5490037

网址:www.sdcrownceramics.com
E-mail:support1@sdcrownceramics.com

品牌国别:中国
生产地区:中国

纯真时代系列 陶质釉面砖。

采用皇冠纯真时代系列产品铺贴效果

产品编号:35022（亮光)室内墙砖
规格(mm):330×250×8
参考价格(元/片):4.50
参考价格(元/m²):54.54

产品编号:H35022A（亮光)室内墙砖
规格(mm):330×250×8
参考价格(元/片):18.80

产品编号:Y35022A（亮光)腰线
规格(mm):330×60
参考价格(元/片):14.50

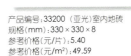

产品编号:33200（亚光)室内地砖
规格(mm):330×330×8
参考价格(元/片):5.40
参考价格(元/m²):49.59

产品编号:35079（亮光)室内墙砖
规格(mm):330×250×8
参考价格(元/片):4.32
参考价格(元/m²):52.36

产品编号:35080（亮光)室内墙砖
规格(mm):330×250×8
参考价格(元/片):4.32
参考价格(元/m²):52.36

产品编号:Y35079（亮光)腰线
规格(mm):250×75
参考价格(元/片):14.50

产品编号:33280（亮光)室内地砖
规格(mm):330×330×8
参考价格(元/片):5.40
参考价格(元/m²):49.59

采用皇冠纯真时代系列产品铺贴效果

⚠ 注意:由于印刷关系,可能与实际产品的颜色有所差异,选用时请以实物颜色为准。

皇冠陶瓷

山东皇冠陶瓷股份有限公司
地址：山东省淄博市建陶工业园
邮编：255185

纯真时代系列 陶质釉面砖。

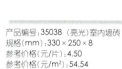

产品编号：35038（亮光）室内墙砖
规格(mm)：330×250×8
参考价格(元/片)：4.50
参考价格(元/m²)：54.54

产品编号：H35038B1（亮光）室内墙砖
规格(mm)：330×250×8
参考价格(元/片)：18.80

产品编号：H35038B2（亮光）室内墙砖
规格(mm)：330×250×8
参考价格(元/片)：18.80

产品编号：33200（亚光）室内地砖
规格(mm)：330×330×8
参考价格(元/片)：5.40
参考价格(元/m²)：49.59

产品编号：Y35038B（亮光）腰线
规格(mm)：330×60
参考价格(元/片)：14.50

采用皇冠纯真时代系列产品铺贴效果

浪漫时代系列 陶质釉面砖，可提供异型加工服务。

采用皇冠浪漫时代系列产品铺贴效果

产品编号：30833（亚光）室内地砖
规格(mm)：300×300×10
参考价格(元/片)：6.75
参考价格(元/m²)：83.00

产品编号：43033（亮光）室内墙砖
规格(mm)：300×450×10
参考价格(元/片)：9.90
参考价格(元/m²)：81.40

产品编号：Y43033N（亮光）压顶线
规格(mm)：300×25
参考价格(元/片)：8.00

产品编号：Y43033（亮光）腰线
规格(mm)：300×110
参考价格(元/片)：18.20

※皇冠纯真时代系列产品技术参数见浪漫时代系列产品技术参数表格，如需腰线厚度请咨询厂商。

⚠ 注意：由于印刷关系，可能与实际产品的颜色有所差异，选用时请以实物颜色为准。

电话:0533-5493036/5493037
传真:0533-5490036
服务热线:0533-5493036/5490037

网址:www.sdcrownceramics.com
E-mail:support1@sdcrownceramics.com

品牌国别:中国
生产地区:中国

皇冠

浪漫时代系列 陶质釉面砖,可提供异型加工服务。

产品编号:43027（亮光）室内墙砖
规格(mm):300×450×10
参考价格(元/片):9.90
参考价格(元/m²):81.40

产品编号:43028（亮光）室内墙砖
规格(mm):300×450×10
参考价格(元/片):9.90
参考价格(元/m²):81.40

采用皇冠浪漫时代系列产品铺贴效果

产品编号:30828（亚光）室内地砖
规格(mm):300×300×10
参考价格(元/片):6.75
参考价格(元/m²):83.00

产品编号:Y43027（亮光）腰线
规格(mm):300×110
参考价格(元/片):18.20

产品编号:Y43027N（亮光）压顶线
规格(mm):300×25
参考价格(元/片):8.00

产品编号:H43027（亮光）室内墙砖
规格(mm):300×450×10
参考价格(元/片):36.00

采用皇冠浪漫时代系列产品铺贴效果

产品编号:30848（亚光）室内地砖
规格(mm):300×300×10
参考价格(元/片):6.75
参考价格(元/m²):83.00

产品编号:43248（亚光）室内墙砖
规格(mm):300×450×10
参考价格(元/片):9.90
参考价格(元/m²):81.40

产品编号:YY43248（亚光）腰线
规格(mm):300×60
参考价格(元/片):30.00

⚠ 注意:由于印刷关系,可能与实际产品的颜色有所差异,选用时请以实物颜色为准。

皇冠陶瓷

山东皇冠陶瓷股份有限公司
地址：山东省淄博市建陶工业园
邮编：255185

浪漫时代系列
陶质釉面砖,可提供异型加工服务。

采用皇冠浪漫时代系列产品铺贴效果

产品编号:43236（亚光)室内墙砖
规格(mm):300×450×10
参考价格(元/片):9.90
参考价格(元/m²):81.40

产品编号:43237（亚光)室内墙砖
规格(mm):300×450×10
参考价格(元/片):9.90
参考价格(元/m²):81.40

产品编号:30837（亚光)室内地砖
规格(mm):300×300×10
参考价格(元/片):6.75
参考价格(元/m²):83.00

产品编号:YY43236（亚光)腰线
规格(mm):300×60
参考价格(元/片):30.00

⚠ 注意:由于印刷关系,可能与实际产品的颜色有所差异,选用时请以实物颜色为准。

电话:0533-5493036/5493037
传真:0533-5490036
服务热线:0533-5493036/5490037

网址:www.sdcrownceramics.com
E-mail:support1@sdcrownceramics.com

品牌国别:中国
生产地区:中国

皇冠

产品编号:43045（亮光）室内墙砖
规格(mm):300×450×10
参考价格(元/片):9.90
参考价格(元/m²):01.40

产品编号:YH43045（亮光）室内墙砖
规格(mm):300×450×10
参考价格(元/片):40.00

产品编号:43046（亮光）室内墙砖
规格(mm):300×450×10
参考价格(元/片):9.90
参考价格(元/m²):81.40

采用皇冠浪漫时代系列产品铺贴效果

产品编号:30805（亚光）室内地砖
规格(mm):300×300×10
参考价格(元/片):6.75
参考价格(元/m²):83.00

产品编号:YY43045（亮光）腰线
规格(mm):300×60
参考价格(元/片):30.00

※如需皇冠浪漫时代系列腰线厚度请咨询厂商。

皇冠浪漫时代系列/梦想时代系列/纯真时代系列产品技术参数

吸水率	断裂模数	长度	宽度	厚度	边直度	直角度	中心弯曲度	边弯曲度	翘曲度	耐污染	抗冻性	抗热震性
E<16%	≥18MPa	±0.5%	±0.5%	±0.2%	±0.2%	±0.3%	0.0%～+0.8%	0.0%～+0.7%	±0.5%	不低于4级	100次冻融循环不裂(-5℃～+5℃)	经过10次抗热震试验不出现炸裂或裂纹

厂商简介:山东皇冠陶瓷股份有限公司是专业生产建筑陶瓷的厂家,公司前身始建于1972年,1982年注册"皇冠"牌商标。30余年来,公司秉承历史传统,融入现代科学技术,日益发展壮大。先后获得"中国建筑卫生陶瓷知名品牌"、"国家免检产品"、"中国驰名商标"等荣誉。公司以"科技兴企"为经营宗旨,引进世界顶级机械设备和生产工艺,使用最清洁的燃料"天然气",加以日臻完善的现代化管理,贯穿于内涵丰富的企业文化,结合现代生活艺术,坚守人性化、环保理念,用心于产品,不断推出一系列畅销国内外的高品质产品。主要生产各种规格内墙砖系列产品、复古砖系列产品、釉面地砖系列产品。立足市场竞争,"为消费者提供更加完美的产品"是皇冠公司孜孜不倦的追求。

各地联系方式:

北京
地址:北京市朝阳区十八里店乡小武基四环外环辅路
电话:010-87360490

天津
地址:天津市河西区环渤海装饰城D厅22号
电话:022-28250487

太原
地址:山西省太原市春天路装饰广场C区128号
电话:0351-7536951

南京
地址:江苏省南京市建邺区春宁建材江东北路
金胜装饰城15厅1号
电话:025-86669946

上海
地址:上海市真北路1150号5号街21号铺
电话:021-52802800

杭州
地址:浙江省杭州市星园瓷行陶瓷品市场5厅1楼31号
电话:0571-86580159

大连
地址:辽宁省大连市沙河口区五一路97号
家俱洁具城一层42号
电话:0411-86559445

西安
地址:陕西省西安市未央区鑫发建材公司
电话:13340961100

沈阳
地址:辽宁省沈阳市东北陶瓷城东兴陶瓷经销处
电话:024-81928561

重庆
地址:重庆市八益建材市场3区9号
电话:023-62983689

成都
地址:四川省成都市高笋塘西部饰材精品城2楼21号
电话:028-86456189

代表工程:上海新客站 上海国际赛车场 中南海卫生形象改造工程 南京奥体中心游泳馆 青岛海洋学院 杭州西湖园林改造工程 北方科技大学 北京馨溪温泉花园 天津中建八局驻津综合楼 苏州妇幼医院

执行标准:GB/T4100.5-1999

⚠ 注意:由于印刷关系,可能与实际产品的颜色有所差异,选用时请以实物颜色为准。

汇晋建材
STEPWISE

上海汇晋建材公司（代理商）
地址：上海市徐汇区宜山路393号3楼
邮编：200235

采用金属系列713452 FUSION DROPS 熔点产品铺贴效果

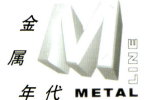

金属年代 METAL LINE

金属年代（METAL LINE）采用金属陶瓷釉面技术，让每片陶瓷闪现金属光泽，带来视觉和触觉的全新感受。

金属系列

瓷质釉面室内墙地砖，仿金属设计，可提供水切割服务。如需产品详细价格、技术参数请咨询厂商。

产品编号：713453 INOX SLATE
金属板岩（亮光/凹凸）
规格(mm)：200×200×8

产品编号：713452 FUSION DROPS
熔点（亮光/凹凸）
规格(mm)：200×200×8

电话:021-64689266
传真:021-64187022

网址:www.stepwise.cn
E-mail:ssbml@stepwise.cn

品牌国别:意大利/泰国
生产地区:意大利/泰国

H 汇晋

产品编号:745455 TITANIUM SCREW
钛钉(亮光)
规格(mm):457×457×8

产品编号:745452 TITANIUM 钛(亮光)
规格(mm):457×457×8

产品编号:ACA 铁板
规格(mm):450×450×10

产品编号:ACO 铜板
规格(mm):450×450×10

产品编号:745454 STEEL SCREW
钢钉(亮光)
规格(mm):457×457×8

产品编号:745451 STEEL 钢(亮光)
规格(mm):457×457×8

产品编号:OXA 钛板
规格(mm):450×450×10

产品编号:OXO 镁板
规格(mm):450×450×10

产品编号:745456 IRON SCREW
铁钉(亮光)
规格(mm):457×457×8

产品编号:745453 IRON 铁(亮光)
规格(mm):457×457×8

产品编号:TPC 铜(星球)(亮光/凹凸)
规格(mm):300×300×7

产品编号:TPS 银(星球)(亮光/凹凸)
规格(mm):300×300×7

产品编号:726453 BROOKLIN BRIDGE
布鲁克林木纹(亮光)
规格(mm):666×333×8

产品编号:726456 BROOKLIN BRIDGE
LOGO1 花砖1(亮光)
规格(mm):666×333×8

产品编号:726452 TOUR EIFFEL
艾菲尔木纹(亮光)
规格(mm):666×333×8

注意:由于印刷关系,可能与实际产品的颜色有所差异,选用时请以实物颜色为准。

汇晋建材
STEPWISE

上海汇晋建材公司（代理商）
地址：上海市徐汇区宜山路393号3楼
邮编：200235

MASTERPLAN

熔岩系列　瓷质釉面室内墙地砖、亚光、凹凸釉面、仿石设计，可提供水切割服务。如需产品详细价格、技术参数请咨询厂商。

STONE AGE 石器时代

采用熔岩系列产品铺贴效果

产品编号：.ins vene 28258
规格（mm）：292×292×9

产品编号：.28273
规格（mm）：292×292×9（23×47×9）

产品编号：rett 28208
规格（mm）：292×292×9

产品编号：rett 28221
规格（mm）：586×292×9

产品编号：rett 28217
规格（mm）：586×586×9

⚠ 注意：由于印刷关系，可能与实际产品的颜色有所差异，选用时请以实物颜色为准。

电话：021-64689266
传真：021-64187022

网址：www.stepwise.cn
E-mail:ssbml@stepwise.cn

品牌国别：意大利
生产地区：意大利

H 汇晋

崑陶系列

瓷质釉面室内墙地砖，亚光，凹凸釉面，仿古设计，可提供定制配件服务。如需产品详细价格、技术参数请咨询厂商。

COTTO TUSCANA 托斯卡纳田园

采用崑陶系列产品铺贴效果

产品编号：Borgo 陶土4
规格(mm)：100×100×8

产品编号：Spada 陶土5
规格(mm)：100×100×8

产品编号：Spada 陶土5
规格(mm)：317×317×8

产品编号：Mosaico Saraceno Mix Chiaro
规格(mm)：317×317×8(50×50×8)

⚠ 注意：由于印刷关系，可能与实际产品的颜色有所差异，选用时请以实物颜色为准。

汇晋建材
STEPWISE

上海汇晋建材公司（代理商）
地址：上海市徐汇区宜山路393号3楼
邮编：200235

aFresco
经典家居

殿堂系列

瓷质釉面砖、亚光、凹凸釉面、仿古设计，可提供定制配件服务。如需产品详细价格、技术参数请咨询厂商。

产品编号：6DFD617　室内墙地砖
规格(mm)：172.5×172.5×10

产品编号：6DDD6AS　室内墙地砖
规格(mm)：172.5×172.5×10

产品编号：6DDD6EU　室内墙地砖
规格(mm)：350×172.5×10

产品编号：6DDD6CS　室内墙地砖
规格(mm)：350×172.5×10

产品编号：6DDD6BB　室内墙地砖
规格(mm)：350×172.5×10

采用殿堂系列产品铺贴效果

产品编号：6DFD635　室内墙地砖
规格(mm)：350×350×10

产品编号：6DFD653　室内墙地砖
规格(mm)：350×527.5×10

产品编号：6DFD652　室内墙地砖
规格(mm)：527.5×527.5×10

⚠ 注意：由于印刷关系，可能与实际产品的颜色有所差异，选用时请以实物颜色为准。

电话:021-64689266
传真:021-64187022

网址:www.stepwise.cn
E-mail:ssbml@stepwise.cn

品牌国别:意大利
生产地区:意大利

产品编号:Seduzione SEC011
规格(mm):200×200×10

产品编号:Armonia SEC012
规格(mm):200×200×10

产品编号:Proporzione SEC013
规格(mm):200×200×10

产品编号:Verità SEC014
规格(mm):200×200×10

文艺复兴系列

陶质釉面室内墙地砖,凹凸釉面,仿古设计。如需产品详细价格、技术参数请咨询厂商。

产品编号:Ordine SEC017
规格(mm):200×200×10

产品编号:Fantasia SEC018
规格(mm):200×200×10

产品编号:Sincronia SEC015
规格(mm):200×200×10

产品编号:Equilibrio SEC016
规格(mm):200×200×10

产品编号:I Profeti
土SEC002
规格(mm):200×200×10

产品编号:Le Streghe
红SEC003
规格(mm):200×200×10

产品编号:Gli Incantatori
啡SEC004
规格(mm):200×200×10

采用文艺复兴系列产品铺贴效果

产品编号:I Giocoglieri
白SEC007
规格(mm):200×200×10

产品编号:le Dame
绿SEC006
规格(mm):200×200×10

产品编号:I Menestrelli
黄SEC005
规格(mm):200×200×10

采用文艺复兴系列产品铺贴效果

产品编号:I Maghi
蓝SEC001
规格(mm):200×200×10

产品编号:TENUE
米黄SEC008
规格(mm):200×200×10

产品编号:ALLEGRO
蓝红SEC009
规格(mm):200×200×10

产品编号:VIVACE
米绿SEC010
规格(mm):200×200×10

⚠ 注意:由于印刷关系,可能与实际产品的颜色有所差异,选用时请以实物颜色为准。

汇晋建材
STEPWISE

上海汇晋建材公司（代理商）
地址：上海市徐汇区宜山路393号3楼
邮编：200235

汇萃空间

产品编号：1S-6686
规格(mm)：25×25×5

产品编号：1S-5372
规格(mm)：25×25×5

产品编号：1S-5493
规格(mm)：25×25×5

产品编号：1S-5772
规格(mm)：25×25×5

产品编号：1S-NSG-6490
规格(mm)：25×25×5

产品编号：1S-BL-10/R
规格(mm)：25×25×5

产品编号：1S-BL-4/R
规格(mm)：25×25×5

产品编号：1S-BL-5/R
规格(mm)：25×25×5

产品编号：1S-BL-7/R
规格(mm)：25×25×5

产品编号：1S-BL-9/R
规格(mm)：25×25×5

陶瓷马赛克系列

陶质釉面马赛克，亮光釉面，如需产品详细价格、技术参数请咨询厂商。

产品编号：1S-NSG-6184
规格(mm)：25×25×5

产品编号：1S-NSG-6200
规格(mm)：25×25×5

产品编号：1S-NSG-6420
规格(mm)：25×25×5

产品编号：1S-BL-13/R
规格(mm)：25×25×5

产品编号：1S-BL-15/R
规格(mm)：25×25×5

产品编号：1S-BL-3/R
规格(mm)：25×25×5

产品编号：1S-5532
规格(mm)：25×25×5

产品编号：1S-6110
规格(mm)：25×25×5

产品编号：1S-6242
规格(mm)：25×25×5

产品编号：1S-6790
规格(mm)：25×25×5

产品编号：1S-MW
规格(mm)：25×25×5

产品编号：1S-SL-790
规格(mm)：25×25×5

产品编号：22S-BL-3/R
规格(mm)：55×55×4

产品编号：22S-BL-4/R
规格(mm)：55×55×4

产品编号：22S-BL-5/R
规格(mm)：55×55×4

产品编号：22S-BL-9/R
规格(mm)：55×55×4

产品编号：22S-BL-10/R
规格(mm)：55×55×4

产品编号：22S-6110
规格(mm)：55×55×4

金属马赛克系列

陶质釉面马赛克，亮光釉面，如需产品详细价格、技术参数请咨询厂商。

产品编号：06S-SILVER
规格(mm)：18×18×4

产品编号：06S-COPPER
规格(mm)：18×18×4

产品编号：4S-CRAFT SILVER 春雨(银)
规格(mm)：100×100×5

产品编号：4S-SEASON SILVER 秋叶(银)
规格(mm)：100×100×5

产品编号：4S-TIMBER SILVER 冬木(银)
规格(mm)：100×100×5

产品编号：1S-GOLD
规格(mm)：25×25×5

产品编号：1S-SILVER
规格(mm)：25×25×5

产品编号：1S-COPPER
规格(mm)：25×25×5

产品编号：4S-CRAFT COPPER 春雨(铜)
规格(mm)：100×100×5

产品编号：4S-SEASON COPPER 秋叶(铜)
规格(mm)：100×100×5

产品编号：4S-TIMBER COPPER 冬木(铜)
规格(mm)：100×100×5

注意：由于印刷关系，可能与实际产品的颜色有所差异，选用时请以实物颜色为准。

电话:021-64689266
传真:021-64187022

网址:www.stepwise.cn
E-mail:ssbml@stepwise.cn

品牌国别:意大利/泰国
生产地区:意大利/泰国

采用格丽莱人造石系列产品铺贴效果

格丽莱人造石系列
合成大理石,适用于室内墙、室内地、台面。

产品编号:云彩米黄
规格(mm):600×600×12
参考价格:详细价格请咨询厂商

QUARELLA
合成大理石

比萨金线马赛克系列
玻璃马赛克。

产品编号:20.97(4)/20.10(4)
规格(mm):20×20×4
参考价格:详细价格请咨询厂商

采用金线马赛克系列产品铺贴效果

※如需格丽莱人造石系列、金线马赛克系列产品技术参数请咨询厂商。

厂商简介:汇晋建材公司成立于1992年,集团总部设在香港,同时在上海、北京设立分公司。十年来,秉承"汇贤晋取"理念,致力于拓展建筑装饰材料市场,在香港地区,公司就已拥有上千项工程业绩。汇晋建材自1997年进入中国市场以来已成功地为一些著名项目提供各类优质产品,同时本着提升民众生活艺术品位的思想,在上海、北京设有展示销售中心,陈列源自世界各地名牌厂家的经典产品,融合材料与艺术于一体,打造"时尚生活"及"古典家居"风格。

各地联系方式:

上海总部
地址:上海市徐汇区宜山路393号3楼
电话:021-64689266
传真:021-64187022

上海展示厅
地址:上海市徐汇区宜山路393号A1
电话:021-64282671
传真:021-64282671

北京分公司
地址:北京市朝阳区西坝河南路甲1号B座1807室
电话:010-64466822
传真:010-64466786

北京展示厅
地址:北京市和平里东土城路14号建材经贸大厦4号厅3号展位
电话:010-85271457
传真:010-85271396

香港分公司
地址:香港仔洛克道1号中南大厦1301室
电话:00852-25202988
传真:00852-25200510

代表工程:上海世茂滨江花园 上海东方曼哈顿 上海静安希尔顿酒店 上海会议中心酒店 北京机场酒店
上海红塔大酒店游泳池 上海浦东游泳馆 苏州星海游泳馆 上海静安体育中心游泳馆 上海佘山高尔夫俱乐部

质量认证:
意大利:ISO10545
泰国:ISO9001-2000 ISO14001-1996

⚠ 注意:由于印刷关系,可能与实际产品的颜色有所差异,选用时请以实物颜色为准。

爱和陶(广东)陶瓷有限公司
地址：广东省佛山市禅城区江湾三路中国陶瓷城222号
邮编：528031

TILE·瓷砖·タイル

品牌·价值·信赖
Trademark·Value·Trust

电话:0757-83960568
传真:0757-82268523
服务热线:0757-83960510/83960509/83960536

网址:www.icot.com.cn
E-mail:icot-05@icot.com

品牌国别:日本
生产地区:日本/中国

爱和陶

50mm一丁金属釉面砖贴纸
规格(mm):45×45×7
联砖尺寸(mm):300×300(加灰缝)

90°一丁斜角砖
规格(mm):(45+45)×45×7
贴纸尺寸(mm):(45+45)×300

50mm二丁金属釉面砖贴纸
规格(mm):95×45×7
联砖尺寸(mm):300×300(加灰缝)

90°二丁斜角砖
规格(mm):(95+45)×45×7
贴纸尺寸(mm):(95+45)×300

90°二丁正角砖
规格(mm):(45+45)×95×7
贴纸尺寸(mm):(45+45)×300

产品编号:LU-2/C-01
规格(mm):95×45×7

产品编号:LU-2/C-03
规格(mm):95×45×7

产品编号:LU-2/C-15
规格(mm):95×45×7

产品编号:LU-2/S-03
规格(mm):95×45×7

产品编号:LU-2/SB-03
规格(mm):95×45×7

产品编号:LU-2/T-01
规格(mm):95×45×7

产品编号:LU-2AT/K01
规格(mm):95×45×7

产品编号:LU-2E/PB-02
规格(mm):95×45×7

产品编号:LU-2FT/H01
规格(mm):95×45×7

产品编号:LU-2/G-03
规格(mm):95×45×7

产品编号:LU-2/M-02
规格(mm):95×45×7

产品编号:LU-2/MAT-2000
规格(mm):95×45×7

产品编号:LU-2/V-02
规格(mm):95×45×7

产品编号:LU-2/Y-02
规格(mm):95×45×7

产品编号:LU-2/Z-01
规格(mm):95×45×7

产品编号:LU-100/MAT-11
规格(mm):95×95×7

产品编号:LU-2TC/E01
规格(mm):95×45×7

产品编号:LU-2ZZ/W01
规格(mm):95×45×7

产品编号:LU-2X/S-03
规格(mm):95×45×7

产品编号:LU-1/W-01
规格(mm):45×45×7

产品编号:LU-3/B-02
规格(mm):145×45×7

产品编号:LU-22/LL-03
规格(mm):145×22×7

LU 系列

瓷质釉面外墙砖,室内外墙可用,闪亮金属釉效果,背面有燕尾槽。
参考价格(元/m²):120.00~230.00

爱和陶LU系列产品技术参数

吸水率	破坏强度	断裂模数	边直度	直角度	平整度	表面质量	抗热震性
<0.5%	>700N	>35MPa	-0.13%~+0.2%	-0.35%~+0.58%	-0.17%~+0.25%	符合国家机关产品要求	经过10次抗热震试验不出现炸裂或裂纹

 注意:由于印刷关系,可能与实际产品的颜色有所差异,选用时请以实物颜色为准。

爱和陶（广东）陶瓷有限公司
地址：广东省佛山市禅城区江湾三路中国陶瓷城222号
邮编：528031

AF 系列

瓷质通体外墙砖，室内墙可用，背面有燕尾槽。
参考价格（元/m²）：105.00～135.00

50mm一丁混合面（平面/砂岩面）
规格(mm)：45×45×7.4
联砖尺寸(mm)：300×300(加灰缝)

产品编号：AF-1/01U1
规格(mm)：45×45×7.4

产品编号：AF-1/02U1
规格(mm)：45×45×7.4

产品编号：AF-1/03U1
规格(mm)：45×45×7.4

爱和陶AF 系列产品技术参数				
吸水率	破坏强度	断裂模数	边直度	直角度
<0.5%	>700N	>35MPa	-0.30%～+0.40%	-0.33%～+0.56%

爱和陶AF 系列产品技术参数		
平整度	表面质量	抗热震性
-0.39%～+0.40%	符合国家优等品要求	经过10次抗热震试验不出现炸裂或裂纹

HM 系列

瓷质通体外墙砖，室内墙可用，背面有浅燕尾槽。
参考价格（元/m²）：126.00～156.00

小三丁虫食面散砖
规格(mm)：145×22×9

※HM 系列产品如图中所示密贴的效果，线条感很强，如果用此方法铺贴，要注意由于单片砖存在尺寸偏差，造成竖线对不齐的问题，且无法加工成贴纸砖。

产品编号：HM-22/01
规格(mm)：145×22×9

产品编号：HM-22/02
规格(mm)：145×22×9

产品编号：HM-22/03
规格(mm)：145×22×9

产品编号：HM-22/04
规格(mm)：145×22×9

产品编号：HM-22/05
规格(mm)：145×22×9

产品编号：HM-22/06
规格(mm)：145×22×9

爱和陶HM 系列产品技术参数							
吸水率	破坏强度	断裂模数	边直度	直角度	平整度	表面质量	抗震性
<0.5%	>1300N	>35MPa	-0.30%～+0.30%	-0.40%～+0.53%	-0.15%～+0.40%	符合国家优等品要求	经过10次抗热震试验不出现炸裂或裂纹

 注意：由于印刷关系，可能与实际产品的颜色有所差异，选用时请以实物颜色为准。

电话:0757-83960568
传真:0757-82268523
服务热线:0757-83960510/83960509/83960536

网址:www.icot.com.cn
E-mail:icot-05@icot.com

品牌国别:日本
生产地区:日本/中国

爱和陶

DT 系列

瓷质釉面室内墙砖,室外墙可用,背面有燕尾槽。
参考价格(元/m²):98.00~126.00

75mm平面砖贴纸
规格(mm):75×75×7
联砖尺寸(mm):320×240(加灰缝)

产品编号:DT-75/02
规格(mm):75×75×7

产品编号:DT-75/04
规格(mm):75×75×7

产品编号:DT-75/06
规格(mm):75×75×7

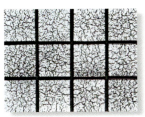

产品编号:DT-75/07
规格(mm):75×75×7

产品编号:DT-75/08
规格(mm):75×75×7

产品编号:DT-75/10
规格(mm):75×75×7

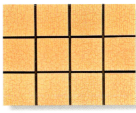

产品编号:DT-75/11
规格(mm):75×75×7

爱和陶DT系列产品技术参数

吸水率	破坏强度	断裂模数	边直度	直角度	平整度	表面质量	抗热震性
<0.5%	>700N	>35MPa	-0.20%~+0.25%	-0.38%~+0.55%	-0.10%~+0.30%	符合国家优等品要求	经过10次抗热震试验不出现炸裂或裂纹

YH 系列

瓷质釉面室内墙砖,室外墙可用,
背面有燕尾槽。
参考价格(元/m²):90.00~120.00

50mm一丁平面砖贴纸
规格(mm):45×45×7
联砖尺寸(mm):300×300(加灰缝)

产品编号:YH-1/01
规格(mm):45×45×7

产品编号:YH-1/02
规格(mm):45×45×7

产品编号:YH-1/03
规格(mm):45×45×7

产品编号:YH-1/04
规格(mm):45×45×7

产品编号:YH-1/06
规格(mm):45×45×7

产品编号:YH-1/07
规格(mm):45×45×7

产品编号:YH-1/08
规格(mm):45×45×7

爱和陶YH系列产品技术参数

吸水率	破坏强度	断裂模数	边直度	直角度	平整度	表面质量	抗热震性
<0.5%	>700N	>35MPa	-0.27%~+0.38%	-0.33%~+0.55%	-0.39%~+0.40%	符合国家优等品要求	经过10次抗热震试验不出现炸裂或裂纹

⚠ 注意:由于印刷关系,可能与实际产品的颜色有所差异,选用时请以实物颜色为准。

爱和陶(广东)陶瓷有限公司
地址：广东省佛山市禅城区江湾三路中国陶瓷城222号
邮编：528031

ICB 系列敦煌石

室内外墙砖。
参考价格(元/m²)：300.00～360.00

ICB系列平砖(ICB)规格(mm)：
长：505±10/300±10/200±10
宽：101±3
厚：31±11

ICB系列角砖(ICB-A)规格(mm)：
内角：中(270±10)×(67±3)
　　　短(172±6)×(67±3)
外角：中(305±10)×(100±5)
　　　短(200±10)×(100±5)
宽：101±3
厚：31±11

产品编号：ICB-04

产品编号：ICB-05

产品编号：ICB-06

产品编号：ICB-07

产品编号：ICB-08

采用爱和陶 ICB 系列 ICB-05 产品铺贴效果

产品编号：ICB-09

产品编号：ICB-10

产品编号：ICB-11

产品编号：ICB-12

产品编号：ICB-13

 注意：由于印刷关系，可能与实际产品的颜色有所差异，选用时请以实物颜色为准。

电话:0757-83960568
传真:0757-82268523
服务热线:0757-83960510/83960509/83960536

网址:www.icot.com.cn
E-mail:icot-05@icot.com

品牌国别:日本
生产地区:日本/中国

I 爱和陶

ICH 系列敦煌石

室内外墙砖。
参考价格(元/m²):420.00~510.00

ICH系列平砖规格(mm):
长:120~380
宽:50~260
厚:38~70

ICH系列角砖(ICH-A)规格(mm):
长:(150~300)+(100~160)
宽:130~260
厚:38~70

产品编号:ICH-01

ICD 系列敦煌石

室内外墙砖。
参考价格(元/m²):300.00~400.00

ICD系列平砖(ICD)规格(mm):
长:50±2~400±10
宽:50±2~300±10
厚:25±15

ICD系列角砖(ICD-A)规格(mm):
长:150~300+(100±6)
宽:150~300
厚:25±15

采用爱和陶ICH系列ICH-01产品铺贴效果

产品编号:ICD-01

产品编号:ICD-02

产品编号:ICD-03

产品编号:ICD-04

产品编号:ICD-05

产品编号:ICD-06

产品编号:ICD-12

注意:由于印刷关系,可能与实际产品的颜色有所差异,选用时以实物颜色为准。

爱和陶(广东)陶瓷有限公司
地址：广东省佛山市禅城区江湾三路中国陶瓷城222号
邮编：528031

产品编号：ICC-IB-00

产品编号：ICC-IB-01

产品编号：ICC-IB-03

产品编号：ICC-IB-04

产品编号：ICC-IB-05

产品编号：ICC-IB-08

产品编号：ICC-IB-07

采用爱和陶ICC-IB系列ICC-IB-05产品铺贴效果

ICC-IB系列敦煌石

室内外墙砖。
参考价格(元/m²)：230.00～280.00

ICC-IB 系列平砖(ICC-IB)规格(mm)：
长：205±5
宽：50±3
厚：14.5±2.5

ICC-IB 系列角砖(ICC-IB-A)规格(mm)：
长：(205±5)+(97.5±5)
宽：50±3
厚：14.5±2.5

※如需爱和陶ICB系列/ICH系列/ICD系列/ICC-IB系列敦煌石产品技术参数请咨询厂商。

注意：由于印刷关系，可能与实际产品的颜色有所差异，选用时请以实物颜色为准。

电话:0757-83960568
传真:0757-82268523
服务热线:0757-83960510/83960509/83960536

网址:www.icot.com.cn
E-mail:icot-05@icot.com

品牌国别:日本
生产地区:日本/中国

I 爱和陶

工程名称:上海香梅花园

工程名称:上海香梅花园

工程名称:杭州西湖高尔夫别墅

厂商简介:爱和陶(广东)陶瓷有限公司地处经济繁荣的珠江三角中心地带——佛山市南海区官窑镇大榄工业开发区内,成立于1994年9月,是日本ICOT—RYOWA 株式会社和日本TOTO 机器株式会社投资的日本企业。总投资额为2,305万美元,注册资本为1,045万美元,占地面积18万平方米,在职员工1,000多人。爱和陶(广东)陶瓷有限公司是外墙砖的专业生产企业,已通过了ISO14001-1996环境管理体系认证、ISO9001-2000质量管理体系认证、CCC 认证。拥有从外墙砖、地砖、敦煌岩(砖)到瓷砖灰缝材料、瓷砖粘结材料等各项产品的开发、生产、销售能力。产品主要在中国、日本、及中国香港等地销售,其品质的优良均一性与美观艺术性在中国及远东地区都享有良好的声誉。

代表工程:北京广播电台中心 北京新天地家园 杭州朝晖现代城 杭州春江花月 上海香梅花园 上海绿城 广州金海湾 广州汇景新城 深圳水榭花都 深圳雅颂居 东莞地王广场 大连一品星海 辽宁大学本山艺术学校 宁波慈溪世纪花园 北师大珠海分校 广州竹韵山庄 上海南都韵园 杭州西湖高尔夫别墅 东莞景湖花园

质量认证:ISO9001-2000 ISO14001-1996 CCC 认证
执行标准:瓷砖符合日本JISA5209-1994标准及中国国家标准GB/T4100.1-1999 敦煌石符合爱和陶企业标准Q/ICOT 1-2002
灰缝材料符合爱和陶企业标准Q/ICOT 2-2002

⚠ 注意:由于印刷关系,可能与实际产品的颜色有所差异,选用时请以实物颜色为准。

个性瓷砖有限公司
地址:佛山市季华四路国际陶瓷展览中心市场铺面A1馆9~11号
邮编:528031

电话:0757-82269111
传真:0757-82723320
服务热线:0757-82269111

网址:www.ge-xing.com
E-mail:fsjiade@126.com

品牌国别:中国
生产地区:中国

个性

抛光系列
瓷质釉面室内墙地砖,可提供特殊规格加工、定制配件服务。

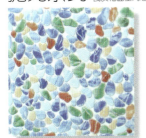

产品编号:GK2020-4431(凹凸)
规格(mm):200×200
参考价格(元/片):15.00
参考价格(元/m²):375.00

产品编号:GK2020-4452A(凹凸)
规格(mm):200×200
参考价格(元/片):15.00
参考价格(元/m²):375.00

产品编号:GK3030-4438(凹凸)
规格(mm):300×300
参考价格(元/片):33.00
参考价格(元/m²):360.00

产品编号:GK3030-4469C(凹凸)
规格(mm):300×300
参考价格(元/片):40.00
参考价格(元/m²):432.00

产品编号:GK3030-4290A(凹凸)
规格(mm):300×300
参考价格(元/片):51.00
参考价格(元/m²):570.00

产品编号:GK3030-4185(凹凸)
规格(mm):300×300
参考价格(元/片):33.00
参考价格(元/m²):360.00

产品编号:GK3030-4462(亮光)
规格(mm):300×300
参考价格(元/片):35.00
参考价格(元/m²):390.00

产品编号:GK3030-4294(亮光)
规格(mm):300×300
参考价格(元/片):33.00
参考价格(元/m²):360.00

产品编号:AI3045-5041(亚光)
规格(mm):300×450
参考价格(元/片):49.00
参考价格(元/m²):360.00

产品编号:AI3045-5042C1(亚光)
规格(mm):300×450
参考价格(元/片):49.00
参考价格(元/m²):360.00

产品编号:GK3060-4451A(亮光)
规格(mm):300×600
参考价格(元/片):110.00
参考价格(元/m²):610.00

产品编号:GK3060-4451B(亮光)
规格(mm):300×600
参考价格(元/片):110.00
参考价格(元/m²):610.00

※个性抛光系列产品技术参数见镀金系列产品技术参数表格,如需砖厚度请咨询厂商。

⚠ 注意:由于印刷关系,可能与实际产品的颜色有所差异,选用时请以实物颜色为准。

个性瓷砖有限公司
地址：佛山市季华四路国际陶瓷展览中心市场铺面A1馆9~11号
邮编：528031

拼图系列

瓷质釉面室内墙地砖,亮光釉面,
可提供特殊规格加工、定制配件服务。

产品编号：SGK3030-5025
规格(mm)：900×600
参考价格(元/套)：410.00

产品编号：SGK3030-5008-G（仿金属）
规格(mm)：600×900
参考价格(元/套)：626.00

产品编号：SGK3030-4467B-G（仿金属）
规格(mm)：900×1200
参考价格(元/套)：1,620.00

产品编号：SGK3030-5006B-G（仿金属）
规格(mm)：900×1200
参考价格(元/套)：1,620.00

产品编号：SGK3030-5021-G（仿金属）
规格(mm)：900×1200
参考价格(元/套)：1,252.00

产品编号：SGK3030-4512-G（仿金属）
规格(mm)：900×1200
参考价格(元/套)：1,252.00

注意：由于印刷关系，可能与实际产品的颜色有所差异，选用时请以实物颜色为准。

电话:0757-82269111
传真:0757-82723320
服务热线:0757-82269111

网址:www.ge-xing.com
E-mail:fsjiade@126.com

品牌国别:中国
生产地区:中国

产品编号:SGK3030-4450-G（仿金属）
规格(mm):600×600
参考价格(元/套):418.00

产品编号:SGK3030-3498
规格(mm):600×600
参考价格(元/套):275.00

产品编号:SGK3030-4158
规格(mm):600×600
参考价格(元/套):275.00

产品编号:SGK3030-4197-P（仿金属）
规格(mm):900×900
参考价格(元/套):940.00

产品编号:SGK3030-4459B-G（仿金属）
规格(mm):900×900
参考价格(元/套):1,215.00

产品编号:SGK3030-4215-G（仿金属）
规格(mm):900×900
参考价格(元/套):940.00

产品编号:SGK6060-4205
规格(mm):1200×1200
参考价格(元/套):1,094.00

产品编号:SGK6060-4207
规格(mm):1200×1200
参考价格(元/套):1,094.00

产品编号:SGK3030-4466-G（仿金属）
规格(mm):1200×1200
参考价格(元/套):1,670.00

※个性拼图系列产品技术参数见镀金系列产品技术参数表格,如需砖厚度请咨询厂商。

⚠ 注意:由于印刷关系,可能与实际产品的颜色有所差异,选用时请以实物颜色为准。

个性瓷砖有限公司
地址：佛山市季华四路国际陶瓷展览中心市场铺面A1馆9~11号
邮编：528031

镀金系列
瓷质室内墙地砖，亮光釉面，仿金属设计，可提供特殊规格加工、定制配件服务，如需砖厚度请咨询厂商。

产品编号：GK3030-4461A-2-G
规格(mm)：300×300
参考价格(元/片)：85.00
参考价格(元/m²)：943.00

产品编号：GK3030-4429A-P
规格(mm)：300×300
参考价格(元/片)：81.00
参考价格(元/m²)：900.00

产品编号：GK3030-4148-G
规格(mm)：300×300
参考价格(元/片)：97.00
参考价格(元/m²)：1,076.00

产品编号：GK3030-4388A-2-G
规格(mm)：300×300
参考价格(元/片)：85.00
参考价格(元/m²)：943.00

产品编号：GK3030-5055C-G
规格(mm)：300×300
参考价格(元/片)：85.00
参考价格(元/m²)：943.00

产品编号：GK1515-4276D-P
规格(mm)：150×150
参考价格(元/片)：22.00
参考价格(元/m²)：977.00

产品编号：GK2020-4428A7-G
规格(mm)：200×200
参考价格(元/片)：42.00
参考价格(元/m²)：1,050.00

产品编号：GK2020-5049A-P
规格(mm)：200×200
参考价格(元/片)：36.00
参考价格(元/m²)：900.00

产品编号：GK2020-5017-P
规格(mm)：200×200
参考价格(元/片)：36.00
参考价格(元/m²)：900.00

产品编号：GK4040-4514-G
规格(mm)：400×400
参考价格(元/片)：144.00
参考价格(元/m²)：900.00

个性镀金系列/抛光系列/拼图系列产品技术参数

吸水率	破坏强度	断裂模数	耐污性	耐酸碱性	耐家庭化学试剂	抗热震性	表面质量
单个值：2.6%~3.3%，平均值：2.9%	1790.6N	单个值：47.7~48.3MPa，平均值：47.9MPa	5级	GLA级	GA级	经过10次抗热震试验不出现炸裂或裂纹	0.8m垂直观察至少95%无影响缺陷

纯金系列
瓷质室内墙砖，金属表面效果，可提供特殊规格加工、定制配件服务。

产品编号：DA-01-1（亚光）
规格(mm)：300×300
参考价格(元/联)：38.00
参考价格(元/m²)：420.00

产品编号：DA-01-2（亚光）
规格(mm)：300×300
参考价格(元/联)：38.00
参考价格(元/m²)：420.00

产品编号：DA-02-1（亚光）
规格(mm)：300×300
参考价格(元/联)：36.00
参考价格(元/m²)：400.00

产品编号：TA-01（亮光）
规格(mm)：300×300
参考价格(元/联)：180.00
参考价格(元/m²)：2,000.00

产品编号：SGK3060-4449-G（亚光）
规格(mm)：300×600
参考价格(元/片)：131.00
参考价格(元/m²)：730.00

产品编号：BSG-001（亚光）
规格(mm)：97×97
参考价格(元/片)：20.00
参考价格(元/m²)：2,000.00

产品编号：BSG-002（亚光）
规格(mm)：97×97
参考价格(元/片)：20.00
参考价格(元/m²)：2,000.00

产品编号：GK2020-5048A-P（亚光）
规格(mm)：200×200
参考价格(元/片)：28.00
参考价格(元/m²)：700.00

产品编号：GK3030-4408-G（亚光）
规格(mm)：300×300
参考价格(元/片)：63.00
参考价格(元/m²)：700.00

※如需个性纯金砖系列砖厚度、产品技术参数请咨询厂商。

注意：由于印刷关系，可能与实际产品的颜色有所差异，选用时请以实物颜色为准。

电话:0757-82269111
传真:0757-82723320
服务热线:0757-82269111

网址:www.ge-xing.com
E-mail:fsjiade@126.com

品牌国别:中国
生产地区:中国

个性

手工砖系列

陶质釉面室内墙、室内外地砖,纯手工工艺,复古设计,采用陶瓷名城"佛山石湾"之传统陶瓷工艺技术,用著名的500年"南风古灶"薪火烧成。

产品编号:SA001(亚光)
规格(mm):75×75
参考价格(元/m²):700.00

产品编号:SA002(亚光)
规格(mm):75×75
参考价格(元/m²):700.00

产品编号:SA003(亚光)
规格(mm):75×75
参考价格(元/m²):700.00

产品编号:SB001(亮光)
规格(mm):75×75
参考价格(元/m²):700.00

产品编号:SB002(亮光)
规格(mm):75×75
参考价格(元/m²):700.00

产品编号:SB003(亮光)
规格(mm):75×75
参考价格(元/m²):700.00

产品编号:SB004(亮光)
规格(mm):75×75
参考价格(元/m²):700.00

产品编号:SC001(亮光)
规格(mm):75×75
参考价格(元/m²):700.00

产品编号:SD001(亮光)
规格(mm):75×75
参考价格(元/m²):700.00

产品编号:SD002(亮光)
规格(mm):75×75
参考价格(元/m²):700.00

产品编号:SD003(亮光)
规格(mm):75×75
参考价格(元/m²):700.00

产品编号:SE001(亮光)
规格(mm):75×75
参考价格(元/m²):700.00

产品编号:SE002(亮光)
规格(mm):75×75
参考价格(元/m²):700.00

产品编号:SE003(亮光)
规格(mm):75×75
参考价格(元/m²):700.00

产品编号:SF001(亮光)
规格(mm):75×75
参考价格(元/m²):700.00

产品编号:SF002(亮光)
规格(mm):75×75
参考价格(元/m²):700.00

产品编号:SF003(亮光)
规格(mm):75×75
参考价格(元/m²):700.00

产品编号:SF004(亮光)
规格(mm):75×75
参考价格(元/m²):700.00

产品编号:SF005(亮光)
规格(mm):75×75
参考价格(元/m²):700.00

产品编号:SF006(亮光)
规格(mm):75×75
参考价格(元/m²):700.00

产品编号:SF007(亮光)
规格(mm):75×75
参考价格(元/m²):700.00

产品编号:SG001(亮光)
规格(mm):75×75
参考价格(元/m²):700.00

产品编号:SG002(亮光)
规格(mm):75×75
参考价格(元/m²):700.00

产品编号:SG003(亮光)
规格(mm):75×75
参考价格(元/m²):700.00

※如需个性手工砖系列砖厚度、产品技术参数请咨询厂商。

厂商简介:佛山市个性瓷砖有限公司是大规模研发与生产高端艺术砖的特色企业。个性瓷砖,倡导以原创为宗旨,采用高科技手段,使产品走在建材行业时尚前沿。个性瓷砖,以为客户"量身定造"作为全力以赴的事业目标,能最大极限地体现您的创新、尊贵与独特的魅力。使用个性瓷砖产品的客户能证实我们所做的努力。

各地联系方式:

北京市世纪美生经贸公司
电话:010-88863435转829
传真:010-88863430

汕头市金平区兴佳建材城有限公司
电话:0754-8630071
传真:0754-8630035

福州市建材市场源隆贸易商行
电话:0591-83652471
传真:0591-83673778

哈尔滨市鑫亿建材经销有限公司
电话:0451-89960899
传真:0451-89960911

包头市博德精工建材有限公司
电话:0472-3146557
传真:0472-3146557

大连市华美雅居建材有限公司
电话:0411-84644538
传真:0411-84609063

温州市鸿联建材有限公司
电话:0577-86556186
传真:0577-86556186

广州市天河区伯杰建材行
电话:020-87585118
传真:020-87585118

青岛市粤齐建材商场
电话:0532-85668960
传真:0532-85612767

沈阳市莱特装饰建材有限公司
电话:024-25429519
传真:024-25429546

代表工程:香格里拉国际酒店 托普卡皮土耳其烧烤餐厅 韩国索菲特大酒店 泰国切蒂酒店 巴基斯坦万怡酒店 印尼希尔顿酒店 东莞市帝京国际酒店 哈尔滨阿萨帝娱乐中心 大连市金百合休闲体育中心 大连市开发区樱花别墅 汕头市金煌KTV娱乐城 汕头市潮阳酒店 深圳市宝安区天悦龙庭

执行标准:GB/T4100.2-1999

注意:由于印刷关系,可能与实际产品的颜色有所差异,选用时请以实物颜色为准。

佛山市嘉俊陶瓷有限公司
地址：广东省佛山市南海区小塘五星工业区
邮编：528222

四石同堂

四石同堂包括和田玉石系列、金碧玉石系列、乾坤石系列、博客石系列四个系列。和田玉石系列通过透明原料形成单晶体和聚晶体，产品各项理化性能均超越天然玉石；金碧玉石系列综合了微粉、渗花、颗粒、幻彩和随机布料技术，表面纹理分布自然；乾坤石系列表面设计为凹凸的浅石纹，耐磨和抗污性能出众；博客石系列采用微粉表面处理，在砖面上呈现凹凸、亚光、亮光材质效果的对比。

电话:0757-82703618/82703600
传真:0757-82703602/86668282
服务热线:0757-82703618/82703600

网址:www.cnjiajun.com
E-mail:jiajun_bj@vip.163.com

品牌国别:中国
生产地区:中国

和田玉石系列

产品编号:CM8001（抛光）
规格(mm):800×800×12
参考价格(元/片):151.80

产品编号:CM8002（抛光）
规格(mm):800×800×12
参考价格(元/片):151.80

产品编号:CM8003（抛光）
规格(mm):800×800×12
参考价格(元/片):151.80

产品编号:CM8004（抛光）
规格(mm):800×800×12
参考价格(元/片):151.80

产品编号:CM8012（抛光）
规格(mm):800×800×12
参考价格(元/片):151.80

产品编号:CM8015（抛光）
规格(mm):800×800×12
参考价格(元/片):151.80

和田玉石系列/金碧玉石系列/乾坤石系列/博客石系列产品(通体砖)特性说明

项目	说明							
适用范围	室外地	✓	室外墙	✓	室内地	✓	室内墙	✓
材质	瓷质	✓	半瓷质	☐	陶质	☐	其他	☐
表面设计	仿古	☐	仿石	✓	仿木	☐	其他	☐
服务项目	特殊规格加工	✓	异型加工	✓	水切割	✓	其他	☐

嘉俊和田玉石系列/金碧玉石系列产品技术参数

吸水率	破坏强度	断裂模数	厚度	中心弯曲度	莫氏硬度	耐磨度	耐污染性	抗热震性
平均值:0.04%,单块最大值:0.05%	平均值:3259N	平均值:42MPa,单块最小值:37MPa	-2.3%～-0.8%	-0.03%～+0.01%	8	139～147mm³	5级	经过10次抗热震试验不出现炸裂或裂纹

⚠ 注意:由于印刷关系,可能与实际产品的颜色有所差异,选用时请以实物颜色为准。

佛山市嘉俊陶瓷有限公司
地址：广东省佛山市南海区小塘五星工业区
邮编：528222

金碧玉石系列

产品编号：S28001（抛光）
规格(mm)：800×800×12
参考价格(元/片)：168.30

产品编号：S28002（抛光）
规格(mm)：800×800×12
参考价格(元/片)：168.30

产品编号：S28003（抛光）
规格(mm)：800×800×12
参考价格(元/片)：168.30

产品编号：S28011（抛光）
规格(mm)：800×800×12
参考价格(元/片)：168.30

产品编号：S28012（抛光）
规格(mm)：800×800×12
参考价格(元/片)：168.30

产品编号：S28013（抛光）
规格(mm)：800×800×12
参考价格(元/片)：168.30

产品编号：S28009（抛光）
规格(mm)：800×800×12
参考价格(元/片)：168.30

采用嘉俊金碧玉石系列产品铺贴效果

※嘉俊金碧玉石系列产品特性说明见和田玉石系列产品特性说明表格。

⚠ 注意：由于印刷关系，可能与实际产品的颜色有所差异，选用时请以实物颜色为准。

电话:0757-82703618/82703600
传真:0757-82703602/86668282
服务热线:0757-82703618/82703600

网址:www.cnjiajun.com
E-mail:jiajun_bj@vip.163.com

品牌国别:中国
生产地区:中国

嘉俊

乾坤石系列

产品编号:KL26001(凹凸)
规格(mm):600×600×10
参考价格:详细价格请咨询厂商

产品编号:KL26003(凹凸)
规格(mm):600×600×10
参考价格:详细价格请咨询厂商

产品编号:KL26034(凹凸)
规格(mm):600×600×10
参考价格:详细价格请咨询厂商

采用嘉俊乾坤石系列产品铺贴效果

博客石系列

产品编号:C66001(凹凸)
规格(mm):600×600×10
参考价格(元/片):60.50

产品编号:C66002(凹凸)
规格(mm):600×600×10
参考价格(元/片):60.50

产品编号:C66003(凹凸)
规格(mm):600×600×10
参考价格(元/片):60.50

产品编号:C66005(凹凸)
规格(mm):600×600×10
参考价格(元/片):50.05

嘉俊乾坤石系列/博客石系列产品技术参数				
吸水率	破坏强度	断裂模数	边直度	直角度
平均值:0.12%,单块最大值:0.17%	平均值:2686N	平均值:43MPa,单块最小值:40MPa	-0.02%~+0.02%	-0.11%~+0.04%

嘉俊乾坤石系列/博客石系列产品技术参数				
厚度	莫氏硬度	耐污染性	抗热震性	表面质量
-2.3%~+2.4%	8	5级	经过10次抗热震试验不出现炸裂或裂纹	0.8m垂直观察至少95%无影响缺陷

※嘉俊乾坤石系列/博客石系列产品特性说明见和田玉石系列产品特性说明表格。

⚠ 注意:由于印刷关系,可能与实际产品的颜色有所差异,选用时请以实物颜色为准。

佛山市嘉俊陶瓷有限公司
地址:广东省佛山市南海区小塘五星工业区
邮编:528222

玉晶石系列
本系列材质为微晶玻璃复合瓷质板材,微晶层吸水率低,砖面不吸污藏污,是A类绿色环保建材。

产品编号:J48001
规格(mm):800×800×16.5
参考价格(元/片):302.00

产品编号:J48002
规格(mm):800×800×16.5
参考价格(元/片):302.00

产品编号:J48003
规格(mm):800×800×16.5
参考价格(元/片):302.00

产品编号:J48004
规格(mm):800×800×16.5
参考价格(元/片):302.00

产品编号:J48005
规格(mm):800×800×16.5
参考价格(元/片):640.00

产品编号:J48006
规格(mm):800×800×16.5
参考价格(元/片):377.00

产品编号:J48007
规格(mm):800×800×16.5
参考价格(元/片):302.00

产品编号:J48010
规格(mm):800×800×16.5
参考价格(元/片):302.00

产品编号:J48011
规格(mm):800×800×16.5
参考价格(元/片):377.00

※嘉俊玉晶石系列产品特性说明见右页。

⚠ 注意:由于印刷关系,可能与实际产品的颜色有所差异,选用时请以实物颜色为准。

电话:0757-82703618/82703600
传真:0757-82703602/86668282
服务热线:0757-82703618/82703600

网址:www.cnjiajun.com
E-mail:jiajun_bj@vip.163.com

品牌国别:中国
生产地区:中国

嘉俊玉石系列

本系列材质为微晶玻璃复合瓷质板材,微晶层吸水率近乎为零,镜面抛光,光泽度好,不吸污,耐酸碱,易清洁,有效杜绝细菌与病毒的滋生。内质致密坚实,抗折强度高,耐磨度好,超过国家标准。

采用嘉俊玉石系列产品铺贴效果

产品编号:J58001
规格(mm):800×800
参考价格(元/片):332.00

产品编号:J58002
规格(mm):800×800
参考价格(元/片):332.00

嘉俊玉石系列/玉晶石系列产品(通体砖)特性说明

嘉俊玉石系列/玉晶石系列另有规格(mm):600×600/600×1200/800×1200/1000×1000

项目	说明								
适用范围	室外地	✓	室外墙	✓	室内地	✓	室内墙	✓	
材质	瓷质	✓	半瓷质	☐	陶质	☐	微晶玻璃复合板材	✓	
表面处理	抛光	✓	亚光	☐	凹凸	☐	其他	☐	
表面设计	仿古	☐	仿石	✓	仿木	☐	其他	☐	
服务项目	特殊规格加工	✓	异型加工	✓	水切割	✓	其他	☐	

※如需嘉俊玉石系列砖厚度请咨询厂商。

嘉俊玉石系列/玉晶石系列产品技术参数

吸水率	破坏强度	断裂模数	边直度	厚度	中心弯曲度	边弯曲度
平均值:0.05%,单块最大值:0.08%	平均值>5709N	平均值>35MPa,单块最小值>33MPa	-0.01%~+0.01%	-1.6%~+0.9%	-0.1%~+0.1%	-0.04%~+0.04%

嘉俊玉石系列/玉晶石系列产品技术参数

耐磨度	耐污染性	耐酸碱性	耐家庭化学试剂	抗热震性	表面质量
102~109mm³	5级	ULA级	UA级	经过10次抗热震试验不出现炸裂或裂纹	0.8m垂直观察至少95%无影响缺陷

⚠ 注意:由于印刷关系,可能与实际产品的颜色有所差异,选用时请以实物颜色为准。

佛山市嘉俊陶瓷有限公司
地址：广东省佛山市南海区小塘五星工业区
邮编：528222

昆仑石系列

采用嘉俊昆仑石系列产品铺贴效果

产品编号：KL12603
规格(mm)：600×1200×14
参考价格(元/片)：173.25

产品编号：KL12604
规格(mm)：600×1200×14
参考价格(元/片)：173.25

产品编号：KL12605
规格(mm)：600×1200×14
参考价格(元/片)：227.50

产品编号：KLB6081
规格(mm)：600×600×14
参考价格(元/片)：60.50

产品编号：KLB6082
规格(mm)：600×600×14
参考价格(元/片)：60.50

产品编号：KL12607
规格(mm)：600×1200×14
参考价格(元/片)：173.25

产品编号：KL12632
规格(mm)：600×1200×14
参考价格(元/片)：173.25

昆仑石系列产品(通体砖)特性说明

项目	说明							
适用范围	室外地	✓	室外墙	✓	室内地	✓	室内墙	✓
材　质	瓷质	✓	半瓷质	☐	陶质	☐	其他	☐
表面处理	抛光	☐	亚光	☐	凹凸	✓	其他	☐
表面设计	仿古	☐	仿石	✓	仿木	☐	其他	☐
服务项目	特殊规格加工	✓	异型加工	☐	水切割	✓	其他	☐

嘉俊昆仑石系列产品技术参数

吸水率	破坏强度	断裂模数	边直度	直角度	耐污染性	耐酸碱性	耐家庭化学试剂	抗热震性
平均值：0.06%，单个值：0.03%～0.09%	3658.3N	平均值：39.6MPa，单个值：39.3～40.1MPa	-0.02%～+0.03%	-0.02%～+0.02%	3级	ULA级	UA级	经过10次抗热震试验不出现炸裂或裂纹

⚠ 注意：由于印刷关系，可能与实际产品的颜色有所差异，选用时请以实物颜色为准。

电话：0757-82703618/82703600
传真：0757-82703602/86668282
服务热线：0757-82703618/82703600

网址：www.cnjiajun.com
E-mail:jiajun_bj@vip.163.com

品牌国别：中国
生产地区：中国

J 嘉俊

意大利米黄系列

产品编号：CH8001
规格(mm)：800×800×13
参考价格(元/片)：168.30

产品编号：CH8002
规格(mm)：800×800×13
参考价格(元/片)：168.30

产品编号：CH8003
规格(mm)：800×800×13
参考价格(元/片)：168.30

产品编号：CH8011
规格(mm)：800×800×13
参考价格(元/片)：168.30

产品编号：CH8012
规格(mm)：800×800×13
参考价格(元/片)：168.30

产品编号：CH8013
规格(mm)：800×800×13
参考价格(元/片)：168.30

采用嘉俊意大利米黄系列产品铺贴效果

采用嘉俊意大利米黄系列产品铺贴效果

意大利米黄系列另有规格(mm)：600×600/600×1200/1000×1000

嘉俊意大利米黄系列产品技术参数

吸水率	破坏强度	断裂模数	边直度	直角度	中心弯曲度	翘曲度
平均值：0.05%,单个值：0.02%~0.08%	2043.2N	平均值：38.8MPa,单个值：38.1~39.3MPa	-0.04%~+0.04%	-0.04%~+0.03%	-0.03%~+0.04%	-0.04%~+0.03%

嘉俊意大利米黄系列产品技术参数

边弯曲度	耐磨度	耐污染性	耐酸碱性	耐家庭化学试剂	抗热震性	表面质量
-0.04%~+0.04%	123mm³	4级	ULA级	HA级	经过10次抗热震试验不出现炸裂或裂纹	0.8m垂直观察至少95%无影响缺陷

※嘉俊意大利米黄系列产品特性说明见彩云石系列产品特性说明表格。

⚠ 注意：由于印刷关系，可能与实际产品的颜色有所差异，选用时请以实物颜色为准。

佛山市嘉俊陶瓷有限公司
地址：广东省佛山市南海区小塘五星工业区
邮编：528222

纯色砖系列

产品编号：Q16001
规格(mm)：600×600
参考价格(元/片)：41.25

产品编号：Q26003
规格(mm)：600×600
参考价格(元/片)：49.50

产品编号：Q26004
规格(mm)：600×600
参考价格(元/片)：66.00

产品编号：Q26005
规格(mm)：600×600
参考价格(元/片)：71.50

幻彩石系列

产品编号：M16009
规格(mm)：600×600
参考价格(元/片)：51.70

产品编号：M16011
规格(mm)：600×600
参考价格(元/片)：51.70

产品编号：M16018
规格(mm)：600×600
参考价格(元/片)：51.70

产品编号：M16014
规格(mm)：600×600
参考价格(元/片)：51.70

产品编号：M26025
规格(mm)：600×600
参考价格(元/片)：74.25

采用嘉俊幻彩石系列产品铺贴效果

※嘉俊纯色砖系列/幻彩石系列产品特性说明见右页，如需砖厚度请咨询厂商。

注意：由于印刷关系，可能与实际产品的颜色有所差异，选用时请以实物颜色为准。

电话:0757-82703618/82703600
传真:0757-82703602/86668282
服务热线:0757-82703618/82703600

网址:www.cnjiajun.com
E-mail:jiajun_bj@vip.163.com

品牌国别:中国
生产地区:中国

嘉俊 J

彩云石系列

产品编号:C16003
规格(mm):600×600
参考价格(元/片):60.50

产品编号:C16008
规格(mm):600×600
参考价格(元/片):60.50

产品编号:C16009
规格(mm):600×600
参考价格(元/片):60.50

产品编号:C16010
规格(mm):600×600
参考价格(元/片):60.50

产品编号:C16016
规格(mm):600×600
参考价格(元/片):60.50

产品编号:C26013
规格(mm):600×600
参考价格(元/片):60.50

产品编号:C26014
规格(mm):600×600
参考价格(元/片):60.50

产品编号:C38034
规格(mm):600×600
参考价格(元/片):60.50

彩云石系列/意大利米黄系列/纯色砖系列/幻彩石系列产品(通体砖)特性说明　　　　彩云石系列/纯色砖系列/幻彩石系列另有规格(mm):600×1200/800×800/1000×1000

项目	说明							
适用范围	室外地	☑	室外墙	☑	室内地	☑	室内墙	☑
材　质	瓷质	☑	半瓷质	☐	陶质	☐	其他	☐
表面处理	抛光	☑	亚光	☐	凹凸	☐	其他	☐
表面设计	仿古	☐	仿石	☑	仿木	☐	其他	☐
服务项目	特殊规格加工	☑	异型加工	☑	水切割	☑		

※如需嘉俊彩云石系列砖厚度请咨询厂商。

嘉俊彩云石系列/纯色砖系列/幻彩石系列产品技术参数

吸水率	破坏强度	断裂模数	边直度	直角度	耐磨度	耐污染性	耐酸碱性	耐家庭化学试剂
平均值:0.05%,单个值:0.03%-0.08%	2397N	平均值:36.9MPa,单个值:36.3~37.5MPa	-0.03%~+0.04%	-0.03%~+0.03%	131mm³	3级	ULA级	UA级

厂商简介:嘉俊陶瓷有限公司是专业生产仿石瓷质砖和微晶玻璃复合瓷质板材的高科技现代化企业。本公司有60多项产品和工艺技术荣获国家专利,其中微晶玻璃复合瓷质板材(玉晶石和嘉俊玉石系列)和金碧玉石瓷质砖为中国首创,工艺技术处于国内领先水平和国际先进水平,产品出口欧、美、亚、非等50多个国家和地区,产品品质、品种、花色和突出的个性特质深受设计师和用户的喜爱。

各地联系方式:

嘉俊总厂
地址:广东省佛山市南海区小塘五星工业区
电话:0757-86669388/86636362
传真:0757-86668282

佛山营销中心
地址:广东省佛山市季华四路佛山国际陶瓷展览中心
电话:0757-82703610/82703608
传真:0757-82703602

北京分公司
地址:北京市朝阳区十里河闽龙陶瓷物流中心
电话:010-67475299
传真:010-67475156

天津分公司
地址:天津市河西区解放南路环勃海国际经贸大厦1101室
电话:022-28051118
传真:022-28051113

上海分公司
地址:上海市恒丰路610号1号楼503室
电话:021-64955757
传真:021-54268376

代表工程:中南海办公大楼　深圳市民中心(政府办公大楼)　清华大学　郑州大学城　新疆大学　深圳宝安机场
上海国际F1赛车场　山东济南国际机场　苏州第二人民医院　韩国汉城津浦机场

质量认证:ISO9001　ISO14001
执行标准:GB/.4100.1-1999

注意:由于印刷关系,可能与实际产品的颜色有所差异,选用时请以实物颜色为准。

科马 DCDESIGN

科马卫生间设计产品开发有限公司
地址：北京市东城区东直门东中街30号（东环广场对面）
邮编：100027

泰克系列 _{瓷质通体砖。}

泰克系列高技术通体瓷砖为现代、精制的室内空间提供了5种具有金属质感的颜色，同时也提供了更长的使用寿命和简单的维护方法。环保技术的应用保证了原材料100%的循环利用。适用于敞廊和展厅等空间，多样的装饰块与花砖更塑造出高品质的设计细节。

采用科马泰克系列产品铺贴效果

产品编号：3113030/3115009（白色）
室内地砖
规格(mm)：300×300×10/300×600×10
参考价格：详细价格请咨询厂商

产品编号：3113026/3114009（米色）
室内地砖
规格(mm)：300×300×10/450×450×10
参考价格：详细价格请咨询厂商

产品编号：3113029/3115010（浅灰色）
室内地砖
规格(mm)：300×300×10/300×600×10
参考价格：详细价格请咨询厂商

产品编号：3113027/3114010（深灰色）
室内地砖
规格(mm)：300×300×10/450×450×10
参考价格：详细价格请咨询厂商

⚠ 注意：由于印刷关系，可能与实际产品的颜色有所差异，选用时请以实物颜色为准。

电话:010-64152288
传真:010-64161626

网址:www.dcdesign.com.cn
E-mail:market@dcdesign.cn

品牌国别:澳大利亚
生产地区:意大利

K 科马

采用科马泰克系列产品铺贴效果

产品编号:3117008(米色) 马赛克
规格(mm):300×300×10
参考价格:详细价格请咨询厂商

产品编号:3117009(白色) 马赛克
规格(mm):300×300×10
参考价格:详细价格请咨询厂商

产品编号:3117010(深灰色) 马赛克
规格(mm):300×300×10
参考价格:详细价格请咨询厂商

产品编号:3113031(米色条纹)
室外墙/室内外地砖
规格(mm):300×300×10
参考价格:详细价格请咨询厂商

产品编号:3113032(灰色条纹)
室外墙/室内外地砖
规格(mm):300×300×10
参考价格:详细价格请咨询厂商

产品编号:3113033(浅灰色条纹)
室外墙/室内外地砖
规格(mm):300×300×10
参考价格:详细价格请咨询厂商

产品编号:3117011(浅灰色) 马赛克
规格(mm):300×300×10
参考价格:详细价格请咨询厂商

科马泰克系列产品技术参数

吸水率	断裂模数	耐磨度	表面硬度	耐化学腐蚀性	抗热震性
0.2%	43N/mm²	≤116mm³	6	符合国家标准	符合国家标准

泰克系列另有规格(mm):300×600/450×450

⚠ 注意:由于印刷关系,可能与实际产品的颜色有所差异,选用时请以实物颜色为准。

科马 DC DESIGN

科马卫生间设计产品开发有限公司
地址：北京市东城区东直门东中街30号（东环广场对面）
邮编：100027

雅新系列 瓷质通体砖。

采用科马雅新系列产品铺贴效果

雅新系列可以满足各种需求，拥有适合室内外地砖和厨房、卫生间用墙砖等各种瓷砖。室内地砖有七种颜色和六个规格，其中直切边砖规格(mm)：85×445/300×600/445×445、非直切边砖规格(mm)：300×300/300×600/450×450；室外地砖有三种颜色和五个规格；厨房用墙砖为马赛克共七种颜色，其规格(mm)：300×300；卫生间用墙砖共三种颜色，其规格(mm)：305×560。

产品编号：3113005/3114002（灰色）
室内墙地砖
规格(mm)：300×300×10/450×450×10
参考价格：详细价格请咨询厂商

产品编号：3113006/3114003（黑色）
室内墙地砖
规格(mm)：300×300×10/450×450×10
参考价格：详细价格请咨询厂商

产品编号：3113007/3114004（咖啡色）
室内墙地砖
规格(mm)：300×300×10/450×450×10
参考价格：详细价格请咨询厂商

产品编号：3113008/3114005（墨绿色）
室内墙地砖
规格(mm)：300×300×10/450×450×10
参考价格：详细价格请咨询厂商

⚠ 注意：由于印刷关系，可能与实际产品的颜色有所差异，选用时请以实物颜色为准。

电话:010-64152288
传真:010-64161626

网址:www.dcdesign.com.cn
E-mail:market@dcdesign.cn

品牌国别:澳大利亚
生产地区:意大利

K 科马

采用科马雅新系列产品铺贴效果

雅新系列产品经过1200°C以上的高温烧结,使产品全部玻化,因此大大的提高了瓷砖的理化性能。直切边使铺装更加容易,半抛光的工艺使瓷砖表面呈现出天然石材般的自然光泽。

产品编号:3117002(灰色) 马赛克
室内墙砖
规格(mm):145×45×10
参考价格:详细价格请咨询厂商

产品编号:3117003(黑色) 马赛克
室内墙砖
规格(mm):145×45×10
参考价格:详细价格请咨询厂商

产品编号:3117004(咖啡色) 马赛克
室内墙砖
规格(mm):145×45×10
参考价格:详细价格请咨询厂商

产品编号:3117007(深灰色) 马赛克
室内墙砖
规格(mm):145×45×10
参考价格:详细价格请咨询厂商

产品编号:3119005(米色) 室内墙地砖
规格(mm):560×305×10
参考价格:详细价格请咨询厂商

产品编号:3119006(白色) 室内墙地砖
规格(mm):560×305×10
参考价格:详细价格请咨询厂商

科马雅新系列产品技术参数

吸水率	断裂模数	耐磨度	表面硬度	长度	宽度	厚度	边曲弯度
0.1%	45N/mm²	≤125mm³	6	±0.6%	±0.6%	±5%	±0.5%

雅新系列另有规格(mm):300×600

⚠ 注意:由于印刷关系,可能与实际产品的颜色有所差异,选用时请以实物颜色为准。

科马 DCDESIGN

科马卫生间设计产品开发有限公司
地址：北京市东城区东直门东中街30号（东环广场对面）
邮编：100027

裴茵系列 瓷质通体砖。

采用科马裴茵系列产品铺贴效果

产品编号：3113018（浅灰色斜纹）
室外墙地砖
规格(mm)：300×300×10
参考价格：详细价格请咨询厂商

产品编号：3113019（深灰色斜纹）
室外墙地砖
规格(mm)：300×300×10
参考价格：详细价格请咨询厂商

产品编号：3119007（浅灰色斜纹）
室外墙地砖
规格(mm)：300×150×10
参考价格：详细价格请咨询厂商

产品编号：3119008（深灰色斜纹）
室外墙地砖
规格(mm)：300×150×10
参考价格：详细价格请咨询厂商

裴茵系列地砖可满足特殊装饰功能（人行道、走道和踢脚线）。浮雕式的表面纹理设计更好的满足了车库、坡道以及室外走道等场所的特殊需求。裴茵系列地砖是别墅、广场、人行道、车库、坡道以及公共与私人建筑室外地面材料，每种颜色有四种表面纹理；有四种颜色和三种规格(mm)：100×100/150×150/300×300；作为REFIN新开发的产品，裴茵系列的灵感来源于天然的手工石材，并且很好的还原了天然石材的自然美和手工质感。

⚠ 注意：由于印刷关系，可能与实际产品的颜色有所差异，选用时请以实物颜色为准。

电话:010-64152288
传真:010-64161626
网址:www.dcdesign.com.cn
E-mail:market@dcdesign.cn
品牌国别:澳大利亚
生产地区:意大利

K 科马

采用科马裴茵系列产品铺贴效果

产品编号:3113014(深灰色暗纹)
室外墙/室内外地砖
规格(mm):300×300×10
参考价格:详细价格请咨询厂商

产品编号:3113015(浅灰色暗纹)
室外墙/室内外地砖
规格(mm):300×300×10
参考价格:详细价格请咨询厂商

产品编号:3113016(米色暗纹)
室外墙/室内外地砖
规格(mm):300×300×10
参考价格:详细价格请咨询厂商

产品编号:3113017(深红色暗纹)
室外墙/室内外地砖
规格(mm):300×300×10
参考价格:详细价格请咨询厂商

裴茵系列最重要的技术特征是极低的吸水率、较高的防滑系数(R10)与防冻、耐磨,这使裴茵系列地砖可在任何环境与温度下使用。裴茵系列地砖采用先进水切割技术创造出了丰富的装饰元素。精美的镶嵌更使产品表面呈现出远古岩画般的效果。由踢脚线、L形装饰线、装饰条等组成的完整系列,可以满足任何完美、苛刻的地面铺装需要。

⚠ 注意:由于印刷关系,可能与实际产品的颜色有所差异,选用时请以实物颜色为准。

科马DCDESIGN

科马卫生间设计产品开发有限公司
地址：北京市东城区东直门东中街30号（东环广场对面）
邮编：100027

BRIX 系列 瓷质釉面砖。

产品编号：3129050（白色褶皱）
室内墙砖
规格(mm)：340×340×9
参考价格：详细价格请咨询厂商

产品编号：3129021（沙黄色褶皱）
室内墙砖
规格(mm)：340×340×9
参考价格：详细价格请咨询厂商

产品编号：3129022（黑色褶皱）
室内墙砖
规格(mm)：340×340×9
参考价格：详细价格请咨询厂商

采用科马BRIX系列产品铺贴效果

产品编号：3129024（沙黄色）
室内墙砖
规格(mm)：340×340×9
参考价格：详细价格请咨询厂商

产品编号：3127008（白色直纹）马赛克
室内墙砖
规格(mm)：340×340×9
参考价格：详细价格请咨询厂商

产品编号：3127009（沙黄色直纹）马赛克
室内墙砖
规格(mm)：340×340×9
参考价格：详细价格请咨询厂商

产品编号：3127010（黑色直纹）马赛克
室内墙砖
规格(mm)：340×340×9
参考价格：详细价格请咨询厂商

⚠ 注意：由于印刷关系，可能与实际产品的颜色有所差异，选用时请以实物颜色为准。

电话:010-64152288
传真:010-64161626

网址:www.dcdesign.com.cn
E-mail:market@dcdesign.cn

品牌国别:澳大利亚
生产地区:意大利

K 科马

采用科马BRIX系列产品铺贴效果

产品编号:3127005(白色斜纹)
室内墙砖
规格(mm):340×340×9
参考价格:详细价格请咨询厂商

产品编号:3127006(沙黄色斜纹)
室内墙砖
规格(mm):340×340×9
参考价格:详细价格请咨询厂商

产品编号:3127007(黑色斜纹)
室内墙砖
规格(mm):340×340×9
参考价格:详细价格请咨询厂商

科马BRIX系列产品技术参数

吸水率	断裂模数	长度	宽度	表面硬度	耐磨度
0.05%	56N/mm²	±0.2%	±0.2%	8	符合国家标准

厂商简介:1996年,科马DC DESIGN 在北京开设了第一家展厅,以高品质的产品、创新的设计理念和顾客满意作为自己的经营宗旨。致力于将国际顶级的卫浴设计理念引入中国,提升国内卫浴空间的品质,成为中国现代卫浴文化的倡导者。在过去的8年里,科马由卫生间设计发展成科马DC DESIGN,并成为中国最大、最有活力、最具现代设计理念的的卫浴产品销售专家,提供洁具、龙头、瓷砖、浴室配件4大类超过1,500多种产品,包括意大利、西班牙、丹麦、澳大利亚等国家的顶级卫浴品牌如Falper、Kos、Fantini等等。科马DC DESIGN的境外合作伙伴Rogerseller公司更是拥有百年历史的卫浴产品销售专家,透过其全球化的产品、设计资源,科马DC DESIGN 协助国内众多建筑事务所、房地产开发商、室内设计师销售及实施他们的设计方案。范围涉及酒店、私人会所、别墅、高档公寓以及对设计、产品、施工有特殊要求的项目。通过其独特的、细致入微的、极具设计感的室内环境,科马DC DESIGN 占据了市场营销领导者的地位。高品质的产品、创新的设计以及顾客满意作为科马DC DESIGN 的经营理念会一直保持下去。

各地联系方式:

北京科马卫生间设计产品开发有限公司
地址:北京市东城区东直门东中街30号(东环广场对面)
电话:010-64152288
传真:010-64161626

北京科马卫生间设计产品开发有限公司青岛专卖店
地址:山东省青岛市闽江路163号一层
电话:0532-85979268
传真:0532-86979269

北京科马卫生间设计产品开发有限公司深圳专卖店
地址:广东省深圳市罗湖区宝安南路3075号北京大厦
电话:0755-25935625
传真:0755-25935629

北京科马卫生间设计产品开发有限公司上海分公司
地址:上海市静安区镇宁路200号欣安大厦西峰一层
电话:021-62793335
传真:021-62793811

北京科马卫生间设计产品开发有限公司成都专卖店
地址:四川省成都市新开寺街88号(北大花园二楼中庭)
电话:028-86925111
传真:028-86925222

北京科马卫生间设计产品开发有限公司广州专卖店
地址:广东省广州市流花路109号之九达宝广场1007C
电话:020-36315220
传真:020-36315032

北京科马卫生间设计产品开发有限公司杭州专卖店
地址:浙江省杭州市下城区超晖路176号嘉汇大厦1栋101室
电话:0571-56369199
传真:0571-56369199转8810

北京科马卫生间设计产品开发有限公司重庆专卖店
地址:重庆市渝中区八一路260号恒通云鼎国际公寓A座
电话:023-63709463
传真:023-63717693转87

代表工程:现代城 亮马饭店总统套房 钓鱼台国宾馆 蓝堡国际公寓 玫瑰园别墅 五洲大酒店 北京海关总署 UHN国际村 肿瘤医院 国电大厦 稻香湖别墅 京贸国际公寓 北京市人民检察院指挥中心 华贸中心 新世纪酒店 旺座国际公寓 棕榈泉国际公寓 燕苑国际俱乐部 华彬高尔夫俱乐部 山西国贸中心

科马代理品牌:
意大利:Falper Kos Brix Fantini Flaminia Refin EFFIGIBI Lineabeta
澳大利亚:Caroma Dorf Stylus OMVIVO
丹麦:Borma
西班牙:Cosmic

⚠ 注意:由于印刷关系,可能与实际产品的颜色有所差异,选用时请以实物颜色为准。

金意陶·陶瓷
金意陶 天地造

金意陶陶瓷有限公司
地址：广东省佛山市禅城区石湾小雾岗
邮编：528031

采用金意陶双品石系列KGQD060723/KGQD030723/KGQD063723产品铺贴效果

电话:0757-88331031
传真:0757-82276993
服务热线:0757-82703468/88331085

网址:www.ekito.com.cn
E-mail:ekito@ekito.com.cn

品牌国别:中国
生产地区:中国

金意陶

双品石系列

产品编号:KGJD615723A 室内外墙地砖
规格(mm):600×150×9.5
参考价格(元/片):79.75
参考价格(元/m²):886.11

产品编号:KGJD015723A 室内外墙地砖
规格(mm):150×150×9.5
参考价格(元/片):34.38

产品编号:KGFD66723Z41 腰线
规格(mm):300×45×9.5
参考价格(元/片):41.25

产品编号:KGJD615724A 室内外墙地砖
规格(mm):600×150×9.5
参考价格(元/片):79.75
参考价格(元/m²):886.11

产品编号:KGJD015724A 室内外墙地砖
规格(mm):150×150×9.5
参考价格(元/片):34.38

产品编号:KGQD060724 室内外墙地砖
规格(mm):600×600×9.5
参考价格(元/片):61.88
参考价格(元/m²):171.89

产品编号:KGFD66725Z41 腰线
规格(mm):300×45×9.5
参考价格(元/片):41.25

产品编号:KGQD030723 室内外墙地砖
规格(mm):300×300×9.5
参考价格(元/片):13.75
参考价格(元/m²):152.78

产品编号:KGQD030725 室内外墙地砖
规格(mm):300×300×9.5
参考价格(元/片):13.75
参考价格(元/m²):152.78

产品编号:KGQD063721 室内外墙地砖
规格(mm):600×300×9.5
参考价格(元/片):30.94
参考价格(元/m²):171.89

产品编号:KGQD063723 室内外墙地砖
规格(mm):600×300×9.5
参考价格(元/片):30.94
参考价格(元/m²):171.89

产品编号:KGQD063722 室内外墙地砖
规格(mm):600×300×9.5
参考价格(元/片):30.94
参考价格(元/m²):171.89

产品编号:KGQD063725 室内外墙地砖
规格(mm):600×300×9.5
参考价格(元/片):30.94
参考价格(元/m²):171.89

产品编号:KGQD060721 室内外墙地砖
规格(mm):600×600×9.5
参考价格(元/片):61.88
参考价格(元/m²):171.89

产品编号:KGQD060723 室内外墙地砖
规格(mm):600×600×9.5
参考价格(元/片):61.88
参考价格(元/m²):171.89

产品编号:KGQD060722 室内外墙地砖
规格(mm):600×600×9.5
参考价格(元/片):61.88
参考价格(元/m²):171.89

产品编号:KGQD060725 室内外墙地砖
规格(mm):600×600×9.5
参考价格(元/片):61.88
参考价格(元/m²):171.89

双品石系列产品(釉面砖)特性说明

项目	说明							
材 质	瓷 质	☑	半瓷质	☐	陶 质	☐	其 他	☐
釉面效果	亮 光	☐	亚 光	☐	凹 凸	☑	其 他	☐
服务项目	特殊规格加工	☑	异型加工	☐	定制配件	☐	其 他	☐

金意陶双品石系列产品技术参数

吸水率	破坏强度	断裂模数	边直度	直角度	长度	宽度	表面质量	抗热震性
0.38%	1901.6N	36.6MPa	-0.02%~+0.01%	-0.01%~+0.01%	-0.03%~+0.02%	-0.03%~+0.02%	符合国家标准	经过10次抗热震试验不出现炸裂或裂纹

⚠ 注意:由于印刷关系,可能与实际产品的颜色有所差异,选用时请以实物颜色为准。

金意陶·陶瓷
金意陶 天地造

金意陶陶瓷有限公司
地址：广东省佛山市禅城区石湾小雾岗
邮编：528031

采用金意陶砂岩石系列KGFC060469/KGJC615469A/KGJC015469A 产品铺贴效果

砂岩石系列

产品编号：KGJC615466A 室内墙地砖
规格(mm)：600×150×10
参考价格(元/片)：68.75
参考价格(元/m²)：763.89

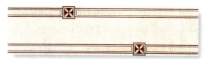

产品编号：KGZC615466A 室内墙地砖
规格(mm)：600×150×10
参考价格(元/片)：68.75
参考价格(元/m²)：763.89

产品编号：KGJC615468A 室内墙地砖
规格(mm)：600×150×10
参考价格(元/片)：68.75
参考价格(元/m²)：763.89

产品编号：KGJC615469A 室内墙地砖
规格(mm)：600×150×10
参考价格(元/片)：68.75
参考价格(元/m²)：763.89

产品编号：KGJC015466A
室内墙地砖
规格(mm)：150×150×10
参考价格(元/片)：28.88

产品编号：KGZC015466A
室内墙地砖
规格(mm)：150×150×10
参考价格(元/片)：15.13

产品编号：KGJC015468A
室内墙地砖
规格(mm)：150×150×10
参考价格(元/片)：28.88

产品编号：KGJC015469A
室内墙地砖
规格(mm)：150×150×10
参考价格(元/片)：28.88

产品编号：KGFC080468 室内墙地砖
规格(mm)：800×800×12
参考价格(元/片)：104.99
参考价格(元/m²)：164.05

产品编号：KGFC080469 室内墙地砖
规格(mm)：800×800×12
参考价格(元/片)：104.99
参考价格(元/m²)：164.05

注意：由于印刷关系，可能与实际产品的颜色有所差异，选用时请以实物颜色为准。

电话:0757-88331031
传真:0757-82276993
服务热线:0757-82703468/88331085

网址:www.ekito.com.cn
E-mail:ekito@ekito.com.cn

品牌国别:中国
生产地区:中国

金意陶

产品编号:KGFC063466 室内墙地砖
规格(mm):300×600×10
参考价格(元/片):25.85
参考价格(元/m²):143.61

产品编号:KGFD63466H41 室内墙地砖
规格(mm):300×600×10
参考价格(元/片):53.63

产品编号:KGFC063468 室内墙地砖
规格(mm):300×600×10
参考价格(元/片):25.85
参考价格(元/m²):143.61

产品编号:KGFD63468H41 室内墙地砖
规格(mm):300×600×10
参考价格(元/片):53.63

产品编号:KGFD31466Z41 腰线
规格(mm):300×100×10
参考价格(元/片):45.38

产品编号:KGFD31468Z41 腰线
规格(mm):300×100×10
参考价格(元/片):45.38

产品编号:KGFC030466 室内墙地砖
规格(mm):300×300×10
参考价格(元/片):11.69
参考价格(元/m²):129.89

产品编号:KGFD66466Z41 腰线
规格(mm):300×50×10
参考价格(元/片):41.25

产品编号:KGFC030468 室内墙地砖
规格(mm):300×300×10
参考价格(元/片):11.69
参考价格(元/m²):129.89

产品编号:KGFD66468Z41 腰线
规格(mm):300×60×10
参考价格(元/片):41.25

产品编号:KGFD31469Z41 腰线
规格(mm):300×120×10
参考价格(元/片):45.38

产品编号:KGFC030469 室内墙地砖
规格(mm):300×300×10
参考价格(元/片):11.69
参考价格(元/m²):129.89

产品编号:KGFD66469Z41 腰线
规格(mm):300×60×10
参考价格(元/片):41.25

产品编号:KGFC063469 室内墙地砖
规格(mm):300×600×10
参考价格(元/片):25.85
参考价格(元/m²):143.61

产品编号:KGFD63469H41 室内墙地砖
规格(mm):300×600×10
参考价格(元/片):53.63

※金意陶砂岩石系列产品特性说明见 IT 石系列产品特性说明表格。

金意陶砂岩石系列产品技术参数								
吸水率	破坏强度	断裂模数	边直度	直角度		长度	宽度	厚度
4.7%	1474N	32MPa	-0.02%~+0.02%	+0.02%		-0.02%~+0.02%	-0.07%~+0.08%	-2.4%~+0.3%

金意陶砂岩石系列产品技术参数					
表面平整度	抗冲击性	耐磨度		表面质量	抗热震性
-0.03%~+0.08%	0.85	摩擦系数:0.59(干法),有釉砖耐磨:2类(600转)		符合国家标准	经过10次抗热震试验不出现炸裂或裂纹

⚠ 注意:由于印刷关系,可能与实际产品的颜色有所差异,选用时请以实物颜色为准。

古风系列

产品编号：KGFB333404
室内墙地砖
规格(mm)：330×330×9.5
参考价格(元/片)：11.68
参考价格(元/m²)：107.25

产品编号：KGFB165404
室内墙地砖
规格(mm)：165×165×9.5
参考价格(元/片)：3.85
参考价格(元/m²)：141.41

产品编号：KGFA165415
室内墙地砖
规格(mm)：165×165×9.5
参考价格(元/片)：3.85
参考价格(元/m²)：141.41

产品编号：KGHC165404B
室内墙地砖
规格(mm)：165×165×9.5
参考价格(元/片)：16.50

产品编号：KGHC165404C
室内墙地砖
规格(mm)：165×165×9.5
参考价格(元/片)：16.50

产品编号：KGDA166404A
腰线
规格(mm)：165×50×9.5
参考价格(元/片)：12.38

产品编号：KGHC165404D
室内墙地砖
规格(mm)：165×165×9.5
参考价格(元/片)：16.50

产品编号：KGDA162404A
腰线
规格(mm)：165×20×9.5
参考价格(元/片)：8.25

产品编号：KGFA333418
室内墙地砖
规格(mm)：330×330×9.5
参考价格(元/片)：9.35
参考价格(元/m²)：85.86

产品编号：KGFA165418
室内墙地砖
规格(mm)：165×165×9.5
参考价格(元/片)：3.44
参考价格(元/m²)：126.35

产品编号：KGFA165410
室内墙地砖
规格(mm)：165×165×9.5
参考价格(元/片)：3.44
参考价格(元/m²)：126.35

产品编号：KGHC165410B
室内墙地砖
规格(mm)：165×165×9.5
参考价格(元/片)：16.50

产品编号：KGHC165410C
室内墙地砖
规格(mm)：165×165×9.5
参考价格(元/片)：16.50

产品编号：KGZC164410B
腰线
规格(mm)：165×40×9.5
参考价格(元/片)：6.74

产品编号：KGHC165410D
室内墙地砖
规格(mm)：165×165×9.5
参考价格(元/片)：16.50

产品编号：KGZC162410B
腰线
规格(mm)：165×20×9.5
参考价格(元/片)：8.25

产品编号：KGFA333406
室内墙地砖
规格(mm)：330×330×9.5
参考价格(元/片)：9.35
参考价格(元/m²)：85.86

产品编号：KGFA165406
室内墙地砖
规格(mm)：165×165×9.5
参考价格(元/片)：3.44
参考价格(元/m²)：126.35

产品编号：KGHC165406C
室内墙地砖
规格(mm)：165×165×9.5
参考价格(元/片)：16.50

产品编号：KGHC165406B
室内墙地砖
规格(mm)：165×165×9.5
参考价格(元/片)：16.50

产品编号：KGZA165406A
室内墙地砖
规格(mm)：165×165×9.5
参考价格(元/片)：11.00

产品编号：KGZA335406A 腰线
规格(mm)：300×165×9.5
参考价格(元/片)：20.63

产品编号：KGFA335406
室内墙地砖
规格(mm)：330×165×9.5
参考价格(元/片)：5.91
参考价格(元/m²)：108.00

产品编号：KGDA162406A
腰线
规格(mm)：165×20×9.5
参考价格(元/片)：8.25

产品编号：KGFA050513
室内墙地砖
规格(mm)：500×500×9.5
参考价格(元/片)：24.75
参考价格(元/m²)：99.00

产品编号：KGFA333513
室内墙地砖
规格(mm)：330×330×9.5
参考价格(元/片)：9.35
参考价格(元/m²)：85.86

产品编号：KGFA051513
室内墙地砖
规格(mm)：500×165×9.5
参考价格(元/片)：8.94
参考价格(元/m²)：108.36

产品编号：KGDA162513A
腰线
规格(mm)：165×20×9.5
参考价格(元/片)：8.25

产品编号：KGFA165513
室内墙地砖
规格(mm)：165×165×9.5
参考价格(元/片)：3.44
参考价格(元/m²)：126.35

产品编号：KGZC166513A
腰线
规格(mm)：165×45×9.5
参考价格(元/片)：10.31

产品编号：KGHC165513A
室内墙地砖
规格(mm)：165×165×9.5
参考价格(元/片)：16.50

产品编号：KGZC167513A
腰线
规格(mm)：165×70×9.5
参考价格(元/片)：10.31

注意：由于印刷关系，可能与实际产品的颜色有所差异，选用时请以实物颜色为准。

电话:0757-88331031
传真:0757-82276993
服务热线:0757-82703468/88331085

网址:www.ekito.com.cn
E-mail:ekito@ekito.com.cn

品牌国别:中国
生产地区:中国

产品编号:KGZA051517A 室内墙地砖
规格(mm):500×165×9.5
参考价格(元/片):31.63
参考价格(元/m²):383.39

产品编号:KGFA051516 室内墙地砖
规格(mm):500×165×9.5
参考价格(元/片):8.94
参考价格(元/m²):108.36

产品编号:KGZA051541A 室内墙地砖
规格(mm):500×165×9.5
参考价格(元/片):31.63
参考价格(元/m²):383.39

产品编号:KGFA051514 室内墙地砖
规格(mm):500×165×9.5
参考价格(元/片):8.94
参考价格(元/m²):108.36

产品编号:KGFA050517 室内墙地砖
规格(mm):500×500×9.5
参考价格(元/片):24.75
参考价格(元/m²):99.00

产品编号:KGFA050516 室内墙地砖
规格(mm):500×500×9.5
参考价格(元/片):24.75
参考价格(元/m²):99.00

产品编号:KGFA050541 室内墙地砖
规格(mm):500×500×9.5
参考价格(元/片):24.75
参考价格(元/m²):99.00

产品编号:KGFA050514 室内墙地砖
规格(mm):500×500×9.5
参考价格(元/片):24.75
参考价格(元/m²):99.00

产品编号:KGFA080830 室内墙地砖
规格(mm):800×800×12
参考价格(元/片):87.51
参考价格(元/m²):136.73

产品编号:KGFB080836 室内墙地砖
规格(mm):800×800×12
参考价格(元/片):95.00
参考价格(元/m²):148.44

采用金意陶古风系列KGFA080830/KGFA080831产品切割铺贴效果

古风系列产品(釉面砖)特性说明

项目	说明						
材质	瓷质	□	半瓷质	✓	陶质	□	其他 □
釉面效果	亮光	□	亚光	✓	凹凸	□	其他 □
表面设计	仿古	✓	仿木	□	仿金属	□	其他 □

金意陶古风系列产品技术参数

吸水率	破坏强度	断裂模数	边直度	直角度	长度	宽度	厚度
3.9%	1776N	33MPa	-0.03%～+0.04%	-0.1%～+0.1%	+0.1%	+0.1%	-2.6%～-1.2%

金意陶古风系列产品技术参数

表面平整度	抗冲击性	耐磨度	表面质量	抗热震性
+0.03%～+0.08%	0.86	摩擦系数:0.52(干法),有釉砖耐磨:3类(750转)	符合国家标准	经过10次抗热震试验不出现炸裂或裂纹

⚠ 注意:由于印刷关系,可能与实际产品的颜色有所差异,选用时请以实物颜色为准。

金意陶·陶瓷

金意陶陶瓷有限公司
地址：广东省佛山市禅城区石湾小雾岗
邮编：528031

IT石系列

产品编号：KGFB060463 室内墙地砖
规格(mm)：600×600×10
参考价格(元/片)：44.00
参考价格(元/m²)：122.22

产品编号：KGFB063463 室内墙地砖
规格(mm)：600×300×10
参考价格(元/片)：22.41
参考价格(元/m²)：124.50

产品编号：KGFB030463 室内墙地砖
规格(mm)：300×300×10
参考价格(元/片)：11.00
参考价格(元/m²)：122.22

产品编号：KGJD060463A 室内墙地砖
规格(mm)：600×600×10
参考价格(元/片)：93.50
参考价格(元/m²)：259.72

产品编号：KGJC610463A 腰线
规格(mm)：600×100×10
参考价格(元/片)：39.88

产品编号：KGJC610463B 腰线
规格(mm)：600×100×10
参考价格(元/片)：39.88

产品编号：KGFD66463Z41 腰线
规格(mm)：300×45×10
参考价格(元/片)：41.25

产品编号：KGJC010463A 室内墙地砖
规格(mm)：100×100×10
参考价格(元/片)：11.00

产品编号：KGFB060465 室内墙地砖
规格(mm)：600×600×10
参考价格(元/片)：44.00
参考价格(元/m²)：122.22

产品编号：KGFB063465 室内墙地砖
规格(mm)：600×300×10
参考价格(元/片)：22.41
参考价格(元/m²)：124.50

产品编号：KGJD060465A 室内墙地砖
规格(mm)：600×600×10
参考价格(元/片)：93.50
参考价格(元/m²)：259.72

产品编号：KGZB063463A 室内墙地砖
规格(mm)：600×300×10
参考价格(元/片)：45.38
参考价格(元/m²)：252.08

产品编号：KGFB060461 室内墙地砖
规格(mm)：600×600×10
参考价格(元/片)：44.00
参考价格(元/m²)：122.22

产品编号：KGJC610461A 腰线
规格(mm)：600×100×10
参考价格(元/片)：39.88

产品编号：KGJC610461B 腰线
规格(mm)：600×100×10
参考价格(元/片)：39.88

产品编号：KGJC010461A 室内墙地砖
规格(mm)：100×100×10
参考价格(元/片)：11.00

采用金意陶IT石系列KGQD030730/KGQG030733C 产品铺贴效果

⚠ 注意：由于印刷关系，可能与实际产品的颜色有所差异，选用时请以实物颜色为准。

电话:0757-88331031
传真:0757-82276993
服务热线:0757-82703468/88331085

网址:www.ekito.com.cn
E-mail:ekito@ekito.com.cn

品牌国别:中国
生产地区:中国

金意陶

采用金意陶IT石系列KGQD063732/KGQF030731B 产品铺贴效果

产品编号:KGQD030731
室内墙地砖
规格(mm):300×300×10
参考价格(元/片):13.75
参考价格(元/m²):152.78

产品编号:KGQE030731A
室内墙地砖
规格(mm):300×300×10
参考价格(元/片):20.63
参考价格(元/m²):229.22

产品编号:KGQH030731D
室内墙地砖
规格(mm):300×300×10
参考价格(元/片):27.50
参考价格(元/m²):305.56

产品编号:KGQG030731C
室内墙地砖
规格(mm):300×300×10
参考价格(元/片):24.75
参考价格(元/m²):275.00

产品编号:KGQF030731B
室内墙地砖
规格(mm):300×300×10
参考价格(元/片):23.38
参考价格(元/m²):259.78

产品编号:KGQD063731
室内墙地砖
规格(mm):600×300×10
参考价格(元/片):30.94
参考价格(元/m²):171.89

产品编号:KGQD030730
室内墙地砖
规格(mm):300×300×10
参考价格(元/片):13.75
参考价格(元/m²):152.78

产品编号:KGQD063730
室内墙地砖
规格(mm):600×300×10
参考价格(元/片):30.94
参考价格(元/m²):171.89

产品编号:KGQD060730
室内墙地砖
规格(mm):600×600×10
参考价格(元/片):61.88
参考价格(元/m²):171.89

产品编号:KGQD060731
室内墙地砖
规格(mm):600×600×10
参考价格(元/片):61.88
参考价格(元/m²):171.89

IT石系列/砂岩石系列产品(釉面砖)特性说明

项目	说明						
材质	瓷质	☐	半瓷质	☑	陶质	☐	其他 ☐
釉面效果	亮光	☐	亚光	☑	凹凸	☐	其他 ☐
表面设计	仿古	☑	仿木	☐	仿金属	☐	其他 ☐
服务项目	特殊规格加工	☑	异型加工	☐	定制配件	☐	其他 ☐

金意陶IT石系列产品技术参数

吸水率	破坏强度	断裂模数	边直度	直角度	长度	宽度	厚度
3.5%	1692N	32MPa	-0.03%~+0.05%	-0.2%~+0.2%	-0.2%	-0.2%	-3.9%~-1.0%

金意陶IT石系列产品技术参数

表面平整度	抗冲击性	耐磨度	表面质量	抗热震性
-0.1%~+0.1%	0.85	摩擦系数:0.66(干法),有釉砖耐磨;3类(750转)	符合国家标准	经过10次抗热震试验不出现炸裂或裂纹

⚠ 注意:由于印刷关系,可能与实际产品的颜色有所差异,选用时请以实物颜色为准。

金意陶陶瓷有限公司
地址：广东省佛山市禅城区石湾小雾岗
邮编：528031

木纹砖系列

产品编号：KGWA610901
规格(mm)：600×100×10
参考价格(元/片)：10.32

产品编号：KGWA615901
规格(mm)：600×150×10
参考价格(元/片)：14.44

产品编号：KGWA063901
规格(mm)：600×300×10
参考价格(元/片)：25.85
参考价格(元/m²)：143.61

采用金意陶木纹砖系列KGWA615903产品铺贴效果

产品编号：KGWA610902
规格(mm)：600×100×10
参考价格(元/片)：10.32

产品编号：KGWA610903
规格(mm)：600×100×10
参考价格(元/片)：10.32

产品编号：KGWA610904
规格(mm)：600×100×10
参考价格(元/片)：10.32

产品编号：KGWA615902
规格(mm)：600×150×10
参考价格(元/片)：14.44

产品编号：KGWA615903
规格(mm)：600×150×10
参考价格(元/片)：14.44

产品编号：KGWA615904
规格(mm)：600×150×10
参考价格(元/片)：14.44

产品编号：KGWA063902
规格(mm)：600×300×10
参考价格(元/片)：25.85
参考价格(元/m²)：143.61

产品编号：KGWA063903
规格(mm)：600×300×10
参考价格(元/片)：25.85
参考价格(元/m²)：143.61

产品编号：KGWA063904
规格(mm)：600×300×10
参考价格(元/片)：25.85
参考价格(元/m²)：143.61

木纹系列产品(釉面砖)特性说明

项目	说明							
适用范围	室外地	☐	室外墙	☐	室内地	☑	室内墙	☑
材质	瓷质	☐	半瓷质	☑	陶质	☐	其他	☐
釉面效果	亮光	☐	亚光	☑	凹凸	☐	其他	☐
表面设计	仿古	☐	仿木	☑	仿金属	☐	其他	☐
服务项目	特殊规格加工	☑	异型加工	☐	定制配件	☐	其他	☐

金意陶木纹系列产品技术参数

吸水率	破坏强度	断裂模数	边直度	直角度	长度	宽度	厚度	抗冲击性	耐磨度	表面质量	抗热震性
5.4%	1338N	29MPa	-0.03%~+0.05%	-0.1%~+0.1%	-0.1%~+0.1%	-0.1%~+0.1%	-3.4%~-2.1%	0.84	摩擦系数：0.55(干法)	符合国家标准	经过10次抗热震试验不出现炸裂或裂纹

⚠ 注意：由于印刷关系，可能与实际产品的颜色有所差异，选用时请以实物颜色为准。

电话:0757-88331031
传真:0757-82276993
服务热线:0757-82703468/88331085

网址:www.ekito.com.cn
E-mail:ekito@ekito.com.cn

品牌国别:中国
生产地区:中国

金意陶

雅光瓷片系列

产品编号:KGFA063001 室内墙地砖
规格(mm):600×300×10
参考价格(元/片):25.85
参考价格(元/m²):143.61

产品编号:KGFA063002 室内墙地砖
规格(mm):600×300×10
参考价格(元/片):25.85
参考价格(元/m²):143.61

产品编号:KGFA063003 室内墙地砖
规格(mm):600×300×10
参考价格(元/片):25.85
参考价格(元/m²):143.61

采用金意陶雅光瓷片系列KGFA063006/KGFH063006B 产品铺贴效果

产品编号:KGFA063004 室内墙地砖
规格(mm):600×300×10
参考价格(元/片):25.85
参考价格(元/m²):143.61

产品编号:KGFA063005 室内墙地砖
规格(mm):600×300×10
参考价格(元/片):25.85
参考价格(元/m²):143.61

产品编号:KGFA063006 室内墙地砖
规格(mm):600×300×10
参考价格(元/片):25.85
参考价格(元/m²):143.61

产品编号:KGFB063007 室内墙地砖
规格(mm):600×300×10
参考价格(元/片):25.85
参考价格(元/m²):143.61

产品编号:KGQD063008 室内墙地砖
规格(mm):600×300×10
参考价格(元/片):25.85
参考价格(元/m²):143.61

产品编号:KGQD063009 室内墙地砖
规格(mm):600×300×10
参考价格(元/片):25.85
参考价格(元/m²):143.61

⚠ 注意:由于印刷关系,可能与实际产品的颜色有所差异,选用时请以实物颜色为准。

金意陶·陶瓷

金意陶陶瓷有限公司
地址：广东省佛山市禅城区石湾小雾岗
邮编：528031

雅光瓷片系列

采用金意陶雅光瓷片系列KGFH533011B/KGFA533010/KGFH533010B/KGFD334010Z41产品铺贴效果

采用金意陶雅光瓷片系列KGQD063008/KGQH063008B/KGFH063003B 产品铺贴效果

产品编号：KGFD335003Z41 腰线
规格(mm)：330×50×10
参考价格(元/片)：37.13

产品编号：KGFD335006Z41 腰线
规格(mm)：330×50×10
参考价格(元/片)：37.13

产品编号：KGFD338009Z41 腰线
规格(mm)：330×80×10
参考价格(元/片)：42.63

产品编号：KGFD334010Z41 腰线
规格(mm)：330×40×10
参考价格(元/片)：37.13

产品编号：KGFH533003B 室内墙砖
规格(mm)：500×330×10
参考价格(元/片)：38.50
参考价格(元/m²)：233.33

产品编号：KGFH533006B 室内墙砖
规格(mm)：500×330×10
参考价格(元/片)：38.50
参考价格(元/m²)：233.33

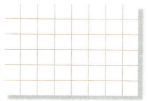

产品编号：KGFH533009B 室内墙砖
规格(mm)：500×330×10
参考价格(元/片)：38.50
参考价格(元/m²)：233.33

产品编号：KGFH533010B 室内墙砖
规格(mm)：500×330×10
参考价格(元/片)：38.50
参考价格(元/m²)：233.33

产品编号：KGFE533003A 室内墙砖
规格(mm)：500×330×10
参考价格(元/片)：27.50
参考价格(元/m²)：166.67

产品编号：KGFE533006A 室内墙砖
规格(mm)：500×330×10
参考价格(元/片)：27.50
参考价格(元/m²)：166.67

产品编号：KGFE533009A 室内墙砖
规格(mm)：500×330×10
参考价格(元/片)：27.50
参考价格(元/m²)：166.67

产品编号：KGFE533010A 室内墙砖
规格(mm)：500×330×10
参考价格(元/片)：27.50
参考价格(元/m²)：166.67

产品编号：KGFA533003 室内墙砖
规格(mm)：500×330×10
参考价格(元/片)：16.50
参考价格(元/m²)：100.00

产品编号：KGFA533006 室内墙砖
规格(mm)：500×330×10
参考价格(元/片)：16.50
参考价格(元/m²)：100.00

产品编号：KGFA533009 室内墙砖
规格(mm)：500×330×10
参考价格(元/片)：16.50
参考价格(元/m²)：100.00

产品编号：KGFA533010 室内墙砖
规格(mm)：500×330×10
参考价格(元/片)：16.50
参考价格(元/m²)：100.00

注意：由于印刷关系，可能与实际产品的颜色有所差异，选用时请以实物颜色为准。

电话:0757-88331031
传真:0757-82276993
服务热线:0757-82703468/88331085

网址:www.ekito.com.cn
E-mail:ekito@ekito.com.cn

品牌国别:中国
生产地区:中国

产品编号:KGFA533012 室内墙砖
规格(mm):500×330×10
参考价格(元/片):16.50
参考价格(元/m²):100.00

产品编号:KGFE533012A 室内墙砖
规格(mm):500×330×10
参考价格(元/片):27.50
参考价格(元/m²):166.67

产品编号:KGFH533012B 室内墙砖
规格(mm):500×330×10
参考价格(元/片):38.50
参考价格(元/m²):233.33

采用金意陶雅光瓷片系列KGFA063004/KGFH063004B 产品铺贴效果

雅光瓷片系列产品(釉面砖)特性说明

项目	说明						
材质	瓷质	☐	半瓷质	☑	陶质	☐	其他 ☐
釉面效果	亮光	☐	亚光	☑	凹凸	☐	其他 ☐
服务项目	特殊规格加工	☑	异型加工	☐	定制配件	☐	其他 ☐

金意陶雅光瓷片系列产品技术参数

吸水率	破坏强度	断裂模数	边直度	直角度	长度	宽度	厚度	表面平整度	抗冲击性	表面质量	抗热震性
5.2%	1288N	30MPa	-0.05%~+0.02%	-0.05%~+0.02%	-0.03%~+0.03%	-0.04%~+0.02%	-2.4%~-0.1%	-0.09%~+0.08%	0.81	符合国家标准	经过10次抗热震试验不出现炸裂或裂纹

厂商简介:金意陶陶瓷有限公司是广东东鹏陶瓷股份有限公司与行业精英共同组建的一家专业生产高档瓷质饰釉面砖(仿古砖)的大型陶瓷企业。公司重视产品研发,不断引进世界一流生产设备和生产技术,以科技和管理提升产品品质,形成了时尚和古典两大风格的产品线,生产产品达三百余款,将KITO打造成国际化的中国品牌。金意陶产品销往美国、欧洲和东南亚等国家和地区。"从心开始,体贴到家"是金意陶的服务理念,公司营销网络覆盖全国各大区域市场,形成了快速反应的全程服务体系,建成了高效、便捷的电子商务营销系统。企业先后通过国际AAA级企业、国家CCC强制认证、ISO9001国际质量管理、ISO14001国际环境管理体系认证,被国际名牌协会评为中国著名品牌。

各地联系方式:

北京市捷图商贸有限公司
地址:北京市朝阳区十八里店乡小武基村小武二站
电话:010-87360216-113
传真:010-87360430-115

广州市从化金意陶瓷砖经营部
地址:广东省广州市街口镇青云路76~77号
电话:020-87973033
传真:020-87971222

深圳市中俊实业发展有限公司
地址:广东省深圳市蛇口太子路18号海景广场21楼H座
电话:0755-26451355/26451315
传真:0755-26760171

深圳市嘉树建材有限公司
地址:广东省深圳市龙岗路九洲花园11栋3~4铺
电话:0755-84841852
传真:0755-84841852

重庆市陶海建材有限公司
地址:重庆市龙溪镇金岛商务大楼A~702号
电话:023-67918237
传真:023-67918237

成都市经典家居饰材经营部
地址:四川省成都市12建材直销市场1-C-10金意陶专场店
电话:028-83284638
传真:028-83284638

上海市奥普罗斯装饰建材有限公司
地址:上海市龙吴路路基2588号东方龙建材市场
电话:021-54823259
传真:021-54820830

宁波市现代建筑装璜
地址:浙江省宁波市现代装璜市场陶瓷城
电话:0574-87874808
传真:0574-87843999

杭州市东箭贸易
地址:浙江省杭州市城区南复路
电话:0571-86082880
传真:0571-86084066

代表工程:北京市政府办公楼 北京鸿基中心 广州大学城 上海万科春申四期 深圳市民中心办公大楼 深圳恒丰海悦国际酒店 深圳书城门第 宁波大剧院 成都水漪裳铜 杭州大华饭店 哈尔滨中国银行大厦 重庆恒裕花园

质量认证:ISO14001 ISO9001-2000 CCC认证
执行标准:GB/T4100.3-1999 GB/T4100.1-1999
GB6566-2001A类

⚠ 注意:由于印刷关系,可能与实际产品的颜色有所差异,选用时请以实物颜色为准。

晋江海华建材工贸有限公司
地址：福建省晋江市安海镇菌柄工业区
邮编：362261

蓝飞瓷砖·失落的宝藏
It's LA FE —— The lost treasure

采用蓝飞琥珀系列AM1901/AM1902/AM1903产品铺贴效果

电话：0595-85762988
传真：0595-85762989

网址：www.lafe-ceramics.com
E-mail:master@lafe-ceramics.com

品牌国别：中国
生产地区：中国

蓝飞

琥珀系列
瓷质釉面外墙砖，亚光、凹凸、闪光釉面，仿琥珀蜜蜡设计，可提供定制配件服务。参考价格(元/m²)：60.00

产品编号：AM1901

产品编号：AM1902

产品编号：AM1903

产品编号：AM4901/AM4902/AM4903
规格(mm)：95×45×7
施工方法：齐丁混贴

产品编号：AM1901/AM1902/AM1903
规格(mm)：195×45×8
施工方法：五五勾丁混贴

芙蓉系列
瓷质釉面外墙砖，亚光、凹凸、闪光釉面，仿古设计，可提供定制配件服务。参考价格(元/m²)：60.00

产品编号：HI1901

产品编号：HI1902

产品编号：HI1903

产品编号：HI4901/HI4902/HI4903
规格(mm)：95×45×7
施工方法：齐丁混贴

产品编号：HI1901/HI1902/HI1903
规格(mm)：195×45×8
施工方法：五五勾丁混贴

云海系列
瓷质釉面外墙砖，亚光、凹凸、闪光釉面，仿古设计，可提供定制配件服务。参考价格(元/m²)：60.00

产品编号：CS1901

产品编号：CS1902

产品编号：CS1903

产品编号：CS1904

产品编号：CS1905

产品编号：CS4901/CS4902/CS4903
规格(mm)：95×45×7
施工方法：齐丁混贴

产品编号：CS1902/CS1903/CS1904
规格(mm)：195×45×8
施工方法：五五勾丁混贴

莱姆系列
瓷质釉面外墙砖，亚光、凹凸、闪光釉面，仿古设计，可提供定制配件服务。参考价格(元/m²)：60.00

产品编号：LI1901

产品编号：LI1902

产品编号：LI1903

产品编号：LI1904

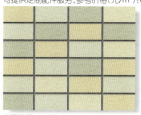
产品编号：LI4901/LI4902/LI4903/LI4904
规格(mm)：95×45×7
施工方法：齐丁混贴

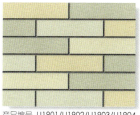
产品编号：LI1901/LI1902/LI1903/LI1904
规格(mm)：195×45×8
施工方法：五五勾丁混贴

※蓝飞琥珀系列、芙蓉系列、云海系列、莱姆系列产品技术参数见外墙砖产品技术参数表格。

⚠ 注意：由于印刷关系，可能与实际产品的颜色有所差异，选用时请以实物颜色为准。

晋江海华建材工贸有限公司
地址：福建省晋江市安海镇菌柄工业区
邮编：362261

敦煌系列

瓷质釉面外墙砖、亚光、凹凸、闪光釉面，仿古设计，可提供定制配件服务。参考价格(元/m²)：70.00

产品编号：CA6201

产品编号：CA6202

产品编号：CA6203

产品编号：CA6204

产品编号：CA4901/CA4902/CA4903/CA4904
规格(mm)：95×45×7
施工方法：齐丁混贴

产品编号：CA6201/CA6202/CA6203/CA6204
规格(mm)：227×60×7
施工方法：五五勾丁混贴

朱雀系列

瓷质釉面外墙砖、亚光、凹凸、闪光釉面，仿古设计，可提供定制配件服务。参考价格(元/m²)：60.00

产品编号：RS1901

产品编号：RS1902

产品编号：RS1903

产品编号：RS1401/RS1402/RS1403
规格(mm)：145×45×7.4
施工方法：五五勾丁混贴

产品编号：RS1901/RS1902/RS1903
规格(mm)：195×45×8
施工方法：五五勾丁混贴

金萱系列

瓷质釉面外墙砖、亚光、凹凸、闪光釉面，仿铁矿岩石设计，可提供定制配件服务。参考价格(元/m²)：60.00

产品编号：GO1901

产品编号：GO1902

产品编号：GO1903

产品编号：GO1904

产品编号：GO4901/GO4902/GO4903/GO4904
规格(mm)：95×45×7
施工方法：齐丁混贴

产品编号：GO1401/GO1402/GO1403/CO1404
规格(mm)：145×45×7.4
施工方法：五五勾丁混贴

玛瑙系列

瓷质釉面外墙砖、亚光、凹凸、闪光釉面，仿古设计，可提供定制配件服务。参考价格(元/m²)：70.00

产品编号：AG6201

产品编号：AG6202

产品编号：AG6203

产品编号：AG6204

产品编号：AG6201/AG6202/AG6203/AG6204
规格(mm)：227×60×10
施工方法：五五勾丁混贴

※蓝飞敦煌系列、朱雀系列、金萱系列、玛瑙系列产品技术参数见外墙砖产品技术参数表格。

 注意：由于印刷关系，可能与实际产品的颜色有所差异，选用时请以实物颜色为准。

电话:0595-85762988
传真:0595-85762989
网址:www.lafe-ceramics.com
E-mail:master@lafe-ceramics.com
品牌国别:中国
生产地区:中国

大颗粒系列

瓷质通体外墙砖,亚光、凹凸、闪光表面,仿古设计,可提供定制配件服务。参考价格(元/m²):70.00

采用蓝飞大颗粒系列产品铺贴效果

产品编号:TK49006
规格(mm):95×45×7.2

产品编号:TK49002
规格(mm):95×45×7.2

产品编号:T4918
规格(mm):95×45×7.2

产品编号:TK49005
规格(mm):95×45×7.2

产品编号:TK49003
规格(mm):95×45×7.2

产品编号:T4919
规格(mm):95×45×7.2

产品编号:TK49004
规格(mm):95×45×7.2

产品编号:TK49001
规格(mm):95×45×7.2

产品编号:T4947
规格(mm):95×45×7.2

产品编号:TK14112/TK14113/TK14114
规格(mm):145×45×7.4
施工方法:五五勾丁混贴

产品编号:TK14109/TK14110/TK14111
规格(mm):145×45×7.4
施工方法:五五勾丁混贴

产品编号:TK19117/TK19116/TK19115
规格(mm):195×45×8
施工方法:五五勾丁混贴

产品编号:TK49001/TK49002/TK49003
规格(mm):95×45×7.2
施工方法:齐丁混贴

产品编号:T4947
规格(mm):95×45×7.2
施工方法:齐丁铺贴

产品编号:T4918
规格(mm):95×45×7.2
施工方法:齐丁铺贴

※蓝飞大颗粒系列产品技术参数见外墙砖产品技术参数表格。

蓝飞外墙砖产品技术参数													
吸水率	断裂模数	长度	宽度	厚度	边角度	直角度	表面平整度	耐化学腐蚀性	抗热震性	线性热膨胀系数	莫氏硬度	耐磨度	抗冻性
<0.4%	≥42MPa	±0.1%	±0.1%	±0.3%	±0.05%	±0.15%	±0.1%	符合国家标准	符合国家标准	$<7\times10^{-6}k^{-1}$	≥7	≥130mm³	符合国家标准

厂商简介:蓝飞公司引进意大利特克诺滚筒印花机和成套施釉设备,采用西班牙进口的色釉料和日本闪光金属干粒,极大优化了釉面的装饰效果,使外墙砖拥有文化内涵和艺术价值。蓝飞瓷砖品种齐全、规格完整,可以适应不同的设计需要,搭配出不同的建筑风格。蓝飞瓷砖截取岩石表面自然变化的纹理和质感,使建筑景观呈现出自然的人文特征。蓝飞设计师从自然界中吸取灵感,设计和开发了风格各异的数十个系列的产品,让客户和设计师可以根据自己的创意和爱好选择合适的产品。"蓝飞"将继续坚持以一流的产品设计、卓越的品质管理和严格的生产管理,为社会提供更多高品质、高品味且具有最优性价比的外墙砖,并竭诚为客户提供量身订制的服务。

各地联系方式:蓝飞瓷砖在全国各大中城市设有直销处,如需联系方式请咨询厂商。

代表工程:沈阳莱茵河畔邵邸别墅区 大连绿波帝欧花园 广州(花都)新白云机场大楼及货运站 广州市番禺飞天大石东海花园 山东师范大学 江苏盐城中学 山东济南大学 成都浣花溪住宅楼 杭州中能浪漫河山 广厦房产蚌埠新新家园

质量认证:ISO9001-2000 CCC认证
执行标准:中国标准

 注意:由于印刷关系,可能与实际产品的颜色有所差异,选用时请以实物颜色为准。

MAJOR 名家国际

名家国际(中国)有限公司(代理商)
地址:珠海市吉大海滨南路光大国际贸易中心19F
邮编:519015

BISAZZA
MOSAICO

采用 BISAZZA Le Gemme 系列产品铺贴效果

意大利Lodi 酒吧的吧台铺设了流光溢彩的Le Gemme 系列金砂石马赛克。该系列的特色是加入BISAZZA 工厂独有的金砂石,与玻璃混合而呈现出金色光泽。酒吧像一条闪闪发光的隧道,狭小的空间通过材质的巧妙运用和概念的引伸得到扩展。最有创意的是墙面玻璃上一组虚幻的人物轮廓与地面上作装饰用马赛克合成的形体阴影,就像是光源的影射形成的现象。

电话:0756-3322001
传真:0756-3322009

网址:www.major.com
E-mail:major@major.com.cn

品牌国别:意大利
生产地区:意大利

■ 意大利 Lodi 酒吧局部（一）

■ 意大利 Lodi 酒吧局部（二）

■ 意大利 Lodi 酒吧局部（三）

■ 意大利 Lodi 酒吧局部（四）

采用 BISAZZA Oro 系列产品铺贴效果

带拱形房顶的浴室是由Carlo Dai Bianco 设计,在设计中使用了黑色的玻璃马赛克,重点的位置加入了Oro系列的纯白金马赛克点缀,镜子边缘用白金马赛克装饰,简洁又不失高贵奢华的气派。这个系列的金色马赛克使用纯手工工艺制作,在两层玻璃中镶入24K金箔并进行空气密闭,使之不氧化,永不褪色。

MAJOR 名家国际

名家国际(中国)有限公司(代理商)
地址:珠海市吉大海滨南路光大国际贸易中心19F
邮编:519015

BISAZZA
MOSAICO

闻名世界的Blumarine服饰专卖店是Fabio Novembre设计的,由海军蓝、朱红、银白与金黄四种感情浓烈的色彩布置的空间,男人在这里获得了回到母亲温柔怀抱的幸福感,充满青春朝气的女人在这里穿衣试镜,犹如在穿越不可触摸的灵魂世界,一切都发射出激情的能量与爱。

采用BISAZZA Vetricolor/Le Gemme系列产品铺贴效果

Decori 系列马赛克

BASKET GREY

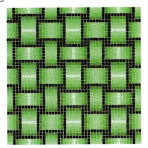
BASKET GREEN

TARTAN CLASSIC

POIS ROUGE

GIASONE E ATENA

LACONIA NEGATIVO

QUAK

FLOWERS

ELEFANTE

CERBIATTO

SOLE

SHIRAZ/D*

CONCHIGLIA 2

IBISCUS

ROSA

SMILE

Decori 系列马赛克装饰拼画，图案取材广泛，有拼贴图案、具象图案，还有抽象派的杰作，拼贴图案严格按照图纸的结构、颜色排列完成，丰富的颜色由于巧妙排列产生的色差使图案幻变出独特的立体效果。具象图案的马赛克，可以作主题、背景、边饰，或与大面积的衬底配合使用，演绎着随和、大胆、严谨等不同的风格。Decori 系列可以给您随心所欲的进行艺术创作的机会，只要您在选择马赛克之前对房间风格有所把握，再提炼出适合的花色品种，或亲自设计马赛克的色彩比例，或把喜爱的图案交由厂家订做成马赛克拼图，一旦完成，便是独一无二的效果。

※如需BISAZZA 产品规格、技术参数等相关信息请咨询厂商。

注意：由于印刷关系，可能与实际产品的颜色有所差异，选用时请以实物颜色为准。

MAJOR 名家国际

名家国际(中国)有限公司(代理商)
地址:珠海市吉大海滨南路光大国际贸易中心19F
邮编:519015

VERSACE
CERAMIC DESIGN

采用 VERSACE PLATINUM 系列产品铺贴效果

PLATINUM 系列

PLATINUM 瓷砖是范思哲品牌的一个经典系列,她的设计灵感来自范思哲对贵族时装的敏感体验。在色彩上,范氏不仅采用了纯粹的海蓝色和凡尔赛宫廷装饰中的以表现帝王雄风和贵族气质的金黄色,还巧妙的把德国天鹅城堡的耀眼夺目和洛可可宫廷装饰的恢弘风格融入了该系列产品的整体设计之中。现代人身居其中无论从那个角度都可以感受到高贵典雅的贵族气息和来自大自然的神秘感召。在范思哲的设计里我们看到了整个人类文化的多位融合和来自新贵族阶层对时尚经典的完美演绎。

电话:0756-3322001
传真:0756-3322009

网址:www.major.com
E-mail:major@major.com.cn

品牌国别:意大利
生产地区:意大利

产品编号:CBG0701 室内地砖
规格(mm):300×300
参考价格(元/片):43.30
参考价格(元/m²):481.00

产品编号:CBG0702 室内地砖
规格(mm):300×300
参考价格(元/片):43.30
参考价格(元/m²):481.00

产品编号:CBG0703 室内地砖
规格(mm):300×300
参考价格(元/片):44.50
参考价格(元/m²):494.00

产品编号:CBG0701-8A
室内地砖(波打线)
规格(mm):300×75
参考价格(元/片):176.90

产品编号:CBG0703-8A
室内地砖(波打线)
规格(mm):300×75
参考价格(元/片):305.50

产品编号:CBG1701 室内墙砖
规格(mm):150×150
参考价格(元/片):12.70
参考价格(元/m²):564.00

产品编号:CBG1702 室内墙砖
规格(mm):150×150
参考价格(元/片):12.70
参考价格(元/m²):564.00

产品编号:CBG1707 室内墙砖
规格(mm):150×150
参考价格(元/片):12.70
参考价格(元/m²):564.00

产品编号:CBG1708 室内地砖
规格(mm):150×150
参考价格(元/片):12.70
参考价格(元/m²):564.00

产品编号:CBG1701-1A
室内墙砖(花砖)
规格(mm):150×150
参考价格(元/片):560.00

产品编号:CBG1701-1B
室内墙砖(花砖)
规格(mm):150×150
参考价格(元/片):108.20

产品编号:CBG1701-1C
室内墙砖(花砖)
规格(mm):150×150
参考价格(元/片):108.20

产品编号:CBG1701-1D
室内墙砖(LOGO砖)
规格(mm):150×150
参考价格(元/片):108.20

产品编号:CBG1701-3/7 腰线
规格(mm):150×70
参考价格(元/片):343.60

产品编号:CBG1707-3/7 腰线
规格(mm):150×70
参考价格(元/片):343.60

产品编号:CBG1701-3/5 腰线
规格(mm):150×50
参考价格(元/片):343.60

产品编号:CBG1707-3/5 腰线
规格(mm):150×50
参考价格(元/片):343.60

产品编号:CBG1701-3 腰线
规格(mm):150×50
参考价格(元/片):108.20

产品编号:CBG1701-3P 腰线转角
规格(mm):15×50
参考价格(元/片):343.60

产品编号:CBG1701-3/6 腰线
规格(mm):150×60
参考价格(元/片):108.20

产品编号:CBG1701-3/6P
收边腰线
规格(mm):200×60
参考价格(元/片):146.40

产品编号:CBG1701-3/1P 收口线
规格(mm):150×10
参考价格(元/片):76.40

产品编号:CBG1701-3/10 踢脚线
规格(mm):150×100
参考价格(元/片):343.60

产品编号:CBG1701-3/10P 踢脚线转角
规格(mm):15×100
参考价格(元/片):343.60

※VERSACE PLATINUM 系列产品为瓷质釉面砖,如需砖厚度、产品技术参数等相关信息请咨询厂商。

⚠ 注意:由于印刷关系,可能与实际产品的颜色有所差异,选用时请以实物颜色为准。

MAJOR 名家国际

名家国际（中国）有限公司（代理商）
地址：珠海市吉大海滨南路光大国际贸易中心19F
邮编：519015

采用 VERSACE EDEN 系列产品铺贴效果

EDEN 系列

EDEN 的设计是范思哲品牌瓷砖中的一个表现十六到十七世纪法国贵族宫廷生活的经典系列，在设计理念上充分发挥了法国贵族家具装饰中的以豪华纤细著称的洛可可风格和古希腊人崇尚高贵典雅的气质，通过这款瓷砖，我们不但可以领略到法国贵族的生活，呼吸到古希腊的文化气息，还能感受到真正的精神贵族的高雅生活，这一切都缘于 EDEN 系列的文化品位和超前设计理念。

电话:0756-3322001
传真:0756-3322009

网址:www.major.com
E-mail:major@major.com.cn

品牌国别:意大利
生产地区:意大利

名家

产品编号:CBG1105 室内墙砖
规格(mm):200×200
参考价格(元/片):22.90
参考价格(元/m²):572.50

产品编号:CBG1105-1A
室内墙砖(花砖)
规格(mm):200×200
参考价格(元/片):108.20

产品编号:CBG1105-1B
室内墙砖(花砖)
规格(mm):200×200
参考价格(元/片):108.20

产品编号:CBG1105-1C
室内墙砖(LOGO砖)
规格(mm):200×200
参考价格(元/片):108.20

产品编号:CBG1107 室内地砖
规格(mm):200×200
参考价格(元/片):22.90
参考价格(元/m²):572.50

产品编号:CBG1106 室内墙砖
规格(mm):200×200
参考价格(元/片):22.90
参考价格(元/m²):572.50

产品编号:CBG1108 室内地砖
规格(mm):200×200
参考价格(元/片):22.90
参考价格(元/m²):572.50

产品编号:CBG1105-3/5 腰线
规格(mm):200×50
参考价格(元/片):108.20

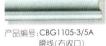

产品编号:CBG1105-3/5A
腰线(右收口)
规格(mm):200×50
参考价格(元/片):108.20

产品编号:CBG1105-3/5B
腰线(左收口)
规格(mm):200×50
参考价格(元/片):108.20

产品编号:CBG1105-3/10 腰线
规格(mm):200×100
参考价格(元/片):343.60

产品编号:CBG1105-3/7 腰线
规格(mm):200×70
参考价格(元/片):343.60

产品编号:CBG1105-3/7P 转角
规格(mm):70×70
参考价格(元/片):108.20

采用VERSACE EDEN系列产品铺贴效果

※VERSACE EDEN系列产品为瓷质釉面砖,如需砖厚度、产品技术参数等相关信息请咨询厂商。

注意:由于印刷关系,可能与实际产品的颜色有所差异,选用时请以实物颜色为准。

MAJOR 名家国际

名家国际（中国）有限公司（代理商）
地址：珠海市吉大海滨南路光大国际贸易中心19F
邮编：519015

Tagina

采用TAGINA FLORENTINA系列产品铺贴效果

产品编号：CBH1101 室内墙地砖
规格(mm)：225×225
参考价格(元/片)：24.20
参考价格(元/m²)：478.00

产品编号：CBH1101-1A
室内墙砖(花砖)
规格(mm)：225×225
参考价格(元/片)：432.70

产品编号：CBH1102-1D 墙面拼图
规格(mm)：225×225（单片）
450×1125（拼图）
参考价格(元/套)：10,818.00

产品编号：CBH1101-1B
室内墙砖(花砖)
规格(mm)：225×225
参考价格(元/片)：432.70

FLORENTINA 系列

产品编号：CBH1102-M-01 镜框线
规格(mm)：1250×950
参考价格(元/片)：11,200.00

产品编号：CBH1102-3A4 腰线
规格(mm)：450×150
参考价格(元/片)：929.10

产品编号：CBH1102-3A1 腰线
规格(mm)：450×150
参考价格(元/片)：929.10

产品编号：CBH1102-3A2 腰线
规格(mm)：450×150
参考价格(元/片)：929.10

产品编号：CBH1102-3A3 腰线
规格(mm)：450×150
参考价格(元/片)：929.10

注意：由于印刷关系，可能与实际产品的颜色有所差异，选用时请以实物颜色为准。

电话:0756-3322001
传真:0756-3322009

网址:www.major.com
E-mail:major@major.com.cn

品牌国别:意大利
生产地区:意大利

产品编号:CBH1102 室内墙地砖
规格(mm):225×225
参考价格(元/片):44.50
参考价格(元/m²):879.00

产品编号:CBH1102-1A
室内墙砖(花砖)
规格(mm):225×225
参考价格(元/片):4,200.00

产品编号:CBH1102-1B
室内墙砖(柱顶)
规格(mm):225×225
参考价格(元/片):318.20

产品编号:CBH1102-1C
室内墙砖(柱身)
规格(mm):225×225
参考价格(元/片):318.20

产品编号:CBH1102-5 踢脚线
规格(mm):225×150
参考价格(元/片):330.90

产品编号:CBH1102-5P 踢脚线转角
规格(mm):20×150
参考价格(元/片):216.40

产品编号:CBH1102-3/2.5 腰线
规格(mm):225×25
参考价格(元/片):133.60

产品编号:CBH1102-3/2.5P 腰线转角
规格(mm):12×25
参考价格(元/片):152.70

产品编号:CBH1102-3/5.5 腰线
规格(mm):225×55
参考价格(元/片):152.70

产品编号:CBH1102-3/5.5P 腰线转角
规格(mm):40×55
参考价格(元/片):152.70

产品编号:CBH1102-3/10 腰线
规格(mm):225×100
参考价格(元/片):330.90

采用TIGINA FLORENTINA系列产品铺贴效果

FLORENTINA 系列瓷砖把古希腊神庙的精灵一族的艺术形象融入了设计当中,无论是其古老神秘的文化背景,还是欲欲私语的精灵形象都给人以一种对神灵的虔诚信仰和深邃感受,仔细观摩每一个栩栩如生的神庙精灵,仿佛自己就是其中的一个,能够生活在一个充满幻想的精灵世界不正是繁忙的现代人所追求的梦想吗?那些欢跃在几千年前的古希腊精灵或许正是此刻的你。

※TAGINA FLORENTINA系列产品
为瓷质釉面砖,如需砖厚度、产品
技术参数等相关信息请咨询厂商。

注意:由于印刷关系,可能与实际产品的颜色有所差异,选用时请以实物颜色为准。

MAJOR 名家国际

名家国际（中国）有限公司（代理商）
地址：珠海市吉大海滨南路光大国际贸易中心19F
邮编：519015

PIETRE PERLATE 系列

这是典型的伊斯兰宫廷风格，该系列以纯米白色为主，具有明显的古典田园装饰。米白色的地砖与米白色的雕花呼之欲出，把贵族的尊贵典雅与现代居风的朴实洁净联系起来，创造了一个完美温馨的家居环境，其自然纹理与古希腊砖雕的结合更为该系列营造了一种浓厚的宗教气息。

采用TAGINA PIETRE PERLATE 系列产品铺贴效果

电话:0756-3322001
传真:0756-3322009
网址:www.major.com
E-mail:major@major.com.cn
品牌国别:意大利
生产地区:意大利

产品编号:CBH1503 室内墙砖
规格(mm):610×305
参考价格(元/片):133.60
参考价格(元/m²):625.80

产品编号:CBH0702 室内地砖
规格(mm):305×305
参考价格(元/片):61.10

产品编号:CBH1503-1A 装饰砖
规格(mm):Ø200
参考价格(元/片):1,145.50

产品编号:CBH1503-5 踢角线
规格(mm):305×150
参考价格(元/片):343.60

产品编号:CBH1503-5P 踢脚线转角
规格(mm):30×150
参考价格(元/片):229.10

产品编号:CBH1503-P 墙砖转角
规格(mm):610×15
参考价格(元/片):318.20

产品编号:CBH1503-3/20 腰线
规格(mm):610×200
参考价格(元/片):1,030.90

产品编号:CBH1503-6 压顶线
规格(mm):305×150
参考价格(元/片):458.20

产品编号:CBH1503-6P 压顶线转角
规格(mm):60×150
参考价格(元/片):229.10

产品编号:CBH1503-3/6 腰线(镜框线)
规格(mm):305×60
参考价格(元/片):509.10

产品编号:CBH1503-3/6P 镜框线转角
规格(mm):70×60
参考价格(元/片):343.60

产品编号:CBH1503-3/7 腰线
规格(mm):305×70
参考价格(元/片):343.60

产品编号:CBH1503-3/7P 腰线转角
规格(mm):30×70
参考价格(元/片):159.10

采用TAGINA PIETRE PERLATE 系列产品铺贴效果

※TAGINA PIETRE PERLATE 系列产品为瓷质釉面砖,如需砖厚度、产品技术参数等相关信息请咨询厂商。

注意:由于印刷关系,可能与实际产品的颜色有所差异,选用时请以实物颜色为准。

MAJOR 名家国际

名家国际(中国)有限公司(代理商)
地址:珠海市吉大海滨南路光大国际贸易中心19F
邮编:519015

ceramiche
GARDENIA·ORCHIDEA s.p.a.

采用GARDENIA STONE DESIGN BIANO 系列产品铺贴效果

电话:0756-3322001
传真:0756-3322009

网址:www.major.com
E-mail:major@major.com.cn

品牌国别:意大利
生产地区:意大利

M 名家

产品编号:CAV3003 室内墙砖
规格(mm):410×250
参考价格(元/片):44.50
参考价格(元/m²):434.00

产品编号:CAV3003-1A 室内墙砖
规格(mm):410×250
参考价格(元/片):89.10
参考价格(元/m²):869.00

产品编号:CAV3003-4 室内墙砖
规格(mm):410×250
参考价格(元/片):44.50
参考价格(元/m²):434.00

产品编号:CAV3003-3/5 腰线
规格(mm):250×50
参考价格(元/片):216.40

产品编号:CAV3003-3/6 腰线
规格(mm):250×60
参考价格(元/片):222.70

产品编号:CAV3003-1B 室内墙砖
规格(mm):410×250
参考价格(元/片):89.10
参考价格(元/m²):869.00

STONE DESIGN BIANO 系列

STONE DESIGN BIANO 系列表达了家居美和自然美之间的联系,专注于表现天然物质的自然、细腻的触感和完美的细节。

产品编号:CAV3003-3/2.5 腰线
规格(mm):250×25
参考价格(元/片):127.30

产品编号:CAV3003-3/2.5P 腰线转角
规格(mm):20×25
参考价格(元/片):216.40

产品编号:CAV3003-3/1.5 腰线
规格(mm):250×15
参考价格(元/片):67.50

产品编号:CAV3003-3/1.5P 腰线转角
规格(mm):15×15
参考价格(元/片):99.30

产品编号:CAV3003-3/1.5A 腰线
规格(mm):410×15
参考价格(元/片):101.80

采用GARDENIA STONE DESIGN BIANO 系列产品铺贴效果

※GARDENIA STONE DESIGN BIANO 系列产品为瓷质釉面砖,如需砖厚度、产品技术参数等相关信息请咨询厂商。

⚠ 注意:由于印刷关系,可能与实际产品的颜色有所差异,选用时请以实物颜色为准。

MAJOR 名家国际

名家国际（中国）有限公司（代理商）
地址：珠海市吉大海滨南路光大国际贸易中心19F
邮编：519015

ceramiche GARDENIA·ORCHIDEA s.p.a.

产品编号：CAV2401 室内墙砖
规格(mm)：330×500
参考价格(元/片)：76.40
参考价格(元/m²)：463.00

产品编号：CAV0509 室内地砖
规格(mm)：333×333
参考价格(元/片)：42.00
参考价格(元/m²)：378.80

产品编号：CAV2401-3/1.5 腰线
规格(mm)：330×15
参考价格(元/片)：112.00

产品编号：CAV2401-4 室内墙砖
规格(mm)：330×500
参考价格(元/片)：80.20
参考价格(元/m²)：486.10

产品编号：CAV0510 室内地砖
规格(mm)：333×333
参考价格(元/片)：42.00
参考价格(元/m²)：378.80

产品编号：CAV2401-3/5 腰线
规格(mm)：330×50
参考价格(元/片)：112.00

产品编号：CAV2401-3/3A 腰线
规格(mm)：330×30
参考价格(元/片)：190.90

产品编号：CAV2401-3/6A 腰线
规格(mm)：330×60
参考价格(元/片)：203.60

产品编号：CAV2401-3/3 腰线
规格(mm)：330×30
参考价格(元/片)：190.90

产品编号：CAV2401-3/6 腰线
规格(mm)：330×60
参考价格(元/片)：203.60

采用GARDENIA COLOSSEO 系列产品铺贴效果

COLOSSEO 系列
COLOSSEO 系列的灵感来源于古罗马的斗兽场，在美学风格上，强调力与精神的双重体现，这正是现代人所追求的自由平等和人性解放的叛逆精神。

※GARDENIA COLOSSEO 系列产品为瓷质釉面砖，如需砖厚度、产品技术参数等相关信息请咨询厂商。

⚠ 注意：由于印刷关系，可能与实际产品的颜色有所差异，选用时请以实物颜色为准。

电话:0756-3322001
传真:0756-3322009

网址:www.major.com
E-mail:major@major.com.cn

品牌国别:意大利
生产地区:意大利

emilCeramica

※EMIL ANTICA "PREDA" MODENESE 系列产品为瓷质釉面砖,如需砖厚度、产品技术参数等相关信息请咨询厂商。

采用EMIL ANTICA "PREDA" MODENESE 系列产品铺贴效果

产品编号:CBD0301 室内地砖
规格(mm):400×180
参考价格(元/片):25.50
参考价格(元/m²):354.20

产品编号:CBD1901 室内地砖
规格(mm):250×250
参考价格(元/片):20.40
参考价格(元/m²):326.40

产品编号:CBD0301-8A 室内地砖(波打线)
规格(mm):400×180
参考价格(元/片):267.30

ANTICA "PREDA" MODENESE 系列

ANTICA "PREDA" MODENESE 的文化背景来自中世纪十字军东征的宗教战争,其中最明显的一个标志是由圣十字架构成的菊花形图案,她代表了一种绝对的宗教信仰和对中世纪骑士精神的向往。同时,她在文化上秉承了意大利文艺复兴时期的古典主义精神。满足现代人对中世纪圣十字架的朝圣和向往之情,是私人家居环境和公共怀古场所的理想选择。

厂商简介:名家,作为东西方文化交流的大使,自信的推崇时尚、高雅、悠闲、自然的生活品味。名家是时代潮流的先行者、倡导者,无论是在提升消费者的生活格调,还是在推动中国陶瓷卫浴行业的进步,名家都孜孜以求、一丝不苟。名家追求的是高尚的生活方式,创造的是高品味的生活格调,服务的是最高端的目标消费群。当您拥有名家,分享名家为您带来的国际级产品享受,国际级家居文化让您的艺术憧憬以最优雅的方式存在。今天,名家已与多家世界闻名的顶级品牌:Villeroy&Boch、Dornbracht、Versace、Bisazza、Benjamin Moore 等引领潮流者共同演绎东西方文化的辉煌,与您共同体验"灵感无处不在……"的设计意境!

各地联系方式:

广州美居店
地址:广东省广州市珠江新城花城大道美居中心C座
电话:020-38283830/38283831/38283832
传真:020-38283428

珠海柠溪店
地址:广东省珠海香洲柠溪大道丰达花园新三座
电话:0756-2281686/2286038
传真:0756-2286028

北京旗舰店
地址:北京市朝阳区东土城路13号金孔雀大厦A座
电话:010-51319192/51319193/51319180
传真:010-51319166

深圳洪湖店
地址:广东省深圳市罗湖区洪湖路107号
电话:0755-25603815
传真:0755-25607632

上海宜山店
地址:上海市宜山路320号喜盈门卫浴陶瓷商城
电话:021-64411484/64411496
传真:021-64411484

北京建材经贸店
地址:北京市朝阳区东土城路14号建材经贸大厦3号厅
电话:010-85271464/85271334
传真:010-85271334

深圳大宅
地址:广东省深圳市罗湖区宝安北路笋岗2区1栋

代表工程:北京会议中心 北京中海紫金苑会所 北京中国人寿大厦 上海国际会议中心 上海汤臣高尔夫别墅 上海市徐家汇花园 上海古北中央花园 深圳世界之窗 深圳欢乐谷 深圳电视台 广东省政府首长办公楼 广州沙河高尔夫球会会所 广州海关大厦 广州全球通大厦

⚠ 注意:由于印刷关系,可能与实际产品的颜色有所差异,选用时请以实物颜色为准。

广东唯美陶瓷有限公司
地址：广东省东莞市高埗北王路草墩桥侧唯美集团总部
邮编：523281

采用马可波罗1295系列产品铺贴效果

电话:0769-8463333
传真:0769-8463238

网址:www.marcopolotiles.com.cn
E-mail:kehu@gdwm.cn

品牌国别:中国
生产地区:中国

马可波罗

1295系列

半瓷质釉面室内外墙地砖,亚光釉面,仿古设计,可提供特殊规格加工、异型加工、定制配件服务。

采用马可波罗1295系列产品铺贴效果

产品编号:D5011D2-3
规格(mm):155×155×9
参考价格(元/片):36.04

产品编号:D5011D1
规格(mm):500×65×9
参考价格(元/片):16.47

产品编号:D5011D2-1
规格(mm):531.5×123.5×9
参考价格(元/片):39.55

产品编号:D5011D2-2
规格(mm):531.5×123.5×9
参考价格(元/片):62.10

产品编号:D5011
规格(mm):500×500×9
参考价格(元/片):40.50
参考价格(元/m²):162.00

产品编号:D5012D2-3
规格(mm):155×155×9
参考价格(元/片):36.04

产品编号:D5012D1
规格(mm):500×65×9
参考价格(元/片):16.47

产品编号:D5012D2-1
规格(mm):531.5×123.5×9
参考价格(元/片):39.55

产品编号:D5012D2-2
规格(mm):531.5×123.5×9
参考价格(元/片):62.10

产品编号:D5012
规格(mm):500×500×9
参考价格(元/片):40.50
参考价格(元/m²):162.00

产品编号:D5015D2-3
规格(mm):155×155×9
参考价格(元/片):36.04

产品编号:D5015D1
规格(mm):500×65×9
参考价格(元/片):16.47

产品编号:D5015D2-1
规格(mm):531.5×123.5×9
参考价格(元/片):39.55

产品编号:D5015D2-2
规格(mm):531.5×123.5×9
参考价格(元/片):62.10

产品编号:D5015
规格(mm):500×500×9
参考价格(元/片):40.50
参考价格(元/m²):162.00

产品编号:D5016D2-3
规格(mm):155×155×9
参考价格(元/片):36.04

产品编号:D5016D1
规格(mm):500×65×9
参考价格(元/片):16.47

产品编号:D5016D2-1
规格(mm):531.5×123.5×9
参考价格(元/片):39.55

产品编号:D5016D2-2
规格(mm):531.5×123.5×9
参考价格(元/片):62.10

产品编号:D5016
规格(mm):500×500×9
参考价格(元/片):40.50
参考价格(元/m²):162.00

⚠ 注意:由于印刷关系,可能与实际产品的颜色有所差异,选用时请以实物颜色为准。

广东唯美陶瓷有限公司
地址：广东省东莞市高埗北王路草墩桥侧唯美集团总部
邮编：523281

1295系列

半瓷质釉面室内外墙地砖，亚光釉面，仿古设计，可提供特殊规格加工、异型加工、定制配件服务。

产品编号：S3304QQ3
规格(mm)：108×108×9
参考价格(元/片)：2.70

产品编号：S3304D1
规格(mm)：330×80×9
参考价格(元/片)：10.80

产品编号：S3304/S5004
规格(mm)：330×330×9/500×500×9
参考价格(元/片)：15.90/36.45
参考价格(元/m²)：45.99/145.80

产品编号：S3304QQ2
规格(mm)：330×330×9
参考价格(元/联)：28.35

产品编号：S3304QQ1
规格(mm)：330×330×9
参考价格(元/联)：29.70

产品编号：S3304QQ5
规格(mm)：详细规格请咨询厂商
参考价格(元/联)：28.89

产品编号：S3304QQ4
规格(mm)：详细规格请咨询厂商
参考价格(元/联)：29.70

产品编号：T3302/T5002
规格(mm)：330×330×9/500×500×9
参考价格(元/片)：15.90/36.45
参考价格(元/m²)：36.45/145.80

产品编号：T3302QQ2
规格(mm)：330×330×9
参考价格(元/联)：27.00

产品编号：T3302QQ1
规格(mm)：330×330×9
参考价格(元/联)：29.70

产品编号：T3302QQ4
规格(mm)：393.3×382.3×9
参考价格(元/联)：33.75

产品编号：T3302D1
规格(mm)：330×80×9
参考价格(元/片)：10.80

产品编号：T3302QQ3
规格(mm)：108×108×9
参考价格(元/片)：2.70

产品编号：T3304D2
规格(mm)：330×236.5×9
参考价格(元/联)：25.38

产品编号：T3303D3-1
规格(mm)：330×163.5×9
参考价格(元/联)：15.26

产品编号：T3303D3-2
规格(mm)：163.5×163.5×9
参考价格(元/联)：10.94

马可波罗1295系列产品技术参数

吸水率	破坏强度	长度	宽度	厚度	边直度	中心弯曲度	抗折强度	耐磨度	耐腐蚀性	耐污性	抗热震性	表面质量
≤4%	1218N	±0.2%	±0.2%	±2%	±0.2%	±0.2%	28N/mm²	有釉砖>4级	GLA级	4～5级	经10次抗热震性试验无炸裂及裂纹	0.8m垂直观察至少95%无影响缺陷

 注意：由于印刷关系，可能与实际产品的颜色有所差异，选用时请以实物颜色为准。

电话:0769-8463333
传真:0769-8463238

网址:www.marcopolotiles.com.cn
E-mail:kehu@gdwm.cn

品牌国别:中国
生产地区:中国

e时代系列

瓷质釉面室内外墙地砖,亚光釉面,
仿古设计,可提供特殊规格加工、
异型加工、定制配件服务。

产品编号:CI3176Q4
规格(mm):289×342.2×10.2
参考价格(元/联):40.91
参考价格(元/m²):414.91

产品编号:CI3176Q3
规格(mm):382.3×393.3×10.2
参考价格(元/联):33.89
参考价格(元/m²):376.46

产品编号:CI3189Q4
规格(mm):289×342.2×10.2
参考价格(元/联):40.91
参考价格(元/m²):414.91

产品编号:CI3189Q3
规格(mm):382.3×393.3×10.2
参考价格(元/联):33.89
参考价格(元/m²):376.46

产品编号:CI3176Q5-3
规格(mm):300×300×10.2
参考价格(元/片):73.85
参考价格(元/m²):820.55

产品编号:CI3176Q5-4
规格(mm):300×300×10.2
参考价格(元/片):73.85
参考价格(元/m²):820.55

产品编号:CI3179Q2
规格(mm):300×300×10.2
参考价格(元/片):33.89
参考价格(元/m²):376.46

产品编号:CI3189Q1
规格(mm):300×300×10.2
参考价格(元/片):32.94
参考价格(元/m²):366.00

产品编号:CI5176B4
规格(mm):600×300×10.2
参考价格(元/片):75.00
参考价格(元/m²):417.00

产品编号:CH3169B2
规格(mm):300×300×10.2
参考价格(元/片):45.00
参考价格(元/m²):500.00

产品编号:CH3169B3
规格(mm):300×300×10.2
参考价格(元/片):90.00
参考价格(元/m²):1,000.00

产品编号:CH3172B2
规格(mm):300×300×10.2
参考价格(元/片):45.00
参考价格(元/m²):500.00

产品编号:CI3176B2
规格(mm):300×300×10.2
参考价格(元/片):45.00
参考价格(元/m²):500.00

产品编号:CI5189B4
规格(mm):600×300×10.2
参考价格(元/片):75.00
参考价格(元/m²):417.00

产品编号:CH5169B2
规格(mm):600×300×10.2
参考价格(元/片):75.00
参考价格(元/m²):417.00

产品编号:CH5169B3
规格(mm):600×300×10.2
参考价格(元/片):135.00
参考价格(元/m²):750.60

产品编号:CH5172B2
规格(mm):600×300×10.2
参考价格(元/片):75.00
参考价格(元/m²):417.00

产品编号:CI5176B2
规格(mm):600×300×10.2
参考价格(元/片):75.00
参考价格(元/m²):417.00

产品编号:CH6172
规格(mm):600×600×10.2
参考价格(元/片):57.00
参考价格(元/m²):158.75

产品编号:CI6176
规格(mm):600×600×10.2
参考价格(元/片):57.00
参考价格(元/m²):158.75

产品编号:CI6179
规格(mm):600×600×10.2
参考价格(元/片):57.00
参考价格(元/m²):158.75

产品编号:CI6189
规格(mm):600×600×10.2
参考价格(元/片):57.00
参考价格(元/m²):158.75

马可波罗e时代系列产品技术参数

吸水率	破坏强度	断裂模数	厚度	表面平整度	耐磨度	耐酸碱性	耐污性	抗冻性	表面质量
<0.5%	3046N	44.26MPa	±2%	±0.18%	<135mm³	GLA	4~5级	+5℃~-5℃循环100次不裂	0.8m垂直观察至少95%无影响缺陷

注意:由于印刷关系,可能与实际产品的颜色有所差异,选用时请以实物颜色为准。

广东唯美陶瓷有限公司
地址：广东省东莞市高埗北王路草墩桥侧唯美集团总部
邮编：523281

海市蜃楼系列

瓷质釉面室内外墙地砖，亚光釉面、仿古、仿金属设计，可提供特殊规格加工、异型加工、定制配件服务。

采用马可波罗海市蜃楼系列产品铺贴效果

产品编号：CI12539
规格(mm)：1200×600×13
参考价格(元/片)：427.95
参考价格(元/m²)：594.85

产品编号：CI12536
规格(mm)：1200×600×13
参考价格(元/片)：427.95
参考价格(元/m²)：594.85

产品编号：CI12520
规格(mm)：1200×600×13
参考价格(元/片)：276.75
参考价格(元/m²)：384.68

产品编号：CI12523
规格(mm)：1200×600×13
参考价格(元/片)：276.75
参考价格(元/m²)：384.68

产品编号：CF12526
规格(mm)：1200×600×13
参考价格(元/片)：276.75
参考价格(元/m²)：384.68

产品编号：CH12602
规格(mm)：1200×600×13
参考价格(元/片)：276.75
参考价格(元/m²)：384.68

产品编号：CF12606
规格(mm)：1200×600×13
参考价格(元/片)：276.75
参考价格(元/m²)：384.68

产品编号：CI12610
规格(mm)：1200×600×13
参考价格(元/片)：276.75
参考价格(元/m²)：384.68

马可波罗海市蜃楼系列产品技术参数

吸水率	破坏强度	断裂模数	莫氏硬度	耐磨度	耐酸碱性	抗冻性	耐污性
0.38%	3046N	44.26MPa	6	<135mm³	GLA级	+5~-5℃循环100次不裂	4~5级

注意：由于印刷关系，可能与实际产品的颜色有所差异，选用时请以实物颜色为准。

电话:0769-8463333
传真:0769-8463238

网址:www.marcopolotiles.com.cn
E-mail:kehu@gdwm.cn

品牌国别:中国
生产地区:中国

M 马可波罗

素雅系列

陶质釉面砖,可提供定制配件服务。

采用马可波罗素雅系列产品铺贴效果

产品编号:50018A1(凹凸)腰线
规格(mm):500×40×9.5
参考价格(元/片):16.20

产品编号:50016A1(凹凸)腰线
规格(mm):500×50×9.5
参考价格(元/片):16.20

产品编号:50018B1(凹凸)室内墙地砖
规格(mm):500×200×9.5
参考价格(元/片):36.00
参考价格(元/m²):360.00

产品编号:50013(亚光)室内墙地砖
规格(mm):500×200×9.5
参考价格(元/片):14.40
参考价格(元/m²):144.00

产品编号:50016(亚光)室内墙地砖
规格(mm):500×200×9.5
参考价格(元/片):14.40
参考价格(元/m²):144.00

产品编号:50018(亚光)室内墙地砖
规格(mm):500×200×9.5
参考价格(元/片):14.40
参考价格(元/m²):144.00

产品编号:50010(亚光)室内墙地砖
规格(mm):500×200×9.5
参考价格(元/片):14.40
参考价格(元/m²):144.00

产品编号:50020(亚光)室内墙地砖
规格(mm):500×200×9.5
参考价格(元/片):14.40
参考价格(元/m²):144.00

产品编号:50110(凹凸)室内墙地砖
规格(mm):500×200×9.5
参考价格(元/片):16.80
参考价格(元/m²):168.00

产品编号:50113(凹凸)室内墙地砖
规格(mm):500×200×9.5
参考价格(元/片):16.80
参考价格(元/m²):168.00

产品编号:50120(凹凸)室内墙地砖
规格(mm):500×200×9.5
参考价格(元/片):16.80
参考价格(元/m²):168.00

产品编号:50121(凹凸)室内墙地砖
规格(mm):500×200×9.5
参考价格(元/片):16.80
参考价格(元/m²):168.00

产品编号:50115(凹凸)室内墙地砖
规格(mm):500×200×9.5
参考价格(元/片):16.80
参考价格(元/m²):168.00

产品编号:50116(凹凸)室内墙地砖
规格(mm):500×200×9.5
参考价格(元/片):16.80
参考价格(元/m²):168.00

产品编号:50118(凹凸)室内墙地砖
规格(mm):500×200×9.5
参考价格(元/片):16.80
参考价格(元/m²):168.00

产品编号:50123(凹凸)室内墙地砖
规格(mm):500×200×9.5
参考价格(元/片):16.80
参考价格(元/m²):168.00

产品编号:50210(凹凸)室内墙地砖
规格(mm):500×200×9.5
参考价格(元/片):16.80
参考价格(元/m²):168.00

产品编号:50216(凹凸)室内墙地砖
规格(mm):500×200×9.5
参考价格(元/片):16.80
参考价格(元/m²):168.00

产品编号:50218(凹凸)室内墙地砖
规格(mm):500×200×9.5
参考价格(元/片):16.80
参考价格(元/m²):168.00

产品编号:50213(凹凸)室内墙地砖
规格(mm):500×200×9.5
参考价格(元/片):16.80
参考价格(元/m²):168.00

产品编号:50220(凹凸)室内墙地砖
规格(mm):500×200×9.5
参考价格(元/片):16.80
参考价格(元/m²):168.00

马可波罗素雅系列产品技术参数

吸水率	断裂模数	边直度	直角度	尺寸偏差	表面平整度	耐化学腐蚀	耐污性
14.3%	21.8MPa	±0.07%	±0.08%	+0.7mm,+0.1mm	+0.20%,-0.03%	GLA级	5级

马可波罗素雅系列产品技术参数

抗冻性	抗热震性	抗釉裂性	表面质量
+5~-5℃循环100次不裂	经过10次抗热震性试验不出现炸裂或裂纹	经试验后不出现裂纹	0.8m垂直观察至少95%无影响缺陷

⚠ 注意:由于印刷关系,可能与实际产品的颜色有所差异,选用时请以实物颜色为准。

广东唯美陶瓷有限公司
地址：广东省东莞市高埗北王路草墩桥侧唯美集团总部
邮编：523281

采用马可波罗雅格斯丹系列产品铺贴效果

雅格斯丹系列

瓷质釉面室内外墙地砖,可提供特殊规格加工、异型加工、定制配件服务。

产品编号：CF6401FA015
规格(mm)：150×150×10.2
参考价格(元/片)：5.68
参考价格(元/m²)：252.60

产品编号：CC6402FA015
规格(mm)：150×150×10.2
参考价格(元/片)：5.68
参考价格(元/m²)：252.60

产品编号：CI6409FA015
规格(mm)：150×150×10.2
参考价格(元/片)：5.68
参考价格(元/m²)：252.60

产品编号：CI6410FA015
规格(mm)：150×150×10.2
参考价格(元/片)：5.68
参考价格(元/m²)：252.60

产品编号：CF3401BQ1
规格(mm)：300×120×10.2
参考价格(元/片)：9.45
参考价格(元/m²)：262.50

产品编号：CC3402BQ1
规格(mm)：300×120×10.2
参考价格(元/片)：9.45
参考价格(元/m²)：262.50

产品编号：CI3409BQ1
规格(mm)：300×120×10.2
参考价格(元/片)：9.45
参考价格(元/m²)：262.50

产品编号：CI3410BQ1
规格(mm)：300×120×10.2
参考价格(元/片)：9.45
参考价格(元/m²)：262.50

产品编号：BL003
规格(mm)：600×30×10.2
参考价格(元/片)：44.55

产品编号：BL001
规格(mm)：30×30×10.2
参考价格(元/片)：3.78

产品编号：CF6401FF015
规格(mm)：600×120×10.2
参考价格(元/片)：18.90
参考价格(元/m²)：262.50

产品编号：CC6402FF015
规格(mm)：600×120×10.2
参考价格(元/片)：18.90
参考价格(元/m²)：262.50

产品编号：CI6409FF015
规格(mm)：600×120×10.2
参考价格(元/片)：18.90
参考价格(元/m²)：262.50

产品编号：CI6410FF015
规格(mm)：600×120×10.2
参考价格(元/片)：18.90
参考价格(元/m²)：262.50

产品编号：CF5401
规格(mm)：600×300×10.2
参考价格(元/片)：33.00
参考价格(元/m²)：183.50

产品编号：CC5402
规格(mm)：600×300×10.2
参考价格(元/片)：33.00
参考价格(元/m²)：183.50

产品编号：CI5409
规格(mm)：600×300×10.2
参考价格(元/片)：33.00
参考价格(元/m²)：183.50

产品编号：CI5410
规格(mm)：600×300×10.2
参考价格(元/片)：33.00
参考价格(元/m²)：183.50

产品编号：CF6401
规格(mm)：600×600×10.2
参考价格(元/片)：66.00
参考价格(元/m²)：183.50

产品编号：CC6402
规格(mm)：600×600×10.2
参考价格(元/片)：66.00
参考价格(元/m²)：183.50

产品编号：CI6409
规格(mm)：600×600×10.2
参考价格(元/片)：66.00
参考价格(元/m²)：183.50

产品编号：CI6410
规格(mm)：600×600×10.2
参考价格(元/片)：66.00
参考价格(元/m²)：183.50

 注意：由于印刷关系，可能与实际产品的颜色有所差异，选用时请以实物颜色为准。

电话:0769-8463333
传真:0769-8463238

网址:www.marcopolotiles.com.cn
E-mail:kehu@gdwm.cn

品牌国别:中国
生产地区:中国

马可波罗

产品编号:CF3401
规格(mm):300×300×10.2
参考价格(元/片):16.50
参考价格(元/m²):183.27

产品编号:CC3402
规格(mm):300×300×10.2
参考价格(元/片):16.50
参考价格(元/m²):183.27

产品编号:CI3409
规格(mm):300×300×10.2
参考价格(元/片):16.50
参考价格(元/m²):183.27

产品编号:CI3410
规格(mm):300×300×10.2
参考价格(元/片):16.50
参考价格(元/m²):183.27

产品编号:CC3402QQ1
规格(mm):300×300×10.2
参考价格(元/片):29.70
参考价格(元/m²):330.00

1 2 3 采用马可波罗雅格斯丹系列产品铺贴效果

马可波罗雅格斯丹系列产品技术参数

吸水率	破坏强度	断裂模数	厚度	莫氏硬度	耐磨度	耐酸碱性	抗冻性	耐污性	表面平整度	表面质量
0.26%	3046N	44.26MPa	±2%	6	<135mm³	GLA	+5~-5℃循环100次不裂	4~5级	±0.15%	0.8m垂直观察至少95%无影响缺陷

厂商简介:广东唯美陶瓷有限公司,位于国际制造业名城东莞市,始创于1988年,是国内规模最大的建筑陶瓷制造商和销售商之一,其产品涵盖室内地砖、室内墙砖、室外地砖、室外墙砖、产品配件五大系列。公司在逆境中历练,在困境中发展,提出了"小市场、大份额"的市场策略,找到了快鱼吃慢鱼的真谛,走出了低成本扩张的道路,实施了一系列的兼并收购活动,将当初规模小、产品单一的东莞市建筑装饰材料厂,发展到今天拥有三个分厂,一个大型工业园、二十多条生产线,员工三千多人的广东唯美陶瓷有限公司。

各地联系方式:

北京丰台华耐建材有限公司
地址:北京市丰台区西局西街300号
邦泰宾馆华耐公司
电话:010-83820726

上海奥博贸易有限公司
地址:上海市浦东新区杨高南路3298号
恒大陶瓷市场20库14号
电话:021-58328878

佛山市石湾鑫鹏经贸发展中心
地址:广东省佛山市石湾河宕陶瓷批发市场
西南13座14~16号
电话:0757-82270723

深圳市福田区升平跃建材中心
地址:广东省深圳市福田区香梅路
电话:0755-83307341

代表工程:香港国际机场 郑州大学新校区 国家安全局 北京大学学生公寓 深圳香蜜湖 熙园
南京工业大学 上海新民晚报大楼

质量认证:英国BSI ISO9001-2000认证
执行标准:GB/T4100.X-1999

 注意:由于印刷关系,可能与实际产品的颜色有所差异,选用时请以实物颜色为准。

广东蒙娜丽莎陶瓷有限公司
地址：广东省佛山市南海区西樵镇太平工业区
邮编：528211

广东蒙娜丽莎陶瓷有限公司
地址：广东省佛山市南海区西樵镇太平工业区

电话:0757-86822683
传真:0757-86822683
服务热线:0757-86826638

网址:www.monalisa.com.cn
E-mail:monalisa@monalisa.com.cn

品牌国别:中国
生产地区:中国

蒙娜丽莎

蓝田玉石系列

产品编号:WLP0010M
规格(mm):600×600×9.7/800×800×11.5
参考价格(元/片):110.50/195.00
参考价格(元/m²):306.90/304.70

产品编号:WLP0002M
规格(mm):600×600×9.7/800×800×11.5
参考价格(元/片):110.50/195.00
参考价格(元/m²):306.90/304.70

产品编号:WLP0003M
规格(mm):600×600×9.7/800×800×11.5
参考价格(元/片):110.50/195.00
参考价格(元/m²):306.90/304.70

产品编号:WLP0005M
规格(mm):600×600×9.7/800×800×11.5
参考价格(元/片):110.50/195.00
参考价格(元/m²):306.90/304.70

产品编号:WLP0007M
规格(mm):600×600×9.7/800×800×11.5
参考价格(元/片):110.50/195.00
参考价格(元/m²):306.90/304.70

产品编号:WLP0009M
规格(mm):600×600×9.7/800×800×11.5
参考价格(元/片):110.50/195.00
参考价格(元/m²):306.90/304.70

产品编号:WLP0011M
规格(mm):600×600×9.7/800×800×11.5
参考价格(元/片):110.50/195.00
参考价格(元/m²):306.90/304.70

产品编号:WLP0012M
规格(mm):600×600×9.7/800×800×11.5
参考价格(元/片):110.50/195.00
参考价格(元/m²):306.90/304.70

采用蒙娜丽莎蓝田玉石系列产品铺贴效果

※蒙娜丽莎蓝田玉石系列产品特性说明见抛光砖系列产品特性说明表格,技术参数见抛光砖产品技术参数表格。

⚠ 注意:由于印刷关系,可能与实际产品的颜色有所差异,选用时请以实物颜色为准。

广东蒙娜丽莎陶瓷有限公司
地址：广东省佛山市南海区西樵镇太平工业区
邮编：528211

微晶石系列

产品编号：VJSP1000M
规格(mm)：600×600×14/800×800×16
参考价格(元/片)：286.00/520.00
参考价格(元/m²)：794.40/812.50

产品编号：VJSP1002M
规格(mm)：600×600×14/800×800×16
参考价格(元/片)：286.00/520.00
参考价格(元/m²)：794.40/812.50

产品编号：VJSP1003M
规格(mm)：600×600×14/800×800×16
参考价格(元/片)：286.00/520.00
参考价格(元/m²)：794.40/812.50

产品编号：VJSP8200M
规格(mm)：600×600×14/800×800×16
参考价格(元/片)：286.00/520.00
参考价格(元/m²)：794.40/812.50

产品编号：VJSP8300M
规格(mm)：600×600×14/800×800×16
参考价格(元/片)：286.00/520.00
参考价格(元/m²)：794.40/812.50

产品编号：VJSP8000M
规格(mm)：600×600×14/800×800×16
参考价格(元/片)：286.00/520.00
参考价格(元/m²)：794.40/812.50

产品编号：VJSP2000M
规格(mm)：600×600×14/800×800×16
参考价格(元/片)：286.00/520.00
参考价格(元/m²)：794.40/812.50

产品编号：VJSP3000M
规格(mm)：600×600×14/800×800×16
参考价格(元/片)：286.00/520.00
参考价格(元/m²)：794.40/812.50

产品编号：VJSP3100M
规格(mm)：600×600×14/800×800×16
参考价格(元/片)：286.00/520.00
参考价格(元/m²)：794.40/812.50

※蒙娜丽莎微晶石系列产品特性说明见微晶石系列产品特性说明表格，技术参数见微晶石系列产品技术参数表格。

注意：由于印刷关系，可能与实际产品的颜色有所差异，选用时请以实物颜色为准。

电话：0757-86822683
传真：0757-86822683
服务热线：0757-86826638

网址：www.monalisa.com.cn
E-mail:monalisa@monalisa.com.cn

品牌国别：中国
生产地区：中国

蒙娜丽莎

金星玉石系列

产品编号：GYP0203M
规格(mm)：600×600×9.7/800×800×11.5
参考价格(元/片)：104.00/195.00
参考价格(元/m²)：288.90/304.70

产品编号：GYP0208M
规格(mm)：600×600×9.7/800×800×11.5
参考价格(元/片)：104.00/195.00
参考价格(元/m²)：288.90/304.70

汉金白玉系列

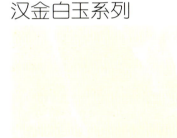

产品编号：HBP0001M
规格(mm)：600×600×9.7/800×800×11.5
参考价格(元/片)：104.00/288.90
参考价格(元/m²)：195.00/304.70

产品编号：HBP0002M
规格(mm)：600×600×9.7/800×800×11.5
参考价格(元/片)：104.00/288.90
参考价格(元/m²)：195.00/304.70

采用蒙娜丽莎金星玉石系列产品铺贴效果

金花米黄系列

产品编号：JP002M
规格(mm)：600×600×9.7/800×800×11.5
参考价格(元/片)：37.44/104.00
参考价格(元/m²)：104.00/162.50

产品编号：JP100M
规格(mm)：600×600×9.7/800×800×11.5
参考价格(元/片)：37.44/104.00
参考价格(元/m²)：104.00/162.50

产品编号：JP169M
规格(mm)：600×600×9.7/800×800×11.5
参考价格(元/片)：37.44/104.00
参考价格(元/m²)：104.00/162.50

⚠ 注意：由于印刷关系，可能与实际产品的颜色有所差异，选用时请以实物颜色为准。

※蒙娜丽莎金星玉石系列/汉金白玉系列/金花米黄系列产品特性说明见抛光砖系列产品特性说明表格，技术参数见抛光砖产品技术参数表格。

广东蒙娜丽莎陶瓷有限公司
地址:广东省佛山市南海区西樵镇太平工业区
邮编:528211

云影石系列

产品编号:WP015M
规格(mm):600×600×9.7/800×800×11.5/1000×1000×14
参考价格(元/片):77.35/146.25/292.50
参考价格(元/m²):214.90/228.50/292.50

产品编号:WP001M
规格(mm):600×600×9.7/800×800×11.5
参考价格(元/片):77.35/146.25
参考价格(元/m²):214.90/228.50

产品编号:WP068M
规格(mm):600×600×9.7/800×800×11.5
参考价格(元/片):77.35/146.25
参考价格(元/m²):214.90/228.50

产品编号:WP037M
规格(mm):600×600×9.7/800×800×11.5
参考价格(元/片):77.35/146.25
参考价格(元/m²):214.90/228.50

产品编号:WP040M
规格(mm):600×600×9.7/800×800×11.5/1000×1000×14
参考价格(元/片):77.35/146.25/292.50
参考价格(元/m²):214.90/228.50/292.50

产品编号:WP008M
规格(mm):600×600×9.7/800×800×11.5
参考价格(元/片):83.85/162.50
参考价格(元/m²):232.90/253.90

产品编号:WP046M
规格(mm):600×600×9.7/800×800×11.5/1000×1000×14
参考价格(元/片):83.85/162.50/308.75
参考价格(元/m²):232.90/253.90/308.75

产品编号:WP053M
规格(mm):600×600×9.7/800×800×11.5
参考价格(元/片):83.85/162.50
参考价格(元/m²):232.90/253.90

※蒙娜丽莎云影石系列产品特性说明见抛光砖系列产品特性说明表格,技术参数见抛光砖产品技术参数表格。

⚠ 注意:由于印刷关系,可能与实际产品的颜色有所差异,选用时请以实物颜色为准。

电话:0757-86822683
传真:0757-86822683
服务热线:0757-86826638

网址:www.monalisa.com.cn
E-mail:monalisa@monalisa.com.cn

品牌国别:中国
生产地区:中国

蒙娜丽莎

雪花白系列

产品编号:XP001M
规格(mm):600×600×9.7/800×800×11.5/1000×1000×14
参考价格(元/片):76.44/156.00/308.75
参考价格(元/m²):212.30/243.80/308.75

产品编号:XRP001M
规格(mm):600×600×9.7/800×800×11.5
参考价格(元/片):81.25/178.75
参考价格(元/m²):225.70/279.30

产品编号:XTP018M
规格(mm):600×600×9.7/800×800×11.5/1000×1000×14
参考价格(元/片):91.00/178.75/341.25
参考价格(元/m²):252.80/279.30/341.25

产品编号:XTP021M
规格(mm):600×600×9.7/800×800×11.5
参考价格(元/片):91.00/178.75
参考价格(元/m²):252.80/279.30

产品编号:XSP007M
规格(mm):600×600×9.7/800×800×11.5/1000×1000×14
参考价格(元/片):82.94/169.00/325.00
参考价格(元/m²):230.40/264.10/325.00

产品编号:XSP009M
规格(mm):600×600×9.7/800×800×11.5
参考价格(元/片):82.94/169.00
参考价格(元/m²):230.40/264.10

产品编号:XSP012M
规格(mm):600×600×9.7/800×800×11.5
参考价格(元/片):82.94/169.00
参考价格(元/m²):230.40/264.10

产品编号:XSP023M
规格(mm):600×600×9.7/800×800×11.5/1000×1000×14
参考价格(元/片):82.94/169.00/325.00
参考价格(元/m²):230.40/264.10/325.00

采用蒙娜丽莎雪花白系列产品铺贴效果

注意:由于印刷关系,可能与实际产品的颜色有所差异,选用时请以实物颜色为准。

※蒙娜丽莎雪花白系列产品特性说明见抛光砖系列产品特性说明表格,技术参数见抛光砖产品技术参数表格。

广东蒙娜丽莎陶瓷有限公司
地址：广东省佛山市南海区西樵镇太平工业区
邮编：528211

浪花白系列

产品编号：LOP0001M
规格(mm)：600×600×9.7/800×800×11.5
参考价格(元/片)：43.94/123.50
参考价格(元/m²)：122.10/193.00

产品编号：LSP0001M
规格(mm)：600×600×9.7/800×800×11.5
参考价格(元/片)：45.50/130.00
参考价格(元/m²)：126.40/203.10

产品编号：LSP0003M
规格(mm)：600×600×9.7/800×800×11.5
参考价格(元/片)：45.50/130.00
参考价格(元/m²)：126.40/203.10

产品编号：LSP0004M
规格(mm)：600×600×9.7/800×800×11.5
参考价格(元/片)：45.50/130.00
参考价格(元/m²)：126.40/203.10

产品编号：LSP0006M
规格(mm)：600×600×9.7/800×800×11.5
参考价格(元/片)：45.50/130.00
参考价格(元/m²)：126.40/203.10

产品编号：LSP0009M
规格(mm)：600×600×9.7/800×800×11.5
参考价格(元/片)：45.50/130.00
参考价格(元/m²)：126.40/203.10

晶窟石系列

※蒙娜丽莎浪花白系列/晶窟石系列产品特性说明见抛光砖系列产品特性说明表格，技术参数见抛光砖产品技术参数表格。

产品编号：JKP1000M
规格(mm)：600×600×9.7/800×800×11.5
参考价格(元/片)：58.50/126.75
参考价格(元/m²)：162.50/198.00

产品编号：XKP1000M
规格(mm)：600×600×9.7/800×800×11.5
参考价格(元/片)：87.75/172.25
参考价格(元/m²)：243.80/269.10

⚠ 注意：由于印刷关系，可能与实际产品的颜色有所差异，选用时请以实物颜色为准。

电话:0757-86822683
传真:0757-86822683
服务热线:0757-86826638

网址:www.monalisa.com.cn
E-mail:monalisa@monalisa.com.cn

品牌国别:中国
生产地区:中国

蒙娜丽莎

纯色砖系列

产品编号:OP001M
规格(mm):600×600×9.7/800×800×11.5
参考价格(元/片):33.54/91.65
参考价格(元/m²):93.20/143.20

产品编号:QP001M
规格(mm):600×600×9.7/800×800×11.5
参考价格(元/片):37.44/97.24
参考价格(元/m²):104.00/151.90

产品编号:QP009M
规格(mm):600×600×9.7/800×800×11.5
参考价格(元/片):58.24/155.74
参考价格(元/m²):161.80/243.30

渗花砖系列

产品编号:SP318M
规格(mm):600×600×9.7/800×800×11.5
参考价格(元/片):34.84/100.10
参考价格(元/m²):96.80/156.40

产品编号:SP077M
规格(mm):600×600×9.7/800×800×11.5
参考价格(元/片):34.84/100.10
参考价格(元/m²):96.80/156.40

采用蒙娜丽莎纯色砖系列产品铺贴效果

丽影石系列

产品编号:GF1P01M
规格(mm):600×600×9.7/800×800×11.5
参考价格(元/片):38.74/104.26
参考价格(元/m²):107.60/162.90

产品编号:GF2P01M
规格(mm):600×600×9.7/800×800×11.5
参考价格(元/片):41.60/111.15
参考价格(元/m²):115.60/173.70

※蒙娜丽莎纯色砖系列/渗花砖系列/丽影石系列产品特性说明见抛光砖系列产品特性说明表格,技术参数见抛光砖产品技术参数表格。

⚠ 注意:由于印刷关系,可能与实际产品的颜色有所差异,选用时请以实物颜色为准。

广东蒙娜丽莎陶瓷有限公司
地址：广东省佛山市南海区西樵镇太平工业区
邮编：528211

碧痕石系列　　新石韵系列

产品编号：BHP1001M
规格(mm)：600×600×9.7/800×800×11.5
参考价格(元/片)：38.35/99.45
参考价格(元/m²)：106.50/155.40

产品编号：YSP0001M
规格(mm)：600×600×9.7/800×800×11.5
参考价格(元/片)：52.65/149.50
参考价格(元/m²)：146.30/233.60

产品编号：YSP0002M
规格(mm)：600×600×9.7/800×800×11.5
参考价格(元/片)：52.65/149.50
参考价格(元/m²)：146.30/233.60

产品编号：BHP2001M
规格(mm)：600×600×9.7/800×800×11.5
参考价格(元/片)：41.60/105.95
参考价格(元/m²)：115.60/165.50

产品编号：YSP0003M
规格(mm)：600×600×9.7/800×800×11.5
参考价格(元/片)：52.65/149.50
参考价格(元/m²)：146.30/233.60

产品编号：YSP0008M
规格(mm)：600×600×9.7/800×800×11.5
参考价格(元/片)：52.65/149.50
参考价格(元/m²)：146.30/233.60

抛光砖系列产品特性说明

项目	说明							
适用范围	室外地	□	室外墙	☑	室内地	☑	室内墙	☑
材　质	瓷质	☑	半瓷质	□	陶质	□	其他	□
表面处理	抛光	☑	亚光	□	凹凸	□	其他	□
表面设计	仿古	□	仿石	☑	仿木	□	其他	□
服务项目	特殊规格加工	☑	异型加工	☑	水切割	☑	其他	□

蒙娜丽莎抛光砖产品技术参数

吸水率	破坏强度	断裂模数	边直度	直角度	边长偏差	厚度偏差	表面平整度	耐磨度	莫氏硬度	耐酸碱性	光泽度	耐急冷急热性
≤0.4%	≥1500N	≥45MPa	±0.06%	±0.1%	±1.0mm	±4mm	±0.1%	≤140mm³	≥6	ULA·UHA	≥55	符合国家标准

⚠ 注意：由于印刷关系，可能与实际产品的颜色有所差异，选用时请以实物颜色为准。

电话:0757-86822683
传真:0757-86822683
服务热线:0757-86826638

网址:www.monalisa.com.cn
E-mail:monalisa@monalisa.com.cn

品牌国别:中国
生产地区:中国

蒙娜丽莎

e 丽莎系列

产品编号:FS0011M
规格(mm):600×600×9.7
参考价格(元/片):74.75
参考价格(元/m²):207.60

产品编号:FS0012M
规格(mm):600×600×9.7
参考价格(元/片):74.75
参考价格(元/m²):207.60

产品编号:FS0013M
规格(mm):600×600×9.7
参考价格(元/片):74.75
参考价格(元/m²):207.60

产品编号:FS0021M
规格(mm):600×600×9.7
参考价格(元/片):74.75
参考价格(元/m²):207.60

产品编号:FS0022M
规格(mm):600×600×9.7
参考价格(元/片):74.75
参考价格(元/m²):207.60

产品编号:FS0023M
规格(mm):600×600×9.7
参考价格(元/片):74.75
参考价格(元/m²):207.60

e丽莎系列产品(通体砖)特性说明

项目	说明							
适用范围	室外地	☑	室外墙	☑	室内地	☑	室内墙	☑
材质	瓷质	☑	半瓷质	☐	陶质	☐	其他	☐
表面处理	抛光	☐	亚光	☐	凹凸	☑	其他	☐
表面设计	仿古	☑	仿石	☑	仿木	☐	其他	☐
服务项目	特殊规格加工	☑	异型加工	☑	水切割	☑	其他	☐

蒙娜丽莎e丽莎系列产品技术参数

吸水率	破坏强度	断裂模数	边直度	直角度	边长偏差	表面平整度	耐酸碱性	耐污染性
≤0.5%	≥1300N	≥30MPa	±0.3mm	±0.1mm	±1.0mm	+1.0~-0.5mm	GLA·GHA	4级

微晶石系列产品(通体砖)特性说明

项目	说明							
适用范围	室外地	☐	室外墙	☑	室内地	☑	室内墙	☑
材质	瓷质	☑	半瓷质	☐	陶质	☐	微晶玻璃复合板材	☑
表面处理	抛光	☑	亚光	☐	凹凸	☐	其他	☐
表面设计	仿古	☐	仿石	☑	仿木	☐	其他	☐
服务项目	特殊规格加工	☑	异型加工	☑	水切割	☑	其他	☐

蒙娜丽莎微晶石系列产品技术参数

吸水率	破坏强度	断裂模数	边直度	直角度	边长偏差	厚度偏差	表面平整度	耐磨度	莫氏硬度	耐酸碱性	光泽度	耐急冷急热性
≤0.1%	≥1500N	≥45MPa	±0.06%	±0.1%	±1.0mm	±4mm	±0.1%	<140mm³	≥6	ULA·UHA	≥55	符合国家标准

⚠ 注意:由于印刷关系,可能与实际产品的颜色有所差异,选用时请以实物颜色为准。

广东蒙娜丽莎陶瓷有限公司
地址：广东省佛山市南海区西樵镇太平工业区
邮编：528211

卫浴专用砖系列
陶质釉面砖，可提供特殊规格加工、异型加工、定制配件服务。

采用蒙娜丽莎卫浴专用砖系列产品铺贴效果

采用蒙娜丽莎卫浴专用砖系列产品铺贴效果

产品编号：25-35LJ357M
（亮光）室内墙砖
规格(mm)：350×250×8.5
参考价格(元/片)：5.85
参考价格(元/m^2)：66.82

产品编号：25-35LJ3571CM
（亮光）室内墙砖
规格(mm)：350×250×8.5
参考价格(元/片)：27.81

产品编号：9-35LJ3571CM
（亮光）腰线
规格(mm)：350×90×8.5
参考价格(元/片)：20.85

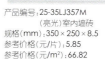

产品编号：3F190M
（亚光）室内地砖
规格(mm)：300×300×9.2
参考价格(元/片)：8.45
参考价格(元/m^2)：93.86

产品编号：25-35LJ388AM
（亮光）室内墙砖
规格(mm)：350×250×8.5
参考价格(元/片)：5.85
参考价格(元/m^2)：66.82

产品编号：25-35LJ388BM
（亮光）室内墙砖
规格(mm)：350×250×8.5
参考价格(元/片)：5.85
参考价格(元/m^2)：66.82

产品编号：25-35LJ388A1CM
（亮光）室内墙砖
规格(mm)：350×250×8.5
参考价格(元/片)：27.81

产品编号：9-35LJ388A1CM
（亮光）腰线
规格(mm)：350×90×8.5
参考价格(元/片)：20.85

⚠ 注意：由于印刷关系，可能与实际产品的颜色有所差异，选用时请以实物颜色为准。

电话:0757-86822683
传真:0757-86822683
服务热线:0757-86826638

网址:www.monalisa.com.cn
E-mail:monalisa@monalisa.com.cn

品牌国别:中国
生产地区:中国

蒙娜丽莎

采用蒙娜丽莎卫浴专用砖系列产品铺贴效果

产品编号:20-30LY030M
（亚光）室内墙砖
规格(mm):300×200×8.5
参考价格(元/片):4.94
参考价格(元/m²):82.30

产品编号:3F123M
（亚光）室内地砖
规格(mm):300×300×9.2
参考价格(元/片):8.45
参考价格(元/m²):93.86

产品编号:20-30LY0301CM
（亚光）室内墙砖
规格(mm):300×200×8.5
参考价格(元/片):21.80

产品编号:9-30LY0301CM
（亚光）腰线
规格(mm):300×90×8.5
参考价格(元/片):16.90

产品编号:30-45DJ2030AM
（亮光）室内墙砖
规格(mm):300×450×10
参考价格(元/片):14.95
参考价格(元/m²):110.73

产品编号:30-45DJ2030BM
（亮光）室内墙砖
规格(mm):300×450×10
参考价格(元/片):14.95
参考价格(元/m²):110.73

产品编号:3F199M
（亚光）室内地砖
规格(mm):300×300×9.2
参考价格(元/片):8.45
参考价格(元/m²):93.06

产品编号:10-30DJ2030A1CM
（亮光）腰线
规格(mm):300×100×10
参考价格(元/片):25.03

产品编号:5-30YTF2030M
（亚光）腰线
规格(mm):300×50×10
参考价格(元/片):15.29

采用蒙娜丽莎卫浴专用砖系列产品铺贴效果

产品编号:3-30YTP2030M
（亚光）腰线
规格(mm):300×30×10
参考价格(元/片):8.89

※蒙娜丽莎卫浴专用砖系列产品特性说明见厨房专用砖系列产品特性说明表格，技术参数见厨房专用砖系列产品技术参数表格。

⚠ 注意:由于印刷关系，可能与实际产品的颜色有所差异，选用时请以实物颜色为准。

广东蒙娜丽莎陶瓷有限公司
地址：广东省佛山市南海区西樵镇太平工业区
邮编：528211

卫浴专用砖系列
陶质釉面砖,可提供特殊规格加工、异型加工、定制配件服务。

采用蒙娜丽莎卫浴专用砖系列产品铺贴效果

产品编号：30-45DJ2006AM
（亮光）室内墙砖
规格(mm)：300×450×10
参考价格(元/片)：14.95
参考价格(元/m²)：110.73

产品编号：30-45DJ2006BM
（亮光）室内墙砖
规格(mm)：300×450×10
参考价格(元/片)：14.95
参考价格(元/m²)：110.73

产品编号：10-30DJ2006B1CM
（亮光）腰线
规格(mm)：300×100×10
参考价格(元/片)：25.03

产品编号：5-30YTF2006M
（亚光）腰线
规格(mm)：300×50×10
参考价格(元/片)：15.29

产品编号：3-30YTP2006M
（亚光）腰线
规格(mm)：300×30×10
参考价格(元/片)：8.89

产品编号：3F201M
（亚光）室内地砖
规格(mm)：300×300×9.2
参考价格(元/片)：8.45
参考价格(元/m²)：93.86

⚠ 注意：由于印刷关系,可能与实际产品的颜色有所差异,选用时请以实物颜色为准。

电话:0757-86822683
传真:0757-86822683
服务热线:0757-86826638

网址:www.monalisa.com.cn
E-mail:monalisa@monalisa.com.cn

品牌国别:中国
生产地区:中国

蒙娜丽莎

采用蒙娜丽莎卫浴专用砖系列产品铺贴效果

产品编号:30-45DJ2005M
（亮光）室内墙砖
规格(mm):300×450×10
参考价格(元/片):14.95
参考价格(元/m²):110.73

产品编号:5-30YTF2005M
（亚光）腰线
规格(mm):300×50×10
参考价格(元/片):15.29

产品编号:1-30YTP2005M
（亚光）腰线
规格(mm):300×10×10
参考价格(元/片):8.89

产品编号:3F197M
（亚光）室内地砖
规格(mm):300×300×9.2
参考价格(元/片):8.45
参考价格(元/m²):93.86

产品编号:15-30YTF2005M
（亚光）腰线
规格(mm):300×150×10
参考价格(元/片):21.05

产品编号:10-30DJ20051CM
（亮光）腰线
规格(mm):300×100×10
参考价格(元/片):25.03

产品编号:3F221M
（亚光）室内地砖
规格(mm):300×300×9.2
参考价格(元/片):8.45
参考价格(元/m²):93.86

产品编号:10-30DY2605A1AM
（亚光）腰线
规格(mm):300×100×10
参考价格(元/片):25.03

产品编号:30-45DY2605AM
（亚光）室内墙砖
规格(mm):300×450×10
参考价格(元/片):15.60
参考价格(元/m²):115.60

产品编号:30-45DY2605BM
（亚光）室内墙砖
规格(mm):300×450×10
参考价格(元/片):15.60
参考价格(元/m²):115.60

采用蒙娜丽莎卫浴专用砖系列产品铺贴效果

※蒙娜丽莎卫浴专用砖系列产品特性说明见厨房专用砖系列产品特性说明表格，技术参数见厨房专用砖系列产品抗折参数表格。

⚠ 注意：由于印刷关系，可能与实际产品的颜色有所差异，选用时请以实物颜色为准。

249

广东蒙娜丽莎陶瓷有限公司
地址：广东省佛山市南海区西樵镇太平工业区
邮编：528211

厨房专用砖系列
陶质釉面砖，可提供特殊规格加工、异型加工、定制配件服务。

产品编号：25-35HJ100M
（亮光）室内墙砖
规格(mm)：350×250×8.5
参考价格(元/片)：5.85

产品编号：3F004M
（亚光）室内地砖
规格(mm)：300×300×9.2
参考价格(元/片)：8.45
参考价格(元/m²)：93.86

产品编号：25-35HJ1001D2M
（亮光）室内墙砖
规格(mm)：350×250×8.5
参考价格(元/片)：27.80

产品编号：25-35HJ1001D1M
（亮光）室内墙砖
规格(mm)：350×250×8.5
参考价格(元/片)：27.80

采用蒙娜丽莎厨房专用砖系列产品铺贴效果

采用蒙娜丽莎厨房专用砖系列产品铺贴效果

产品编号：3F144M
（亚光）室内地砖
规格(mm)：300×300×9.2
参考价格(元/片)：8.45
参考价格(元/m²)：93.86

产品编号：10-30DJ25032BM
（亮光）腰线
规格(mm)：300×100×10
参考价格(元/片)：25.03

产品编号：30-45DJ2503M
（亮光）室内墙砖
规格(mm)：300×450×10
参考价格(元/片)：14.95
参考价格(元/m²)：110.73

⚠ 注意：由于印刷关系，可能与实际产品的颜色有所差异，选用时请以实物颜色为准。

电话:0757-86822683
传真:0757-86822683
服务热线:0757-86826638

网址:www.monalisa.com.cn
E-mail:monalisa@monalisa.com.cn

品牌国别:中国
生产地区:中国

M 蒙娜丽莎

采用蒙娜丽莎厨房专用砖系列产品铺贴效果

产品编号:30-45DJ2501M
(亮光)室内墙砖
规格(mm):300×450×10
参考价格(元/片):14.95
参考价格(元/m²):110.73

产品编号:30-45DJ25012CM
(亮光)室内墙砖
规格(mm):300×450×10
参考价格(元/片):37.55

产品编号:10-30DJ25012CM
(亮光)腰线
规格(mm):300×100×10
参考价格(元/片):25.03

产品编号:3F134M
(亚光)室内地砖
规格(mm):300×300×9.2
参考价格(元/片):8.45
参考价格(元/m²):93.86

蒙娜丽莎厨房专用砖系列/卫浴专用砖系列产品技术参数

吸水率	破坏强度	断裂模数	边直度	直角度	边长偏差	厚度偏差	抗热震性
12%<E≤16%	厚>7.5mm时,平均值≥600N	厚>7.5mm时,平均值≥25MPa	±0.3%	±0.2%	>7.5cm时,±0.5mm	±0.37%	符合国家标准

厂商简介:广东蒙娜丽莎陶瓷有限公司是中国建筑陶瓷行业为数极少的国家火炬计划重点高新技术企业之一,是国内集科研开发、专业生产、营销为一体的大型陶瓷企业,公司拥有22条大型现代化生产线,其中在清远生产基地全资附属企业(清远市皇马陶瓷有限公司)拥有近1,200亩发展用地,目前已建成一期工程,公司专业生产瓷质抛光砖、釉面内墙砖、仿古砖、艺术拼图等系列产品,以质量和创新享誉业界。其产品凭借档次高、品质好、花色品种多、价格合理等优势畅销国内外,荣获"国家免检产品"和"中国名牌产品"称号等行业最高荣誉。目前,蒙娜丽莎公司拥有覆盖全国所有省区的3,000多个和海外66个国家及地区的40多个销售网点,为广大顾客提供便捷、及时、周到和专业的服务。

各地联系方式:

北京 电话:010-85520027
天津 电话:010-83670986
广州 电话:13929963888
南京 电话:025-58401626
重庆 电话:023-68632104

上海 电话:021-62246335
沈阳 电话:024-88212811
深圳 电话:0755-84191966
杭州 电话:0571-86082878
西安 电话:029-86719860

代表工程:北京中国大饭店 北京万科星园 广州国际会议会展中心 广州大学城 上海浦东世界广场 深圳世界金融中心
北京中共中央企业委员会办公楼 北京政协办公大楼 浙江大学 新疆天山百货大楼

质量认证:ISO9001-2000
执行标准:GB6566-2001

⚠ 注意:由于印刷关系,可能与实际产品的颜色有所差异,选用时请以实物颜色为准。

广东能强陶瓷有限公司
地址：广东省佛山市禅城区南庄镇贺丰工业区
邮编：528061

采用能强蓝山古典砖系列产品铺贴效果

产品编号：A-C6005（亚光）
仿石室内外墙地砖
规格(mm)：600×600×10
参考价格(元/片)：50.78

产品编号：A-C36005（亚光）
仿石室内外墙地砖
规格(mm)：600×300×10
参考价格(元/片)：27.78

产品编号：A-C36005K（亚光/开槽）
仿石室内外墙地砖
规格(mm)：600×300×10
参考价格(元/片)：32.88

产品编号：A-C36005T（亚光/开槽）
仿石室内外墙地砖
规格(mm)：600×300×10
参考价格(元/片)：30.18

产品编号：612Y0536-6（亚光）
仿石腰线
规格(mm)：600×120×10
参考价格：详细价格请咨询厂商

产品编号：12Y0536-6（亚光）
仿石转角
规格(mm)：120×120×10
参考价格：详细价格请咨询厂商

注意：由于印刷关系，可能与实际产品的颜色有所差异，选用时请以实物颜色为准。

电话：0757-85329988
传真：0757-85329911
网址：www.nengqiang.com
E-mail:nengqiangtaoci@vip.163.com
品牌国别：中国
生产地区：中国

蓝山古典砖系列

瓷质通体砖，可提供特殊规格加工、异型加工、水切割服务，
产品技术参数见通体砖产品技术参数表格。
本系列另有规格(mm)：300×300/400×800/800×800

产品编号：A-C6001（亚光）
仿石室内外墙地砖
规格(mm)：600×600×10
参考价格(元/片)：50.78

产品编号：A-C6013（亚光）
仿金属室内外墙地砖
规格(mm)：600×600×10
参考价格(元/片)：50.78

产品编号：B-C6030（亚光）
仿金属室内外墙地砖
规格(mm)：600×600×10
参考价格(元/片)：50.78

产品编号：B-C6028（亚光）
仿金属室内外墙地砖
规格(mm)：600×600×10
参考价格(元/片)：41.82

产品编号：B-C6032（亚光）
仿石室内外墙地砖
规格(mm)：600×600×10
参考价格(元/片)：41.82

产品编号：A-C36001（亚光）
仿石室内外墙地砖
规格(mm)：600×300×10
参考价格(元/片)：27.78

产品编号：A-C36013（亚光）
仿金属室内外墙地砖
规格(mm)：600×300×10
参考价格(元/片)：27.78

产品编号：B-C36030（亚光）
仿金属室内外墙地砖
规格(mm)：600×300×10
参考价格(元/片)：27.78

产品编号：B-C36028（亚光）
仿金属室内外墙地砖
规格(mm)：600×300×10
参考价格(元/片)：22.55

产品编号：B-C36032（亚光）
仿石室内外墙地砖
规格(mm)：600×300×10
参考价格(元/片)：22.55

产品编号：A-C36001K（亚光/开槽）
仿石室内外墙地砖
规格(mm)：600×300×10
参考价格(元/片)：32.88

产品编号：A-C36013K（亚光/开槽）
仿金属室内外墙地砖
规格(mm)：600×300×10
参考价格(元/片)：32.88

产品编号：B-C36030K（亚光/开槽）
仿金属室内外墙地砖
规格(mm)：600×300×10
参考价格(元/片)：32.88

产品编号：B-C36028K（亚光/开槽）
仿金属室内外墙地砖
规格(mm)：600×300×10
参考价格(元/片)：27.65

产品编号：B-C36032K（亚光/开槽）
仿石室内外墙地砖
规格(mm)：600×300×10
参考价格(元/片)：27.65

产品编号：A-C36001T（亚光/开槽）
仿石室内外墙地砖
规格(mm)：600×300×10
参考价格(元/片)：30.18

产品编号：A-C36013T（亚光/开槽）
仿金属室内外墙地砖
规格(mm)：600×300×10
参考价格(元/片)：30.18

产品编号：B-C36030T（亚光/开槽）
仿金属室内外墙地砖
规格(mm)：600×300×10
参考价格(元/片)：30.18

产品编号：B-C36028T（亚光/开槽）
仿金属室内外墙地砖
规格(mm)：600×300×10
参考价格(元/片)：24.95

产品编号：B-C36032T（亚光/开槽）
仿石室内外墙地砖
规格(mm)：600×300×10
参考价格(元/片)：24.95

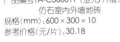
产品编号：612Y0136-5（亚光）
仿石腰线
规格(mm)：600×120×10
参考价格：详细价格请咨询厂商

产品编号：612Y1330-1（亚光）
仿金属腰线
规格(mm)：600×120×10
参考价格：详细价格请咨询厂商

产品编号：612Y1330-2（亚光）
仿金属腰线
规格(mm)：600×120×10
参考价格：详细价格请咨询厂商

产品编号：612Y0428-3（亚光）
仿金属腰线
规格(mm)：600×120×10
参考价格：详细价格请咨询厂商

产品编号：612Y0032-4（亚光）
仿石腰线
规格(mm)：600×120×10
参考价格：详细价格请咨询厂商

产品编号：12Y0136-5（亚光）
仿石转角
规格(mm)：120×120×10
参考价格：详细价格请咨询厂商

产品编号：12Y1330-1（亚光）
仿金属转角
规格(mm)：120×120×10
参考价格：详细价格请咨询厂商

产品编号：12Y0030-2（亚光）
仿金属转角
规格(mm)：120×120×10
参考价格：详细价格请咨询厂商

产品编号：12Y0428-3（亚光）
仿金属转角
规格(mm)：120×120×10
参考价格：详细价格请咨询厂商

产品编号：12Y0032-4（亚光）
仿石转角
规格(mm)：120×120×10
参考价格：详细价格请咨询厂商

注意：由于印刷关系，可能与实际产品的颜色有所差异，选用时请以实物颜色为准。

广东能强陶瓷有限公司
地址：广东省佛山市禅城区南庄镇贺丰工业区
邮编：528061

熔岩石Ⅱ系列 本系列另有规格(mm)：600×600/1000×1000

产品编号：A8WT802
规格(mm)：800×800×12
参考价格(元/片)：152.05

产品编号：A8WT803
规格(mm)：800×800×12
参考价格(元/片)：152.05

产品编号：A8WT805
规格(mm)：800×800×12
参考价格(元/片)：152.05

产品编号：8WT812
规格(mm)：800×800×12
参考价格(元/片)：134.50

产品编号：8WT813
规格(mm)：800×800×12
参考价格(元/片)：134.50

产品编号：8WT815
规格(mm)：800×800×12
参考价格(元/片)：134.50

产品编号：A8WT821
规格(mm)：800×800×12
参考价格(元/片)：134.50

产品编号：A8WT822
规格(mm)：800×800×12
参考价格(元/片)：134.50

产品编号：A8WT826
规格(mm)：800×800×12
参考价格(元/片)：134.50

产品编号：A8WT828
规格(mm)：800×800×12
参考价格(元/片)：134.50

产品编号：A8WT829
规格(mm)：800×800×12
参考价格(元/片)：134.50

产品编号：A8WT830
规格(mm)：800×800×12
参考价格(元/片)：152.05

采用能强熔岩石Ⅱ系列产品铺贴效果

※能强熔岩石Ⅱ系列产品特性说明见玉韵石系列产品特性说明表格，产品技术参数见通体砖产品技术参数表格。

 注意：由于印刷关系，可能与实际产品的颜色有所差异，选用时请以实物颜色为准。

电话:0757-85329988
传真:0757-85329911

网址:www.nengqiang.com
E-mail:nengqiangtaoci@vip.163.com

品牌国别:中国
生产地区:中国

能强

采用能强玉韵石系列产品铺贴效果

产品编号:6LA266
规格(mm):600×600×10
参考价格(元/片):35.00

产品编号:6LA267
规格(mm):600×600×10
参考价格(元/片):35.00

玉韵石系列
本系列另有规格(mm):800×800

玉韵石系列/熔岩石Ⅱ系列/世纪石系列产品(通体砖)特性说明

项目	说明							
适用范围	室外地	☐	室外墙	☑	室内地	☑	室内墙	☑
材 质	瓷 质	☑	半瓷质	☐	陶 质	☐	其 他	☐
表面处理	抛 光	☑	亚 光	☐	凹 凸	☐	其 他	☐
表面设计	仿 古	☐	仿 石	☑	仿 木	☐	其 他	☐
服务项目	特殊规格加工	☑	异型加工	☑	水切割	☑	其 他	☐

※能强玉韵石系列产品技术参数见通体砖产品技术参数表格。

大块头系列

产品编号:12408
规格(mm):1200×1200×16
参考价格(元/片):453.20

大块头系列产品(通体砖)特性说明

项目	说明							
适用范围	室外地	☐	室外墙	☑	室内地	☑	室内墙	☑
材 质	瓷 质	☑	半瓷质	☐	陶 质	☐	其 他	☐
表面处理	抛 光	☑	亚 光	☐	凹 凸	☐	其 他	☐
表面设计	仿 古	☐	仿 石	☑	仿 木	☐	其 他	☐
服务项目	特殊规格加工	☑	异型加工	☑	水切割	☑	其 他	☐

※能强大块头系列产品技术参数见通体砖产品技术参数表格。

产品编号:12422
规格(mm):1200×1200×16
参考价格(元/片):453.20

产品编号:12426
规格(mm):1200×1200×16
参考价格(元/片):453.20

产品编号:12MT301
规格(mm):1200×1200×16
参考价格(元/片):467.60

 注意:由于印刷关系,可能与实际产品的颜色有所差异,选用时请以实物颜色为准。

广东能强陶瓷有限公司
地址：广东省佛山市禅城区南庄镇贺丰工业区
邮编：528061

世纪石系列

本系列另有规格(mm)：
600×600/1000×1000

产品编号：8AB701
规格(mm)：800×800×12
参考价格(元/片)：167.50

产品编号：8AB702
规格(mm)：800×800×12
参考价格(元/片)：167.50

产品编号：8AB703
规格(mm)：800×800×12
参考价格(元/片)：167.50

产品编号：8AB705
规格(mm)：800×800×12
参考价格(元/片)：167.50

产品编号：8AB706
规格(mm)：800×800×12
参考价格(元/片)：167.50

采用能强世纪石系列产品铺贴效果

※能强世纪石系列产品特性说明见玉韵石系列产品特性说明表格，产品技术参数见通体砖产品技术参数表格。

如意石系列

本系列另有规格(mm)：600×600/
1000×1000/1200×600/1200×1200

产品编号：8MT301
规格(mm)：800×800×12
参考价格(元/片)：137.43

产品编号：8MT302
规格(mm)：800×800×12
参考价格(元/片)：137.43

产品编号：8MT303
规格(mm)：800×800×12
参考价格(元/片)：137.43

产品编号：8MT304
规格(mm)：800×800×12
参考价格(元/片)：137.43

产品编号：8MT305
规格(mm)：800×800×12
参考价格(元/片)：137.43

采用能强如意石系列产品铺贴效果

※能强如意石系列产品特性说明见沙岩玉石系列产品特性说明表格，产品技术参数见通体砖产品技术参数表格。

 注意：由于印刷关系，可能与实际产品的颜色有所差异，选用时请以实物颜色为准。

电话:0757-85329988
传真:0757-85329911

网址:www.nengqiang.com
E-mail:nengqiangtaoci@vip.163.com

品牌国别:中国
生产地区:中国

N 能强

沙岩玉石系列
本系列另有规格(mm):600×600

产品编号:8BB501
规格(mm):800×800×12
参考价格(元/片):123.46

产品编号:8BB502
规格(mm):800×800×12
参考价格(元/片):123.46

产品编号:8BB503
规格(mm):800×800×12
参考价格(元/片):123.46

产品编号:8BB605
规格(mm):800×800×12
参考价格(元/片):123.46

产品编号:8BB606
规格(mm):800×800×12
参考价格(元/片):123.46

产品编号:8BB607
规格(mm):800×800×12
参考价格(元/片):123.46

采用能强沙岩玉石系列产品铺贴效果

沙岩玉石系列/如意石系列产品(通体砖)特性说明

项目	说明						
适用范围	室外地	☐	室外墙	☑	室内地	☑	室内墙	☑
材质	瓷质	☑	半瓷质	☐	陶质	☐	其他	☐
表面处理	抛光	☑	亚光	☐	凹凸	☐	其他	☐
服务项目	特殊规格加工	☐	异型加工	☑	水切割	☑	其他	☐

※能强沙岩玉石系列产品技术参数见通体砖产品技术参数表格。

 注意:由于印刷关系,可能与实际产品的颜色有所差异,选用时请以实物颜色为准。

广东能强陶瓷有限公司
地址：广东省佛山市禅城区南庄镇贺丰工业区
邮编：528061

超微粉系列

产品编号：8401
规格(mm)：800×800×12
参考价格(元/片)：156.75

产品编号：8402
规格(mm)：800×800×12
参考价格(元/片)：156.75

产品编号：8403
规格(mm)：800×800×12
参考价格(元/片)：156.75

产品编号：8404
规格(mm)：800×800×12
参考价格(元/片)：156.75

产品编号：A8405
规格(mm)：800×800×12
参考价格(元/片)：156.75

产品编号：8407
规格(mm)：800×800×12
参考价格(元/片)：156.75

产品编号：8408
规格(mm)：800×800×12
参考价格(元/片)：156.75

产品编号：8409
规格(mm)：800×800×12
参考价格(元/片)：156.75

产品编号：8411
规格(mm)：800×800×12
参考价格(元/片)：156.75

产品编号：8412
规格(mm)：800×800×12
参考价格(元/片)：156.75

产品编号：8422
规格(mm)：800×800×12
参考价格(元/片)：156.75

产品编号：8426
规格(mm)：800×800×12
参考价格(元/片)：156.75

产品编号：8428
规格(mm)：800×800×12
参考价格(元/片)：156.75

超微粉系列产品(通体砖)特性说明　　超微粉系列另有规格(mm)：600×600/600×1200/800×1200/1000×1000

项目	说明							
适用范围	室外地	✓	室外墙	✓	室内地	✓	室内墙	✓
材质	瓷质	✓	半瓷质	☐	陶质	☐	其他	☐
表面处理	抛光	✓	亚光	☐	凹凸	☐	其他	☐
表面设计	仿古	☐	仿石	✓	仿木	☐	其他	☐
服务项目	特殊规格加工	✓	异型加工	✓	水切割	✓	其他	☐

※能强超微粉系列产品技术参数见通体砖产品技术参数表格。

⚠ 注意：由于印刷关系，可能与实际产品的颜色有所差异，选用时请以实物颜色为准。

电话:0757-85329988
传真:0757-85329911
网址:www.nengqiang.com
E-mail:nengqiangtaoci@vip.163.com
品牌国别:中国
生产地区:中国

N 能强

采用能强超微粉系列产品铺贴效果

能强通体砖产品技术参数

吸水率	断裂模数	长度	宽度	厚度	表面平整度	边直度	直角度	耐磨度	线性热膨胀系数	光泽度	放射性
平均值:≤0.1%,单个值:≤0.15%	≥35MPa	±0.1%	±0.1%	±3%	±0.15%	±0.15%	±0.15%	<175mm³	<7×10⁻⁶K⁻¹	≥60	GB6566-2001·A类

厂商简介:广东能强陶瓷有限公司由南海能兴(控股)集团公司于1999年投资新建,南海能兴(控股)集团公司在2002年、2003年分别跻身中国企业500强以及广东企业100强行列、连续两年年纳税超亿元大户。能强公司地处中国珠江三角洲腹地——陶瓷名城佛山,以生产抛光砖、古典砖为主,设备先进,技术力量雄厚,管理优良,是一家知名的现代化大型陶瓷生产企业。总投资2.5亿元人民币,全套引进世界先进设备生产线,拥有世界先进的萨克米PH7200吨压机,230m窑炉。能强公司在全国各大中城市设立了3,000多个销售网点,市场占有率居同行业前列。能强公司还荣获"国家免检产品"、"广东省名牌产品"、"广东省著名商标"、"国家CCC认证"。公司以"踏实进取"为企业致胜的根本,又是企业得以持续发展的动力。广东能强陶瓷有限公司将伴随着21世纪中国经济发展而腾飞,"能强"陶瓷将成为中国现代建筑行业上人人推崇的知名品牌。

各地联系方式:

北京 电话:010-63850888	重庆 电话:023-68888992	杭州 电话:0571-86086689	青岛 电话:0532-87862626	武汉 电话:027-83518509
广州 电话:020-87589468	苏州 电话:0512-67135088	福州 电话:0591-83669541	东莞 电话:0769-3903230	哈尔滨 电话:0451-88957988

代表工程:北京世纪经贸大厦　北京科技财富中心　天津万博公学　沈阳浑南凯夫软件园　重庆市高级人民法院　湖北省图书出版城　华南理工大学　广州万科世纪花园　长春国际会展中心　贵州省广播电视大楼

质量认证:ISO9001-2000
执行标准:GB/T4100.1-1999

欧神诺陶瓷有限公司
地址：广东省佛山市汾江中路75号华麟大厦
邮编：528000

传奇石代系列

电话:0757-82300966/82300900
传真:0757-82137825

网址:www.oceano.com.cn

品牌国别:中国
生产地区:中国

欧神诺

采用欧神诺传奇石代系列产品铺贴效果

注意:由于印刷关系,可能与实际产品的颜色有所差异,选用时请以实物颜色为准。

产品编号:N102
规格(mm):600×600×10.3/300×300×10.3
参考价格(元/片):63.34/15.84
参考价格(元/m²):175.95/175.95

产品编号:N103
规格(mm):600×600×10.3/300×300×10.3
参考价格(元/片):63.34/15.84
参考价格(元/m²):175.95/175.95

欧神诺陶瓷有限公司
地址：广东省佛山市汾江中路75号华麟大厦
邮编：528000

传奇石代系列

采用欧神诺传奇石代系列产品铺贴效果

产品编号：N101
规格(mm)：600×600×10.3/300×300×10.3
参考价格(元/片)：55.08/13.77
参考价格(元/m²)：153.00/153.00

产品编号：N201
规格(mm)：600×600×10.3/300×300×10.3
参考价格(元/片)：55.08/13.77
参考价格(元/m²)：153.00/153.00

⚠ 注意：由于印刷关系，可能与实际产品的颜色有所差异，选用时请以实物颜色为准。

电话:0757-82300966/82300900
传真:0757-82137825

网址:www.oceano.com.cn

品牌国别:中国
生产地区:中国

欧神诺

产品编号:N202
规格(mm):600×600×10.3/300×300×10.3
参考价格(元/片):55.08/13.77
参考价格(元/m²):153.00/153.00

采用欧神诺传奇石代系列产品铺贴效果

产品编号:N401
规格(mm):600×600×10.3/300×300×10.3
参考价格(元/片):63.34/15.84
参考价格(元/m²):175.95/175.95

产品编号:N701
规格(mm):600×600×10.3/300×300×10.3
参考价格(元/片):55.08/13.77
参考价格(元/m²):153.00/153.00

产品编号:N801
规格(mm):600×600×10.3/
　　　　　 300×300×10.3
参考价格(元/片):63.34/15.84
参考价格(元/m²):175.95/175.95

传奇石代系列产品(通体砖)特性说明　　　　　　　　　　传奇石代系列产品另有规格为300mm×600mm×10.3mm,参考价格为27.54元/片,153.00元/m²。

项目	说明							
适用范围	室外地	☑	室外墙	☐	室内地	☑	室内墙	☑
材　质	瓷　质	☑	半瓷质	☐	陶　质	☐	其　他	☐
表面处理	抛　光	☐	亚　光	☑	凹　凸	☐	其　他	☐
表面设计	仿　古	☑	仿　石	☐	仿　木	☐	其　他	☐
服务项目	特殊规格加工	☑	异型加工	☐	水切割	☑	其　他	☐

※欧神诺传奇石代系列产品技术参数见欧神诺通体砖产品技术参数表格。

 注意:由于印刷关系,可能与实际产品的颜色有所差异,选用时请以实物颜色为准。

263　华标建材资讯

欧神诺陶瓷有限公司
地址：广东省佛山市汾江中路75号华麟大厦
邮编：528000

析晶玉系列

采用欧神诺析晶玉系列产品铺贴效果

电话:0757-82300966/82300900
传真:0757-82137825

网址:www.oceano.com.cn

品牌国别:中国
生产地区:中国

欧 神 诺

产品编号:X002
规格(mm):600×600×10.3/
800×800×11.3/
1000×1000×14.7
参考价格(元/片):67.32/149.76/250.00
参考价格(元/m²):187.00/234.00/250.00

产品编号:X201
规格(mm):600×600×10.3/
800×800×11.3/
1000×1000×14.7
参考价格(元/片):67.32/149.76/250.00
参考价格(元/m²):187.00/234.00/250.00

产品编号:X301
规格(mm):600×600×10.3/
800×800×11.3
参考价格(元/片):67.32/149.76
参考价格(元/m²):187.00/234.00

产品编号:X401
规格(mm):600×600×10.3/
800×800×11.3
参考价格(元/片):67.32/149.76
参考价格(元/m²):187.00/234.00

采用欧神诺析晶玉系列产品铺贴效果

析晶玉系列产品(通体砖)特性说明

项目	说明							
适用范围	室外地	☑	室外墙	☑	室内地	☑	室内墙	☑
材质	瓷质	☑	半瓷质	☐	陶质	☐	其他	☐
表面处理	抛光	☑	亚光	☐	凹凸	☐	其他	☐
表面设计	仿古	☐	仿石	☑	仿木	☐	其他	☐
服务项目	特殊规格加工	☑	异型加工	☑	水切割	☑	其他	☐

※欧神诺析晶玉系列产品技术参数见欧神诺通体砖产品技术参数表格。

注意:由于印刷关系,可能与实际产品的颜色有所差异,选用时请以实物颜色为准。

欧神诺陶瓷有限公司
地址：广东省佛山市汾江中路75号华麟大厦
邮编：528000

微晶玉系列

采用欧神诺微晶玉系列产品铺贴效果

产品编号：G001
规格(mm)：600×600×14.7/800×800×14.7/1000×1000×14.7
参考价格(元/片)：115.20/229.12/390.00
参考价格(元/m²)：320.00/358.00/390.00

产品编号：G201
规格(mm)：600×600×14.7/800×800×14.7/1000×1000×14.7
参考价格(元/片)：115.20/229.12/390.00
参考价格(元/m²)：320.00/358.00/390.00

⚠ 注意：由于印刷关系，可能与实际产品的颜色有所差异，选用时请以实物颜色为准。

电话:0757-82300966/82300900
传真:0757-82137825

网址:www.oceano.com.cn

品牌国别:中国
生产地区:中国

欧神诺

采用欧神诺微晶玉系列产品铺贴效果

产品编号:G002
规格(mm):600×600×14.7/
800×800×14.7
参考价格(元/片):149.76/297.86
参考价格(元/m²):416.00/465.40

产品编号:G102
规格(mm):600×600×14.7/
800×800×14.7
参考价格(元/片):115.20/229.12
参考价格(元/m²):320.00/358.00

产品编号:G202
规格(mm):600×600×14.7/
800×800×14.7
参考价格(元/片):115.20/229.12
参考价格(元/m²):320.00/358.00

产品编号:G301
规格(mm):600×600×14.7/
800×800×14.7
参考价格(元/片):149.76/297.86
参考价格(元/m²):416.00/465.40

微晶玉系列产品(通体砖)特性说明

项目	说明							
适用范围	室外地	☐	室外墙	☑	室内地	☑	室内墙	☑
材质	瓷质	☑	半瓷质	☐	陶质	☐	微晶玻璃复合板材	☐
表面处理	抛光	☑	亚光	☐	凹凸	☐	其他	☐
表面设计	仿古	☐	仿石	☑	仿木	☐	其他	☐
服务项目	特殊规格加工	☑	异型加工	☐	水切割	☑	其他	☐

※欧神诺微晶玉系列产品技术参数见欧神诺通体砖产品技术参数表格。

⚠ 注意:由于印刷关系,可能与实际产品的颜色有所差异,选用时请以实物颜色为准。

欧神诺陶瓷有限公司
地址：广东省佛山市汾江中路75号华麟大厦
邮编：528000

刚玉石系列

采用欧神诺刚玉石系列产品铺贴效果

电话：0757-82300966/82300900
传真：0757-82137825

网址：www.oceano.com.cn

品牌国别：中国
生产地区：中国

欧神诺

产品编号：Z002
规格(mm)：600×600×10.3/
800×800×11.3
参考价格(元/片)：50.49/112.32
参考价格(元/m²)：140.25/175.50

产品编号：Z102
规格(mm)：600×600×10.3/
800×800×11.3
参考价格(元/片)：50.49/112.32
参考价格(元/m²)：140.25/175.50

产品编号：Z001
规格(mm)：600×600×10.3/
800×800×11.3/
1000×1000×14.7
参考价格(元/片)：50.49/112.32/187.50
参考价格(元/m²)：140.25/175.50/187.50

产品编号：Z202
规格(mm)：600×600×10.3/
800×800×11.3/
1000×1000×14.7
参考价格(元/片)：50.49/112.32/187.50
参考价格(元/m²)：140.25/175.50/187.50

采用欧神诺刚玉石系列产品铺贴效果

刚玉石系列产品(通体砖)特性说明

项目	说明							
适用范围	室外地	☑	室外墙	☐	室内地	☑	室内墙	☑
材　质	瓷质	☑	半瓷质	☐	陶质	☐	其他	☐
表面处理	抛光	☑	亚光	☐	凹凸	☐	其他	☐
表面设计	仿古	☐	仿石	☑	仿木	☐	其他	☐
服务项目	特殊规格加工	☑	异型加工	☑	水切割	☑	其他	☐

※欧神诺刚玉石系列产品技术参数见欧神诺通体砖产品技术参数表格。

⚠ 注意：由于印刷关系，可能与实际产品的颜色有所差异，选用时请以实物颜色为准。

欧神诺陶瓷有限公司
地址：广东省佛山市汾江中路75号华麟大厦
邮编：528000

伊丽石系列

产品编号：I301
规格(mm)：800×800×11.3
参考价格(元/片)：208.00
参考价格(元/m²)：325.00

产品编号：I302
规格(mm)：800×800×11.3
参考价格(元/片)：208.00
参考价格(元/m²)：325.00

产品编号：I401
规格(mm)：800×800×11.3
参考价格(元/片)：160.00
参考价格(元/m²)：250.00

产品编号：I801
规格(mm)：800×800×11.3
参考价格(元/片)：208.00
参考价格(元/m²)：325.00

产品编号：I001
规格(mm)：800×800×11.3
参考价格(元/片)：160.00
参考价格(元/m²)：250.00

伊丽石系列产品(通体砖)特性说明　　伊丽石系列I301/I302另有规格为800mm×1200mm×14.7mm，参考价格为268.80元/片，280.00元/m²。

项目	说明							
适用范围	室外地	☑	室外墙	☑	室内地	☑	室内墙	☑
材质	瓷质	☑	半瓷质	☐	陶质	☐	其他	☐
表面处理	抛光	☑	亚光	☐	凹凸	☐	其他	☐
表面设计	仿古	☐	仿石	☑	仿木	☐	其他	☐
服务项目	特殊规格加工	☑	异型加工	☑	水切割	☑	其他	☐

※欧神诺伊丽石系列产品技术参数见欧神诺通体砖产品技术参数表格。

⚠ 注意：由于印刷关系，可能与实际产品的颜色有所差异，选用时请以实物颜色为准。

电话：0757-82300966/82300900
传真：0757-82137825
网址：www.oceano.com.cn
品牌国别：中国
生产地区：中国

七星玉岩系列

产品编号：W001
规格(mm)：600×600×10.3/800×800×11.3
参考价格(元/片)：53.86/119.81
参考价格(元/m²)：149.60/187.20

产品编号：W105
规格(mm)：600×600×10.3/800×800×11.3
参考价格(元/片)：53.86/119.81
参考价格(元/m²)：149.60/187.20

产品编号：W701
规格(mm)：600×600×10.3/800×800×11.3
参考价格(元/片)：70.01/155.75
参考价格(元/m²)：194.48/243.36

产品编号：W801
规格(mm)：600×600×10.3/800×800×11.3
参考价格(元/片)：70.01/155.75
参考价格(元/m²)：194.48/243.36

产品编号：W702
规格(mm)：600×600×10.3/800×800×11.3
参考价格(元/片)：53.86/119.81
参考价格(元/m²)：149.61/187.20

产品编号：W408
规格(mm)：600×600×10.3/800×800×11.3
参考价格(元/片)：53.86/119.81
参考价格(元/m²)：149.60/187.20

产品编号：W205
规格(mm)：600×600×10.3/800×800×11.3
参考价格(元/片)：53.86/119.81
参考价格(元/m²)：149.60/187.20

七星玉岩系列产品（通体砖）特性说明　　七星玉岩系列W205/W408另有规格为1000mm×1000mm×14.7mm，参考价格为200.00元/片。

项目	说明							
适用范围	室外地	☑	室外墙	☑	室内地	☑	室内墙	☑
材质	瓷质	☑	半瓷质	☐	陶质	☐	其他	☐
表面处理	抛光	☑	亚光	☐	凹凸	☐	其他	☐
服务项目	特殊规格加工	☑	异型加工	☑	水切割	☑	其他	☐

※欧神诺七星玉岩系列产品技术参数见欧神诺通体砖产品技术参数表格。

⚠ 注意：由于印刷关系，可能与实际产品的颜色有所差异，选用时请以实物颜色为准。

欧神诺陶瓷有限公司
地址：广东省佛山市汾江中路75号华麟大厦
邮编：528000

莽岩系列

产品编号：Y001
规格(mm)：1200×600×15
参考价格(元/片)：154.35
参考价格(元/m²)：214.38

产品编号：Y101
规格(mm)：1200×600×15
参考价格(元/片)：154.35
参考价格(元/m²)：214.38

产品编号：Y201
规格(mm)：1200×600×15
参考价格(元/片)：154.35
参考价格(元/m²)：214.38

产品编号：Y801
规格(mm)：1200×600×15
参考价格(元/片)：235.80
参考价格(元/m²)：327.50

莽岩系列产品(通体砖)特性说明

项目	说明							
适用范围	室外地	☑	室外墙	☑	室内地	☑	室内墙	☑
材　质	瓷　质	☑	半瓷质	☐	陶　质	☐	其　他	☐
表面处理	抛　光	☐	亚　光	☑	凹　凸	☑	其　他	☐
表面设计	仿　古	☐	仿　石	☑	仿　木	☐	其　他	☐
服务项目	特殊规格加工	☑	异型加工	☑	水切割	☑	其　他	☐

※欧神诺莽岩系列产品技术参数见欧神诺通体砖产品技术参数表格。

⚠ 注意：由于印刷关系，可能与实际产品的颜色有所差异，选用时请以实物颜色为准。

电话:0757-82300966/82300900
传真:0757-82137825
网址:www.oceano.com.cn
品牌国别:中国
生产地区:中国

欧神诺

雅典米黄系列

产品编号:B201
规格(mm):600×600×10.3/
　　　　　800×800×11.3
参考价格(元/片):41.25/106.50
参考价格(元/m²):114.58/166.41

产品编号:B202
规格(mm):600×600×10.3/
　　　　　800×800×11.3
参考价格(元/片):41.25/106.50
参考价格(元/m²):114.58/166.41

雅典米黄系列产品(通体砖)特性说明

项目	说明							
适用范围	室外地	☑	室外墙	☐	室内地	☑	室内墙	☑
材质	瓷质	☑	半瓷质	☐	陶质	☐	其他	☐
表面处理	抛光	☑	亚光	☐	凹凸	☐	其他	☐
表面设计	仿古	☐	仿石	☑	仿木	☐	其他	☐
服务项目	特殊规格加工	☑	异型加工	☑	水切割	☑	其他	☐

※欧神诺雅典米黄系列产品技术参数见欧神诺通体砖产品技术参数表格。

幻彩云石系列

产品编号:J201P
规格(mm):600×600×10.3/
　　　　　800×800×11.3
参考价格(元/片):35.36/84.54
参考价格(元/m²):98.22/132.09

产品编号:L011P
规格(mm):600×600×10.3/
　　　　　800×800×11.3
参考价格(元/片):34.28/83.04
参考价格(元/m²):95.22/129.25

产品编号:L012P
规格(mm):600×600×10.3/
　　　　　800×800×11.3
参考价格(元/片):34.28/83.04
参考价格(元/m²):95.22/129.25

产品编号:L013P
规格(mm):600×600×10.3/
　　　　　800×800×11.3
参考价格(元/片):34.28/83.04
参考价格(元/m²):95.22/129.25

幻彩云石产品(通体砖)特性说明　　　　　　　　　　　　　　　　※欧神诺幻彩云石系列产品技术参数见欧神诺通体砖产品技术参数表格。

项目	说明							
适用范围	室外地	☑	室外墙	☐	室内地	☑	室内墙	☑
材质	瓷质	☑	半瓷质	☐	陶质	☐	其他	☐
表面处理	抛光	☑	亚光	☐	凹凸	☐	其他	☐
表面设计	仿古	☐	仿石	☑	仿木	☐	其他	☐
服务项目	特殊规格加工	☑	异型加工	☑	水切割	☑	其他	☐

欧神诺通体砖产品技术参数

吸水率	破坏强度	断裂模数	表面平整度	莫氏硬度	耐酸碱性	边长偏差	直角度	边直度	耐磨度
<0.1%	厚≥7.5mm时,平均值≥1800N	≥40MPa	±0.1%	≥7	ULA级	+0~0.12mm	±0.1%	±0.1%	<150mm³

⚠ 注意:由于印刷关系,可能与实际产品的颜色有所差异,选用时请以实物颜色为准。

欧神诺陶瓷有限公司
地址：广东省佛山市汾江中路75号华麟大厦
邮编：528000

智慧果系列
陶质釉面砖，可提供特殊规格加工服务。

采用欧神诺智慧果系列产品铺贴效果

| | | | | | |

产品编号：YD023H3D
（亮光/凹凸）室内墙砖
规格(mm)：150×150×8.5
参考价格(元/片)：31.08

产品编号：YD023H3E
（亮光/凹凸）室内墙砖
规格(mm)：150×150×8.5
参考价格(元/片)：31.08

产品编号：YD023H3F
（亮光/凹凸）室内墙砖
规格(mm)：150×150×8.5
参考价格(元/片)：41.43

产品编号：YD023H3B
（亮光/凹凸）室内墙砖
规格(mm)：150×150×8.5
参考价格(元/片)：31.08

产品编号：YD023H3G
（亮光/凹凸）室内墙砖
规格(mm)：150×150×8.5
参考价格(元/片)：31.08

产品编号：YD023H3A
（亮光/凹凸）室内墙砖
规格(mm)：150×150×8.5
参考价格(元/片)：31.08

⚠ 注意：由于印刷关系，可能与实际产品的颜色有所差异，选用时请以实物颜色为准。

电话:0757-82300966/82300900
传真:0757-82137825

网址:www.oceano.com.cn

品牌国别:中国
生产地区:中国

欧神诺

产品编号:YD023H2A (亚光)室内墙砖
规格(mm):300×300×8.5
参考价格(元/片):62.50
参考价格(元/m²):694.44

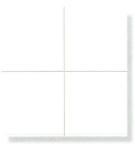

产品编号:YD023Q1 (亚光)室内墙地砖
规格(mm):300×300×8.5
参考价格(元/片):16.03
参考价格(元/m²):178.11

产品编号:YD517Q1 (亚光)室内墙地砖
规格(mm):300×300×8.5
参考价格(元/片):18.20
参考价格(元/m²):202.22

产品编号:YD026Q1 (亚光)室内墙地砖
规格(mm):300×300×8.5
参考价格(元/片):17.48
参考价格(元/m²):194.22

产品编号:YD023H2B (亚光)室内墙砖
规格(mm):300×300×8.5
参考价格(元/片):62.50
参考价格(元/m²):694.44

产品编号:YD023 (亚光)室内墙地砖
规格(mm):300×300×8.5
参考价格(元/片):12.73
参考价格(元/m²):141.44

产品编号:YD517 (亚光)室内墙地砖
规格(mm):300×300×8.5
参考价格(元/片):14.90
参考价格(元/m²):165.56

产品编号:YD026 (亚光)室内墙地砖
规格(mm):300×300×8.5
参考价格(元/片):14.18
参考价格(元/m²):157.55

产品编号:YD023H2C (亚光)室内墙砖
规格(mm):300×300×8.5
参考价格(元/片):62.50
参考价格(元/m²):694.44

产品编号:YD001D (亚光)室内墙地砖
规格(mm):300×300×8.5
参考价格(元/片):12.00
参考价格(元/m²):133.33

产品编号:YD517D (亚光)室内墙地砖
规格(mm):300×300×8.5
参考价格(元/片):13.00
参考价格(元/m²):144.44

产品编号:YD026D (亚光)室内墙地砖
规格(mm):300×300×8.5
参考价格(元/片):13.00
参考价格(元/m²):144.44

产品编号:YD517T1 (亚光)腰线
规格(mm):300×20×9
参考价格(元/片):18.75

产品编号:YD517H1 (亚光)室内墙砖
规格(mm):150×150×8.5
参考价格(元/片):31.08

产品编号:YD023H2D (亚光)室内墙砖
规格(mm):300×300×8.5
参考价格(元/片):62.50
参考价格(元/m²):694.44

产品编号:YD023H1 (亚光)室内墙砖
规格(mm):300×300×8.5
参考价格(元/片):62.50
参考价格(元/m²):694.44

※欧神诺智慧果系列产品技术参数见欧神诺釉面砖产品技术参数表格。

⚠ 注意:由于印刷关系,可能与实际产品的颜色有所差异,选用时请以实物颜色为准。

欧神诺陶瓷有限公司
地址：广东省佛山市汾江中路75号华麟大厦
邮编：528000

夏日香气系列

产品编号：YF025H1A 室内墙砖
规格(mm)：450×300×10
参考价格(元/片)：84.60
参考价格(元/m²)：626.63

产品编号：YF025H1B 室内墙砖
规格(mm)：450×300×10
参考价格(元/片)：84.60
参考价格(元/m²)：626.63

产品编号：YF025H1C 室内墙砖
规格(mm)：450×300×10
参考价格(元/片)：84.60
参考价格(元/m²)：626.63

采用欧神诺夏日香气系列产品铺贴效果

产品编号：YF025H1D 室内墙砖
规格(mm)：450×300×10
参考价格(元/片)：84.60
参考价格(元/m²)：626.63

产品编号：YF025 室内墙砖
规格(mm)：450×300×10
参考价格(元/片)：19.75
参考价格(元/m²)：146.29

产品编号：YD025D 室内地砖
规格(mm)：300×300×8.5
参考价格(元/片)：12.00
参考价格(元/m²)：133.33

产品编号：YD022Q1 室内墙砖
规格(mm)：300×300×8.5
参考价格(元/片)：20.98
参考价格(元/m²)：233.11

夏日香气系列产品（釉面砖）特性说明

项目	说明						
材　　质	瓷　质	☐	半瓷质	☐	陶　质	☑	其　他 ☐
釉面效果	亮　光	☑	亚　光	☐	凹　凸	☐	其　他 ☐
服务项目	特殊规格加工	☑	异型加工	☑	定制配件	☐	其　他 ☐

※欧神诺夏日香气系列产品技术参数见欧神诺釉面砖产品技术参数表格。

⚠ 注意：由于印刷关系，可能与实际产品的颜色有所差异，选用时请以实物颜色为准。

电话:0757-82300966/82300900
传真:0757-82137825

网址:www.oceano.com.cn

品牌国别:中国
生产地区:中国

欧 神 诺

产品编号:YF024H1A 室内墙砖
规格(mm):450×300×10
参考价格(元/片):84.60
参考价格(元/m²):626.63

产品编号:YF024H1B 室内墙砖
规格(mm):450×300×10
参考价格(元/片):84.60
参考价格(元/m²):626.63

产品编号:YF024H1C 室内墙砖
规格(mm):450×300×10
参考价格(元/片):84.60
参考价格(元/m²):626.63

产品编号:YF024 室内墙砖
规格(mm):450×300×10
参考价格(元/片):19.75
参考价格(元/m²):146.29

产品编号:YD024D 室内地砖
规格(mm):300×300×8.5
参考价格(元/片):12.00
参考价格(元/m²):133.33

采用欧神诺夏日香气系列产品铺贴效果

采用欧神诺夏日香气系列产品铺贴效果

产品编号:YF021 室内墙砖
规格(mm):450×300×10
参考价格(元/片):19.75
参考价格(元/m²):146.29

产品编号:YD021D 室内地砖
规格(mm):300×300×8.5
参考价格(元/片):12.00
参考价格(元/m²):133.33

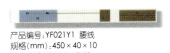
产品编号:YF021Y1 腰线
规格(mm):450×40×10
参考价格(元/片):47.50

产品编号:YF025T1 腰线
规格(mm):300×20×12
参考价格(元/片):18.75

⚠ 注意:由于印刷关系,可能与实际产品的颜色有所差异,选用时请以实物颜色为准。

欧神诺陶瓷有限公司
地址：广东省佛山市汾江中路75号华麟大厦
邮编：528000

四季系列——春

采用欧神诺四季系列——春产品铺贴效果

产品编号：YF417 室内墙砖
规格(mm)：300×450×10
参考价格(元/片)：22.00
参考价格(元/m²)：162.95

产品编号：YF017 室内墙砖
规格(mm)：300×450×10
参考价格(元/片)：19.75
参考价格(元/m²)：146.29

产品编号：YF017H1 室内墙砖
规格(mm)：300×450×10
参考价格(元/片)：57.50
参考价格(元/m²)：425.90

产品编号：YF017Y1 腰线
规格(mm)：300×60×8
参考价格(元/片)：45.00

产品编号：YD417D 室内地砖
规格(mm)：300×300×8.5
参考价格(元/片)：13.00
参考价格(元/m²)：144.44

四季系列——夏

产品编号：YF418 室内墙砖
规格(mm)：300×450×10
参考价格(元/片)：22.00
参考价格(元/m²)：162.95

产品编号：YF018 室内墙砖
规格(mm)：300×450×10
参考价格(元/片)：19.75
参考价格(元/m²)：146.29

产品编号：YF018Y1 腰线
规格(mm)：300×80×11
参考价格(元/片)：47.50

产品编号：YD418D 室内地砖
规格(mm)：300×300×9
参考价格(元/片)：13.00
参考价格(元/m²)：144.44

采用欧神诺四季系列——夏产品铺贴效果

四季系列产品（釉面砖）特性说明

项目	说明							
材　质	瓷质	□	半瓷质	□	陶质	☑	其他	□
釉面效果	亮光	☑	亚光	□	凹凸	□	其他	□
服务项目	特殊规格加工	☑	异型加工	□	定制配件	□	其他	□

※欧神诺四季系列产品技术参数见欧神诺釉面砖产品技术参数表格。

⚠ 注意：由于印刷关系，可能与实际产品的颜色有所差异，选用时请以实物颜色为准。

电话:0757-82300966/82300900
传真:0757-82137825

网址:www.oceano.com.cn

品牌国别:中国
生产地区:中国

欧神诺

四季系列——秋

产品编号:YF419 室内墙砖
规格(mm):300×450×10
参考价格(元/片):22.00
参考价格(元/m²):162.95

产品编号:YF019 室内墙砖
规格(mm):300×450×10
参考价格(元/片):19.75
参考价格(元/m²):146.29

产品编号:YF019H1 室内墙砖
规格(mm):300×450×10
参考价格(元/片):85.00
参考价格(元/m²):629.60

产品编号:YD419D 室内地砖
规格(mm):300×300×8.5
参考价格(元/片):13.00
参考价格(元/m²):144.44

产品编号:YF019Y1 腰线
规格(mm):300×80×10
参考价格(元/片):37.50

采用欧神诺四季系列——秋产品铺贴效果

四季系列——冬

产品编号:YF420 室内墙砖
规格(mm):300×450×10
参考价格(元/片):22.00
参考价格(元/m²):162.95

产品编号:YF020 室内墙砖
规格(mm):300×450×10
参考价格(元/片):19.75
参考价格(元/m²):146.29

产品编号:YD420D 室内地砖
规格(mm):300×300×8.5
参考价格(元/片):13.00
参考价格(元/m²):144.44

产品编号:YF020Y1 腰线
规格(mm):300×80×10
参考价格(元/片):25.75

采用欧神诺四季系列——冬产品铺贴效果

欧神诺釉面砖产品技术参数

吸水率	破坏强度	断裂模数	表面平整度	抗热震性	边长偏差	直角度	边直度
11%≤E≤14%	≥1000N	≥25MPa	+0.04%~0.25%	15~200℃釉坯无龟裂	±0.2%	±0.3%	0.2%

⚠ 注意:由于印刷关系,可能与实际产品的颜色有所差异,选用时请以实物颜色为准。

279

欧神诺陶瓷有限公司
地址：广东省佛山市汾江中路75号华麟大厦
邮编：528000

马赛克系列

产品编号：M00130M（亚光）
规格(mm)：300×300×11.3
参考价格(元/片)：72.32
参考价格(元/m²)：803.58

产品编号：M00230M（亚光）
规格(mm)：300×300×11.3
参考价格(元/片)：88.39
参考价格(元/m²)：982.15

产品编号：M00330P（亮光）
规格(mm)：300×300×11.3
参考价格(元/片)：56.25
参考价格(元/m²)：625.00

产品编号：M00430M（亚光）
规格(mm)：300×300×11.3
参考价格(元/片)：88.39
参考价格(元/m²)：982.15

产品编号：M00530N（亚光、仿古）
规格(mm)：300×300×14.7
参考价格(元/片)：56.25
参考价格(元/m²)：625.00

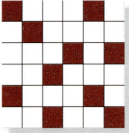

产品编号：M00630P（亮光）
规格(mm)：300×300×14.7
参考价格(元/片)：56.25
参考价格(元/m²)：625.00

马赛克系列产品（通体砖）特性说明

项目	说明							
适用范围	室外地	☑	室外墙	☑	室内地	☑	室内墙	☑
材质	瓷质	☑	半瓷质	☐	陶质	☐	其他	☐
服务项目	特殊规格加工	☑	异型加工	☐	水切割	☑	其他	☐

欧神诺马赛克系列产品技术参数

吸水率	破坏强度	断裂模数	表面平整度	莫氏硬度	耐酸碱性	边长偏差	直角度	边直度	耐磨度
≤0.1%	厚≥7.5mm时，平均值≥1800N	≥40MPa	±0.1%	≥7	ULA级	-0.7~0mm	±0.1%	±0.1%	≤150mm³

⚠ 注意：由于印刷关系，可能与实际产品的颜色有所差异，选用时请以实物颜色为准。

电话:0757-82300966/82300900
传真:0757-82137825

网址:www.oceano.com.cn

品牌国别:中国
生产地区:中国

拼花系列

产品编号:OA043P
规格(mm):1200×1200×10.3
参考价格(元/片):3,600.00
参考价格(元/m²):2,500.00

产品编号:OA045P
规格(mm):1200×1200×10.3
参考价格(元/片):3,600.00
参考价格(元/m²):2,500.00

产品编号:OA046P
规格(mm):1200×1200×14.7
参考价格(元/片):3,600.00
参考价格(元/m²):2,500.00

产品编号:OA056P
规格(mm):1200×1200×10.3
参考价格(元/片):3,600.00
参考价格(元/m²):2,500.00

产品编号:OA057P
规格(mm):1200×1200×10.3
参考价格(元/片):3,600.00
参考价格(元/m²):2,500.00

产品编号:OA061P
规格(mm):1200×1200×10.3
参考价格(元/片):3,600.00
参考价格(元/m²):2,500.00

产品编号:OA074P
规格(mm):1200×1200×14.7
参考价格(元/片):3,600.00
参考价格(元/m²):2,500.00

产品编号:OA075P
规格(mm):1200×1200×10.3
参考价格(元/片):3,600.00
参考价格(元/m²):2,500.00

产品编号:OA084P
规格(mm):1200×1200×10.3
参考价格(元/片):3,600.00
参考价格(元/m²):2,500.00

⚠ 注意:由于印刷关系,可能与实际产品的颜色有所差异,选用时请以实物颜色为准。

欧神诺陶瓷有限公司
地址：广东省佛山市汾江中路75号华麟大厦
邮编：528000

拼花系列

产品编号：OA007P
规格(mm)：1800×1200×11.3
参考价格(元/片)：5,400.00
参考价格(元/m²)：2,500.00

产品编号：OA009P
规格(mm)：1800×1200×11.3
参考价格(元/片)：5,400.00
参考价格(元/m²)：2,500.00

产品编号：OA004P
规格(mm)：1200×600×11.3
参考价格(元/片)：1,800.00
参考价格(元/m²)：2,500.00

产品编号：OA001P
规格(mm)：1800×1200×11.3
参考价格(元/片)：5,400.00
参考价格(元/m²)：2,500.00

产品编号：OA003P
规格(mm)：1200×600×11.3
参考价格(元/片)：1,800.00
参考价格(元/m²)：2,500.00

产品编号：OA002P
规格(mm)：1200×600×11.3
参考价格(元/片)：1,800.00
参考价格(元/m²)：2,500.00

注意：由于印刷关系，可能与实际产品的颜色有所差异，选用时请以实物颜色为准。

电话:0757-82300966/82300900
传真:0757-82137825

网址:www.oceano.com.cn

品牌国别:中国
生产地区:中国

拼花系列

产品编号:OA012P
规格(mm):1800×1200×11.3
参考价格(元/片):5,400.00
参考价格(元/m²):2,500.00

产品编号:OA010P
规格(mm):1800×1200×11.3
参考价格(元/片):5,400.00
参考价格(元/m²):2,500.00

产品编号:OA011P
规格(mm):1800×1200×11.3
参考价格(元/片):5,400.00
参考价格(元/m²):2,500.00

产品编号:OA013P
规格(mm):1800×1200×11.3
参考价格(元/片):5,400.00
参考价格(元/m²):2,500.00

采用欧神诺拼花系列OA012P/OA011P/OA013P/OA010P产品铺贴效果

⚠ 注意:由于印刷关系,可能与实际产品的颜色有所差异,选用时请以实物颜色为准。

欧神诺陶瓷有限公司
地址：广东省佛山市汾江中路75号华麟大厦
邮编：528000

拼花系列

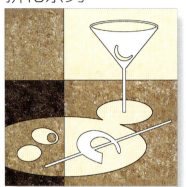

产品编号：OA086P
规格(mm)：1200×1200×11.3
参考价格(元/片)：3,600.00
参考价格(元/m²)：2,500.00

产品编号：OA087P
规格(mm)：1200×1200×11.3
参考价格(元/片)：3,600.00
参考价格(元/m²)：2,500.00

产品编号：OA088P
规格(mm)：1200×1200×11.3
参考价格(元/片)：3,600.00
参考价格(元/m²)：2,500.00

产品编号：OC005P
规格(mm)：1200×1200×11.3
参考价格(元/片)：1,288.80
参考价格(元/m²)：895.00

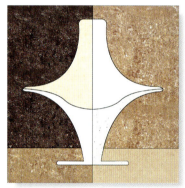

产品编号：OC006P
规格(mm)：1200×1200×11.3
参考价格(元/片)：1,288.80
参考价格(元/m²)：895.00

产品编号：OB036P
规格(mm)：1200×1200×11.3
参考价格(元/片)：2,574.00
参考价格(元/m²)：1,787.50

欧神诺陶瓷拼花系列特点：产品设计不拘泥于传统的设计思维与表现手法，而是在探讨一种生活的方式，来表现强烈的艺术个性和文化意识。在应用欧神诺陶瓷艺术拼花配件时，不仅在处理墙地装饰中面、边、角的难题得到了有效的解决，更重要的是整个装饰空间由此得到了更完美的展现。

采用欧神诺拼花系列产品铺贴效果

⚠ 注意：由于印刷关系，可能与实际产品的颜色有所差异，选用时请以实物颜色为准。

电话:0757-82300966/82300900
传真:0757-82137825

网址:www.oceano.com.cn

品牌国别:中国
生产地区:中国

拼花系列

产品编号:OA028P
规格(mm):1200×1200×14.7
参考价格(元/片):3,600.00
参考价格(元/m²):2,500.00

产品编号:OA029P
规格(mm):1200×1200×14.7
参考价格(元/片):3,600.00
参考价格(元/m²):2,500.00

产品编号:OA038P
规格(mm):1200×1200×14.7
参考价格(元/片):3,600.00
参考价格(元/m²):2,500.00

产品编号:OA131P
规格(mm):1800×1200×11.3
参考价格(元/片):5,400.00
参考价格(元/m²):2,500.00

工艺要点:

1. 材质的选取丰富多彩
——可应用各种工艺方式成型的高级玻化砖。
2. 造型更趋个性化
——在工程实务中,可按客户要求精细加工出符合客户要求的建筑地面装饰图案。
3. 应用范围进一步扩大
——建筑墙面装饰同样也可应用个性化拼花进行装饰。

拼花系列产品(通体砖)特性说明

项目	说明						
适用范围	室外地	☑	室外墙	☐	室内地	☑	室内墙	☑
材质	瓷质	☑	半瓷质	☐	陶质	☐	其他	☐
服务项目	特殊规格加工	☑	异型加工	☑	水切割	☑	其他	☐

欧神诺拼花系列产品技术参数

吸水率	破坏强度	断裂模数	表面平整度	莫氏硬度	耐酸碱性	边长偏差	直角度	边直度	耐磨度
≤0.1%	厚≥7.5mm时,平均值≥1800N	≥40MPa	±0.1%	≥7	ULA级	+0~1mm	±0.1%	±0.1%	≤150mm³

厂商简介:欧神诺陶瓷有限公司是一家中外合资企业,专业生产经营各种高档玻化砖、釉面墙地砖等建筑装饰配套的陶瓷制品。公司全面运用意大利陶瓷先进生产设备、工艺技术及管理模式,实现了科学规范的程式化管理、创新领先的新品研发以及多系列产品的精益生产。2002年7月,欧神诺陶瓷有限公司成为广东省第一家全面通过ISO9001、ISO14001国际质量环境管理体系双认证的陶瓷企业。其产品经国家建筑材料工业建材放射监督检验测试中心按GB6566-2001检测,并获得"国家免检产品"称号,符合标准规定的A类产品要求,其使用范围不受限制。公司开发的产品花式新颖,品质优良,在国内拥有100多家营销中心,产品远销到意大利、西班牙、美国等30多个国家和地区。

各地联系方式:

上海专卖 电话:021-54829790
长沙专卖 电话:0731-4780535
广州专卖 电话:020-87582897
武汉专卖 电话:027-83989366
南宁专卖 电话:0771-3959700

北京专卖 电话:010-63816602
西安专卖 电话:029-83165996
深圳专卖 电话:0755-82436421
南京专卖 电话:025-86581050
福州专卖 电话:0591-83120995

代表工程:北京人民大会堂会客厅 北京日报社 广东碧桂园 广州时代广场 广州悉尼奥运村 深圳鼎太风华 深圳豪方现代豪园 广东东莞喜来登酒店 上海紫金山大酒店 上海东方巴黎

质量认证:ISO9001 ISO14001
执行标准:中国标准

⚠ 注意:由于印刷关系,可能与实际产品的颜色有所差异,选用时请以实物颜色为准。

深圳市安拿度陶瓷有限公司
地址：广东省南莊华夏陶瓷城陶博大道28号
邮编：528061

STONEAGE 石英石系列

采用安拿度石英石系列产品铺贴效果

电话:0757-85390633
传真:0757-85390630/85394253
服务热线:00852-23913059/0757-85390633

网址:www.onnaceramic.com
E-mail:onnaceramiche@libero.it/
onna@onnaceramic.com

品牌国别:意大利
生产地区:中国

安拿度

STONEAGE 石英石系列

产品编号:F1753B3 Toffee(拖肥)
规格(mm):600×600×11
参考价格(元/片):178.50
参考价格(元/m²):495.80

产品编号:F1753A4 Toffee(拖肥)
规格(mm):600×600×11
参考价格(元/片):187.50
参考价格(元/m²):520.80

石英石系列备选颜色：

Black(黑金刚)　　Green(绿色)

Gray(深灰)　　Ovaltine(阿华田)

Beige(杏色)　　Pearl(灰白)

产品编号:F1757A2 Toffee(拖肥)
规格(mm):600×300×11
参考价格(元/片):129.90
参考价格(元/m²):721.60

石英石系列另有规格(mm):150×150×11/300×50×11/300×150×11/300×300×11/400×400×12/450×75×11/450×450×11/
600×60×11/600×75×11/600×100×11/600×150×11/600×200×11/800×200×12/800×300×12/800×400×12/800×800×12

石英石系列产品(釉面砖)特性说明

项目	说明							
适用范围	室外地	☑	室外墙	☑	室内地	☑	室内墙	☑
材质	瓷质	☑	半瓷质	☐	陶质	☐	其他	☐
釉面效果	亮光	☐	亚光	☑	凹凸	☐	其他	☐
表面设计	仿古	☐	仿石	☑	仿木	☐	其他	☐
服务项目	特殊规格加工	☑	异型加工	☑	水切割	☑	其他	☐

安拿度石英石系列产品技术参数

吸水率	破坏强度	抗釉裂性	耐磨度	放射性
单个值≤0.6%,平均值≤0.5%	≥1300N	经抗釉裂试验后,釉面无裂纹、无剥落	3级/1500转	符合A类要求

ROCK STONE 扇贝岩系列

产品编号:F2014 Grey(深灰色)
规格(mm):660×375×11
参考价格(元/片):81.00
参考价格(元/m²):327.30

产品编号:F2020 Grey(深灰色)
规格(mm):400×400×11
参考价格(元/片):54.00
参考价格(元/m²):337.50

产品编号:F2058 Grey(深灰色)
规格(mm):300×300×11
参考价格(元/片):32.00
参考价格(元/m²):355.60

扇贝岩系列备选颜色：

Nero(黑色)

Beige(杏色)

Bianco(白色)

扇贝岩系列产品(釉面砖)特性说明　　　　　　　　　　　　扇贝岩系列另有规格(mm):600×300×11

项目	说明							
适用范围	室外地	☑	室外墙	☑	室内地	☑	室内墙	☑
材质	瓷质	☑	半瓷质	☐	陶质	☐	其他	☐
釉面效果	亮光	☐	亚光	☑	凹凸	☑	其他	☐
表面设计	仿古	☐	仿石	☑	仿木	☐	其他	☐
服务项目	特殊规格加工	☑	异型加工	☑	水切割	☐	其他	☐

安拿度扇贝岩系列产品技术参数

吸水率	破坏强度	抗釉裂性	耐磨度	放射性
单个值≤0.6%,平均值≤0.5%	≥1300N	经抗釉裂试验后,釉面无裂纹、无剥落	4级/1500转	符合A类要求

⚠ 注意:由于印刷关系,可能与实际产品的颜色有所差异,选用时请以实物颜色为准。

深圳市安拿度陶瓷有限公司
地址：广东省南莊华夏陶瓷城陶博大道28号
邮编：528061

RAINBOW STONE 电波石系列

采用安拿度电波石系列产品铺贴效果

产品编号：F2115/45F2115/33F2115 Blu(蓝色)
规格(mm)：600×600×11/450×450×11/300×300×11
参考价格(元/片)：121.50/81.60/38.70
参考价格(元/m²)：337.50/403.00/430.00

产品编号：36F2115 Blu(蓝色)
规格(mm)：600×300×11
参考价格(元/片)：72.00
参考价格(元/m²)：400.00

产品编号：F2115D3 Blu(蓝色)
规格(mm)：600×150×11
参考价格(元/片)：56.40
参考价格(元/m²)：626.60

产品编号：F2115D1 Blu(蓝色)
规格(mm)：600×100×11
参考价格(元/片)：37.80
参考价格(元/m²)：630.00

电波石系列备选颜色：

Nero(黑色)　　Olive(橄榄绿)　　Golden(金杏色)　　Vanilla(云呢拿)　　Bianco(白色)

电波石系列产品(釉面砖)特性说明

项目	说明							
适用范围	室外地	☑	室外墙	☑	室内地	☑	室内墙	☑
材质	瓷质	☑	半瓷质	☐	陶质	☐	其他	☐
釉面效果	亮光	☐	亚光	☑	凹凸	☐	其他	☐
服务项目	特殊规格加工	☑	异型加工	☑	水切割	☑	其他	☐

※安拿度电波石系列产品技术参数见右页。

⚠ 注意：由于印刷关系，可能与实际产品的颜色有所差异，选用时请以实物颜色为准。

电话:0757-85390633
传真:0757-85390630/85394253
服务热线:00852-23913059/0757-85390633

网址:www.onnaceramic.com
E-mail:onnaceramiche@libero.it/
onna@onnaceramic.com

品牌国别:意大利
生产地区:中国

安拿度

TOP STONE 高山石系列

产品编号:F2120 Maple(棕啡色)
规格(mm):600×600×10
参考价格(元/片):106.50
参考价格(元/m²):295.80

产品编号:36F2120M5
Maple(棕啡色)
规格(mm):300×600×10
参考价格(元/片):115.50
参考价格(元/m²):641.70

产品编号:33F2120M7
Maple(棕啡色)
规格(mm):300×300×10
参考价格(元/片):43.50
参考价格(元/m²):483.30

产品编号:33F2120M3
Maple(棕啡色)
规格(mm):300×300×10
参考价格(元/片):43.50
参考价格(元/m²):483.30

产品编号:36F2120 Maple(棕啡色)
规格(mm):600×300×10
参考价格(元/片):57.90
参考价格(元/m²):321.70

产品编号:F2120D3 Maple(棕啡色)
规格(mm):600×150×10
参考价格(元/片):32.40
参考价格(元/m²):360.00

产品编号:F2120D1 Maple(棕啡色)
规格(mm):600×100×10
参考价格(元/片):21.60
参考价格(元/m²):360.00

产品编号:L1700 Maple(棕啡色) 花砖
规格(mm):600×100×10
参考价格(元/片):52.00
参考价格(元/m²):866.70

采用安拿度高山石系列产品铺贴效果

高山石系列备选颜色:

Brown(啡色)

Cloudy(灰色)

Beige(杏色)

Bianco(白色)

高山石系列产品(釉面砖)特性说明

项目	说明						
适用范围	室外地	☑	室外墙	☑	室内地	☑	室内墙	☑
材 质	瓷质	☑	半瓷质	☐	陶质	☐	其他	☐
釉面效果	亮光	☐	亚光	☑	凹凸	☐	其他	☐
表面设计	仿古	☐	仿石	☑	仿木	☐	其他	☐
服务项目	特殊规格加工	☑	异型加工	☑	水切割	☐	其他	☐

高山石系列另有规格(mm):450×450×10

安拿度高山石系列/电波石系列产品技术参数

吸水率	破坏强度	边直度	直角度	边弯曲度	抗热震性	耐磨度	莫氏硬度	耐污染性	抗冻性	抗釉裂性	放射性
平均值≤0.5%,最大值≤0.6%	厚度>7.5mm,平均值≥1300N	±0.3%	±0.3%	±0.3%	10次热循环不裂(15~145℃)	3级/750转	>5	不低于3级	100次冻融循环不裂(-5~+5℃)	500KPa压力下2h,1次无裂纹	符合A类要求

⚠ 注意:由于印刷关系,可能与实际产品的颜色有所差异,选用时请以实物颜色为准。

深圳市安拿度陶瓷有限公司
地址:广东省南庄华夏陶瓷城陶博大道28号
邮编:528061

JUNGLE WOOD 森林木系列

产品编号:F2175
Spring wood(春木)
规格(mm):600×1200×12.5
参考价格(元/片):345.60
参考价格(元/m²):480.00

产品编号:45F2175
Spring wood(春木)
规格(mm):450×1200×12.5
参考价格(元/片):259.20
参考价格(元/m²):480.00

产品编号:F2175D5 Spring wood(春木)
规格(mm):1200×200×12.5
参考价格(元/片):127.20
参考价格(元/m²):530.00

产品编号:F2175D3 Spring wood(春木)
规格(mm):1200×150×12.5
参考价格(元/片):95.40
参考价格(元/m²):530.00

产品编号:F2175D1 Spring wood(春木)
规格(mm):1200×100×12.5
参考价格(元/片):66.00
参考价格(元/m²):550.00

采用安拿度森林木系列产品铺贴效果

森林木系列有以下四款可供选择:

Spring wood(春木)

Summer wood(夏木)

Autumn wood(秋木)

Winter wood(冬木)

森林木系列产品(釉面砖)特性说明

项目	说明							
适用范围	室外地	☑	室外墙	☑	室内地	☑	室内墙	☑
材质	瓷质	☑	半瓷质	☐	陶质	☐	其他	☐
釉面效果	亮光	☐	亚光	☑	凹凸	☐	其他	☐
表面设计	仿古	☐	仿石	☐	仿木	☑	其他	☐
服务项目	特殊规格加工	☑	异型加工	☑	水切割	☐	其他	☐

※如需安拿度森林木系列产品技术参数请咨询厂商。

⚠ 注意:由于印刷关系,可能与实际产品的颜色有所差异,选用时请以实物颜色为准。

电话:0757-85390633
传真:0757-85390630/85394253
服务热线:00852-23913059/0757-85390633

网址:www.onnaceramic.com
E-mail:onnaceramiche@libero.it/
onna@onnaceramic.com

品牌国别:意大利
生产地区:中国

安拿度

ANTIQUE STONE 古董石系列

采用安拿度古董石系列Almond(杏色)产品铺贴效果

古董石系列产品(釉面砖)特性说明

古董石系列另有规格(mm):150×150×11/300×300×11/
450×450×11/600×100×11/600×150×11/600×300×11

项目	说明						
材 质	瓷质	☑	半瓷质	☐	陶质	☐	其他 ☐
釉面效果	亮光	☐	亚光	☑	凹凸	☐	其他 ☐
表面设计	仿古	☐	仿石	☑	仿木	☐	其他 ☐
服务项目	特殊规格加工	☑	异型加工	☐	水切割	☐	其他 ☐

※如需安拿度古董石系列产品技术参数请咨询厂商。

产品编号:F2145 Fox(云灰雾)
室内外墙地砖
规格(mm):600×600×11
参考价格(元/片):121.50
参考价格(元/m²):337.50

产品编号:F2146 Cloudy(黑云色)
室内外墙地砖
规格(mm):600×600×11
参考价格(元/片):121.50
参考价格(元/m²):337.50

产品编号:F2147 Marron(啡色)
室内外墙地砖
规格(mm):600×600×11
参考价格(元/片):121.50
参考价格(元/m²):337.50

产品编号:F2148 Almond(杏色)
室内外墙地砖
规格(mm):600×600×11
参考价格(元/片):121.50
参考价格(元/m²):337.50

产品编号:L1707 Almond(杏色)
腰线
规格(mm):550×50×11
参考价格(元/片):30.00

产品编号:AHS Almond(杏色)
角砖
规格(mm):50×50×11
参考价格(元/片):30.00

厂商简介:安拿度陶瓷由意大利ONNA CERAMICHE 拥有及投资,以生产高档瓷砖产品为主,每天生产量高达10,000m²,安拿度的要求是:生产出比要求更高的瓷砖精品。安拿度的产品70%以上销售到世界大部分发达国家,产品款式及质量受到了美国、加拿大、意大利、比利时、日本、韩国等国家客户的一致好评。安拿度品牌在这些国家设立了产品代理制,严谨地保护了市场及客户的利益。ONNA CERAMICHE 要向国外市场证明:中国也有高品质的瓷砖产品,中国也有经营理念与世界先进国家经营理念一致的品牌。ONNA 品牌在国内高档市场也同样受到热烈的欢迎与认同,各大城市客户争相开设了专卖店,安拿度禀承一贯保护市场的作风,一律每个地区只设一个代理商。安拿度始终坚持这样的理念:让消费者得到最好的产品,坚持不做以货就价的低质量、低价格竞争以保持良好的国际声誉。

各地联系方式:

意大利公司/工厂
Company&Factory
Address:GALLERIA MARCONI ,1
40122, BLN ITALY.
Telephone:0039-051270438
Fax:0039-0512969898
E-mail:onnaceramiche@libero.it

全球销售中心
地址:香港九龙旺角弼街28号
恒通建材广场1楼13号
电话:00852-23913059/23912394
传真:00852-23912143/28651296
网址:www.onnaceramic.com
E-mail:onnasz@hotmail.com/
onna@onnaceramic.com

北美办公室
North America Office
Address:50 Weybright Court,
Unit 33,Scarborough,Ontario,
MIS 4E4,Canada
Tel:001-416-3213238
Fax:001-416-5020684

中国广东
地址:广东省深圳南庄华夏陶瓷城
陶博大道28号
电话:0757-85390633
传真:0757-85390630/85394253
网址:www.onnaceramic.com
E-mail:onnasz@hotmail.com

代表工程:广州新机场 深圳香蜜中央会所 深圳国际会议中心银谷别墅 成都市政府大楼 海口黄金海岸花园 济南舜风世纪花园 济南水云阁商务会馆 西安华山莲花山庄 广州培英中学 广州南方电力大厦

质量认证:CCC认证　　执行标准:美国ASTM标准

⚠ 注意:由于印刷关系,可能与实际产品的颜色有所差异,选用时请以实物颜色为准。

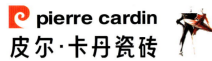

浙江荣联陶瓷工业有限公司
地址：浙江省海盐县经济开发区海兴东路55号
邮编：314300

翡翠系列

电话:0573-6129456
传真:0573-6129465
网址:www.roma.com.cn
E-mail:roma@mail.roma.com.cn
品牌国别:中国
生产地区:中国

翡翠系列

产品编号:PGA01 室内墙地砖
规格(mm):300×300×11
参考价格(元/片):20.45
参考价格(元/m²):227.20

产品编号:PGB01 室内墙地砖
规格(mm):300×300×11
参考价格(元/片):80.00

产品编号:PGC01 室内墙地砖
规格(mm):300×300×11
参考价格(元/片):98.00

采用皮尔卡丹翡翠系列产品铺贴效果

产品编号:PGA02 室内墙地砖
规格(mm):300×300×11
参考价格(元/片):20.45
参考价格(元/m²):227.20

产品编号:PGB02 室内墙地砖
规格(mm):300×300×11
参考价格(元/片):80.00

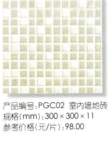
产品编号:PGC02 室内墙地砖
规格(mm):300×300×11
参考价格(元/片):98.00

产品编号:PGA03 室内墙地砖
规格(mm):300×300×11
参考价格(元/片):20.45
参考价格(元/m²):227.20

产品编号:PGB03 室内墙地砖
规格(mm):300×300×11
参考价格(元/片):80.00

产品编号:PGC03 室内墙地砖
规格(mm):300×300×11
参考价格(元/片):98.00

产品编号:PGX01 室内墙砖
规格(mm):300×300×11
参考价格(元/片):88.00

产品编号:PGX03 室内墙砖
规格(mm):300×300×11
参考价格(元/片):88.00

产品编号:GISG02C 腰线
规格(mm):300×55×11
参考价格(元/片):40.00

产品编号:GIX01-花1 腰线
规格(mm):300×73×12.5
参考价格(元/片):45.00

产品编号:GIX01-花2 腰线
规格(mm):300×73×12.5
参考价格(元/片):45.00

产品编号:GIX01-花3 腰线
规格(mm):300×73×12.5
参考价格(元/片):45.00

产品编号:GIX01-花4 腰线
规格(mm):300×73×12.5
参考价格(元/片):45.00

产品编号:GIX03-花1 腰线
规格(mm):300×73×12.5
参考价格(元/片):45.00

产品编号:GIX03-花2 腰线
规格(mm):300×73×12.5
参考价格(元/片):45.00

产品编号:GIX03-花3 腰线
规格(mm):300×73×12.5
参考价格(元/片):45.00

产品编号:GIX03-花4 腰线
规格(mm):300×73×12.5
参考价格(元/片):45.00

翡翠系列产品(釉面砖)特性说明

项目	说明							
材 质	材 质	☐	半瓷质	☐	陶 质	☑	其 他	☐
釉面效果	亮 光	☑	亚 光	☐	凹 凸	☐	其 他	☐
表面设计	仿 古	☐	仿 木	☐	仿金属	☐	仿马赛克	☑
服务项目	特殊规格加工	☑	异型加工	☐	定制配件	☐	其 他	☐

※皮尔卡丹翡翠系列产品技术参数见布艺系列产品技术参数表格。

 注意:由于印刷关系,可能与实际产品的颜色有所差异,选用时请以实物颜色为准。

pierre cardin
皮尔·卡丹瓷砖

浙江荣联陶瓷工业有限公司
地址：浙江省海盐县经济开发区海兴东路55号
邮编：314300

精雕细琢系列 产品规格为45mm×45mm×6.8mm×36片

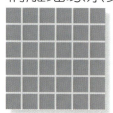

产品编号：GGP08B 室内墙砖
规格(mm)：300×300×6.8
参考价格(元/才)：10.50
参考价格(元/m²)：120.00

产品编号：GG-07B 室内墙砖
规格(mm)：300×300×6.8
参考价格(元/才)：10.50
参考价格(元/m²)：120.00

产品编号：GGX07B-花1 室内墙砖
规格(mm)：300×300×8
参考价格(元/才)：80.00

产品编号：GGX07B-花2 室内墙砖
规格(mm)：300×300×8
参考价格(元/才)：80.00

产品编号：GGX07B-花3 室内墙砖
规格(mm)：300×300×8
参考价格(元/才)：80.00

产品编号：GGY08B-花1 室内墙砖
规格(mm)：300×300×8
参考价格(元/才)：80.00

产品编号：GGY08B-花2 室内墙砖
规格(mm)：300×300×8
参考价格(元/才)：80.00

产品编号：GGY08B-花3 室内墙砖
规格(mm)：300×300×8
参考价格(元/才)：80.00

采用皮尔卡丹精雕细琢系列产品铺贴效果

精雕细琢系列产品(釉面砖)特性说明

项目	说明							
材质	瓷质	☑	半瓷质	☐	陶质	☐	其他	☐
釉面效果	亮光	☐	亚光	☑	凹凸	☐	其他	☐
表面设计	仿古	☐	仿木	☐	仿金属	☐	仿马赛克	☑
服务项目	特殊规格加工	☑	异型加工	☐	定制配件	☐	其他	☐

皮尔卡丹精雕细琢系列产品技术参数

吸水率	破坏强度	断裂模数	长宽度	厚度	抗釉裂性	抗冻性	表面平整度	耐酸碱性	放射性	防静电	耐磨度
≤0.3%	≥1200N	≥45MPa	±0.5mm	±0.3mm	20次循环不裂	100次不裂	0.0~0.3mm	GLA级	符合A类要求	符合国家标准	符合国家标准

 注意：由于印刷关系，可能与实际产品的颜色有所差异，选用时请以实物颜色为准。

电话:0573-6129456
传真:0573-6129465

网址:www.roma.com.cn
E-mail:roma@mail.roma.com.cn

品牌国别:中国
生产地区:中国

皮尔卡丹

颠覆系列

采用皮尔卡丹颠覆系列产品铺贴效果

产品编号:GJA02 室内墙地砖
规格(mm):600×300×11
参考价格(元/片):43.67
参考价格(元/m²):242.81

产品编号:GJB02 室内墙地砖
规格(mm):600×300×11
参考价格(元/片):43.67
参考价格(元/m²):242.81

产品编号:JGB02 室内墙地砖
规格(mm):300×300×11
参考价格(元/片):20.45
参考价格(元/m²):227.20

颠覆系列产品(釉面砖)特性说明

项目	说明							
材　质	瓷质	☑	半瓷质	☐	陶质	☐	其他	☐
釉面效果	亮光	☐	亚光	☑	凹凸	☐	其他	☐
表面设计	仿古	☑	仿木	☐	仿金属	☐	其他	☐
服务项目	特殊规格加工	☐	异型加工	☑	定制配件	☐	其他	☐

※皮尔卡丹颠覆系列产品技术参数见布艺系列产品技术参数表格。

产品编号:G2SJ02C 腰线
规格(mm):300×43×11
参考价格(元/片):43.00

注意:由于印刷关系,可能与实际产品的颜色有所差异,选用时请以实物颜色为准。

pierre cardin
皮尔·卡丹瓷砖

浙江荣联陶瓷工业有限公司
地址:浙江省海盐县经济开发区海兴东路55号
邮编:314300

布艺系列

产品编号:GJB03 室内墙地砖
规格(mm):600×300×11
参考价格(元/片):43.67
参考价格(元/m²):242.81

产品编号:JGB03 室内墙地砖
规格(mm):300×300×11
参考价格(元/片):20.45
参考价格(元/m²):227.20

产品编号:GJA03 室内墙地砖
规格(mm):300×600×11
参考价格(元/片):43.67
参考价格(元/m²):242.81

产品编号:JGA03 室内墙地砖
规格(mm):300×300×11
参考价格(元/片):20.45
参考价格(元/m²):227.20

产品编号:PRX03 腰线
规格(mm):300×65×12.5
参考价格(元/片):41.80

采用皮尔卡丹布艺系列产品铺贴效果

布艺系列产品(釉面砖)特性说明

项目	说明							
材质	瓷质	☑	半瓷质	☐	陶质	☐	其他	☐
釉面效果	亮光	☐	亚光	☐	凹凸	☑	其他	☐
表面设计	仿古	☐	仿木	☐	仿金属	☐	仿布艺	☑
服务项目	特殊规格加工	☑	异型加工	☑	定制配件	☐	其他	☐

皮尔卡丹布艺系列/翡翠系列/颤覆系列产品技术参数

吸水率	破坏强度	断裂模数	长宽度	长宽度(腰线)	厚度	边直度	直角度	抗釉裂性	抗冻性	表面平整度	耐酸碱性	放射性	防静电	耐磨度
10%~18%	≥800N	≥15MPa	±0.3mm	±0.5mm	±0.3mm	±0.1%	±0.1%	10次循环不裂	100次不裂	-0.2~0.6mm	GLA级	符合A类要求	符合国家标准	符合国家标准

⚠ 注意:由于印刷关系,可能与实际产品的颜色有所差异,选用时请以实物颜色为准。

电话:0573-6129456
传真:0573-6129465

网址:www.roma.com.cn
E-mail:roma@mail.roma.com.cn

品牌国别:中国
生产地区:中国

P 皮尔卡丹

水晶系列

产品编号:PUT09A1 室内墙砖
规格(mm):300×250×9.3
参考价格(元/片):60.00

产品编号:PUT09A2 室内墙砖
规格(mm):300×250×9.3
参考价格(元/片):60.00

产品编号:PUT09A3 室内墙砖
规格(mm):300×250×9.3
参考价格(元/片):60.00

产品编号:PUT09A4 室内墙砖
规格(mm):300×250×9.3
参考价格(元/片):60.00

产品编号:PUT09B1 室内墙砖
规格(mm):300×250×9.3
参考价格(元/片):60.00

产品编号:PUT09B2 室内墙砖
规格(mm):300×250×9.3
参考价格(元/片):60.00

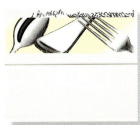

产品编号:PUT09B3 室内墙砖
规格(mm):300×250×9.3
参考价格(元/片):60.00

产品编号:PUP09X 室内墙砖
规格(mm):300×250×9.2
参考价格(元/片):10.09
参考价格(元/m²):134.47

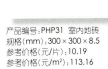

产品编号:PHP31 室内地砖
规格(mm):300×300×8.5
参考价格(元/片):10.19
参考价格(元/m²):113.16

采用皮尔卡丹水晶系列产品铺贴效果

水晶系列产品(釉面砖)特性说明

项目	说明						
材质	瓷质	☐	半瓷质	☑	陶质	☑	其他 ☐
釉面效果	亮光	☑	亚光	☐	凹凸	☐	其他 ☐
服务项目	特殊规格加工	☑	异型加工	☐	定制配件	☐	其他 ☐

※皮尔卡丹水晶系列PHP31材质为半瓷质,其他产品为陶质。

皮尔卡丹水晶系列/新古典系列/简约与浪漫系列产品技术参数

吸水率	破坏强度*	断裂模数*	长宽度*	厚度*	边直度	直角度	抗釉裂性	抗冻性	表面平整度	耐酸碱性	放射性	防静电	耐磨度
10%-18%	≥800N	≥15MPa	±0.5mm	±0.3mm	±0.1%	±0.1%	10次循坏不裂	100次不裂	-0.2~-0.8mm	GLA级	符合A类要求	符合国家标准	国家标准认可

※皮尔卡丹水晶系列/新古典系列/简约与浪漫系列产品技术参数表格中带"*"标记的参数不包括PHP31/PHA01/PHP27三款产品。

 注意:由于印刷关系,可能与实际产品的颜色有所差异,选用时请以实物颜色为准。

pierre cardin
皮尔·卡丹瓷砖

浙江荣联陶瓷工业有限公司
地址:浙江省海盐县经济开发区海兴东路55号
邮编:314300

新古典系列

产品编号:GDT01 腰线
规格(mm):200×45×9
参考价格(元/片):27.50

产品编号:GET01 室内墙砖
规格(mm):200×200×9
参考价格(元/片):38.50

产品编号:GEA01 室内墙砖
规格(mm):200×200×8
参考价格(元/片):5.00
参考价格(元/m²):125.00

产品编号:PHA01 室内地砖
规格(mm):300×300×8.5
参考价格(元/片):20.45
参考价格(元/m²):227.20

采用皮尔卡丹新古典系列产品铺贴效果

新古典系列产品(釉面砖)特性说明　　　　　　　　　　　　　　　　　※皮尔卡丹新古典系列PHA01材质为半瓷质,其他产品为陶质;产品技术参数见水晶系列产品技术参数表格。

项目	说明							
材　质	瓷　质	☐	半瓷质	☑	陶　质	☑	其　他	☐
釉面效果	亮　光	☐	亚　光	☑	凹　凸	☐	其　他	☐
表面设计	仿　古	☐	仿　木	☐	仿金属	☑	其　他	☐
服务项目	特殊规格加工	☑	异型加工	☐	定制配件	☐	其　他	☐

 注意:由于印刷关系,可能与实际产品的颜色有所差异,选用时请以实物颜色为准。

电话:0573-6129456
传真:0573-6129465

网址:www.roma.com.cn
E-mail:roma@mail.roma.com.cn

品牌国别:中国
生产地区:中国

P 皮尔卡丹

简约与浪漫系列

产品编号:P1T08花1 腰线
规格(mm):300×100×12
参考价格(元/片):40.00

产品编号:P1T08花2 腰线
规格(mm):300×100×12
参考价格(元/片):40.00

产品编号:P1T08花3 腰线
规格(mm):300×100×12
参考价格(元/片):40.00

产品编号:PHP27 室内地砖
规格(mm):300×300×8.5
参考价格(元/片):10.19
参考价格(元/m²):113.16

产品编号:PUQ08X 室内墙砖
规格(mm):300×250×9.2
参考价格(元/片):10.49
参考价格(元/m²):139.80

采用皮尔卡丹简约与浪漫系列产品铺贴效果

简约与浪漫系列产品(釉面砖)特性说明

项目	说明								
材 质	瓷质	□	半瓷质	☑	陶质	☑	其他	□
釉面效果	亮光	□	亚光	☑	凹凸	□	其他	□
服务项目	特殊规格加工	☑	异型加工	□	定制配件	□	其他	□

※皮尔卡丹简约与浪漫系列PHP27材质为半瓷质,其他产品为陶质;产品技术参数见水晶系列产品技术参数表格。

厂商简介:由于罗马瓷砖其世界级的高品质获得国际间很高的评价,1991年9月法国设计大师皮尔卡丹将全球第一个"皮尔卡丹瓷砖"品牌,授权台湾罗马瓷砖公司制造,并于2000年7月授权中国大陆生产制造皮尔卡丹瓷砖。大师有言:"瓷砖是建筑物的服装,我相信台湾罗马瓷砖有足够的能力创造出完全忠于'皮尔卡丹服装品位'的瓷砖。"数年来,皮尔卡丹瓷砖就是秉持这个理念,致力于"空间穿着"文化观念的引领。几何图形是皮尔卡丹瓷砖的重要设计灵感来源,稳重、优雅、简洁是其最高的设计原则。

各地联系方式:

北京荣丹建材有限公司
地址:北京市朝阳区
东三环中路丙2号虹景大厦二层
电话:010-65666985
传真:010-65666986
邮编:100022

上海荣丹建材有限公司
地址:上海市杨高南路3298号6号库3-1门
电话:021-51338111
传真:021-51339860
邮编:200126

成都永利建材经营部
地址:四川省成都市外北三环路与川陕公路交汇处
富森美·家居装饰材料批发市场7区1栋9-11号
电话:028-83551200
传真:028-83551500
邮编:610081

质量认证:ISO9001-2000 CCC认证
执行标准:GB/T4100

⚠ 注意:由于印刷关系,可能与实际产品的颜色有所差异,选用时请以实物颜色为准。

佛山市哈伊马角陶瓷有限公司
地址：广东省佛山市江湾二路14号
邮编：528031

采用哈伊马角欧洲梦幻石系列产品铺贴效果

电话:0757-82704818/82706435
传真:0757-82704838
服务热线:0757-82706615

网址:www.rak.com.cn
E-mail:rakceramics@rak.com.cn

品牌国别:阿联酋
生产地区:中国

哈伊马角

采用哈伊马角欧洲梦幻石系列产品铺贴效果

欧洲梦幻石系列

玻化通体室内墙地砖,微粉纹理效果,可提供特殊规格加工、异型加工服务。

产品编号:11P601(抛光)/
11S601(亚光)
规格(mm):600×600×(10±0.3)
参考价格(元/m²):202.94

产品编号:11R601(凹凸)
规格(mm):600×600×(10±0.3)
参考价格(元/m²):202.94

产品编号:11P602(抛光)/
11S602(亚光)
规格(mm):600×600×(10±0.3)
参考价格(元/m²):202.94

产品编号:11R602(凹凸)
规格(mm):600×600×(10±0.3)
参考价格(元/m²):202.94

产品编号:11P603(抛光)/
11S603(亚光)
规格(mm):600×600×(10±0.3)
参考价格(元/m²):202.94

产品编号:11R603(凹凸)
规格(mm):600×600×(10±0.3)
参考价格(元/m²):202.94

产品编号:11P604(抛光)/
11S604(亚光)
规格(mm):600×600×(10±0.3)
参考价格(元/m²):202.94

产品编号:11R604(凹凸)
规格(mm):600×600×(10±0.3)
参考价格(元/m²):202.94

 注意:由于印刷关系,可能与实际产品的颜色有所差异,选用时请以实物颜色为准。

佛山市哈伊马角陶瓷有限公司
地址：广东省佛山市江湾二路14号
邮编：528031

欧洲梦幻石系列

产品编号：11P605（抛光）/
　　　　　11S605（亚光）
规格(mm)：600×600×(10±0.3)
参考价格(元/m²)：222.40

采用哈伊马角欧洲梦幻石系列产品铺贴效果

产品编号：11R605（凹凸）
规格(mm)：600×600×(10±0.3)
参考价格(元/m²)：222.40

产品编号：11P606（抛光）/
　　　　　11S606（亚光）
规格(mm)：600×600×(10±0.3)
参考价格(元/m²)：222.40

产品编号：11P607（抛光）/
　　　　　11S607（亚光）
规格(mm)：600×600×(10±0.3)
参考价格(元/m²)：222.40

产品编号：11P608（抛光）/
　　　　　11S608（亚光）
规格(mm)：600×600×(10±0.3)
参考价格(元/m²)：278.00

产品编号：11P609（抛光）/
　　　　　11S609（亚光）
规格(mm)：600×600×(10±0.3)
参考价格(元/m²)：222.40

产品编号：11R606（凹凸）
规格(mm)：600×600×(10±0.3)
参考价格(元/m²)：222.40

产品编号：11R607（凹凸）
规格(mm)：600×600×(10±0.3)
参考价格(元/m²)：222.40

产品编号：11R608（凹凸）
规格(mm)：600×600×(10±0.3)
参考价格(元/m²)：278.00

产品编号：11R609（凹凸）
规格(mm)：600×600×(10±0.3)
参考价格(元/m²)：222.40

 注意：由于印刷关系，可能与实际产品的颜色有所差异，选用时请以实物颜色为准。

电话:0757-82704818/82706435
传真:0757-82704838
服务热线:0757-82706615

网址:www.rak.com.cn
E-mail:rakceramics@rak.com.cn

品牌国别:阿联酋
生产地区:中国

哈伊马角

欧洲梦幻石系列

采用哈伊马角欧洲梦幻石系列产品铺贴效果

产品编号:11P610(抛光)/
　　　　　11S610(亚光)
规格(mm):600×600×(10±0.3)
参考价格(元/m²):202.94

产品编号:11R610(凹凸)
规格(mm):600×600×(10±0.3)
参考价格(元/m²):202.94

产品编号:11P611(抛光)/
　　　　　11S611(亚光)
规格(mm):600×600×(10±0.3)
参考价格(元/m²):222.40

产品编号:11R611(凹凸)
规格(mm):600×600×(10±0.3)
参考价格(元/m²):222.40

■哈伊马角欧洲梦幻石系列产品表

产品颜色及表面效果	产品编号		规格(mm)		
11P(抛光)	11R(凹凸)	11S(亚光)	800×800	600×600	300×600
			11P801/11S801	11P601/11R601/11S601	11P601/11R601/11S601
				11P602/11R602/11S602	11P602/11R602/11S602
			11P802	11P603/11R603/11S603	11P603/11R603/11S603
			11P803/11S803	11P604/11R604/11S604	11P604/11R604/11S604
				11P605/11R605/11S605	11P605/11R605/11S605
			11P805/11S805	11P606/11R606/11S606	11P606/11R606/11S606
			11P806	11P607/11R607/11S607	11P607/11R607/11S607
				11P608/11R608/11S608	11P608/11R608/11S608
				11P609/11R609/11S609	11P609/11R609/11S609
			11P809/11S809	11P610/11R610/11S610	11P610/11R610/11S610
			11P810/11S810	11P611/11R611/11S611	11P611/11R611/11S611
			11P811/11S811		

※欧洲梦幻石系列另有规格(mm):80×80/80×300/80×600/150×150/150×300/150×600/300×300/400×600

※哈伊马角欧洲梦幻石系列产品技术参数见花岗石系列产品技术参数表格。

 注意:由于印刷关系,可能与实际产品的颜色有所差异,选用时请以实物颜色为准。

佛山市哈伊马角陶瓷有限公司
地址：广东省佛山市江湾二路14号
邮编：528031

欧洲梦幻石系列
墙地砖配件

采用哈伊马角欧洲梦幻石系列配件产品铺贴效果

产品编号：11S606M33
规格(mm)：300×300
参考价格：详细价格请咨询厂商

产品编号：11S606M34
规格(mm)：300×300
参考价格：详细价格请咨询厂商

产品编号：11S606M35
规格(mm)：300×300
参考价格：详细价格请咨询厂商

产品编号：11S606W21S
规格(mm)：300×300
参考价格：详细价格请咨询厂商

产品编号：11S606W63
规格(mm)：300×300
参考价格：详细价格请咨询厂商

产品编号：11S606W64
规格(mm)：300×300
参考价格：详细价格请咨询厂商

产品编号：11S606W65
规格(mm)：300×300
参考价格：详细价格请咨询厂商

产品编号：11S606W66
规格(mm)：300×300
参考价格：详细价格请咨询厂商

产品编号：11S603M33
规格(mm)：300×300
参考价格：详细价格请咨询厂商

产品编号：11S603W21S
规格(mm)：300×300
参考价格：详细价格请咨询厂商

产品编号：11S603W63
规格(mm)：300×300
参考价格：详细价格请咨询厂商

产品编号：11S603W65
规格(mm)：300×300
参考价格：详细价格请咨询厂商

产品编号：11S603W66
规格(mm)：300×300
参考价格：详细价格请咨询厂商

产品编号：11S603M34
规格(mm)：300×300
参考价格：详细价格请咨询厂商

产品编号：11S603M35
规格(mm)：300×300
参考价格：详细价格请咨询厂商

产品编号：11S603 异型
规格(mm)：300×300
参考价格：详细价格请咨询厂商

欧洲梦幻石系列 腰线、踢脚线

规格(mm)：600×120
参考价格：详细价格请咨询厂商

规格(mm)：600×100
参考价格：详细价格请咨询厂商

规格(mm)：600×100
参考价格：详细价格请咨询厂商

规格(mm)：600×100
参考价格：详细价格请咨询厂商

规格(mm)：600×120
参考价格：详细价格请咨询厂商

规格(mm)：600×100
参考价格：详细价格请咨询厂商

规格(mm)：600×100
参考价格：详细价格请咨询厂商

规格(mm)：600×100
参考价格：详细价格请咨询厂商

规格(mm)：600×120
参考价格：详细价格请咨询厂商

规格(mm)：600×100
参考价格：详细价格请咨询厂商

规格(mm)：600×100
参考价格：详细价格请咨询厂商

规格(mm)：600×100
参考价格：详细价格请咨询厂商

规格(mm)：600×120
参考价格：详细价格请咨询厂商

规格(mm)：600×100
参考价格：详细价格请咨询厂商

规格(mm)：600×100
参考价格：详细价格请咨询厂商

规格(mm)：600×100
参考价格：详细价格请咨询厂商

※独特配件造型设计超过100种,可提供特殊规格加工服务,如需砖厚度、产品特性说明请咨询厂商。

 注意：由于印刷关系，可能与实际产品的颜色有所差异，选用时请以实物颜色为准。

电话:0757-82704818/82706435
传真:0757-82704838
服务热线:0757-82706615

网址:www.rak.com.cn
E-mail:rakceramics@rak.com.cn

品牌国别:阿联酋
生产地区:中国

哈伊马角

花岗石系列

玻化通体室内外墙地砖,仿天然花岗石设计,可提供特殊规格加工、异型加工、水切割服务。

产品编号:15P621B4(抛光)/
15R621B4(凹凸)
规格(mm):600×300×(10±0.3)
参考价格:详细价格请咨询厂商

产品编号:15P621(抛光)/
15R621(凹凸)
规格(mm):600×600×(10±0.3)
参考价格(元/m²):350.00

采用哈伊马角花岗石系列产品铺贴效果

产品编号:15P622B4(抛光)/
15R622B4(凹凸)
规格(mm):600×300×(10±0.3)
参考价格:详细价格请咨询厂商

产品编号:15P623B4(抛光)/
15R623B4(凹凸)
规格(mm):600×300×(10±0.3)
参考价格:详细价格请咨询厂商

产品编号:15P624B4(抛光)/
15R624B4(凹凸)
规格(mm):600×300×(10±0.3)
参考价格:详细价格请咨询厂商

产品编号:15P625B4(抛光)/
15R625B4(凹凸)
规格(mm):600×300×(10±0.3)
参考价格:详细价格请咨询厂商

产品编号:15P622(抛光)/
15R622(凹凸)
规格(mm):600×600×(10±0.3)
参考价格(元/m²):403.00

产品编号:15P623(抛光)/
15R623(凹凸)
规格(mm):600×600×(10±0.3)
参考价格(元/m²):403.00

产品编号:15P624(抛光)/
15R624(凹凸)
规格(mm):600×600×(10±0.3)
参考价格(元/m²):350.00

产品编号:15P625(抛光)/
15R625(凹凸)
规格(mm):600×600×(10±0.3)
参考价格(元/m²):350.00

哈伊马角花岗石系列/欧洲梦幻石系列产品技术参数											
吸水率	破坏强度	断裂模数	边直度	直角度	边长偏差	莫氏硬度	表面平整度	耐磨度	耐酸碱性	抗冻性
<0.2%	≥2000N	≥40MPa	±0.06%	±0.1%	±1.0mm	≥6	±0.1%	≤140mm³	ULA·UHA	符合国家标准

注意:由于印刷关系,可能与实际产品的颜色有所差异,选用时请以实物颜色为准。

佛山市哈伊马角陶瓷有限公司
地址:广东省佛山市江湾二路14号
邮编:528031

采用哈伊马角金属砖系列产品铺贴效果

产品编号:FEG5017 室内墙地砖
规格(mm):305×305×6
参考价格(元/片):37.50

产品编号:FEG5018 室内墙地砖
规格(mm):305×305×6
参考价格(元/片):37.50

产品编号:FEG5019 室内墙地砖
规格(mm):305×305×6
参考价格(元/片):37.50

产品编号:FEG5026 室内墙地砖
规格(mm):305×305×6
参考价格(元/片):37.50

产品编号:FEG5020 室内墙地砖
规格(mm):305×305×6
参考价格(元/片):47.00

产品编号:FEG5020X2 踢脚线
规格(mm):305×75×6
参考价格(元/片):20.00

产品编号:FEG5020X1 腰线
规格(mm):305×37×6
参考价格(元/片):14.30

金属砖系列

瓷质釉面砖,闪亮金属釉效果,可提供特殊规格加工、异型加工服务。

产品编号:FEG5027 室内墙地砖
规格(mm):305×305×6
参考价格(元/片):37.50

产品编号:FEG5034 室内墙地砖
规格(mm):305×305×6
参考价格(元/片):37.50

产品编号:FEG5021 室内墙地砖
规格(mm):305×305×6
参考价格(元/片):37.50

产品编号:FEG5022 室内墙地砖
规格(mm):305×305×6
参考价格(元/片):37.50

产品编号:FEG5023 室内墙地砖
规格(mm):305×305×6
参考价格(元/片):37.50

产品编号:FEG5025B1S 室内墙地砖
规格(mm):305×305×6
参考价格(元/片):55.00

产品编号:FEG5024 室内墙地砖
规格(mm):305×305×6
参考价格(元/片):47.00

产品编号:FEG5024X2 踢脚线
规格(mm):305×75×6
参考价格(元/片):20.00

产品编号:FEG5024X1 腰线
规格(mm):305×37×6
参考价格(元/片):14.30

哈伊马角金属砖系列产品技术参数													
吸水率	破坏强度	断裂模数	边直度	直角度	长度	厚度	表面平整度	耐磨度	线性热膨胀系数	抗冲击性	抗釉裂性	耐污染性	抗热震性
≤0.5%	≥1300N	≥40N/mm²	±0.5%	±0.5%	±0.3%	±0.5%	±0.5%	1-2级	≤6.0×10⁻⁶°C⁻¹	符合国家标准	符合国家标准	符合国家标准	经过10次抗热震试验不出现炸裂或裂纹

 注意:由于印刷关系,可能与实际产品的颜色有所差异,选用时请以实物颜色为准。

电话:0757-82704818/82706435
传真:0757-82704838
服务热线:0757-82706615

网址:www.rak.com.cn
E-mail:rakceramics@rak.com.cn

品牌国别:阿联酋
生产地区:中国

哈伊马角

原石物语系列
玻化通体室内外墙地砖,仿石设计,可提供特殊规格加工、水切割服务。

产品编号:13R301(黑色)
规格(mm):300×600×(10±0.3)
参考价格(元/m²):305.80

产品编号:13R302(白色)
规格(mm):300×600×(10±0.3)
参考价格(元/m²):278.00

产品编号:13R303(灰色)
规格(mm):300×600×(10±0.3)
参考价格(元/m²):278.00

采用哈伊马角原石物语系列产品铺贴效果

哈伊马角原石物语系列产品技术参数

吸水率	破坏强度	断裂模数	边直度	直角度	长度	厚度	表面平整度
≤0.08%	≥3400N	≥45N/mm²	±0.1%	±0.1%	±0.3%	±0.5%	±0.1%

哈伊马角原石物语系列产品技术参数

抗冲击性	耐磨度	线性热膨胀系数	耐污染性	耐酸碱性	抗热震性
0.86	≤145	≤6.0×10⁻⁶℃⁻¹	5级	ULA·UHA	经过10次抗热震试验不出现炸裂或裂纹

产品编号:13R304(绿色)
规格(mm):300×600×(10±0.3)
参考价格(元/m²):278.00

产品编号:13R305(米色)
规格(mm):300×600×(10±0.3)
参考价格(元/m²):278.00

厂商简介:哈伊马角陶瓷(简称R.A.K.陶瓷)有限公司是一家国际知名的大型陶瓷集团上市公司,由哈伊马角王储于1989年在自己国土上投资,公司投资3.5亿美元,总厂占地面积400万平方米,包括26台压机17条窑炉,日产量高达30万平方米。2004年,R.A.K.陶瓷与美国LATICRETE公司合作创建LATICRETE RAK合资公司。2002年R.A.K.总部在中国投资设厂,将规范的管理、先进的销售模式、完善的服务体系、创新的技术和现代化的设备带到中国,生产最新的抛光砖,以中档价位参与本土陶瓷企业竞争。R.A.K.陶瓷有限公司在捷克、苏丹、孟加拉、中国、印度、伊朗分别设有制造基地;在意大利、德国、法国、美国、英国、瑞士、澳大利亚、比利时、伊朗、中国、中国香港和澳门等地设分公司或办事机构。产品畅销全世界135个国家和地区,年销值超过25亿美元,成为全球第三大陶瓷制造商。

各地联系方式:

上海
地址:上海市凯旋路3021号(文定路口)
电话:021-64275893/13701989046

佛山
地址:广东省佛山市江湾二路14号
电话:0757-82704818/82706502

北京
地址:北京市东土城路十三号楼二单元一层
电话:010-64202039/13701106464

广州
地址:广东省广州市天河美居中心C栋172A座
电话:020-38283926

东莞
地址:广东省东莞市罗沙新兴装饰城新兴路41号
电话:0769-2699692/2699693

天津
地址:天津市黑牛城道29号红星美凯龙国际家居广场一楼8068室
电话:022-88277212/13602065555

深圳
地址:广东省深圳市南山区后海大道海岸明珠花园20号
电话:0755-26480372

厦门
地址:福建省厦门市湖里区江头建材市场东三区103/111/112号
电话:0592-3970533/5555163

大连
地址:辽宁省大连市沙河口五一广场四号大世界家居广场三楼3A~15号
电话:0411-84649678/13804956089

代表工程:北京顺化渡假村 北京华澳二期嘉慧苑 上海帝景苑 上海嘉定F1国际赛车场 上海市规划大楼 天津市公安通管理局大楼 南京路口国际机场 宁波海关大厦 浙江省嘉兴市丰田汽车展厅 重庆市人民大礼堂 成都新时代广场 昆明世博会宾馆 海口人民大会堂 深圳机场

质量认证:CCC认证 英国工业协会ISO9001认证
执行标准:GB/T4100.1-1999

 注意:由于印刷关系,可能与实际产品的颜色有所差异,选用时请以实物颜色为准。

浙江荣联陶瓷工业有限公司
地址：浙江省海盐县经济开发区海兴东路55号
邮编：314300

新潮系列

图中室外墙砖产品信息：
产品编号：FVX2117A/FVX2123A/FVX2124B/FVX1331B
规格(mm)：95×45×6.9
参考价格(元/才)：14.94
参考价格(元/m²)：165.39

图中腰线产品信息：
产品编号：HSU001A1/HSU001A2/HSU001A3/HSU001A4
规格(mm)：300×45×11.5
参考价格(元/片)：24.00

※罗马新潮系列室外墙砖为瓷质釉面砖，腰线为陶质釉面砖，如需产品技术参数信息请咨询厂商。

采用罗马新潮系列产品铺贴效果（室外墙砖内用）

电话:0573-6129456
传真:0573-6129465

网址:www.roma.com.cn
E-mail:roma@mail.roma.com.cn

品牌国别:中国
生产地区:中国

御石系列 半瓷质釉面砖。

产品编号:BIA01 室外墙砖
规格(mm):215×60×9
参考价格(元/片):1.56
参考价格(元/m²):120.00

产品编号:BIA02 室外墙砖
规格(mm):215×60×9
参考价格(元/片):1.56
参考价格(元/m²):120.00

产品编号:BIA03 室外墙砖
规格(mm):215×60×9
参考价格(元/片):1.56
参考价格(元/m²):120.00

产品编号:BIA04 室外墙砖
规格(mm):215×60×9
参考价格(元/片):1.56
参考价格(元/m²):120.00

产品编号:BIB01 室外墙砖
规格(mm):215×60×9
参考价格(元/片):1.56
参考价格(元/m²):120.00

产品编号:BIB02 室外墙砖
规格(mm):215×60×9
参考价格(元/片):1.56
参考价格(元/m²):120.00

产品编号:BIB03 室外墙砖
规格(mm):215×60×9
参考价格(元/片):1.56
参考价格(元/m²):120.00

罗马御石系列产品技术参数						
吸水率	破坏强度	断裂模数	长宽度	厚度	边直度	直角度
0.5%~3.0%	≥1200N	≥30MPa	±0.7mm	±0.3mm	±0.1%	±0.1%

罗马御石系列产品技术参数						
抗釉裂性	抗冻性	表面平整度	耐酸碱性	放射性	防静电	耐磨度
20次循环不裂	100次不裂	-0.2~0.5mm	GLA级	符合A类要求	符合国家标准	符合国家标准

⚠ 注意:由于印刷关系,可能与实际产品的颜色有所差异,选用时请以实物颜色为准。

浙江荣联陶瓷工业有限公司
地址：浙江省海盐县经济开发区海兴东路55号
邮编：314300

光净化瓷砖
瓷质釉面砖，可提供特殊规格加工服务。

产品编号：LMS905 室外墙砖
规格(mm)：145×45×8.2
参考价格(元/片)：1.24
参考价格(元/m²)：164.90

产品编号：LVS054B 室外墙砖
规格(mm)：95×45×6.9
参考价格(元/片)：0.82
参考价格(元/m²)：164.90

产品编号：LVS858 室外墙砖
规格(mm)：95×45×6.9
参考价格(元/片)：0.82
参考价格(元/m²)：164.90

产品编号：LVS001B 室外墙砖
规格(mm)：95×45×6.9
参考价格(元/片)：0.82
参考价格(元/m²)：164.90

产品编号：LVT4106B 室外墙砖
规格(mm)：95×45×6.9
参考价格(元/片)：0.89
参考价格(元/m²)：178.10

产品编号：LVT4107B 室外墙砖
规格(mm)：95×45×6.9
参考价格(元/片)：0.89
参考价格(元/m²)：178.10

罗马光净化瓷砖自洁原理

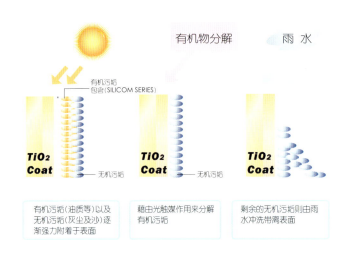

● 超抗菌分解功能

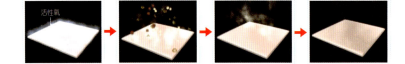

罗马光净化瓷砖产品技术参数											
吸水率	破坏强度	断裂模数	长宽度	厚度	抗釉裂性	抗冻性	表面平整度	耐酸碱性	放射性	防静电	耐磨度
≤0.3%	≥1200N	≥45MPa	±0.5mm	±0.3mm	20次循环不裂	100次不裂	0.0~0.3mm	GLA级	符合A类要求	符合国家标准	符合国家标准

 注意：由于印刷关系，可能与实际产品的颜色有所差异，选用时请以实物颜色为准。

电话:0573-6129456
传真:0573-6129465

网址:www.roma.com.cn
E-mail:roma@mail.roma.com.cn

品牌国别:中国
生产地区:中国

R 罗马

东方情系列

产品编号:BHP273 室内地砖
规格(mm):300×300×8.5
参考价格(元/片):9.39
参考价格(元/m²):104.28

产品编号:BHQ114 室内地砖
规格(mm):300×300×8.5
参考价格(元/片):9.94
参考价格(元/m²):110.39

产品编号:DP-105 室内墙砖
规格(mm):330×250×8.8
参考价格(元/片):9.34
参考价格(元/m²):113.17

产品编号:DPP105 室内墙砖
规格(mm):330×250×8.8
参考价格(元/片):10.22
参考价格(元/m²):123.83

产品编号:FQT105 腰线
规格(mm):330×80×9.7
参考价格(元/片):31.00

产品编号:FPT105 室内墙砖
规格(mm):330×250×9.3
参考价格(元/片):55.00

采用罗马东方情系列产品铺贴效果

东方情系列产品(釉面砖)特性说明

项目	说明							
材质	瓷质	☐	半瓷质	☑	陶质	☑	其他	☐
釉面效果	亮光	☐	亚光	☑	凹凸	☐	其他	☐
服务项目	特殊规格加工	☑	异型加工	☐	定制配件	☐	其他	☐

※罗马东方情系列BHP273/BHQ114材质为半瓷质,其他产品为陶质。

罗马东方情系列产品技术参数

吸水率*	破坏强度*	断裂模数*	长宽度*	厚度*	边直度	直角度	抗釉裂性*	抗冻性	表面平整度	耐酸碱性	放射性	防静电	耐磨度
10% 18%	≥800N	≥15MPa	±0.5mm	±0.3mm	±0.1%	±0.1%	10次循环不裂	100次不裂	0.2~0.6mm	≤LA级	符合A类要求	符合国家标准	符合国家标准

※罗马东方情系列产品技术参数表格中带"*"标记的参数不包括BHP273/BHQ114两款产品。

 注意:由于印刷关系,可能与实际产品的颜色有所差异,选用时请以实物颜色为准。

浙江荣联陶瓷工业有限公司
地址：浙江省海盐县经济开发区海兴东路55号
邮编：314300

抛光砖系列

产品编号：IUX1002L/IUT1002L
规格(mm)：600×600×10/800×800×11.5
参考价格(元/片)：65.00/181.00
参考价格(元/m²)：180.70/282.36

产品编号：IUX1010L/IUT1010L
规格(mm)：600×600×10/800×800×11.5
参考价格(元/片)：77.30/181.00
参考价格(元/m²)：214.89/282.36

产品编号：IUX1011L/IUT1011L
规格(mm)：600×600×10/800×800×11.5
参考价格(元/片)：72.30/181.00
参考价格(元/m²)：200.99/282.36

产品编号：IUX3001L/IUT3001L
规格(mm)：600×600×10/800×800×11.5
参考价格(元/片)：68.30/181.00
参考价格(元/m²)：189.87/282.36

产品编号：IUX3002L/IUT3002L
规格(mm)：600×600×10/800×800×11.5
参考价格(元/片)：75.00/181.00
参考价格(元/m²)：208.50/282.36

产品编号：IUX3003L/IUT3003L
规格(mm)：600×600×10/800×800×11.5
参考价格(元/片)：75.00/181.00
参考价格(元/m²)：208.50/282.36

产品编号：IUX6002L/IUT8002L
规格(mm)：600×600×10/800×800×11.5
参考价格(元/片)：75.00/181.00
参考价格(元/m²)：208.50/282.36

产品编号：IUX6004L/IUT8004L
规格(mm)：600×600×10/800×800×11.5
参考价格(元/片)：75.00/181.00
参考价格(元/m²)：208.50/282.36

产品编号：IUX6006L/IUT8006L
规格(mm)：600×600×10/800×800×11.5
参考价格(元/片)：75.00/181.00
参考价格(元/m²)：208.50/282.36

产品编号：IUX6101L/IUT8101L
规格(mm)：600×600×10/800×800×11.5
参考价格(元/片)：75.00/181.00
参考价格(元/m²)：208.50/282.36

产品编号：IUX6102L/IUT8102L
规格(mm)：600×600×10/800×800×11.5
参考价格(元/片)：75.00/181.00
参考价格(元/m²)：208.50/282.36

产品编号：IUX6103L/IUT8103L
规格(mm)：600×600×10/800×800×11.5
参考价格(元/片)：75.00/181.00
参考价格(元/m²)：208.50/282.36

产品编号：IUX6104L/IUT8104L
规格(mm)：600×600×10/800×800×11.5
参考价格(元/片)：75.00/181.00
参考价格(元/m²)：208.50/282.36

产品编号：IUX6106L/IUT8106L
规格(mm)：600×600×10/800×800×11.5
参考价格(元/片)：75.00/181.00
参考价格(元/m²)：208.50/282.36

产品编号：IUX6182L/IUT8182L
规格(mm)：600×600×10/800×800×11.5
参考价格(元/片)：75.00/181.00
参考价格(元/m²)：208.50/282.36

产品编号：IUX6197L/IUT8197L
规格(mm)：600×600×10/800×800×11.5
参考价格(元/片)：75.00/181.00
参考价格(元/m²)：208.50/282.36

 注意：由于印刷关系，可能与实际产品的颜色有所差异，选用时请以实物颜色为准。

电话:0573-6129456
传真:0573-6129465
网址:www.roma.com.cn
E-mail:roma@mail.roma.com.cn
品牌国别:中国
生产地区:中国

采用罗马抛光砖系列产品铺贴效果

抛光砖系列产品(通体砖)特性说明

项目	说明							
适用范围	室外地	☐	室外墙	☐	室内地	☑	室内墙	☑
材质	瓷质	☑	半瓷质	☐	陶质	☐	其他	☐
表面处理	抛光	☑	亚光	☐	凹凸	☐	其他	☐
服务项目	特殊规格加工	☑	异型加工	☐	水切割	☑	其他	☐

罗马抛光砖系列产品技术参数

吸水率	破坏强度	断裂模数	长宽度	厚度	边直度	直角度	抗热震性	耐磨度	光泽度	抗冻性	表面平整度	耐酸碱性	放射性	防静电
≤0.2%	≥2500N	40MPa	±0.5mm	±0.3mm	±0.1%	±0.1%	20次循环不裂	≤140mm³	≥60	100次不裂	-0.3~0.5mm	不低于UA级	符合A类要求	符合国家标准

厂商简介:1974年罗马瓷砖以台湾第一片彩色瓷砖实现了彩色生活空间的梦想。1994年进军中国大陆,经过持续的开发创新,引进日本、西德和意大利闻名的外墙和室内装饰砖设备与技术,将纳米技术与瓷砖结合推出罗马"光净化"瓷砖,展现了最尖端的瓷砖制造力。罗马瓷砖是亚洲惟一拥有生产多功能用途瓷砖的专业性工厂,将空间素材延伸至公共空间及商业空间用砖,且具有高耐冻热、耐强酸碱、抗折射等高科技瓷砖产品,更将罗马瓷砖的生产力推向顶峰。

各地联系方式:

北京分公司
地址:北京市朝阳区东三环中路丙2号虹景大厦二层
电话:010-65667135
传真:010-65667132

上海分公司
地址:上海市天山路600弄2号捷运大厦3FA座
电话:021-62287887
传真:021-62735882

广州分公司
地址:广东省广州市宝岗大道263-273号宝岗城综合商场写字楼北塔819室
电话:020-84391720
传真:020-84391475

深圳经营部
地址:广东省深圳市福田区石厦北一街信托花园9B102室
电话:0755-83550506
传真:0755-83550203

苏州经营部
地址:江苏省苏州市临顿路248号
电话:0512-67779890
传真:0512-67706876

杭州经营部
地址:浙江省杭州市艮山路128~130号三楼(杭州公交二公司对面)
电话:0571-86635346
传真:0571-86635343

南京经营部
地址:江苏省南京市建邺区白鹭花园莺歌苑61号
电话:025-86427785
传真:025-86427894

天津经营部
地址:天津市河西区小珠江道59号
电话:022-88227248
传真:022-88227248

沈阳经营部
地址:辽宁省沈阳市铁西区南6西路35号332室
电话:024-85731740
传真:024-85731671

青岛经营部
地址:山东省青岛市四方区兴隆路125号
电话:0532-3758016
传真:0532-3758002

代表工程:日本京町堀 上海浦东世纪花园 上海第一中级人民法院 北京建外SOHO 北京联想大厦 秦皇岛奥运体育馆 北京流星花园 北京乐府江南 济南、天津、南宁阳光100 深圳金地网球花园

质量认证:ISO9001-2000 执行标准:GB/T4100

⚠ 注意:由于印刷关系,可能与实际产品的颜色有所差异,选用时请以实物颜色为准。

SANFI CERAMICS 兴辉陶瓷
品 质 • 和 谐 • 人 居

佛山市兴辉陶瓷有限公司
地址：广东省佛山市南海西樵镇科技工业园
邮编：528211

晶花芙蓉系列

电话:0757-82718199
传真:0757-82718966
服务热线:0757-82718199

网址:www.xinghuichina.com
E-mail:export@xinghuichina.com

品牌国别:中国
生产地区:中国

晶花芙蓉系列
本系列另有规格(mm):300×600/600×600/1000×1000

产品编号:HP-0805
规格(mm):800×800×11
参考价格(元/片):426.00
参考价格(元/m²):665.03

产品编号:HP-0803
规格(mm):800×800×11
参考价格(元/片):426.00
参考价格(元/m²):665.63

产品编号:HP-0810
规格(mm):800×800×11
参考价格(元/片):590.00
参考价格(元/m²):921.88

采用兴辉晶花芙蓉系列产品铺贴效果

晶花芙蓉系列产品(通体砖)特性说明

项目	说明							
适用范围	室外地	□	室外墙	☑	室内地	☑	室内墙	☑
材质	瓷质	☑	半瓷质	□	陶质	□	其他	□
表面处理	抛光	☑	亚光	□	凹凸	□	其他	□
表面设计	仿古	□	仿石	☑	仿木	□	其他	□
服务项目	特殊规格加工	□	异型加工	□	水切割	□	定制配件	☑

※兴辉晶花芙蓉系列产品技术参数见通体砖产品技术参数表格。

⚠ 注意:由于印刷关系,可能与实际产品的颜色有所差异,选用时请以实物颜色为准。

凌波石系列
本系列另有规格(mm):600×600/1000×1000

产品编号:HY-0801
规格(mm):800×800×11
参考价格(元/片):146.00
参考价格(元/m²):228.13

产品编号:HY-0803
规格(mm):800×800×11
参考价格(元/片):146.00
参考价格(元/m²):228.13

产品编号:HY-0805
规格(mm):800×800×11
参考价格(元/片):146.00
参考价格(元/m²):228.13

采用兴辉凌波石系列HY-0801产品铺贴效果

玲珑石系列
本系列另有规格(mm):600×600/1000×1000

产品编号:HF-0801
规格(mm):800×800×11
参考价格(元/片):146.00
参考价格(元/m²):228.13

产品编号:HF-0802
规格(mm):800×800×11
参考价格(元/片):146.00
参考价格(元/m²):228.13

产品编号:HF-0803
规格(mm):800×800×11
参考价格(元/片):146.00
参考价格(元/m²):228.13

产品编号:HF-0804
规格(mm):800×800×11
参考价格(元/片):146.00
参考价格(元/m²):228.13

产品编号:HF-0805
规格(mm):800×800×11
参考价格(元/片):146.00
参考价格(元/m²):228.13

采用兴辉玲珑石系列HF-0801产品铺贴效果

※兴辉凌波石系列/玲珑石系列产品特性说明见冰玉石系列产品特性说明表格。

注意:由于印刷关系,可能与实际产品的颜色有所差异,选用时请以实物颜色为准。

电话:0757-82718199
传真:0757-82718966
服务热线:0757-82718199

网址:www.xinghuichina.com
E-mail:export@xinghuichina.com

品牌国别:中国
生产地区:中国

冰玉石系列
本系列另有规格(mm):600×600/1000×1000

产品编号:HC-0814
规格(mm):800×800×11
参考价格(元/片):123.00
参考价格(元/m²):192.20

产品编号:HC-0816
规格(mm):800×800×11
参考价格(元/片):123.00
参考价格(元/m²):192.20

产品编号:HC-0817
规格(mm):800×800×11
参考价格(元/片):123.00
参考价格(元/m²):192.20

采用兴辉冰玉石系列产品铺贴效果

天姿石系列
本系列另有规格(mm):600×600/1000×1000

天姿石系列HK-0801参考装饰效果

产品编号:HK-0801
规格(mm):800×800×11
参考价格(元/片):105.00
参考价格(元/m²):164.06

采用兴辉天姿石系列HK-0807产品铺贴效果

产品编号:HK-0802
规格(mm):800×800×11
参考价格(元/片):105.00
参考价格(元/m²):164.06

产品编号:HK-0807
规格(mm):800×800×11
参考价格(元/片):105.00
参考价格(元/m²):164.06

冰玉石系列/天姿石系列/凌波石系列/玲珑石系列产品(通体砖)特性说明

项目	说明							
适用范围	室外地	□	室外墙	☑	室内地	☑	室内墙	☑
材质	瓷质	☑	半瓷质	□	陶质	□	其他	□
表面处理	抛光	☑	亚光	□	凹凸	□	其他	□
表面设计	仿古	□	仿石	☑	仿木	□	其他	□
服务项目	特殊规格加工	□	异型加工	□	水切割	□	定制配件	☑

※兴辉凌波石系列/玲珑石系列/冰玉石系列/天姿石系列产品技术参数见通体砖产品技术参数表格。

注意:由于印刷关系,可能与实际产品的颜色有所差异,选用时请以实物颜色为准。

佛山市兴辉陶瓷有限公司
地址：广东省佛山市南海西樵镇科技工业园
邮编：528211

恒彩石系列
本系列另有规格(mm)：500×500/600×600/1000×1000

产品编号：HW-0805
规格(mm)：800×800×11
参考价格(元/片)：115.00
参考价格(元/m²)：179.70

产品编号：HW-0808
规格(mm)：800×800×11
参考价格(元/片)：115.00
参考价格(元/m²)：179.70

产品编号：HW-0813
规格(mm)：800×800×11
参考价格(元/片)：115.00
参考价格(元/m²)：179.70

采用兴辉恒彩石系列 HW-0813产品铺贴效果

梦幻微粉系列
本系列另有规格(mm)：600×600/1000×1000

产品编号：HM-0804
规格(mm)：800×800×11
参考价格(元/片)：133.00
参考价格(元/m²)：207.81

产品编号：HM-0805
规格(mm)：800×800×11
参考价格(元/片)：133.00
参考价格(元/m²)：207.81

幻云石系列
本系列另有规格(mm)：500×500/800×800/1000×1000

产品编号：HA-0611
规格(mm)：600×600×10
参考价格(元/片)：34.00
参考价格(元/m²)：94.50

产品编号：HA-0612
规格(mm)：600×600×10
参考价格(元/片)：34.00
参考价格(元/m²)：94.50

微晶钻系列
本系列另有规格(mm)：600×600/1000×1000

产品编号：HE-0801
规格(mm)：800×800×11
参考价格(元/片)：123.00
参考价格(元/m²)：192.20

采用兴辉微晶钻系列产品铺贴效果

采用兴辉幻云石系列产品铺贴效果

恒彩石系列/梦幻微粉系列/微晶钻系列/幻云石系列/纯色砖系列产品(通体砖)特性说明

项目	说明							
适用范围	室外地	☐	室外墙	☑	室内地	☑	室内墙	☑
材质	瓷质	☑	半瓷质	☐	陶质	☐	其他	☐
表面处理	抛光	☑	亚光	☐	凹凸	☐	其他	☐
表面设计	仿古	☐	仿石	☑	仿木	☐	其他	☐
服务项目	特殊规格加工	☐	异型加工	☐	水切割	☐	定制配件	☑

※兴辉恒彩石系列/梦幻微粉系列/微晶钻系列/幻云石系列/纯色砖系列产品技术参数见通体砖产品技术参数表格。

⚠ 注意：由于印刷关系，可能与实际产品的颜色有所差异，选用时请以实物颜色为准。

电话:0757-82718199
传真:0757-82718966
服务热线:0757-82718199

网址:www.xinghuichina.com
E-mail:export@xinghuichina.com

品牌国别:中国
生产地区:中国

纯色砖系列   本系列另有规格(mm):800×800

产品编号:HS-0600
规格(mm):600×600×10
参考价格(元/片):56.00
参考价格(元/m²):155.56

产品编号:HS-0601
规格(mm):600×600×10
参考价格(元/片):57.00
参考价格(元/m²):158.33

产品编号:HS-0603
规格(mm):600×600×10
参考价格(元/片):50.00
参考价格(元/m²):138.89

产品编号:HS-0606
规格(mm):600×600×10
参考价格(元/片):75.00
参考价格(元/m²):208.33

产品编号:HS-0607
规格(mm):600×600×10
参考价格(元/片):112.00
参考价格(元/m²):175.00

产品编号:HS-0608
规格(mm):600×600×10
参考价格(元/片):87.00
参考价格(元/m²):123.70

采用兴辉纯色砖系列产品铺贴效果

※兴辉纯色砖系列产品特性说明见恒彩石系列产品特性说明表格。

兴辉通体砖产品技术参数

吸水率	破坏强度	断裂模数	边长	厚度	边直度	中心弯曲度	耐酸碱性	急冷急热性	耐磨度	抗冻性	光泽度	耐日用化学品游泳池用盐
≤0.2%	≥1700N	≥38MPa	±0.6mm	±4%	±0.12%	±0.1%	ULA·UHA	符合国家标准	≤160	符合国家标准	≥58	UA

厂商简介:佛山市兴辉陶瓷有限公司创建于2003年,是广东兴发集团有限公司下属企业,座落在美丽的珠江三角洲腹地——佛山市南海区西樵科技工业园内,公司占地面积800多亩,总投资5亿元。在强手林立的南国陶都,兴辉陶瓷不仅继承了佛山陶瓷的优良传统,更吸收了当今世界陶瓷业的先进技术,专注于高品质陶瓷产品的生产。兴辉陶瓷凭藉先进设备和高新技术,不断地实践"科技缔造新我"的理念,其优良的产品质量以及强意识的销售服务理念,使其迅速上升为佛山陶瓷产区的标志性品牌之一。工厂整体规划15条现代化生产线,专业生产新型环保陶瓷,全部生产线顺利投产后预计产值10多亿元。从投产的第一天开始,就已实现无废水、无烟、无粉尘生产,一改传统陶瓷生产的旧貌,真正实现绿色环保生产。

各地联系方式:

北京·天津丰源陶瓷有限公司
地址:天津市塘沽区滨海陶瓷市场12号库
电话:022-25354011
传真:022-25351441

山东青岛豪田陶瓷有限公司
地址:山东省青岛市崂山区高科园装饰城
电话:0532-86015848
传真:0532-86015848

武汉市金鸡山陶瓷
地址:湖北省武汉市汉西货场五库24门
电话:027-50330888
传真:027-83889540

上海迪源实业发展有限公司
地址:上海市杨高南路1998号
电话:021-50896995
传真:021-50896993

福建鹏兴建材有限公司
地址:福建省晋江磁灶天工菲新路
电话:0595-85835635
传真:0595-85836112

石家庄市裕华区富丽璜建陶精品商行
地址:河北省石家庄市体育南大街怀特装饰城B区1号
电话:0311-85817858
传真:0311-85807063

南京市浦口区垣祥陶瓷总汇
地址:江苏省南京市红太阳装饰城C区918号
电话:025-85058229
传真:025-58851859

深圳市新飞达建材公司
地址:深圳市罗湖区洪湖路三十八号利泰广场104号
电话:0755-25600899
传真:0755-25600899

山西省运城市禹都经济技术开发区天佳实业有限公司
地址:山西省运城市禹都市场十三区1-9号
电话:0359-2580998
传真:0359-2583228

代表工程:北京首都机场 沈阳航空工业学院 保定市人民日医院 呼和浩特诚信数码大厦 重庆国际会展中心 太原安业集团国美电器城 铁道部第一设计院科研生产楼 郑州博物馆 南阳师范学院 西安863软件园 广州市都市广场 西北大学南校综合楼

质量认证:ISO9001 ISO14001
执行标准:GP-T2001

 注意:由于印刷关系,可能与实际产品的颜色有所差异,选用时请以实物颜色为准。

TENGDA TILE

晋江腾达陶瓷有限公司
地址：福建省晋江市安海镇菌柄工业区
邮编：362261

优 质 工 程 的 最 佳 选 择

电话:0595-85765678
传真:0595-85787306

网址:www.tengdatile.com
E-mail:tengda@tengda-tile.com

品牌国别:中国
生产地区:中国

腾　达

光催化自洁砖系列

瓷质通体外墙砖,可提供定制配件服务。施工方法为齐丁混贴。

产品编号:D1452

产品编号:D1453

产品编号:D1454

产品编号:1433

产品编号:1434

产品编号:1435

产品编号:1447

产品编号:1446

产品编号:1445

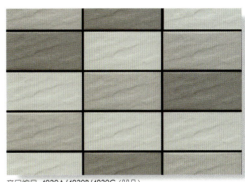
产品编号:4930A/4930B/4930C(凹凸)
规格(mm):95×45×7
参考价格(元/m²):98.00

产品编号:D1452/D1453/D1454(凹凸)
规格(mm):145×45×7
参考价格(元/m²):98.00

产品编号:1433/1434/1435(凹凸)
规格(mm):145×45×7
参考价格(元/m²):98.00

产品编号:1447/1446/1445(凹凸)
规格(mm):145×45×7
参考价格(元/m²):98.00

产品编号:4931A/4931B/4931C(凹凸)
规格(mm):95×45×7
参考价格(元/m²):98.00

劈开通体砖系列

瓷质通体外墙砖,亚光、凹凸、闪光表面,仿古设计,可提供定制配件服务。施工方法为五五勾丁铺贴。
参考价格(元/m²):68.00

产品编号:PK001
规格(mm):227×60×7.4

产品编号:PK004
规格(mm):227×60×7.4

产品编号:PK005
规格(mm):227×60×7.4

产品编号:PK009
规格(mm):227×60×7.4

产品编号:PK011
规格(mm):227×60×7.4

产品编号:PK018
规格(mm):227×60×7.4

采用腾达劈开通体砖系列产品铺贴效果

※腾达光催化自洁砖系列/劈开通体砖系列产品技术参数见外墙砖产品技术参数表格。

⚠ 注意:由于印刷关系,可能与实际产品的颜色有所差异,选用时请以实物颜色为准。

晋江腾达陶瓷有限公司
地址：福建省晋江市安海镇菌柄工业区
邮编：362261

基岩砖系列

瓷质通体外墙砖，亚光、凹凸表面，仿石设计，可提供定制配件服务。
参考价格(元/m²)：78.00

采用腾达基岩砖系列产品铺贴效果

产品编号：AT4202A
规格(mm)：400×200×8

产品编号：AT4203B
规格(mm)：400×200×8

产品编号：AT3606B
规格(mm)：600×300×8.8

产品编号：AT5204B
规格(mm)：500×250×8.3

产品编号：AT5205B
规格(mm)：500×250×8.3

产品编号：AT3605A
规格(mm)：600×300×8.8

岩石系列

瓷质通体外墙砖，亚光、凹凸、闪光表面，仿石设计，可提供定制配件服务。施工方法为五五勾丁铺贴。
参考价格(元/m²)：68.00

采用腾达岩石系列产品铺贴效果

产品编号：T52004

产品编号：T52003

产品编号：T52005

产品编号：T52006

产品编号：T52003
规格(mm)：235×52×11.2

产品编号：T52005
规格(mm)：235×52×11.2

产品编号：T52004
规格(mm)：235×52×11.2

产品编号：T52006
规格(mm)：235×52×11.2

干混大颗粒系列

瓷质通体外墙砖，亚光、凹凸表面，仿古设计，可提供定制配件服务。
参考价格(元/m²)：75.00

采用腾达干混大颗粒系列产品铺贴效果

产品编号：DK19003

产品编号：DK19002

产品编号：DK19001

产品编号：DK49112/DK49113
规格(mm)：95×45×7
施工方法：齐丁混贴

产品编号：DK49110/DK49111
规格(mm)：95×45×7
施工方法：齐丁混贴

产品编号：DK14117/DK14116/DK14115
规格(mm)：145×45×7
施工方法：五五勾丁混贴

产品编号：DK19001/DK19002/DK19003
规格(mm)：195×45×7.2
施工方法：五五勾丁混贴

产品编号：DK19007/DK19008
规格(mm)：195×45×7.2
施工方法：五五勾丁混贴

※腾达基岩砖系列/岩石系列/干混大颗粒系列产品技术参数见外墙砖产品技术参数表格。

注意：由于印刷关系，可能与实际产品的颜色有所差异，选用时请以实物颜色为准。

电话:0595-85765678
传真:0595-85787306
网址:www.tengdatile.com
E-mail:tengda@tengda-tile.com
品牌国别:中国
生产地区:中国

腾达

釉面砖系列

瓷质釉面外墙砖、亚光、凹凸、闪光釉面、仿古、仿石设计，可提供定制配件服务。施工方法为齐丁混贴。
参考价格(元/m²):58.00

采用腾达釉面砖系列4672/4672A/4672B 产品铺贴效果

产品编号:4672

产品编号:4672B

产品编号:4672A

产品编号:4672/4672A/4672B
规格(mm):195×45×7.5

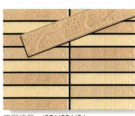
产品编号:407/403/404
规格(mm):235×40×7.8

产品编号:4747A

产品编号:4747B

产品编号:4747C

产品编号:4747A/4747B/4747C
规格(mm):195×45×7.5

产品编号:5331/5333
规格(mm):235×52×7.8

通体砖系列

瓷质通体外墙砖、仿古、仿石设计，可提供定制配件服务。施工方法为齐丁混贴。

采用腾达通体砖系列产品铺贴效果

产品编号:6844

产品编号:6845

产品编号:6846

产品编号:B2415

产品编号:B2416

产品编号:6844/6845/6846（凹凸）
规格(mm):108×60×6.8
参考价格(元/m²):65.00

产品编号:6856/6857/6858（凹凸）
规格(mm):108×60×6.8
参考价格(元/m²):65.00

产品编号:B2415/B2416（亚光）
规格(mm):240×60×7.4
参考价格(元/m²):65.00

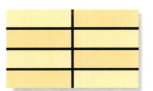
产品编号:B2410/B2412（亚光）
规格(mm):240×60×7.4
参考价格(元/m²):65.00

※腾达釉面砖系列/通体砖系列产品技术参数见外墙砖产品技术参数表格。

腾达外墙砖产品技术参数

吸水率	断裂模数	长度	宽度	厚度	边角度	直角度	表面平整度	耐化学腐蚀性	抗热震性	线性热膨胀系数	莫氏硬度	耐磨度	抗冻性
<0.4%	≥42MPa	±0.1%	±0.1%	±0.3%	±0.05%	±0.15%	±0.1%	符合国家标准	符合国家标准	<7×10⁻⁶k⁻¹	≥7	≥130mm³	符合国家标准

厂商简介：晋江腾达陶瓷有限公司为中外合资企业，始创于1985年，总部位于全国最大的外墙砖生产基地闽南金三角。公司引进14条国际一流的外墙砖生产线，日产瓷砖量为60,000m²，2004年出口产量为4,000,000m²，已成为国内最具实力、最专业的陶瓷生产企业之一。公司秉持着"锐意创新、追求极限、精致高效、创造满意"的经营理念，凭借20年的生产经验和研发资源，实现了外墙砖尤其是瓷质砖生产技术的领先。"腾达"牌外墙砖的内控标准达到了优于国家标准的要求。现已有十几个系列、上千个品种的产品，且不断推出新产品，公司还可以根据客户的具体要求量身订制。为了适应社会对外墙砖品质和设计要求越来越高的要求，腾达公司将努力实现"满足社会需要，美化生活空间"的崇高理想及"打造外墙砖第一品牌"的宏伟目标。

各地联系方式：腾达瓷砖在全国各大中城市设有直销处，如需联系方式请咨询厂商。
代表工程：北京清华大学（学生公寓） 北京国际金港 北京碧水庄园 北京大学 北京东方世纪城
北京中央美术学院 河北省军医院 山东济南机场 上海音乐广场 西安外语学院

质量认证:ISO9001-2000 CCC认证
执行标准:中国标准

注意：由于印刷关系，可能与实际产品的颜色有所差异，选用时请以实物颜色为准。

佛山市特地陶瓷有限公司
地址：广东省佛山市汾江中路75号华麟大厦10层
邮编：528000

高密微晶系列

采用特地高密微晶系列产品铺贴效果

电话:0757-82130338/82137802
传真:0757-82137801
服务热线:0757-82130338/82137802

网址:www.tidiy.com
E-mail:tidiy_fs@sina.com

品牌国别:中国
生产地区:中国

特 地

玉脉岩系列

采用特地玉脉岩系列产品铺贴效果

产品编号:TM001
规格(mm):600×600/800×800
参考价格(元/片):87.20/182.60
参考价格(元/m²):242.20/285.30

产品编号:TM201
规格(mm):600×600/800×800
参考价格(元/片):87.20/182.60
参考价格(元/m²):242.20/285.30

产品编号:TM401
规格(mm):600×600/800×800
参考价格(元/片):87.20/182.60
参考价格(元/m²):242.20/285.30

产品编号:TM801
规格(mm):600×600/800×800
参考价格(元/片):106.80/224.02
参考价格(元/m²):296.67/350.03

玉脉岩系列产品(通体砖)特性说明

项目	说明							
适用范围	室外地	☐	室外墙	☐	室内地	☑	室内墙	☑
材　质	瓷质	☑	半瓷质	☐	陶质	☐	其他	☐
表面处理	抛光	☑	亚光	☐	凹凸	☐	其他	☐
表面设计	仿古	☐	仿石	☑	仿木	☐	其他	☐
服务项目	特殊规格加工	☐	异型加工	☐	水切割	☑	其他	☐

※特地玉脉岩系列产品技术参数见通体砖产品技术参数表格,如需传厚度请咨询。

⚠ 注意:由于印刷关系,可能与实际产品的颜色有所差异,选用时请以实物颜色为准。

佛山市特地陶瓷有限公司
地址：广东省佛山市汾江中路75号华麟大厦10层
邮编：528000

天虹石系列

采用特地天虹石系列产品铺贴效果

产品编号：TS010	产品编号：TS011	产品编号：TS012	产品编号：TS021
规格(mm)：600×600/800×800	规格(mm)：800×800	规格(mm)：600×600/800×800	规格(mm)：600×600/800×800
参考价格(元/片)：85.14/182.06	参考价格(元/片)：182.06	参考价格(元/片)：85.14/182.06	参考价格(元/片)：85.14/182.06
参考价格(元/m²)：236.50/284.50	参考价格(元/m²)：284.50	参考价格(元/m²)：236.50/284.50	参考价格(元/m²)：236.50/284.50

天虹石系列产品（通体砖）特性说明

项目	说明							
适用范围	室外地	✓	室外墙	✓	室内地	✓	室内墙	✓
材质	瓷质	✓	半瓷质	☐	陶质	☐	其他	☐
表面处理	抛光	✓	亚光	☐	凹凸	☐	其他	☐
服务项目	特殊规格加工	✓	异型加工	✓	水切割	☐		

※特地天虹石系列产品技术参数见通体砖产品技术参数表格，如需砖厚度请咨询厂商。

⚠ 注意：由于印刷关系，可能与实际产品的颜色有所差异，选用时请以实物颜色为准。

电话:0757-82130338/82137802
传真:0757-82137801
服务热线:0757-82130338/82137802

网址:www.tidiy.com
E-mail:tidiy_fs@sina.com

品牌国别:中国
生产地区:中国

玉尊石系列

采用特地玉尊石系列产品铺贴效果

产品编号：TZ001	产品编号：TZ002	产品编号：TZ100	产品编号：TZ200
规格(mm)：600×600/800×800/1000×1000	规格(mm)：600×600/800×800	规格(mm)：600×600/800×800/1000×1000	规格(mm)：600×600/800×800/1000×1000
参考价格(元/片)：203.14/386.00/740.00	参考价格(元/片)：203.14/386.00	参考价格(元/片)：203.14/386.00/740.00	参考价格(元/片)：203.14/386.00/740.00
参考价格(元/m²)：564.30/603.10/740.00	参考价格(元/m²)：564.30/603.10	参考价格(元/m²)：564.30/603.10/740.00	参考价格(元/m²)：564.30/603.10/740.00

玉尊石系列产品(通体砖)特性说明

项目	说明							
适用范围	室外地	☐	室外墙	☐	室内地	☑	室内墙	☑
材质	瓷质	☑	半瓷质	☐	陶质	☐	其他	☐
表面处理	抛光	☑	亚光	☐	凹凸	☐	其他	☐
表面设计	仿古	☐	仿石	☑	仿木	☐	其他	☐
服务项目	特殊规格加工	☑	异型加工	☑	水切割	☐		

※特地玉尊石系列产品技术参数见通体砖产品技术参数表格，如需酸厚度请咨询厂方。

⚠ 注意：由于印刷关系，可能与实际产品的颜色有所差异，选用时请以实物颜色为准。

佛山市特地陶瓷有限公司
地址：广东省佛山市汾江中路75号华麟大厦10层
邮编：528000

金伯利石系列

采用特地金伯利石系列产品铺贴效果

产品编号：TN201
规格(mm)：600×600/800×800
参考价格(元/片)：60.00/132.40
参考价格(元/m²)：166.70/206.90

产品编号：TN210
规格(mm)：600×600/800×800
参考价格(元/片)：60.00/132.40
参考价格(元/m²)：166.70/206.90

产品编号：TN211
规格(mm)：600×600/800×800
参考价格(元/片)：60.00/132.40
参考价格(元/m²)：166.70/206.90

产品编号：TN701
规格(mm)：600×600/800×800
参考价格(元/片)：60.00/132.40
参考价格(元/m²)：166.70/206.90

金伯利石系列产品(通体砖)特性说明

项目	说明							
适用范围	室外地	☐	室外墙	☐	室内地	☑	室内墙	☑
材质	瓷质	☑	半瓷质	☐	陶质	☐	其他	☐
表面处理	抛光	☑	亚光	☐	凹凸	☐	其他	☐
表面设计	仿古	☐	仿石	☑	仿木	☐	其他	☐
服务项目	特殊规格加工	☑	异型加工	☑	水切割	☑		

※特地金伯利石系列产品技术参数见通体砖产品技术参数表格，如需砖厚度请咨询厂商。

注意：由于印刷关系，可能与实际产品的颜色有所差异，选用时请以实物颜色为准。

电话:0757-82130338/82137802
传真:0757-82137801
服务热线:0757-82130338/82137802

网址:www.tidiy.com
E-mail:tidiy_fs@sina.com

品牌国别:中国
生产地区:中国

特 地

微晶钻系列

采用特地微晶钻系列产品铺贴效果

产品编号:TH001
规格(mm):600×600/800×800/1000×1000
参考价格(元/片):85.00/170.60/274.40
参考价格(元/m²):236.10/266.60/274.40

产品编号:TH101
规格(mm):600×600/800×800
参考价格(元/片):85.00/170.60
参考价格(元/m²):236.10/266.60

产品编号:TH201
规格(mm):600×600/800×800
参考价格(元/片):85.00/170.60
参考价格(元/m²):236.10/266.60

微晶钻系列产品(通体砖)特性说明

项目	说明						
适用范围	室外地	☐	室外墙	☐	室内地	☑	室内墙 ☑
材　质	瓷质	☑	半瓷质	☐	陶质	☐	其他 ☐
表面处理	抛光	☑	亚光	☐	凹凸	☐	其他 ☐
表面设计	仿古	☐	仿石	☑	仿木	☐	其他 ☐
服务项目	特殊规格加工	☐	异型加工	☐	水切割	☐	

※特地微晶钻系列产品技术参数见通体砖产品技术参数表格,如需砖厚度请咨询厂商。

特地通体砖产品技术参数

吸水率	破坏强度	断裂模数	边长偏差	厚度偏差	表面平整度	边直度	直角度
≤0.1%	≥1800N	≥40MPa	-0.2%~0%	±2%	±0.1%	±0.1%	±0.1%

特地通体砖产品技术参数

耐磨度	耐急冷急热	莫氏硬度	耐酸碱性	耐日用化学游泳池药用盐	光泽度
≤150mm³	145~15℃循环10次不裂	≥7	ULA级	UA级	≥70

产品编号:TH801
规格(mm):600×600/800×800
参考价格(元/片):105.00/213.00
参考价格(元/m²):291.70/332.80

产品编号:TH401
规格(mm):600×600/800×800
参考价格(元/片):85.00/170.60
参考价格(元/m²):236.10/266.60

⚠ 注意:由于印刷关系,可能与实际产品的颜色有所差异,选用时请以实物颜色为准。

佛山市特地陶瓷有限公司
地址：广东省佛山市汾江中路75号华麟大厦10层
邮编：528000

特地·意识流瓷片

电话:0757-82130338/82137802
传真:0757-82137801
服务热线:0757-82130338/82137802

网址:www.tidiy.com
E-mail:tidiy_fs@sina.com

品牌国别:中国
生产地区:中国

特 地

田纳西华尔兹系列——旋舞红裙
陶质釉面砖,可提供特殊规格加工、异型加工、定制配件服务。

产品编号:4R001D(亚光)室内地砖
规格(mm):300×300
参考价格(元/片):9.60

产品编号:5R901Q1(亮光)室内墙砖
规格(mm):300×300
参考价格(元/片):11.54

产品编号:5R901Y2Q1(亮光)腰线
规格(mm):300×65
参考价格(元/片):28.00

产品编号:5R901H2Q1(亮光)室内墙砖
规格(mm):300×300
参考价格(元/片):50.86

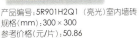

采用特地田纳西华尔兹系列——旋舞红裙产品铺贴效果

田纳西华尔兹系列——如水蓝调
陶质釉面砖,可提供特殊规格加工、异型加工、定制配件服务。

产品编号:4R001D(亮光)室内地砖
规格(mm):300×300
参考价格(元/片):9.60

产品编号:5R901Q1(亮光)室内墙砖
规格(mm):300×300
参考价格(元/片):11.54

产品编号:5R901Y1Q1(亮光)腰线
规格(mm):300×65
参考价格(元/片):28.00

产品编号:5R901H1Q1(亮光)室内墙砖
规格(mm):300×300
参考价格(元/片):50.86

田纳西华尔兹系列——黄衫丽影
陶质釉面砖,可提供特殊规格加工、异型加工、定制配件服务。

产品编号:4R001D(亚光)室内地砖
规格(mm):300×300
参考价格(元/片):9.60

产品编号:5R901Q1(亮光)室内墙砖
规格(mm):300×300
参考价格(元/片):11.54

产品编号:5R901Y3Q1(亮光)腰线
规格(mm):300×65
参考价格(元/片):28.00

产品编号:5R901H3Q1(亮光)室内墙砖
规格(mm):300×300
参考价格(元/片):50.86

※特地田纳西华尔兹系列产品技术参数见釉面砖产品技术参数表格,如需砖厚度请咨询厂商。

 注意:由于印刷关系,可能与实际产品的颜色有所差异,选用时请以实物颜色为准。

佛山市特地陶瓷有限公司
地址：广东省佛山市汾江中路75号华麟大厦10层
邮编：528000

丝路馨风系列——楼兰少女
陶质釉面砖，可提供特殊规格加工、异型加工、定制配件服务。

产品编号：4V311（亚光）室内墙砖
规格(mm)：450×300
参考价格(元/片)：16.00

产品编号：4V311D（亚光）室内地砖
规格(mm)：450×450
参考价格(元/片)：9.60

产品编号：4V311Y1A（亚光）腰线
规格(mm)：450×60
参考价格(元/片)：64.00

产品编号：4V311Y1B（亚光）腰线
规格(mm)：450×60
参考价格(元/片)：64.00

丝路馨风系列——梦萦丝路
陶质釉面砖，可提供特殊规格加工、异型加工、定制配件服务。

产品编号：4V310（亚光）室内墙砖
规格(mm)：450×300
参考价格(元/片)：16.00

产品编号：4W310（亚光）室内墙砖
规格(mm)：450×300
参考价格(元/片)：17.80

产品编号：4V310Y1A（亚光）腰线
规格(mm)：450×60
参考价格(元/片)：64.00

产品编号：4V310Y1B（亚光）腰线
规格(mm)：450×60
参考价格(元/片)：64.00

产品编号：4W310D（亚光）室内地砖
规格(mm)：450×450
参考价格(元/片)：10.40

丝路馨风系列——波斯贵族
陶质釉面砖，可提供特殊规格加工、异型加工、定制配件服务。

产品编号：4V309（亚光）室内墙砖
规格(mm)：450×300
参考价格(元/片)：16.00

产品编号：4W309（亚光）室内墙砖
规格(mm)：450×300
参考价格(元/片)：17.80

产品编号：4V309H1（亚光）室内墙砖
规格(mm)：450×300
参考价格(元/片)：60.00

产品编号：4W309D（亚光）室内地砖
规格(mm)：450×450
参考价格(元/片)：10.40

产品编号：4V309Y1（亚光）腰线
规格(mm)：450×30
参考价格(元/片)：20.00

※特地丝路馨风系列产品技术参数见釉面砖产品技术参数表格，如需砖厚度请咨询厂商。

采用特地丝路馨风系列——波斯贵族产品铺贴效果

 注意：由于印刷关系，可能与实际产品的颜色有所差异，选用时请以实物颜色为准。

电话:0757-82130338/82137802
传真:0757-82137801
服务热线:0757-82130338/82137802

网址:www.tidiy.com
E-mail:tidiy_fs@sina.com

品牌国别:中国
生产地区:中国

特地

凡尔赛宫系列
——盛世红墙

陶质釉面砖,仿金属设计,可提供特殊规格加工、异型加工、定制配件服务。

产品编号:4V312Y1(亚光)腰线
规格(mm):300×50
参考价格(元/片):38.00

产品编号:4V312
(亚光)室内墙砖
规格(mm):300×450
参考价格(元/片):16.00

产品编号:4V312H1
(亚光)室内墙砖
规格(mm):300×450
参考价格(元/片):60.00

产品编号:4W312
(亚光)室内墙砖
规格(mm):300×450
参考价格(元/片):17.80

产品编号:4W312D
(亚光)室内地砖
规格(mm):300×300
参考价格(元/片):10.40

走进美国系列
——西海岸之旅

陶质釉面砖,可提供特殊规格加工、异型加工、定制配件服务。

产品编号:6V302Y1
(亚光)大腰线
规格(mm):330×110
参考价格(元/片):46.00

产品编号:6V302X1
(亚光)小腰线
规格(mm):330×60
参考价格(元/片):38.00

产品编号:6V302
(亚光)室内墙砖
规格(mm):330×600
参考价格(元/片):34.00

产品编号:6W302
(亚光)室内墙砖
规格(mm):330×600
参考价格(元/片):37.20

产品编号:6W302D
(亚光)室内地砖
规格(mm):330×330
参考价格(元/片):12.80

君士坦丁堡系列——北方雅典

陶质釉面砖,仿古设计,可提供特殊规格加工、异型加工、定制配件服务。

产品编号:4W315
(亚光)室内墙砖
规格(mm):300×450
参考价格(元/片):17.80

产品编号:4W315Q1
(亚光)室内墙砖
规格(mm):300×450
参考价格(元/片):31.00

产品编号:4V315
(亚光)室内墙砖
规格(mm):300×450
参考价格(元/片):16.00

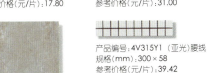

产品编号:4V315Y1(亚光)腰线
规格(mm):300×58
参考价格(元/片):39.42

产品编号:4W315D
(亚光)室内地砖
规格(mm):300×300
参考价格(元/片):10.40

※特地凡尔赛宫系列/走进美国系列/君士坦丁堡系列产品技术参数见釉面砖产品技术参数表格,如需砖厚度请咨询厂商。

采用特地君士坦丁堡系列——北方雅典产品铺贴效果

特地釉面砖产品技术参数

吸水率	破坏强度	断裂模数	边长偏差	厚度偏差	表面平整度	边直度	直角度	抗热震性	抗釉裂性
11%<E≤16%	≥1000N	≥25MPa	±0.15%	±5%	±0.15%	-0.1%~+0.15%	±0.1%	室温~180℃循环10次不裂	1MPa保压2h,一次不裂

 注意:由于印刷关系,可能与实际产品的颜色有所差异,选用时请以实物颜色为准。

佛山市特地陶瓷有限公司
地址：广东省佛山市汾江中路75号华麟大厦10层
邮编：528000

拼花系列

※如需特地拼花系列砖厚度、产品技术参数等相关信息请咨询厂商。

产品编号：TA017P
规格(mm)：1200×1200
参考价格：详细价格请咨询厂商

产品编号：TA020P
规格(mm)：1200×1200
参考价格：详细价格请咨询厂商

产品编号：TA021P
规格(mm)：1200×1200
参考价格：详细价格请咨询厂商

产品编号：TA042P
规格(mm)：1200×1200
参考价格：详细价格请咨询厂商

产品编号：TA044P
规格(mm)：1200×1200
参考价格：详细价格请咨询厂商

产品编号：TBX0001P
规格(mm)：1200×1200
参考价格：详细价格请咨询厂商

产品编号：TB302P
规格(mm)：1200×1200
参考价格：详细价格请咨询厂商

产品编号：TB304P
规格(mm)：1200×1200
参考价格：详细价格请咨询厂商

产品编号：TA306P
规格(mm)：1200×1200
参考价格：详细价格请咨询厂商

产品编号：TB110P
规格(mm)：1200×1200
参考价格：详细价格请咨询厂商

产品编号：TA010P
规格(mm)：1200×800
参考价格：详细价格请咨询厂商

产品编号：TA011P
规格(mm)：1200×800
参考价格：详细价格请咨询厂商

产品编号：TA013P
规格(mm)：1200×800
参考价格：详细价格请咨询厂商

产品编号：TA018P
规格(mm)：1200×800
参考价格：详细价格请咨询厂商

产品编号：TAX0004P
规格(mm)：1200×800
参考价格：详细价格请咨询厂商

 注意：由于印刷关系，可能与实际产品的颜色有所差异，选用时请以实物颜色为准。

电话:0757-82130338/82137802
传真:0757-82137801
服务热线:0757-82130338/82137802

网址:www.tidiy.com
E-mail:tidiy_fs@sina.com

品牌国别:中国
生产地区:中国

特 地

腰线系列

※如需特地腰线系列砖厚度、产品技术参数等相关信息请咨询厂商。

产品编号:TB056Y 腰线
规格(mm):800×120
参考价格:详细价格请咨询厂商

产品编号:TB054Y 腰线
规格(mm):800×120
参考价格:详细价格请咨询厂商

产品编号:TB110Y 腰线
规格(mm):800×120
参考价格:详细价格请咨询厂商

产品编号:TB110YZ 转角
规格(mm):120×120
参考价格:详细价格请咨询厂商

产品编号:TB053Y 腰线
规格(mm):800×120
参考价格:详细价格请咨询厂商

产品编号:TB011Y 腰线
规格(mm):800×120
参考价格:详细价格请咨询厂商

产品编号:TD201Y 腰线
规格(mm):800×120
参考价格:详细价格请咨询厂商

产品编号:TD201YZ 转角
规格(mm):120×120
参考价格:详细价格请咨询厂商

产品编号:TB055Y 腰线
规格(mm):800×120
参考价格:详细价格请咨询厂商

产品编号:TB015Y 腰线
规格(mm):800×120
参考价格:详细价格请咨询厂商

产品编号:TB019Y 腰线
规格(mm):800×120
参考价格:详细价格请咨询厂商

产品编号:TB019YZ 转角
规格(mm):120×120
参考价格:详细价格请咨询厂商

产品编号:TD033Y 腰线
规格(mm):800×120
参考价格:详细价格请咨询厂商

产品编号:TB013Y 腰线
规格(mm):800×120
参考价格:详细价格请咨询厂商

产品编号:TD018Y 腰线
规格(mm):800×120
参考价格:详细价格请咨询厂商

产品编号:TD018YZ 转角
规格(mm):120×120
参考价格:详细价格请咨询厂商

厂商简介:特地陶瓷有限公司是以专业化、国际化为经营导向的高档建筑陶瓷生产企业,2001年创立于广东佛山,拥有代表业界领先水平的R&D(研发)中心以及三个现代化的大型生产基地,具备雄厚的经营实力。2002年7月,经国际权威认证机构DNV(挪威船级社)专家组评审,特地公司成为中国首批通过ISO9001、ISO14001国际质量环境管理双认证的陶瓷企业,标志着特地陶瓷的生产管理体系已达国际标准;2004年5月,特地公司再次首批通过瓷质砖产品国家3C强制性认证,进一步巩固了在行业中的领先地位。特地公司推出地每一个创新产品系列,都引领着中国建陶的科技与时尚潮流,为消费者精心营造更精致、更优越的生活。

各地联系方式:

广州合杰万通建材
地址:广东省广州市天河区珠江新城花城大道中美居E座
电话:020-87585118
传真:020-87585128

中山景兴建材
地址:广东省中山市莲塘东路和利大厦3号1卡
电话:0760-8782736
传真:0760-8782736

昆明卫通建材有限公司
地址:云南省昆明市宏盛达建材市场17幢1-8号
电话:0871-8236666
传真:0871-8226719

千凯达商贸(北京)有限公司
地址:北京市朝阳区十里河大洋坊路闽龙陶瓷仓储物流中心38号
电话:010-67474200
传真:010-67474300

深圳金粤林建材
地址:广东省深圳市南山区桃园路南景苑8楼I房(曼哈商场楼上)
电话:0755-26499396/26499488
传真:0755-26499396

上海惠泉陶瓷
地址:上海市徐汇区中山西路1800号兆丰环球大厦10楼J座
电话:021-54827601
传真:021-64403087

长春鑫元建材有限公司(吉林春天)
地址:吉林省长春市宽城区杭州路56号太阳家居A座1楼D区18号特地陶瓷
电话:13331759097
传真:0431-2715348

杭州新力陶瓷经营部
地址:浙江省杭州市上城区南复路59号新力陶瓷经营部6-1-6号
电话:0571-86087757
传真:0571-86081157

泉州市中兴建材有限公司
地址:福建省晋江市磁灶镇天工陶瓷
电话:0595-85881509
传真:0595-85890168

南京梅盛建材
地址:江苏省南京市江东南路2号实林3楼302特地陶瓷
电话:025-85063955
传真:025-85063956

代表工程:北京宣武区政府大楼 广东省广州美博城 河南省体育馆 广东中山市水牛城商业广场 广州市美居中心D座 浙江电信大楼 杭州大华酒店 杭州市建设局 广州中海名都 南宁国际会展中心 大理市政府 上海财经大学 广州新国际机场

质量认证·ISO9001 ISO14001 CCC认证   执行标准:GB/T4100.1-1999

⚠ 注意:由于印刷关系,可能与实际产品的颜色有所差异,选用时请以实物颜色为准。

TOTO

东陶机器(中国)有限公司
地址:上海市延安西路2201号国贸中心210室
邮编:200336

电话:021-62701010
传真:021-62703099

网址:www.toto.com.cn
E-mail:tcc@toto.com.cn

品牌国别:日本
生产地区:中国

TOTO

海洁特(氧化钛)瓷砖(内墙用)的清洁效果

■ 海洁特(氧化钛)瓷砖(内墙用)的抗菌效果·防污效果·防臭效果。

抗菌效果	防污效果			防臭效果
清除细菌和杂菌	弱化污垢的附着力	使油污随流水冲落	瓷砖表面附着的水分速干	减少发出的恶臭
↑分解力	↑分解力	↑亲水性	↑亲水性	↑分解力

■ 海洁特(氧化钛)瓷砖(内墙用)的优异效果适用于各种场所。

抗菌效果

- 抗菌的速度快于污染的速度。
- 对多种细菌有效。
  (细菌、杂菌…MRSA、大肠杆菌、绿脓菌、O-157、沙门氏菌等)
- 空中漂浮细菌明显减少。

  在医院的手术室里
  在与饮食相关的厨房里
  在医院及福利设施的浴室里

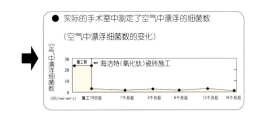

- 实际的手术室中测定了空气中漂浮的细菌数
  (空气中漂浮细菌数的变化)

防污效果

- 防止各种各样的污垢黏附。
  (污垢、污垢的根源…人体的污垢、油脂、油渍、污垢中的蛋白质等)
- 不残留水渍。
- 防止地砖黏滑。

  在公共设施的浴室里
  在公共厕所里
  在与饮食相关的厨房里

- 实际的浴室中(每天20人次以上洗浴),比较了7个月后的黏液滋生情况。

  黏液/釉药/砖坯
  [普通瓷砖的断面]

防臭效果

- 不发出由于尿液原因的氨臭。
- 减少生物垃圾、鱼腥。
  [臭味、臭味的源头…氨气(尿液等所造成的细菌臭味)、(生物垃圾的臭味)、三甲胺(活鱼腥味)等]

  在公共厕所里
  在与饮食相关的厨房里

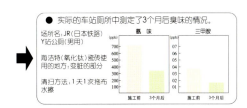

- 实际的车站厕所中测定了3个月后臭味的情况。

  场所名:JR(日本铁路)Y站公厕(男用)
  海洁特(氧化钛)瓷砖使用的地方:变脏的部分
  清扫方法:1天1次拖布水擦

TOTO

东陶机器(中国)有限公司
地址：上海市延安西路2201号国贸中心210室
邮编：200336

钛晶系列
陶质釉面砖。

水波腰线
玻璃砖。

浮光
陶质釉面砖，三片一套，成套出售。

掠影
陶质釉面砖。

产品编号：TA63DRB01（亮光）/
TA63DRM01（亚光）
室内墙砖
规格(mm)：300×600×10
参考价格(元/片)：45.40
参考价格(元/m²)：252.42

产品编号：TA63DRB02（亮光）/
TA63DRM02（亚光）
室内墙砖
规格(mm)：300×600×10
参考价格(元/片)：72.00
参考价格(元/m²)：400.32

产品编号：TA63DRB03（亮光）/
TA63DRM03（亚光）
室内墙砖
规格(mm)：300×600×10
参考价格(元/片)：72.00
参考价格(元/m²)：400.32

产品编号：MU00GLB01

产品编号：MU00GLB02

产品编号：MU00GLB04

产品编号：MU00GLB08

产品编号：MU00GLB09

产品编号：MU00GLB01/02/04/08/09
腰线
规格(mm)：298×20×10
参考价格(元/片)：20.20
参考价格(元/m)：67.33

产品编号：TA13DRB01A（亮光）/
TA13DRM01A（亚光）
室内墙砖
规格(mm)：300×98×10
参考价格(元/片)：27.50
参考价格(元/m)：91.67

产品编号：TA13DRB01BCD（亮光）/
TA13DRM01BCD（亚光）
室内墙砖
规格(mm)：300×98×10
参考价格(元/套)：82.50
参考价格(元/m)：91.67

帝王系列
陶质釉面砖。

产品编号：TA63DMA01
室内墙砖
规格(mm)：300×600×10
参考价格(元/片)：42.40
参考价格(元/m²)：235.74

产品编号：TA63DMA07
室内墙砖
规格(mm)：300×600×10
参考价格(元/片)：42.40
参考价格(元/m²)：235.74

产品编号：TA63DMA13
室内墙砖
规格(mm)：300×600×10
参考价格(元/片)：48.00
参考价格(元/m²)：266.67

产品编号：TP30DMA14
室内地砖
规格(mm)：300×300×9
参考价格(元/片)：16.60
参考价格(元/m²)：184.43

产品编号：TP30DMA07
室内地砖
规格(mm)：300×300×9
参考价格(元/片)：16.60
参考价格(元/m²)：184.43

产品编号：TP30DMA13
室内地砖
规格(mm)：300×300×9
参考价格(元/片)：16.60
参考价格(元/m²)：184.43

采用钛晶系列/水波腰线/浮光/掠影产品铺贴效果

※如需TOTO帝王系列(室内地砖)/水波腰线产品技术参数请咨询厂商。

TOTO帝王系列(室内墙砖)/钛晶系列/浮光/掠影产品技术参数											
吸水率	翘曲度	边直度	直角度	弯曲强度	中心弯曲度	厚度偏差	边长偏差	耐酸性	耐碱性	抗釉裂性	色差
10%＜E＜18%	±0.3%	±0.2%	±0.3%	＞160MPa	-0.2%～+0.4%	±0.3%	±0.2%	10%HCL 浸泡24h无变化	10%KOH 浸泡24h无变化	高压蒸煮5次以上无裂纹	0.8m目测不明显

⚠ 注意：由于印刷关系，可能与实际产品的颜色有所差异，选用时请以实物颜色为准。

电话:021-62701010
传真:021-62703099

网址:www.toto.com.cn
E-mail:tcc@toto.com.cn

品牌国别:日本
生产地区:中国

TOTO

春之彩系列
瓷质釉面马赛克。

产品编号:TA01SPR51UH
室内墙砖(背面网贴)
规格(mm):300×300×7
参考价格(元/才):240.00

产品编号:TA01SPR01UH
室内墙砖(背面网贴)
规格(mm):300×300×7
参考价格(元/才):22.67
参考价格(元/m²):251.85

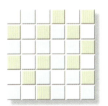

产品编号:TA01SPR02UH
室内墙砖(背面网贴)
规格(mm):300×300×7
参考价格(元/才):22.67
参考价格(元/m²):251.85

夏之彩系列
瓷质釉面马赛克。

产品编号:TA01DAS01UH
室内墙砖(背面网贴)
规格(mm):300×300×7
参考价格(元/才):22.67
参考价格(元/m²):251.85

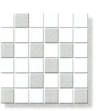

产品编号:TA01DAS02UH
室内墙砖(背面网贴)
规格(mm):300×300×7
参考价格(元/才):22.67
参考价格(元/m²):251.85

产品编号:TA01SPR61UH
室内墙砖(背面网贴)
规格(mm):300×300×7
参考价格(元/才):240.00

产品编号:TA01SPR11UH
室内墙砖(背面网贴)
规格(mm):300×300×7
参考价格(元/才):22.67
参考价格(元/m²):251.85

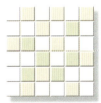

产品编号:TA01SPR12UH
室内墙砖(背面网贴)
规格(mm):300×300×7
参考价格(元/才):22.67
参考价格(元/m²):251.85

产品编号:TA01DAS51UH
室内墙砖(背面网贴)
规格(mm):300×300×7
参考价格(元/才):266.67

铂金系列
瓷质釉面砖,仿金属设计。

产品编号:TA03PLM51UH
室内墙砖(背面网贴)
规格(mm):300×300×7
参考价格(元/才):30.67
参考价格(元/m²):340.74

禅石系列
瓷质通体砖,有孔砖里可镶入45mm×45mm的瓷砖。

产品编号:TP15ZEN51
室内墙砖
规格(mm):144×144×9
参考价格(元/片):17.33

产品编号:TP15ZEN01
室内墙砖
规格(mm):144×144×9
参考价格(元/片):8.67
参考价格(元/m²):385.19

产品编号:TA03PLM52UH
室内墙砖(背面网贴)
规格(mm):300×300×7
参考价格(元/才):30.67
参考价格(元/m²):340.74

产品编号:TA03PLM53UH
室内墙砖(背面网贴)
规格(mm):300×300×7
参考价格(元/才):30.67
参考价格(元/m²):340.74

产品编号:TA03PLM54UH
室内墙砖(背面网贴)
规格(mm):300×300×7
参考价格(元/才):30.67
参考价格(元/m²):340.74

产品编号:TP15ZEN52
室内墙砖
规格(mm):144×144×9
参考价格(元/片):17.33

产品编号:TP15ZEN02
室内墙砖
规格(mm):144×144×9
参考价格(元/片):8.67
参考价格(元/m²):385.19

产品编号:TA03PLM58UH
室内墙砖(背面网贴)
规格(mm):300×300×7
参考价格(元/才):40.00
参考价格(元/m²):444.44

产品编号:TA03PLM55UH
室内墙砖(背面网贴)
规格(mm):300×300×7
参考价格(元/才):40.00
参考价格(元/m²):444.44

产品编号:TA03PLM56UH
室内墙砖(背面网贴)
规格(mm):300×300×7
参考价格(元/才):30.67
参考价格(元/m²):340.74

产品编号:TP15ZEN53
室内墙砖
规格(mm):144×144×9
参考价格(元/片):17.33

产品编号:TP15ZEN03
室内墙砖
规格(mm):144×144×9
参考价格(元/片):8.67
参考价格(元/m²):305.19

TOTO 春之彩系列/夏之彩系列/铂金系列/禅石系列产品技术参数

吸水率	破坏强度	断裂模数	中心弯曲度	翘曲度	耐污染性	抗热震性	抗冻性	抗釉裂性
≤0.5%	≥1000N	≥60MPa	±0.3%	±0.4%	≥5级	符合国家标准	符合国家标准	符合国家标准

 注意:由于印刷关系,可能与实际产品的颜色有所差异,选用时请以实物颜色为准。

TOTO

东陶机器(中国)有限公司
地址：上海市延安西路2201号国贸中心210室
邮编：200336

海洁特(氧化钛)瓷砖的工作原理

● 超亲水性带来洁净外表

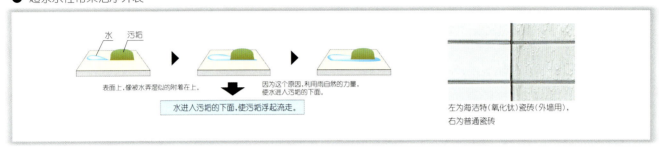

● 有机物分解能力实验

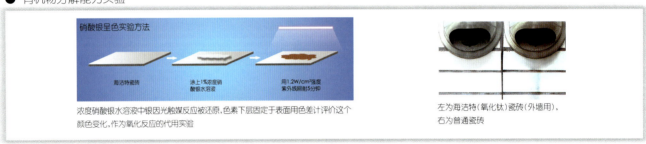

白爱斯特系列

瓷质釉面砖，可提供特殊规格加工、其他颜色加工、表面处理加工服务。

产品编号：01~06 室外墙砖
规格(mm)：100×50×(7~7.5)
参考价格(元/m²)：114.00~126.00

白爱斯特系列共有6种颜色：

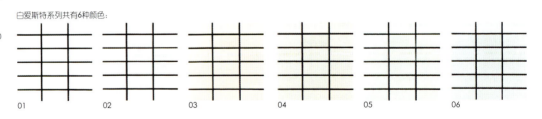

01　02　03　04　05　06

白爱斯特系列共有7种纹理：

HB

HC

HD

HE

HF

HG

HJ

TOTO 白爱斯特系列产品技术参数

吸水率	破坏强度	断裂模数	中心弯曲度	翘曲度	耐污染性	抗热震性	抗冻性	抗釉裂性
≤0.5%	≥1000N	≥60MPa	±0.3%	±0.4%	≥5级	符合国家标准	符合国家标准	符合国家标准

⚠ 注意：由于印刷关系，可能与实际产品的颜色有所差异，选用时请以实物颜色为准。

电话：021-62701010
传真：021-62703099

网址：www.toto.com.cn
E-mail:tcc@toto.com.cn

品牌国别：日本
生产地区：中国

TOTO

工程名称：日本丸之内大厦

工程名称：日本淡路岛梦舞台(局部)

工程名称：上海实验幼儿园

工程名称：上海耀江花园

工程名称：日本淡路岛梦舞台(全景)

厂商简介：东陶公司创立于1917年，是日本历史最悠久的卫生设备和建筑陶瓷的生产厂家。公司以"水与电子相结合"的技术及相关工艺为生产基础，自创立以来，不断地研发拓展，以适应新的需要。TOTO利用纳米氧化钛的光触媒现象，成功发明了海洁特(氧化钛)瓷砖，使瓷砖具有了自洁防污和抗菌功能，并能像绿色植物的光合作用一样净化空气。

各地联系方式：

北京营业所
地址：北京市朝阳区光华路1号
北京嘉里中心南楼2727室
电话：010-85298600
传真：010-85298670

上海营业所
地址：上海市延安西路2201
号上海国贸中心210室
电话：021-62701010
传真：021-62703099

重庆营业所
地址：重庆市民生路283号
重庆宾馆商务大厦616室
电话：023-63731010
传真：023-63737070

广州营业所
地址：广东省广州市天河北路
233号中信广场2207室
电话：020-38773828
传真：020-38912423

代表工程：日本丸之内大厦　日本淡路岛梦舞台　日本京阪环球影城酒店　日本环球影城近铁大酒店
上海耀江花园　上海花园广场　上海实验幼儿园　上海锦麟天地　上海津村制药工厂　香港市政府和兴村公社

质量认证：GB/T19001-2000-ISO9001:2000
执行标准：GB/T4100.1-1999

宁波现代建筑材料有限公司
地址：浙江省宁波市江北区三官堂
邮编：315211

现代瓷砖3045系列 陶质釉面砖。

采用现代3045系列M45020/M45020-5020/SS3100产品铺贴效果

| 电话:0574-87604113
传真:0574-87604127
服务热线:0574-87604114 | 网址:www.xiandai-tile.com
E-mail:twys@xiandai-tile.com | 品牌国别:中国
生产地区:中国 |

3045系列M45038组

产品编号:M45038（亮光）室内墙砖
规格(mm):450×300×10
参考价格(元/片):25.00

产品编号:M45039（亮光）室内墙砖
规格(mm):450×300×10
参考价格(元/片):25.00

产品编号:HK3639（亮光）室内地砖
规格(mm):300×300×10
参考价格(元/片):16.43

产品编号:L0638（亮光）腰线
规格(mm):300×120×10
参考价格(元/片):32.86

3045系列M45041组

产品编号:M45042（亚光）室内墙砖
规格(mm):450×300×10
参考价格(元/片):25.00

产品编号:M45041（亚光）室内墙砖
规格(mm):450×300×10
参考价格(元/片):25.00

3045系列M45040组

产品编号:M45040（亮光）室内墙砖
规格(mm):450×300×10
参考价格(元/片):25.00

产品编号:HH3642（亚光）室内地砖
规格(mm):300×300×10
参考价格(元/片):16.43

产品编号:AR0642（亚光）腰线
规格(mm):450×80×10
参考价格(元/片):7.57

产品编号:AR0641（亚光）腰线
规格(mm):450×80×10
参考价格(元/片):7.57

产品编号:GR5040（亮光）腰线
规格(mm):450×80×10
参考价格(元/片):42.31

⚠ 注意:由于印刷关系,可能与实际产品的颜色有所差异,选用时请以实物颜色为准。

宁波现代建筑材料有限公司
地址：浙江省宁波市江北区三官堂
邮编：315211

现代瓷砖3060系列 陶质釉面砖，仿石设计。

采用现代3060系列M63757组产品铺贴效果

3060系列M63757组

产品编号：L0657（亮光）腰线
规格(mm)：300×120×10
参考价格(元/片)：32.86

产品编号：M63757（亚光）室内墙砖
规格(mm)：600×300×10
参考价格(元/片)：40.00

产品编号：HK3657（亮光）室内地砖
规格(mm)：300×300×10
参考价格(元/片)：16.43

 注意：由于印刷关系，可能与实际产品的颜色有所差异，选用时请以实物颜色为准。

电话:0574-87604113
传真:0574-87604127
服务热线:0574-87604114

网址:www.xiandai-tile.com
E-mail:twys@xiandai-tile.com

品牌国别:中国
生产地区:中国

X 现代

3060系列M63745组

产品编号:HH3645（亚光)室内地砖
规格(mm):300×300×10
参考价格(元/片):16.43

产品编号:M63745（亚光)室内墙砖
规格(mm):300×600×10
参考价格(元/片):40.00

产品编号:TP0645（亚光)腰线
规格(mm):300×110×10
参考价格(元/片):50.00

3060系列M63758组

产品编号:HK3658（亮光)室内地砖
规格(mm):300×300×10
参考价格(元/片):16.43

产品编号:M63758（亮光)室内墙砖
规格(mm):300×600×10
参考价格(元/片):40.00

产品编号:L0658（亮光)腰线
规格(mm):300×120×10
参考价格(元/片):32.86

3060系列M63720组

产品编号:L0620A（亮光)腰线
规格(mm):300×80×10
参考价格(元/片):32.86

产品编号:L0620B（亮光)腰线
规格(mm):300×80×10
参考价格(元/片):32.86

产品编号:M63720（亮光)室内墙砖
规格(mm):300×600×10
参考价格(元/片):40.00

产品编号:L0620C（亮光)腰线
规格(mm):300×80×10
参考价格(元/片):32.86

3060系列M63753-55组

产品编号:M63753（亚光)室内墙砖
规格(mm):300×600×10
参考价格(元/片):40.00

产品编号:M63755（亚光)室内墙砖
规格(mm):300×600×10
参考价格(元/片):40.00

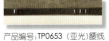

产品编号:TP0653（亚光)腰线
规格(mm):300×80×10
参考价格(元/片):50.00

产品编号:HH3653（亚光)室内地砖
规格(mm):300×300×10
参考价格(元/片):16.43

※现代3060系列产品技术参数见2533系列产品技术参数表格。

 注意:由于印刷关系,可能与实际产品的颜色有所差异,选用时请以实物颜色为准。

宁波现代建筑材料有限公司
地址：浙江省宁波市江北区三官堂
邮编：315211

2533系列M33050组

产品编号：M33050-3050A（亮光）室内墙砖
规格(mm)：330×250×8.5
参考价格(元/片)：35.71

产品编号：M33050-3050C（亮光）室内墙砖
规格(mm)：330×250×8.5
参考价格(元/片)：35.71

产品编号：M33050（亮光）室内墙砖
规格(mm)：330×250×8.5
参考价格(元/片)：9.64

产品编号：M33050-3050B（亮光）室内墙砖
规格(mm)：330×250×8.5
参考价格(元/片)：35.71

产品编号：Y3050（亮光）腰线
规格(mm)：330×80×8.5
参考价格(元/片)：30.00

现代瓷砖2533系列 陶质釉面砖。

产品编号：M33050-3050D（亮光）室内墙砖
规格(mm)：330×250×8.5
参考价格(元/片)：35.71

采用现代2533系列M33080组产品铺贴效果

2533系列M33080组

产品编号：M33080（亮光）室内墙砖
规格(mm)：330×250×8.5
参考价格(元/片)：9.64

产品编号：M33080-3080A（亚光）室内墙砖
规格(mm)：330×250×8.5
参考价格(元/片)：35.71

产品编号：M33080-3080B（亚光）室内墙砖
规格(mm)：330×250×8.5
参考价格(元/片)：35.71

产品编号：M33080-3080C（亚光）室内墙砖
规格(mm)：330×250×8.5
参考价格(元/片)：35.71

产品编号：M33080-3080D（亚光）室内墙砖
规格(mm)：330×250×8.5
参考价格(元/片)：35.71

注意：由于印刷关系，可能与实际产品的颜色有所差异，选用时请以实物颜色为准。

电话:0574-87604113
传真:0574-87604127
服务热线:0574-87604114

网址:www.xiandai-tile.com
E-mail:twys@xiandai-tile.com

品牌国别:中国
生产地区:中国

X 现代

2533系列33806组

产品编号:33805（亮光）室内墙砖
规格(mm):330×250×8.5
参考价格(元/片):9.64

产品编号:33806（亮光）室内墙砖
规格(mm):330×250×8.5
参考价格(元/片):9.64

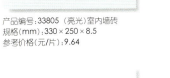

产品编号:33806-0806（亮光）室内墙砖
规格(mm):330×250×8.5
参考价格(元/片):35.71

产品编号:Z0806（亮光）腰线
规格(mm):250×80×8.5
参考价格(元/片):25.00

2533系列33502组

产品编号:33502（亚光）室内墙砖
规格(mm):330×250×8.5
参考价格(元/片):9.64

产品编号:33502-T0502（亚光）室内墙砖
规格(mm):330×250×8.5
参考价格(元/片):78.57

产品编号:33503（亚光）室内墙砖
规格(mm):330×250×8.5
参考价格(元/片):9.64

产品编号:TY0502（亚光）腰线
规格(mm):330×80×8.5
参考价格(元/片):50.00

2533系列M33061组

产品编号:M33061（亮光）室内墙砖
规格(mm):250×330×8.5
参考价格(元/片):9.64

产品编号:M33061-3061A（亮光）室内墙砖
规格(mm):250×330×8.5
参考价格(元/片):35.71

产品编号:M33061-3061B（亮光）室内墙砖
规格(mm):250×330×8.5
参考价格(元/片):35.71

产品编号:M33061-3061C（亮光）室内墙砖
规格(mm):250×330×8.5
参考价格(元/片):35.71

产品编号:Z3061A（亮光）腰线
规格(mm):330×80×8.5
参考价格(元/片):25.00

产品编号:Z3061B（亮光）腰线
规格(mm):330×80×8.5
参考价格(元/片):25.00

现代3045系列/3060系列/2533系列墙砖技术参数												
吸水率	长度	宽度	厚度	中心弯曲度	边弯曲度	翘曲度	边直度	直角度	抗折强度	抗热震性	耐化学腐蚀性	抗釉裂
10%<E≤18%	±0.04%	±0.04%	±2.0	+0.15%~-0.05%	+0.13%~-0.03%	+0.15%	±0.08%	±0.08%	≥16	12次不裂	≥GLA	6次不裂

现代3045系列/3060系列/2533系列地砖技术参数												
吸水率	长度	宽度	厚度	中心弯曲度	边弯曲度	翘曲度	边直度	直角度	抗折强度	耐磨度	抗热震性	耐化学腐蚀性	抗釉裂
3%<E≤6%	±0.06%	±0.06%	±2.0	±0.2%	±0.2%	±0.2%	±0.2%	±0.08%	±0.08%	≥25	≥Ⅱ级	12次不裂	≥GLA	6次不裂

⚠ 注意:由于印刷关系,可能与实际产品的颜色有所差异,选用时请以实物颜色为准。

宁波现代建筑材料有限公司
地址：浙江省宁波市江北区三官堂
邮编：315211

渗花砖系列

产品编号：60201/80201
规格(mm)：600×600×10.5/800×800×11.5
参考价格(元/片)：70.71/142.57

产品编号：60202
规格(mm)：600×600×10.5
参考价格(元/片)：70.71

产品编号：60203/80203
规格(mm)：600×600×10.5/800×800×11.5
参考价格(元/片)：70.71/142.57

产品编号：60305
规格(mm)：600×600×10.5
参考价格(元/片)：75.00

产品编号：60306/80306
规格(mm)：600×600×10.5/800×800×11.5
参考价格(元/片)：75.00/151.43

产品编号：60307
规格(mm)：600×600×10.5
参考价格(元/片)：75.00

产品编号：60700/80700
规格(mm)：600×600×10.5/800×800×11.5
参考价格(元/片)：87.86/178.57

产品编号：60708/80708
规格(mm)：600×600×10.5/800×800×11.5
参考价格(元/片)：79.29/175.00

产品编号：60709/80709
规格(mm)：600×600×10.5/800×800×11.5
参考价格(元/片)：79.29/175.00

注意：由于印刷关系，可能与实际产品的颜色有所差异，选用时请以实物颜色为准。

电话:0574-87604113
传真:0574-87604127
服务热线:0574-87604114

网址:www.xiandai-tile.com
E-mail:twys@xiandai-tile.com

品牌国别:中国
生产地区:中国

X 现代

产品编号:80710
规格(mm):800×800×11.5
参考价格(元/片):175.00

产品编号:80711
规格(mm):800×800×11.5
参考价格(元/片):175.00

产品编号:60712
规格(mm):600×600×10.5
参考价格(元/片):79.29

产品编号:60713
规格(mm):600×600×10.5
参考价格(元/片):79.29

采用现代渗花砖系列60700产品铺贴效果

渗花砖系列产品(通体砖)特性说明

项目	说明						
适用范围	室外地	☑	室外墙	☐	室内地	☑	室内墙	☑
材　质	瓷质	☑	半瓷质	☐	陶质	☐	其他	☐
表面处理	抛光	☑	亚光	☐	凹凸	☐	其他	☐
表面设计	仿古	☐	仿石	☑	仿木	☐	其他	☐

※现代渗花砖系列产品技术参数见抛光砖系列产品技术参数表格。

注意:由于印刷关系,可能与实际产品的颜色有所差异,选用时请以实物颜色为准。

宁波现代建筑材料有限公司
地址：浙江省宁波市江北区三官堂
邮编：315211

抛光砖系列

产品编号：60900
规格(mm)：600×600×10.5
参考价格(元/片)：详细价格请咨询厂商

产品编号：60901
规格(mm)：600×600×10.5
参考价格(元/片)：详细价格请咨询厂商

产品编号：60905
规格(mm)：600×600×10.5
参考价格(元/片)：详细价格请咨询厂商

产品编号：PS60807/PS80807
规格(mm)：600×600×10.5/800×800×11.5
参考价格(元/片)：92.57/207.14

产品编号：PS60861
规格(mm)：600×600×10.5
参考价格(元/片)：92.57

产品编号：PS60862
规格(mm)：600×600×10.5
参考价格(元/片)：92.57

产品编号：PS60870
规格(mm)：600×600×10.5
参考价格(元/片)：92.57

采用现代抛光砖系列60901产品铺贴效果

注意：由于印刷关系，可能与实际产品的颜色有所差异，选用时请以实物颜色为准。

电话:0574-87604113
传真:0574-87604127
服务热线:0574-87604114

网址:www.xiandai-tile.com
E-mail:twys@xiandai-tile.com

品牌国别:中国
生产地区:中国

X 现代

产品编号:SS3100/SS60100
规格(mm):300×300×8.5/
600×600×10.5
参考价格(元/片):13.57/81.43

产品编号:SS3101/SS60101/SS80101
规格(mm):300×300×8.5/
600×600×10.5/800×800×11.5
参考价格(元/片):12.14/74.00/177.14

产品编号:SS3102/SS60102
规格(mm):300×300×8.5/
600×600×10.5
参考价格(元/片):20.71/111.43

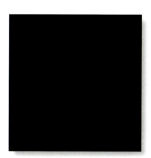

产品编号:SS3103/SS60103/SS80103
规格(mm):300×300×8.5/
600×600×10.5/800×800×11.5
参考价格(元/片):18.29/97.14/261.43

产品编号:SS3105
规格(mm):300×300×8.5
参考价格(元/片):14.00

产品编号:SS3106
规格(mm):300×300×8.5
参考价格(元/片):18.29

产品编号:SS3107
规格(mm):300×300×8.5
参考价格(元/片):32.64

产品编号:SS3108
规格(mm):300×300×8.5
参考价格(元/片):13.57

产品编号:SM3901(仿马赛克)
规格(mm):300×300×8.5
参考价格(元/片):16.57

产品编号:SM3903(仿马赛克)
规格(mm):300×300×8.5
参考价格(元/片):20.36

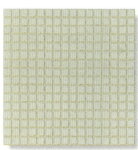

产品编号:SM3905(仿马赛克)
规格(mm):300×300×8.5
参考价格(元/片):16.57

抛光砖系列产品(通体砖)特性说明

项目	说明							
适用范围	室外地	☑	室外墙	☐	室内地	☑	室内墙	☑
材 质	瓷质	☑	半瓷质	☐	陶质	☐	其他	☐
表面处理	抛光	☑	亚光	☐	凹凸	☐	其他	☐
表面设计	仿古	☐	仿石	☑	仿木	☐	其他	☐

现代抛光砖系列/渗花砖系列产品技术参数												
吸水率	破坏强度	断裂模数	长度	宽度	厚度	耐磨度	抗冻性	线性热膨胀系数	热震性	光泽度	耐化学腐蚀性	摩擦系数	放射性核素限量
≤0.1%	≥2000N	≥40MPa	±0.15%	±0.15%	±0.15%	≤150mm³	EXIGICA认可	≤6.8×10⁻⁶K⁻¹	20次	≥65	UA级	0.6(干)0.7(湿)	A类

⚠ 注意:由于印刷关系,可能与实际产品的颜色有所差异,选用时请以实物颜色为准。

宁波现代建筑材料有限公司
地址：浙江省宁波市江北区三官堂
邮编：315211

复古砖系列

产品编号：F3-611
规格(mm)：300×300×8.5
参考价格(元/片)：9.43

产品编号：F3-612
规格(mm)：300×300×8.5
参考价格(元/片)：9.43

产品编号：F3-616
规格(mm)：300×300×8.5
参考价格(元/片)：9.43

产品编号：F3-617
规格(mm)：300×300×8.5
参考价格(元/片)：9.43

产品编号：F3-618
规格(mm)：300×300×8.5
参考价格(元/片)：9.43

产品编号：F3-619
规格(mm)：300×300×8.5
参考价格(元/片)：9.43

产品编号：F3-621
规格(mm)：300×300×8.5
参考价格(元/片)：9.43

产品编号：F3-622
规格(mm)：300×300×8.5
参考价格(元/片)：9.43

采用现代复古砖系列F3-619产品铺贴效果

产品编号：F3-623
规格(mm)：300×300×8.5
参考价格(元/片)：9.43

产品编号：F3-626
规格(mm)：300×300×8.5
参考价格(元/片)：9.43

产品编号：F3-628
规格(mm)：300×300×8.5
参考价格(元/片)：9.43

复古砖系列产品（釉面砖）特性说明

项目	说明							
适用范围	室外地	☑	室外墙	☐	室内地	☑	室内墙	☑
材　质	瓷质	☐	半瓷质	☑	陶质	☐	其他	☐
釉面效果	亮光	☐	亚光	☐	凹凸	☑	其他	☐
表面设计	仿古	☑	仿石	☐	仿木	☐	其他	☐

※现代复古砖系列产品技术参数见马赛克系列产品技术参数表格。

⚠ 注意：由于印刷关系，可能与实际产品的颜色有所差异，选用时请以实物颜色为准。

电话:0574-87604113
传真:0574-87604127
服务热线:0574-87604114

网址:www.xiandai-tile.com
E-mail:twys@xiandai-tile.com

品牌国别:中国
生产地区:中国

X 现代

产品编号:93001
规格(mm):300×300×8.5
参考价格(元/片):14.60

产品编号:93002
规格(mm):300×300×8.5
参考价格(元/片):14.60

产品编号:93003
规格(mm):300×300×8.5
参考价格(元/片):18.70

产品编号:93005
规格(mm):300×300×8.5
参考价格(元/片):14.60

产品编号:93101
规格(mm):300×300×8.5
参考价格(元/片):17.40

产品编号:93102
规格(mm):300×300×8.5
参考价格(元/片):16.20

产品编号:93103
规格(mm):300×300×8.5
参考价格(元/片):16.20

产品编号:93105
规格(mm):300×300×8.5
参考价格(元/片):17.40

产品编号:93106
规格(mm):300×300×8.5
参考价格(元/片):16.20

产品编号:93158
规格(mm):300×300×8.5
参考价格(元/片):22.20

马赛克系列

半瓷质釉面马赛克。

现代马赛克系列/复古砖系列产品技术参数						
吸水率	长度	宽度	厚度	中心弯曲度	边弯曲度	翘曲度
3%<E≤6%	±0.06%	±0.06%	±2.0	+0.2%~-0.1%	+0.2%~-0.1%	+0.2%~-0.1%

现代马赛克系列/复古砖系列产品技术参数						
边直度	直角度	抗折强度	耐磨度	抗热震性	耐化学腐蚀性	抗釉裂性
±0.08%	±0.08%	≥25	≥Ⅱ级	12次不裂	≥GLA	6次不裂

厂商简介:宁波现代建筑材料有限公司,由台湾应氏集团创办人应昌期先生于1992年始投资2,350万美元筹建。公司于1993年8月正式投产,已完成投资5,000万美元,占地500亩,整套引进世界一流的七条瓷砖生产线、两条三度烧生产线,年生产抛光砖、地砖、内墙砖1,000万平方米,年产值达6亿元人民币。公司秉持科技、时尚、自然、人性的现代健康环保理念,于2002年荣获ISO9001国际质量管理体系认证,2004年首批荣获中国国家强制性产品认证(3C认证)。公司经多年努力,目前产品规格齐全,色彩丰富,行销网络遍布全国。公司集雄厚的经济实力、先进的技术水平为一体,准备将生产能力扩大,并陆续研制引导国际国内市场消费潮流的新颖建材产品,成为全国一流的多品种、高质量的建材生产基地。

各地联系方式:

宁波总部
电话:0574-87604113

北京分公司
电话:010-83619760

南京分公司
电话:025-86405342

杭州分公司
电话:0571-86016832

东北分公司
电话:024-22960505

无锡分公司
电话:0510-2456216

宁波分公司
电话:0574-87390644

上海分公司
电话:021-54823371

代表工程:上海市市政府大厦 上海汇金百货 上海第六人民医院 宁波雅戈尔体育馆 宁波人民银行大楼 南京中山宾馆 南京市人保大厦 无锡美丽都大酒店 张家港市人民法院 浙江新世纪大酒店

质量认证:ISO9001   执行标准:GB/T4100

⚠ 注意:由于印刷关系,可能与实际产品的颜色有所差异,选用时请以实物颜色为准。

新中源陶瓷
中国驰名商标

广东新中源陶瓷有限公司
地址：广东省佛山市南庄镇石南大道
邮编：528061

电话：0757-85388806
传真：0757-85386332/85380348
服务热线：0757-85387806

网址：www.newzhongyuan.com
E-mail:Newzhongyuan@ZYQY.com

品牌国别：中国
生产地区：中国

X 新中源

产品编号：WG6001/WG8001
规格(mm)：600×600×14/800×800×15
参考价格(元/片)：168.95/314.57
参考价格(元/m²)：469.31/491.52

产品编号：WG6002/WG8002
规格(mm)：600×600×14/800×800×15
参考价格(元/片)：168.95/314.57
参考价格(元/m²)：469.31/491.52

产品编号：WG6003/WG8003
规格(mm)：600×600×14/800×800×15
参考价格(元/片)：168.95/314.57
参考价格(元/m²)：469.31/491.52

产品编号：WG6004/WG8004
规格(mm)：600×600×14/800×800×15
参考价格(元/片)：168.95/314.57
参考价格(元/m²)：469.31/491.52

采用新中源晶彩玉晶系列WG8003产品铺贴效果

晶彩玉晶系列

产品编号：WG6005/WG8005
规格(mm)：600×600×14/800×800×15
参考价格(元/片)：168.95/314.57
参考价格(元/m²)：469.31/491.52

产品编号：WG6008/WG8008
规格(mm)：600×600×14/800×800×15
参考价格(元/片)：168.95/314.57
参考价格(元/m²)：469.31/491.52

※新中源晶彩玉晶系列产品特性说明见玉晶石系列产品特性说明表格，技术参数见玉晶石系列产品技术参数表格。

⚠ 注意：由于印刷关系，可能与实际产品的颜色有所差异，选用时请以实物颜色为准。

新中源陶瓷 NEW ZHONG YUAN CERAMICS
中国驰名商标

广东新中源陶瓷有限公司
地址：广东省佛山市南庄镇石南大道
邮编：528061

玉晶石系列

产品编号：2-WH6208/2-WH8208
规格(mm)：600×600×14/800×800×15
参考价格(元/片)：146.82/274.19
参考价格(元/m²)：407.83/428.42

产品编号：2-WH6204/2-WH8204
规格(mm)：600×600×14/800×800×15
参考价格(元/片)：146.82/274.19
参考价格(元/m²)：407.83/428.42

产品编号：2-WH6205/2-WH8205
规格(mm)：600×600×14/800×800×15
参考价格(元/片)：146.82/274.19
参考价格(元/m²)：407.83/428.42

产品编号：3-WH6302/3-WH8302
规格(mm)：600×600×14/800×800×15
参考价格(元/片)：160.25/299.20
参考价格(元/m²)：445.14/467.50

采用新中源玉晶石系列2-WH8205产品铺贴效果

玉晶石系列/晶彩玉晶系列产品(通体砖)特性说明

项目	说明						
适用范围	室外地	□	室外墙	☑	室内地	☑	室内墙	☑
材质	瓷质	☑	半瓷质	□	陶质	□	微晶玻璃复合板材	☑
表面处理	抛光	☑	亚光	□	凹凸	□	其他	□
表面设计	仿古	□	仿石	□	仿木	□	仿玉质	☑
服务项目	特殊规格加工	☑	异型加工	☑	定制配件	☑	其他	□

新中源玉晶石/晶彩玉晶系列产品技术参数

吸水率	破坏强度	断裂模数	边直度	直角度	中心弯曲度	翘曲度	边弯曲度	耐磨度	光泽度	耐酸碱性
平均值：0.07%，单个值：0.05%～0.09%	2122.6N	平均值：39MPa，单个值：37.5～40.5MPa	-0.05%～+0.05%	-0.04%～+0.06%	+0.05%	-0.04%	+0.05%	131mm³	65～67	ULA级

⚠ 注意：由于印刷关系，可能与实际产品的颜色有所差异，选用时请以实物颜色为准。

电话:0757-85388806
传真:0757-85386332/85380348
服务热线:0757-85387806

网址:www.newzhongyuan.com
E-mail:Newzhongyuan@ZYQY.com

品牌国别:中国
生产地区:中国

X 新中源

盘古开天石系列

产品编号:MK6201/MK8201
规格(mm):600×600×10/800×800×11
参考价格(元/片):57.92/121.10
参考价格(元/m²):160.89/189.22

产品编号:MK6202/MK8202
规格(mm):600×600×10/800×800×11
参考价格(元/片):57.92/121.10
参考价格(元/m²):160.89/189.22

产品编号:MK6203/MK8203
规格(mm):600×600×10/800×800×11
参考价格(元/片):57.92/121.10
参考价格(元/m²):160.89/189.22

产品编号:MK6204/MK8204
规格(mm):600×600×10/800×800×11
参考价格(元/片):57.92/121.10
参考价格(元/m²):160.89/189.22

产品编号:MK6205/MK8205
规格(mm):600×600×10/800×800×11
参考价格(元/片):57.92/121.10
参考价格(元/m²):160.89/189.22

产品编号:MK6206/MK8206
规格(mm):600×600×10/800×800×11
参考价格(元/片):57.92/121.10
参考价格(元/m²):160.89/189.22

采用新中源盘古开天石系列MK8206/MK8202产品铺贴效果

※新中源盘古开天石系列产品特性说明见东方神韵系列产品特性说明表格,技术参数见通体瓷产品技术参数表格。

⚠ 注意:由于印刷关系,可能与实际产品的颜色有所差异,选用时请以实物颜色为准。

新中源陶瓷 NEW ZHONG YUAN CERAMICS
中国驰名商标

广东新中源陶瓷有限公司
地址：广东省佛山市南庄镇石南大道
邮编：528061

天之骄子系列

产品编号：MG6002/MG8002
规格(mm)：600×600×10/800×800×11
参考价格(元/片)：57.92/121.10
参考价格(元/m²)：160.89/189.22

产品编号：MG6003/MG8003
规格(mm)：600×600×10/800×800×11
参考价格(元/片)：57.92/121.10
参考价格(元/m²)：160.89/189.22

产品编号：MG6004/MG8004
规格(mm)：600×600×10/800×800×11
参考价格(元/片)：57.92/121.10
参考价格(元/m²)：160.89/189.22

产品编号：MG6005/MG8005
规格(mm)：600×600×10/800×800×11
参考价格(元/片)：57.92/121.10
参考价格(元/m²)：160.89/189.22

采用新中源天之骄子系列MG8003/MG8004产品铺贴效果

※新中源天之骄子系列产品特性说明见东方神韵系列
产品特性说明表格、技术参数见通体砖产品技术参数表格。

注意：由于印刷关系，可能与实际产品的颜色有所差异，选用时请以实物颜色为准。

电话:0757-85388806
传真:0757-85386332/85380348
服务热线:0757-85387806

网址:www.newzhongyuan.com
E-mail:Newzhongyuan@ZYQY.com

品牌国别:中国
生产地区:中国

X 新中源

本系列另有规格(mm):300×300×8/400×400×8/500×500×9

黑金刚系列

产品编号:CH6000/CH8000
规格(mm):600×600×9/800×800×10
参考价格(元/片):67.62/143.22
参考价格(元/m²):187.83/223.78

采用新中源碧海银沙系列MR80101/东方神韵系列3-ML8312产品铺贴效果

产品编号:CH6201
规格(mm):600×600×9
参考价格(元/片):77.72
参考价格(元/m²):215.89

碧海银沙系列

本系列另有规格(mm):1000×1000×14

产品编号:MR60101/MR80101
规格(mm):600×600×10/800×800×11
参考价格(元/片):48.44/115.84
参考价格(元/m²):134.56/181.00

产品编号:MR60201/MR80201
规格(mm):600×600×10/800×800×11
参考价格(元/片):48.44/115.84
参考价格(元/m²):134.56/181.00

产品编号:CH6301
规格(mm):600×600×9
参考价格(元/片):87.81
参考价格(元/m²):243.92

 注意:由于印刷关系,可能与实际产品的颜色有所差异,选用时请以实物颜色为准。

※新中源黑金刚系列/碧海银沙系列产品特性说明见东方神韵系列产品特性说明表格,技术参数见通体砖产品技术参数表格。

广东新中源陶瓷有限公司
地址：广东省佛山市南庄镇石南大道
邮编：528061

东方神韵系列   本系列另有规格(mm)：1000×1000×14

产品编号：2-ML6201/2-ML8201
规格(mm)：600×600×10/800×800×11
参考价格(元/片)：44.23/101.09
参考价格(元/m²)：122.86/157.95

产品编号：2-ML6202/2-ML8202
规格(mm)：600×600×10/800×800×11
参考价格(元/片)：44.23/101.09
参考价格(元/m²)：122.86/157.95

产品编号：2-ML6203/2-ML8203
规格(mm)：600×600×10/800×800×11
参考价格(元/片)：44.23/101.09
参考价格(元/m²)：122.86/157.95

产品编号：2-ML6204/2-ML8204
规格(mm)：600×600×10/800×800×11
参考价格(元/片)：44.23/101.09
参考价格(元/m²)：122.86/157.95

采用新中源东方神韵系列2-ML8202/3-ML8312产品铺贴效果

产品编号：3-ML6312/3-ML8312
规格(mm)：600×600×10/800×800×11
参考价格(元/片)：52.65/117.94
参考价格(元/m²)：146.25/184.28

东方神韵系列/盘古开天石系列/天之骄子系列/黑金刚系列/碧海银沙系列产品(通体砖)特性说明

项目	说明						
适用范围	室外地	□	室外墙	☑	室内地	☑	室内墙	☑
材质	瓷质	☑	半瓷质	□	陶质	□	其他	□
表面处理	抛光	☑	亚光	□	凹凸	□	其他	□
表面设计	仿古	□	仿石	☑	仿木	□	其他	□
服务项目	特殊规格加工	☑	异型加工	☑	定制配件	☑	其他	□

新中源通体砖产品技术参数						
吸水率	破坏强度	断裂模数	长度	厚度	边直度	直角度
≤0.2%	≥1700N	≥38MPa	±0.6%	±5%	±0.13%	±0.13%

新中源通体砖产品技术参数					
耐磨度	莫氏硬度	耐急冷急热性	抗冻性	耐酸碱性	光泽度
≤160mm²	≥5	符合国家标准	符合国家标准	ULA·UHA	≥60

⚠ 注意：由于印刷关系，可能与实际产品的颜色有所差异，选用时请以实物颜色为准。

电话:0757-85388806
传真:0757-85386332/85380348
服务热线:0757-85387806

网址:www.newzhongyuan.com
E-mail:Newzhongyuan@ZYQY.com

品牌国别:中国
生产地区:中国

X 新中源

广场砖系列

半瓷质通体室外地砖,防滑设计,可提供定制配件服务。

产品编号:MH19160
规格(mm):190×190×16
参考价格(元/片):1.76
参考价格(元/m²):41.77

产品编号:MH19180
规格(mm):190×190×16
参考价格(元/片):1.76
参考价格(元/m²):41.77

产品编号:MH19361
规格(mm):190×190×16
参考价格(元/片):2.27
参考价格(元/m²):53.96

产品编号:MH19282
规格(mm):190×190×16
参考价格(元/片):2.18
参考价格(元/m²):51.93

产品编号:MH30100
规格(mm):300×300×16
参考价格(元/片):7.30
参考价格(元/m²):73.53

产品编号:MH30180
规格(mm):300×300×16
参考价格(元/片):7.30
参考价格(元/m²):73.53

产品编号:MH15180
规格(mm):150×150×16
参考价格(元/片):1.13
参考价格(元/m²):41.61

产品编号:MH15361
规格(mm):150×150×16
参考价格(元/片):1.47
参考价格(元/m²):53.80

产品编号:MH15463
规格(mm):150×150×16
参考价格(元/片):1.69
参考价格(元/m²):61.93

产品编号:MH15644
规格(mm):150×150×16
参考价格(元/片):2.46
参考价格(元/m²):90.38

产品编号:MH30241
规格(mm):300×300×16
参考价格(元/片):9.16
参考价格(元/m²):92.37

产品编号:MH30342
规格(mm):300×300×16
参考价格(元/片):9.59
参考价格(元/m²):96.68

产品编号:MH35180
规格(mm):500×300×16
参考价格(元/片):13.00
参考价格(元/m²):80.08

产品编号:MH35283
规格(mm):500×300×16
参考价格(元/片):16.45
参考价格(元/m²):101.36

广场砖系列另有规格(mm):100×100×16/108×108×16

新中源广场砖系列产品技术参数									
吸水率	破坏强度	断裂模数	长度	厚度	边直度	直角度	表面平整度	抗热震性	
≤5.0%	≥1500N	≥16MPa	±1.0%	±10.0%	±0.4%	±0.4%	±0.4%	经10次热震试验不出现炸裂或裂纹	

 注意:由于印刷关系,可能与实际产品的颜色有所差异,选用时请以实物颜色为准。

广东新中源陶瓷有限公司
地址：广东省佛山市南庄镇石南大道
邮编：528061

中国驰名商标

爱琴海系列
陶质釉面砖、亚光釉面、仿古设计，可提供特殊规格加工、异型加工服务。

产品编号：2-G613340 室内墙砖
规格(mm)：330×600×9
参考价格(元/片)：13.06
参考价格(元/m²)：65.96

产品编号：3-G613340 室内墙砖
规格(mm)：330×600×9
参考价格(元/片)：15.02
参考价格(元/m²)：75.86

产品编号：2-G613320 室内墙砖
规格(mm)：330×600×9
参考价格(元/片)：13.06
参考价格(元/m²)：65.96

产品编号：3-G613320 室内墙砖
规格(mm)：330×600×9
参考价格(元/片)：15.02
参考价格(元/m²)：75.86

产品编号：4-RB338216 腰线
规格(mm)：330×80×10
参考价格(元/片)：21.90

产品编号：2-RB3310218 腰线
规格(mm)：330×100×10
参考价格(元/片)：17.91

产品编号：1-G313340 室内地砖
规格(mm)：330×330×8
参考价格(元/片)：5.73
参考价格(元/m²)：52.62

产品编号：1-G313320 室内地砖
规格(mm)：330×330×8
参考价格(元/片)：5.73
参考价格(元/m²)：52.62

采用新中源爱琴海系列2-G613340产品铺贴效果

产品编号：1-G313310 室内地砖
规格(mm)：330×330×8
参考价格(元/片)：5.73
参考价格(元/m²)：52.62

产品编号：2-G613310 室内墙砖
规格(mm)：330×600×9
参考价格(元/片)：13.06
参考价格(元/m²)：65.96

产品编号：2-RB3310217 腰线
规格(mm)：330×100×10
参考价格(元/片)：17.91

注意：由于印刷关系，可能与实际产品的颜色有所差异，选用时请以实物颜色为准。

电话:0757-85388806
传真:0757-85386332/85380348
服务热线:0757-85387806

网址:www.newzhongyuan.com
E-mail:Newzhongyuan@ZYQY.com

品牌国别:中国
生产地区:中国

X 新中源

爱琴海系列
陶质釉面砖、亚光釉面、仿古设计,可提供特殊规格加工、异型加工服务。

产品编号:2-G313330 室内地砖
规格(mm):330×330×8
参考价格(元/片):6.64
参考价格(元/m²):60.97

采用新中源爱琴海系列3-G613330产品铺贴效果

产品编号:2-G613330 室内墙砖
规格(mm):330×600×9
参考价格(元/片):13.06
参考价格(元/m²):65.96

产品编号:3-G613330 室内墙砖
规格(mm):330×600×9
参考价格(元/片):15.02
参考价格(元/m²):75.86

产品编号:4-RB338219 腰线
规格(mm):330×80×10
参考价格(元/片):21.90

大境界系列
陶质釉面砖、仿古、仿石设计,可提供特殊规格加工、异型加工服务。

产品编号:1-G90001
(亮光)室内墙砖
规格(mm):330×900×9
参考价格(元/片):34.41
参考价格(元/m²):115.86

产品编号:1-G31470
(亮光)室内地砖
规格(mm):330×330×8
参考价格(元/片):5.73
参考价格(元/m²):52.62

产品编号:3-HH3372-1-G90001
(亮光)腰线
规格(mm):330×100×9
参考价格(元/片):9.43

产品编号:1-RA336298
(亮光)腰线
规格(mm):330×60×9
参考价格(元/片):6.87

产品编号:1-RA328298 (亮光)腰线
规格(mm):330×28×9
参考价格(元/片):5.46

产品编号:2-G90003
(亚光)室内墙砖
规格(mm):330×900×9
参考价格(元/片):37.85
参考价格(元/m²):127.44

产品编号:2-G90002
(亚光)室内墙砖
规格(mm):330×900×9
参考价格(元/片):37.85
参考价格(元/m²):127.44

产品编号:2-G312711(亚光)室内地砖
规格(mm):330×330×8
参考价格(元/片):6.64
参考价格(元/m²):60.97

产品编号:4-RB338220(亚光)腰线
规格(mm):330×80×10
参考价格(元/片):21.90

※新中源爱琴海系列/大境界系列产品技术参数见釉面砖产品技术参数表格。

⚠ 注意:由于印刷关系,可能与实际产品的颜色有所差异,选用时请以实物颜色为准。

新中源陶瓷
NEW ZHONG YUAN CERAMICS
中国驰名商标

广东新中源陶瓷有限公司
地址：广东省佛山市南庄镇石南大道
邮编：528061

仿古瓷片系列
陶质釉面砖，亚光釉面，仿古设计，可提供定制配件服务。

产品编号：2-D3893 室内地砖
规格(mm)：330×330×8
参考价格(元/片)：6.25
参考价格(元/m²)：57.40

产品编号：2-F3287 室内墙砖
规格(mm)：330×250×8
参考价格(元/片)：4.13
参考价格(元/m²)：50.10

产品编号：2-F3289 室内墙砖
规格(mm)：330×250×8
参考价格(元/片)：4.13
参考价格(元/m²)：50.10

产品编号：2-R3310185 腰线
规格(mm)：330×100×8
参考价格(元/片)：9.91

产品编号：2-R335185A 腰线
规格(mm)：330×50×8
参考价格(元/片)：5.29

产品编号：A317C 室内墙砖
规格(mm)：260×150×15
参考价格(元/片)：18.96

产品编号：A318C 室内墙砖
规格(mm)：260×150×15
参考价格(元/片)：18.96

产品编号：2-D3892 室内地砖
规格(mm)：330×330×8
参考价格(元/片)：6.25
参考价格(元/m²)：57.40

产品编号：2-R335182 腰线
规格(mm)：330×50×8
参考价格(元/片)：5.29

产品编号：A317A 室内墙砖
规格(mm)：260×150×15
参考价格(元/片)：18.96

产品编号：A318A 室内墙砖
规格(mm)：260×150×15
参考价格(元/片)：18.96

产品编号：2-F3282 室内墙砖
规格(mm)：330×250×8
参考价格(元/片)：4.13
参考价格(元/m²)：50.10

产品编号：2-F3281 室内墙砖
规格(mm)：330×250×8
参考价格(元/片)：4.13
参考价格(元/m²)：50.10

产品编号：2-R3310182 腰线
规格(mm)：330×100×8
参考价格(元/片)：9.91

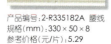
产品编号：2-R335182A 腰线
规格(mm)：330×50×8
参考价格(元/片)：5.29

产品编号：2-D3890 室内地砖
规格(mm)：330×330×8
参考价格(元/片)：6.25
参考价格(元/m²)：57.40

产品编号：A317B 室内墙砖
规格(mm)：260×150×15
参考价格(元/片)：18.96

产品编号：A318B 室内墙砖
规格(mm)：260×150×15
参考价格(元/片)：18.96

产品编号：2-R335183 腰线
规格(mm)：330×50×8
参考价格(元/片)：5.29

产品编号：2-F3285 室内墙砖
规格(mm)：330×250×8
参考价格(元/片)：4.13
参考价格(元/m²)：50.10

产品编号：2-F3286 室内墙砖
规格(mm)：330×250×8
参考价格(元/片)：4.13
参考价格(元/m²)：50.10

产品编号：2-R3310183 腰线
规格(mm)：330×100×8
参考价格(元/片)：9.91

产品编号：2-R335183A 腰线
规格(mm)：330×50×8
参考价格(元/片)：5.29

注意：由于印刷关系，可能与实际产品的颜色有所差异，选用时请以实物颜色为准。

电话:0757-85388806
传真:0757-85386332/85380348
服务热线:0757-85387806

网址:www.newzhongyuan.com
E-mail:Newzhongyuan@ZYQY.com

品牌国别:中国
生产地区:中国

新中源

产品编号:2-D3891 室内地砖
规格(mm):330×330×8
参考价格(元/片):6.25
参考价格(元/m²):57.40

产品编号:2-F3283 室内墙砖
规格(mm):330×250×8
参考价格(元/片):4.13
参考价格(元/m²):50.10

产品编号:2-F3284 室内墙砖
规格(mm):330×250×8
参考价格(元/片):4.13
参考价格(元/m²):50.10

产品编号:2-R3310184 腰线
规格(mm):330×100×8
参考价格(元/片):9.91

产品编号:2-R335184A 腰线
规格(mm):330×50×8
参考价格(元/片):5.29

采用新中源仿古瓷片系列2-F3285产品铺贴效果

采用新中源仿古瓷片系列2-F3283产品铺贴效果

采用新中源仿古瓷片系列2-F3287产品铺贴效果

新中源釉面砖产品技术参数

吸水率	破坏强度	断裂模数	边直度	直角度
平均值18,单块最小值17	≥1433N	平均值23,单块最小值22	0.04%~0.05%	-0.12%~+0.12%

新中源釉面砖产品技术参数

表面平整度	耐磨度	线性热膨胀系数	抗冲击性	表面质量	抗热震性
+0.15%~+0.3%	4级	$6.2×10^{-6}/°C$	0.69	距0.8m处垂直观察表面无缺陷	经10次抗热震性试验无炸裂及裂纹

厂商简介:广东新中源陶瓷有限公司是大型现代建筑陶瓷生产企业。目前,新中源拥有完全玻化石、晶彩玉晶、玉晶石(复合微晶砖)、瓷片、仿古砖、外墙砖、广场砖、彩晶玉石(玻璃马赛克)、拼花、卫浴等各大系列室内陶瓷墙地砖上万个品种的潮流时尚新品。至今,新中源已有超过600个新产品获国家专利局授予专利证书;被质量监督检验检疫总局授予"全国质量管理先进企业"称号,并获中国驰名商标、中国名牌、国家免检产品、广东省名牌产品、广东省著名商标、全国用户满意产品、广东省用户满意企业、广东省质量效益型先进企业等殊荣。

各地联系方式:

北京营销中心
地址:北京市丰台区周庄子221号
电话:010-83813888

上海营销中心
地址:上海市恒大建材市场陶瓷精品厅2012~2013号
电话:021-58322741

深圳营销中心
地址:广东省深圳市文锦北路1094号
电话:0755-25501519

广州营销中心
地址:广东省广州市天河区黄埔大道东126号新城建材
电话:020-82160540

青岛营销中心
地址:山东省青岛市崂山区高科技园装饰城A29~A39号
电话:0532-8911762

西安营销中心
地址:陕西省西安市大明宫工业陶瓷市场北A区5排1~4号
电话:029-88118919

郑州营销中心
地址:河南省郑州市郑汴路名优建材市场西厅16~18号
电话:0371-66510918

长沙营销中心
地址:湖南省长沙市芙蓉区马王堆陶瓷建材新城B栋01~08号
电话:0731-4782636

南京营销中心
地址:江苏省南京市红太阳精品城A楼123号
电话:025-85058706

南昌营销中心
地址:江西省南昌市何坊西路309号建材大市场B5栋
电话:0791-5237419

代表工程:中国科技大学基础教学楼 浙江省高级人民法院 北京清华园小区 广州天朗明居 广州科学城 珠海中山大学 天津市银河大酒店 珠海海湾大酒店 宁夏自治区政府大楼 上海圣贤居宾馆 北京中国气象局 北京越秀大酒店 北京人民医院 北京燕宫饭店 北京中土大厦 上海嘉定中心医院

质量认证:ISO9001 CCC认证

⚠ 注意:由于印刷关系,可能与实际产品的颜色有所差异,选用时请以实物颜色为准。

鹰牌陶瓷 EAGLE BRAND CERAMICS
品 质 全 球 信 赖

佛山石湾鹰牌陶瓷有限公司
地址：广东省佛山市石湾来长岗
邮编：528031

Eagle 2086系列

采用鹰牌Eagle 2086系列产品铺贴效果

Eagle 2086系列备选颜色：

H0D9-01EA	H0D9-02EA	H0D9-03EA	H0D9-04EA	H0D9-A1EA	H0D9-A2EA	H0D9-A3EA	H0D9-A4EA	H0D9-A5EA	H0D9-A6EA

⚠ 注意：由于印刷关系，可能与实际产品的颜色有所差异，选用时请以实物颜色为准。

电话:0757-83963631
传真:0757-83980492
服务热线:0757-83962288

网址:www.eagleceramics.com

品牌国别:中国
生产地区:中国

Y 鹰牌

Eagle 2086系列

采用鹰牌Eagle 2086系列产品铺贴效果

产品编号:K3-D0D9-05EA
规格(mm):300×300×12
参考价格:详细价格请咨询厂商

产品编号:K4-D0D9-05EA
规格(mm):300×300×12
参考价格:详细价格请咨询厂商

产品编号:J6D9-05EA
规格(mm):900×300×12
参考价格:详细价格请咨询厂商

产品编号:K6-G1D9-05EA
规格(mm):300×600×12
参考价格:详细价格请咨询厂商

产品编号:K7-G1D9-05EA
规格(mm):300×600×12
参考价格:详细价格请咨询厂商

产品编号:K1-G1D9-05EA
规格(mm):300×600×12
参考价格:详细价格请咨询厂商

产品编号:G1D9-05EA
规格(mm):300×600×12
参考价格:详细价格请咨询厂商

产品编号:G0D9-05EA/R3D9-05EA/H0D9-05EA
规格(mm):600×600×12/
450×450×12/900×900×12
参考价格(元/片):64.00/34.00/180.00

鹰牌Eagle 2086系列产品技术参数

吸水率	耐磨度	抗弯曲强度	抗热震性	耐酸碱性	莫氏硬度
E≤0.196%	0.013g/1500转	≥50.10MPa	室温至100℃,10次循环不裂	GLA等级耐酸碱性较好	6-7

⚠ 注意:由于印刷关系,可能与实际产品的颜色有所差异,选用时请以实物颜色为准。

Eagle 2086系列

产品编号：R3D3-01EA
规格(mm)：450×450×12
参考价格(元/片)：34.00
参考价格(元/m²)：详细价格请咨询厂商

产品编号：R3D3-02EA
规格(mm)：450×450×12
参考价格(元/片)：34.00
参考价格(元/m²)：详细价格请咨询厂商

产品编号：R3D3-03EA
规格(mm)：450×450×12
参考价格(元/片)：34.00
参考价格(元/m²)：详细价格请咨询厂商

产品编号：R3D3-04EA
规格(mm)：450×450×12
参考价格(元/片)：34.00
参考价格(元/m²)：详细价格请咨询厂商

产品编号：R3D3-05EA
规格(mm)：450×450×12
参考价格(元/片)：34.00
参考价格(元/m²)：详细价格请咨询厂商

产品编号：R3D3-06EA
规格(mm)：450×450×12
参考价格(元/片)：34.00
参考价格(元/m²)：详细价格请咨询厂商

产品编号：R3D3-07EA
规格(mm)：450×450×12
参考价格(元/片)：34.00
参考价格(元/m²)：详细价格请咨询厂商

产品编号：R3D3-08EA
规格(mm)：450×450×12
参考价格(元/片)：34.00
参考价格(元/m²)：详细价格请咨询厂商

产品编号：R3D3-09EA
规格(mm)：450×450×12
参考价格(元/片)：34.00
参考价格(元/m²)：详细价格请咨询厂商

产品编号：R3D3-10EA
规格(mm)：450×450×12
参考价格(元/片)：34.00
参考价格(元/m²)：详细价格请咨询厂商

产品编号：R3D3-11EA
规格(mm)：450×450×12
参考价格(元/片)：34.00
参考价格(元/m²)：详细价格请咨询厂商

产品编号：R3D3-12EA
规格(mm)：450×450×12
参考价格(元/片)：34.00
参考价格(元/m²)：详细价格请咨询厂商

产品编号：R3D3-13EA
规格(mm)：450×450×12
参考价格(元/片)：34.00
参考价格(元/m²)：详细价格请咨询厂商

Eagle 2086系列产品(釉面砖)特性说明

项目	说明							
适用范围	室外地	☑	室外墙	☑	室内地	☑	室内墙	☑
材质	瓷质	☑	半瓷质	☐	陶质	☐	其他	☐
釉面效果	亮光	☐	亚光	☑	凹凸	☐	其他	☐
表面设计	仿古	☐	仿木	☑	仿金属	☐	其他	☐

注意：由于印刷关系，可能与实际产品的颜色有所差异，选用时请以实物颜色为准。

电话:0757-83963631
传真:0757-83980492
服务热线:0757-83962288

网址:www.eagleceramics.com

品牌国别:中国
生产地区:中国

Y 鹰牌

盛世金碧系列

产品编号:G0H1-A1
规格(mm):600×600×(9~10)/800×800×11
参考价格(元/片):94.00/183.00
参考价格(元/m²):260.00/286.00

产品编号:G0H1-B1
规格(mm):600×600×(9~10)/800×800×11
参考价格(元/片):94.00/183.00
参考价格(元/m²):260.00/286.00

产品编号:G0H1-C1
规格(mm):600×600×(9~10)/800×800×11
参考价格(元/片):94.00/183.00
参考价格(元/m²):260.00/286.00

产品编号:G0H1-D1
规格(mm):600×600×(9~10)/800×800×11
参考价格(元/片):94.00/183.00
参考价格(元/m²):260.00/286.00

产品编号:G0H2-A1
规格(mm):600×600×(9~10)/800×800×11
参考价格(元/片):94.00/183.00
参考价格(元/m²):260.00/286.00

产品编号:G0H2-B1
规格(mm):600×600×(9~10)/800×800×11
参考价格(元/片):94.00/183.00
参考价格(元/m²):260.00/286.00

产品编号:G0H2-C1
规格(mm):600×600×(9~10)/800×800×11
参考价格(元/片):94.00/183.00
参考价格(元/m²):260.00/286.00

产品编号:G0H2-D1
规格(mm):600×600×(9~10)/800×800×11
参考价格(元/片):94.00/183.00
参考价格(元/m²):260.00/286.00

采用鹰牌盛世金碧系列产品铺贴效果

※鹰牌盛世金碧系列产品特性说明见微山石·雪无痕系列
产品特性说明表格,技术参数见通体砖产品技术参数表格。

注意:由于印刷关系,可能与实际产品的颜色有所差异,选用时请以实物颜色为准。

鹰牌陶瓷
EAGLE BRAND CERAMICS
品 质 全 球 信 赖

佛山石湾鹰牌陶瓷有限公司
地址：广东省佛山市石湾来长岗
邮编：528031

至尊·超现石系列

采用鹰牌至尊·超现石系列产品铺贴效果

产品编号：VC-01（抛光）/
VD-01（亚光）
规格(mm)：600×600×(9~10)
参考价格(元/片)：115.00/121.00
参考价格(元/m²)：320.00/335.00

产品编号：VC-02（抛光）/
VD-02（亚光）
规格(mm)：600×600×(9~10)
参考价格(元/片)：115.00/121.00
参考价格(元/m²)：320.00/335.00

产品编号：VC-03（抛光）/
VD-03（亚光）
规格(mm)：600×600×(9~10)
参考价格(元/片)：115.00/121.00
参考价格(元/m²)：320.00/335.00

产品编号：VC-04（抛光）/
VD-04（亚光）
规格(mm)：600×600×(9~10)
参考价格(元/片)：115.00/121.00
参考价格(元/m²)：320.00/335.00

至尊·超现石系列产品（通体砖）特性说明

鹰牌至尊·超现石系列另有规格(mm)：800×800×11，此规格抛光砖价格为225.00元/片，352.00元/m²，亚光砖价格为236.00元/片，369.00元/m²。

项目	说明							
适用范围	室外地	☑	室外墙	☑	室内地	☑	室内墙	☑
材　质	瓷质	☑	半瓷质	☐	陶质	☐	其他	☐
表面设计	仿古	☐	仿石	☑	仿木	☐	其他	☐

※鹰牌至尊·超现石系列产品技术参数见通体砖产品技术参数表格。

 注意：由于印刷关系，可能与实际产品的颜色有所差异，选用时请以实物颜色为准。

电话:0757-83963631
传真:0757-83980492
服务热线:0757-83962288

网址:www.eagleceramics.com

品牌国别:中国
生产地区:中国

鹰牌

微山石·雪无痕系列

采用鹰牌微山石·雪无痕系列产品铺贴效果

产品编号:JA-A1
规格(mm):600×600×(9~10)/
800×800×11
参考价格(元/片):87.00/169.00
参考价格(元/m²):242.00/264.00

产品编号:JA-Y1
规格(mm):600×600×(9~10)/
800×800×11
参考价格(元/片):87.00/169.00
参考价格(元/m²):242.00/264.00

产品编号:JA-K1
规格(mm):600×600×(9~10)/
800×800×11
参考价格(元/片):87.00/169.00
参考价格(元/m²):242.00/264.00

产品编号:JA-K2
规格(mm):600×600×(9~10)/
800×800×11
参考价格(元/片):87.00/169.00
参考价格(元/m²):242.00/264.00

微山石·雪无痕系列/盛世金碧系列产品(通体砖)特性说明

项目	说明							
适用范围	室外地	☑	室外墙	☑	室内地	☑	室内墙	☑
材质	瓷质	☑	半瓷质	☐	陶质	☐	其他	☐
表面处理	抛光	☑	亚光	☐	凹凸	☐	其他	☐
表面设计	仿古	☐	仿石	☑	仿木	☐	其他	☐

※鹰牌微山石·雪无痕系列产品技术参数见通体砖产品技术参数表格。

 注意:由于印刷关系,可能与实际产品的颜色有所差异,选用时请以实物颜色为准。

佛山石湾鹰牌陶瓷有限公司
地址：广东省佛山市石湾来长岗
邮编：528031

风沙岩系列

采用鹰牌风沙岩系列产品铺贴效果

风沙岩系列产品(通体砖)特性说明

项目	说明							
适用范围	室外地	☑	室外墙	☑	室内地	☑	室内墙	☑
材质	瓷质	☑	半瓷质	☐	陶质	☐	其他	☐
表面处理	抛光	☐	亚光	☐	凹凸	☑	其他	☐
表面设计	仿古	☐	仿石	☑	仿木	☐	其他	☐

※鹰牌风沙岩系列产品技术参数见通体砖产品技术参数表格。

产品编号：Y1D5-01
规格(mm)：1200×600×13
参考价格(元/片)：216.00
参考价格(元/m²)：300.00

产品编号：Y1D5-02
规格(mm)：1200×600×13
参考价格(元/片)：238.00
参考价格(元/m²)：331.00

产品编号：Y1D5-03
规格(mm)：1200×600×13
参考价格(元/片)：238.00
参考价格(元/m²)：331.00

产品编号：Y1D5-04
规格(mm)：1200×600×13
参考价格(元/片)：281.00
参考价格(元/m²)：390.00

产品编号：Y1D5-05
规格(mm)：1200×600×13
参考价格(元/片)：216.00
参考价格(元/m²)：300.00

注意：由于印刷关系，可能与实际产品的颜色有所差异，选用时请以实物颜色为准。

电话:0757-83963631
传真:0757-83980492
服务热线:0757-83962288

网址:www.eagleceramics.com

品牌国别:中国
生产地区:中国

鹰 牌

铂金石系列

产品编号:E0DA-01
规格(mm):800×800×12.5
参考价格(元/片):230.00
参考价格(元/m²):360.00

产品编号:E0DA-02
规格(mm):800×800×12.5
参考价格(元/片):230.00
参考价格(元/m²):360.00

采用鹰牌铂金石系列产品铺贴效果

铂金石系列产品(通体砖)特性说明

项目	说明						
适用范围	室外地	☐	室外墙	☑	室内地	☐	室内墙	☑
材质	瓷质	☑	半瓷质	☐	陶质	☐	其他	☐
表面处理	抛光	☐	亚光	☐	凹凸	☑	其他	☐
表面设计	仿古	☐	仿石	☐	仿木	☐	仿金属	☑

鹰牌通体砖产品技术参数

吸水率	破坏强度	断裂模数	长度	厚度	边直度	直角度	边弯曲度	中心弯曲度	翘曲度
平均值E≤0.5%,单个值E≤0.6%	厚度≥7.5mm时,平均值≥1300N	平均值≤35MPa,单个值≤32MPa	±0.1mm	±5%	±0.2%,且≤2.0mm	±0.2%,且≤2.0mm	±0.2%	±0.2%	±0.2%

鹰牌通体砖产品技术参数

抗热震性	光泽度	耐磨度	耐酸性	耐碱性	表面质量
经10次热震性试验不出现裂纹或裂纹	平均不低于55	≤175mm³	18%HCl溶液浸12天后检验分级,报告等级为UHA级	100g/L KOH溶液浸12天后检验分级,报告等级为UHA级	至少95%的砖距0.8m远处单目观察表面无缺陷

⚠ 注意:由于印刷关系,可能与实际产品的颜色有所差异,选用时请以实物颜色为准。

佛山石湾鹰牌陶瓷有限公司
地址：广东省佛山市石湾来长岗
邮编：528031

新生代系列——简单诗意
陶质釉面砖，亚光釉面。

产品编号：A0241-C06F 腰线
规格(mm)：300×30×(7~8)
参考价格(元/片)：10.40

产品编号：D0M-10008 室内地砖
规格(mm)：300×300×(7~8)
参考价格(元/片)：8.20
参考价格(元/m²)：91.00

产品编号：M2P1-29 室内墙砖
规格(mm)：300×500×(7~8)
参考价格(元/片)：15.00
参考价格(元/m²)：100.00

采用鹰牌新生代系列——简单诗意产品铺贴效果

新生代系列——沧海桑田
陶质釉面砖，亚光釉面。

产品编号：A0221-C02F 腰线
规格(mm)：300×100×(7~8)
参考价格(元/片)：15.30

采用鹰牌新生代系列——沧海桑田产品铺贴效果

产品编号：M2P1-30 室内墙砖
规格(mm)：300×500×(7~8)
参考价格(元/片)：15.00
参考价格(元/m²)：100.00

产品编号：D0M-13503 室内地砖
规格(mm)：300×300×(7~8)
参考价格(元/片)：8.20
参考价格(元/m²)：91.00

※鹰牌新生代系列——简单诗意/沧海桑田产品技术参数见新生代系列产品技术参数表格。

注意：由于印刷关系，可能与实际产品的颜色有所差异，选用时请以实物颜色为准。

电话:0757-83963631
传真:0757-83980492
服务热线:0757-83962288

网址:www.eagleceramics.com

品牌国别:中国
生产地区:中国

新生代系列——记忆年轮

陶质釉面砖,亚光釉面。

产品编号:A0001-E03F 腰线
规格(mm):300×80×(7~8)
参考价格(元/片):30.30

产品编号:D0M-13501 室内地砖
规格(mm):300×300×(7~8)
参考价格(元/片):8.20
参考价格(元/m²):91.00

产品编号:M2P1-31 室内墙砖
规格(mm):300×500×(7~8)
参考价格(元/片):15.00
参考价格(元/m²):100.00

采用鹰牌新生代系列——记忆年轮产品铺贴效果

新生代系列——碧海银沙

陶质釉面砖,亚光釉面。

采用鹰牌新生代系列——碧海银沙产品铺贴效果

产品编号:D0M-12701 室内地砖
规格(mm):300×300×(7~8)
参考价格(元/片):8.20
参考价格(元/m²):91.00

产品编号:M2P1-18 室内墙砖
规格(mm):300×500×(7~8)
参考价格(元/片):15.00
参考价格(元/m²):100.00

产品编号:A0011-H02F 大腰线
规格(mm):300×100×(7~8)
参考价格(元/片):16.50

产品编号:A0231-H09F 小腰线
规格(mm):300×50×(7~8)
参考价格(元/片):10.10

※鹰牌新生代系列——记忆年轮/碧海银沙产品技术参数见新生代系列产品技术参数表格。

⚠ 注意:由于印刷关系,可能与实际产品的颜色有所差异,选用时请以实物颜色为准。

佛山石湾鹰牌陶瓷有限公司
地址：广东省佛山市石湾来长岗
邮编：528031

新生代系列——交错时光
陶质釉面砖，亚光釉面。

产品编号：A0211-E09F 腰线
规格(mm)：300×50×(7~8)
参考价格(元/片)：31.20

产品编号：D0M-12904 室内地砖
规格(mm)：300×300×(7~8)
参考价格(元/片)：8.20
参考价格(元/m²)：91.00

产品编号：M2P2-22 室内墙砖
规格(mm)：300×500×(7~8)
参考价格(元/片)：15.00
参考价格(元/m²)：100.00

采用鹰牌新生代系列——交错时光产品铺贴效果

采用鹰牌新生代系列——莱卡时尚产品铺贴效果

新生代系列——莱卡时尚
陶质釉面砖，亚光釉面。

产品编号：A0191-E05X 腰线
规格(mm)：300×60×(7~8)
参考价格(元/片)：24.80

产品编号：M4B-C0004 室内墙砖
规格(mm)：600×300×(7~8)
参考价格(元/片)：19.00
参考价格(元/m²)：105.60

产品编号：D0M-10006 室内地砖
规格(mm)：300×300×(7~8)
参考价格(元/片)：8.20
参考价格(元/m²)：91.00

产品编号：M4B-C0005 室内墙砖
规格(mm)：600×300×(7~8)
参考价格(元/片)：19.00
参考价格(元/m²)：105.60

⚠ 注意：由于印刷关系，可能与实际产品的颜色有所差异，选用时请以实物颜色为准。

电话:0757-83963631
传真:0757-83980492
服务热线:0757-83962288

网址:www.eagleceramics.com

品牌国别:中国
生产地区:中国

Y 鹰牌

新生代系列——
似水流年

陶质釉面砖,亚光釉面。

产品编号:D0M-14403 室内地砖
规格(mm):300×300×(7~8)
参考价格(元/片):8.20
参考价格(元/m²):91.00

产品编号:A0251-M2F 室内墙砖
规格(mm):300×500×(7~8)
参考价格(元/片):39.80

产品编号:M2P2-37 室内墙砖
规格(mm):300×500×(7~8)
参考价格(元/片):15.00
参考价格(元/m²):100.00

采用鹰牌新生代系列——似水流年产品铺贴效果

鹰牌新生代系列产品技术参数										
吸水率	破坏强度	断裂模数	长度	厚度	边直度	直角度	边弯曲度	中心弯曲度	翘曲度	抗热震性
平均值10%≤E≤20%,单个值E≥9%	厚度≥7.5mm时,平均值≥600N	平均值≤15MPa,单个值≤12MPa	±0.5mm	±10%	±0.2%	±0.3%	-0.2%~+0.4%	-0.2%~+0.4%	±0.3%	经10次抗热震性试验不出现炸裂或裂纹

鹰牌新生代系列产品技术参数					
耐酸性	耐碱性	表面质量	抗釉裂性	耐污染性	耐家庭化学试剂
18%HCl溶液浸12天后检验分级,报告等级为UHA级	100g/L KOH溶液浸12天后检验分级,报告等级为UHA级	至少95%的砖距0.8m远处垂直观察表面无缺陷	经抗釉裂试验后釉面应无裂纹或剥落	经耐污染实验后不低于3级	经耐污染实验后不低于GB级

厂商简介:鹰牌控股有限公司是新加坡股票交易所的上市公司,是当今世界上最具规模的集建筑陶瓷、卫生陶瓷及其他卫浴配套设施为一体的生产企业之一。自1974年创立至今的30年中,鹰牌控股一直是中国建陶行业的先导者之一,也是在业内最早提出"市场全球一体化"概念,并率先实践品牌国际化路线的企业。鹰牌陶瓷作为鹰牌控股有限公司旗下的旗舰品牌,主要产品有釉面砖、大颗粒抛光砖、仿古砖、仿天然大理石、渗花瓷质抛光砖、超微粉渗花抛光砖等,其中微粉加渗花技术产品巴洛克系列和具有抛光、亚光、凹凸三种表面的超现石系列产品,更是以全面超越天然石材的特点成为业界翘楚和市场新宠。

各地联系方式:
鹰牌瓷砖在全国各大中城市设有直销处,如需联系方式请咨询厂商。

质量认证:ISO9001-2000 CCC认证
执行标准:GB/T4100.5-1999

代表工程:
广东省省委新1号办公大楼   上海财税大厦
广州南方航空集团办公大楼   重庆五洲大酒店
深圳南山医院住院大楼   西安市中国海关大楼
哈尔滨理工大学   北京国家气象大厦
江苏苏州大学   济南金马大酒店

⚠ 注意:由于印刷关系,可能与实际产品的颜色有所差异,选用时请以实物颜色为准。

正中

北京正中公司（代理商）
地址：北京市朝阳区幸福中路锦绣园公寓A座208室
邮编：100027

TAU 锈板系列
瓷质釉面室内地、室内外墙砖、亚光釉面、仿铁锈设计。

采用TAU 锈板系列产品铺贴效果

电话:010-64163135/64163136/64163137
传真:010-64164050
服务热线:010-84533034/64152167

网址:www.bestzz.com
E-mail:zhengzhongmark@263.net

品牌国别:西班牙/土耳其
生产地区:西班牙/中国

产品编号:CF2791A 马赛克
规格(mm):300×200×10(联砖)
　　　　　31×58(粒径)
参考价格(元/联):41.90
参考价格(元/m²):698.00

产品编号:CF2791
规格(mm):600×600×10
参考价格(元/片):210.00
参考价格(元/m²):583.80

产品编号:CF2791B
规格(mm):600×300×10
参考价格(元/片):115.00
参考价格(元/m²):638.00

产品编号:CF2792
规格(mm):600×600×10
参考价格(元/片):210.00
参考价格(元/m²):583.80

产品编号:CF2792B
规格(mm):600×300×10
参考价格(元/片):115.00
参考价格(元/m²):638.00

※如需TAU锈板系列产品技术参数请咨询厂商。

⚠ 注意:由于印刷关系,可能与实际产品的颜色有所差异,选用时请以实物颜色为准。

正 中

北京正中公司（代理商）
地址：北京市朝阳区幸福中路锦绣园公寓A座208室
邮编：100027

土耳其洞石系列 石材、室内地、室内外墙砖。

产品编号：SB8020（仿古/亚光）
规格(mm)：305×30×10
参考价格(元/片)：4.00

产品编号：SB8019（仿古/亚光）
规格(mm)：305×100×10
参考价格(元/片)：11.00

产品编号：SB8015（仿古/亚光）
规格(mm)：150×150×10
参考价格(元/片)：8.90

产品编号：SB8044（仿古/亚光）
规格(mm)：406×406×10
参考价格(元/片)：63.00

产品编号：SB8027（亮光）
规格(mm)：121×210×10
参考价格(元/片)：5.50

产品编号：SB8031（亮光）
规格(mm)：305×305×10
参考价格(元/片)：33.00

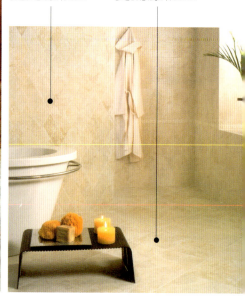

电话:010-64163135/64163136/64163137
传真:010-64164050
服务热线:010-84533034/64152167

网址:www.bestzz.com
E-mail:zhengzhongmark@263.net

品牌国别:西班牙/土耳其
生产地区:西班牙/中国

产品编号:SM8318 黄木纹马赛克
规格(mm):305×305×10(联砖)
　　　　　23×23(粒径)
参考价格(元/联):36.00

产品编号:SM8313 马赛克
规格(mm):305×305×10(联砖)
　　　　　48×23(粒径)
参考价格(元/联):36.00

产品编号:SM8105 马赛克
规格(mm):305×305×10(联砖)
　　　　　23×23(粒径)
参考价格(元/联):42.00

产品编号:SM8120 马赛克
规格(mm):305×305×10(联砖)
　　　　　50×25(粒径)
参考价格(元/联):42.00

产品编号:SM8121 马赛克
规格(mm):305×305×10(联砖)
　　　　　48×48(粒径)
参考价格(元/联):42.00

※如需土耳其洞石系列产品技术参数请咨询厂商。

厂商简介:正中公司成立于1988年,是北京建材行业中最早的进口瓷砖代理商。多年来正中公司依靠诚信的精神,良好的服务体系和优质的商品,赢得了众多工程设计方的好评。正中公司代理的西班牙、意大利、巴西等国数十个当地著名瓷砖生产厂商的产品,其中有TAU、GAYA、GARDENIA 等,更有CUCCI这样的世界著名品牌,除此之外正中公司还代理奥米茄、阿诺瓦等国内知名品牌的瓷砖产品,这些品牌在全国乃至世界各地都有良好的声誉及销售业绩。通过正中公司的引进和推广,让品质卓越的瓷砖产品走进千家万户,成为高档装修必不可少的精品材料。正中公司经营的产品全部符合欧洲质量体系认证及中国绿色环保要求。

正中代理品牌:TAU FRANCO PECCHIOLI ISLATILES GARDENIA CAYA BORJA 奥米茄 阿诺瓦

代表工程:北京中景豪庭国际公寓 北京美林香槟小镇 北京丽高王府花园 北京海润国际公寓 北京棕榈泉国际公寓
　　　　　北京中国第一商城 北京奥林匹克花园 北京阳光新干线公寓 北京月亮城堡 北京玫瑰园 北京翡翠城 北京龙城花园
　　　　　北京蜂鸟社区 北京华城小区 北京光彩国际公寓 大连新世界广场

质量认证:ISO9001-2000 ISO14001
执行标准:EN标准

中盛陶瓷

佛山市中盛陶瓷有限公司
地址:广东省佛山市禅城区南庄华夏陶瓷博览城恒发楼
邮编:528219

电话:0757-85385681
传真:0757-85326008
网址:www.zhongsheng-ceramic.com
E-mail:zhongshengceramics@126.com
品牌国别:中国
生产地区:中国

金砂玉岩系列

产品编号:6AH001/8AH001
规格(mm):600×600×(9~10)/
800×800×(9~10)
参考价格(元/片):57.00/100.00
参考价格(元/m²):157.00/156.00

产品编号:6AV001/8AV001
规格(mm):600×600×(9~10)/
800×800×(9~10)
参考价格(元/片):57.00/100.00
参考价格(元/m²):157.00/156.00

产品编号:6BE001/8BE001
规格(mm):600×600×(9~10)/
800×800×(9~10)
参考价格(元/片):57.00/100.00
参考价格(元/m²):157.00/156.00

产品编号:6BE002/8BE002
规格(mm):600×600×(9~10)/
800×800×(9~10)
参考价格(元/片):57.00/100.00
参考价格(元/m²):157.00/156.00

产品编号:6BE003/8BE003
规格(mm):600×600×(9~10)/
800×800×(9~10)
参考价格(元/片):57.00/100.00
参考价格(元/m²):157.00/156.00

产品编号:6BE004/8BE004
规格(mm):600×600×(9~10)/
800×800×(9~10)
参考价格(元/片):57.00/100.00
参考价格(元/m²):157.00/156.00

产品编号:6AB002/8AB002
规格(mm):600×600×(9~10)/
800×800×(9~10)
参考价格(元/片):57.00/100.00
参考价格(元/m²):157.00/156.00

产品编号:6AB003/8AB003
规格(mm):600×600×(9~10)/
800×800×(9~10)
参考价格(元/片):57.00/100.00
参考价格(元/m²):157.00/156.00

采用中盛金砂玉岩系列8AF002产品铺贴效果

产品编号:6AE002/8AE002
规格(mm):600×600×(9~10)/
800×800×(9~10)
参考价格(元/片):57.00/100.00
参考价格(元/m²):157.00/156.00

产品编号:6AF003/8AF003
规格(mm):600×600×(9~10)/
800×800×(9~10)
参考价格(元/片):57.00/100.00
参考价格(元/m²):157.00/156.00

金砂玉岩系列产品(通体砖)特性说明

项目	说明			
适用范围	室外地 □	室外墙 □	室内地 ☑	室内墙 ☑
材质	瓷质 ☑	半瓷质 □	陶质 □	其他 □
表面处理	抛光 ☑	亚光 □	凹凸 □	其他 □

※中盛金砂玉岩系列产品技术参数沿通体砖产品技术参数表格。

⚠ 注意:由于印刷关系,可能与实际产品的颜色有所差异,选用时请以实物颜色为准。

佛山市中盛陶瓷有限公司
地址:广东省佛山市禅城区南庄华夏陶瓷博览城恒发楼
邮编:528219

帝晶石系列

产品编号:6WR008/8WR008
规格(mm):600×600×(9~10)/
800×800×(9~10)
参考价格(元/片):62.00/125.00
参考价格(元/m²):171.00/196.00

产品编号:6WR009/8WR009
规格(mm):600×600×(9~10)/
800×800×(9~10)
参考价格(元/片):70.00/138.00
参考价格(元/m²):193.00/216.00

产品编号:6WR010/8WR010
规格(mm):600×600×(9~10)/
800×800×(9~10)
参考价格(元/片):70.00/138.00
参考价格(元/m²):193.00/216.00

产品编号:6WR011/8WR011
规格(mm):600×600×(9~10)/
800×800×(9~10)
参考价格(元/片):70.00/138.00
参考价格(元/m²):193.00/216.00

雪花石系列

产品编号:6F139/8F139
规格(mm):600×600×(9~10)/
800×800×(9~10)
参考价格(元/片):42.00/88.00
参考价格(元/m²):115.00/138.00

产品编号:6F172/8F172
规格(mm):600×600×(9~10)/
800×800×(9~10)
参考价格(元/片):42.00/88.00
参考价格(元/m²):115.00/138.00

玉晶石系列

产品编号:6E033/8E033
规格(mm):600×600×(9~10)/
800×800×(9~10)
参考价格(元/片):58.00/138.00
参考价格(元/m²):160.00/215.00

产品编号:6E035/8E035
规格(mm):600×600×(9~10)/
800×800×(9~10)
参考价格(元/片):58.00/138.00
参考价格(元/m²):160.00/215.00

※中盛帝晶石系列/雪花石系列/玉晶石系列产品说明、技术参数见右页。

采用中盛雪花石系列8F172产品铺贴效果

 注意:由于印刷关系,可能与实际产品的颜色有所差异,选用时请以实物颜色为准。

电话：0757-85385681
传真：0757-85326008
网址：www.zhongsheng-ceramic.com
E-mail:zhongshengceramics@126.com
品牌国别：中国
生产地区：中国

冰川玉岩系列

产品编号：6WA001/8WA001
规格(mm)：600×600×(9~10)/
800×800×(9~10)
参考价格(元/片)：48.00/113.00
参考价格(元/m²)：132.00/177.00

产品编号：6WA003/8WA003
规格(mm)：600×600×(9~10)/
800×800×(9~10)
参考价格(元/片)：48.00/113.00
参考价格(元/m²)：132.00/177.00

产品编号：6WA005/8WA005
规格(mm)：600×600×(9~10)/
800×800×(9~10)
参考价格(元/片)：48.00/113.00
参考价格(元/m²)：132.00/177.00

产品编号：6WA006/8WA006
规格(mm)：600×600×(9~10)/
800×800×(9~10)
参考价格(元/片)：48.00/113.00
参考价格(元/m²)：132.00/177.00

采用中盛冰川玉岩系列8WA007产品铺贴效果

产品编号：6WA007/8WA007
规格(mm)：600×600×(9~10)/
800×800×(9~10)
参考价格(元/片)：48.00/113.00
参考价格(元/m²)：132.00/177.00

产品编号：6WA009/8WA009
规格(mm)：600×600×(9~10)/
800×800×(9~10)
参考价格(元/片)：48.00/113.00
参考价格(元/m²)：132.00/177.00

产品编号：6WA010/8WA010
规格(mm)：600×600×(9~10)/
800×800×(9~10)
参考价格(元/片)：48.00/113.00
参考价格(元/m²)：132.00/177.00

产品编号：6WA011/8WA011
规格(mm)：600×600×(9~10)/
800×800×(9~10)
参考价格(元/片)：48.00/113.00
参考价格(元/m²)：132.00/177.00

冰川玉岩系列/帝晶石系列/雪花石系列/玉晶石系列产品(通体砖)特性说明

项目	说明						
适用范围	室外地	□	室外墙	□	室内地	☑	室内墙	☑
材质	瓷质	☑	半瓷质	□	陶质	□	其他	□
表面处理	抛光	☑	亚光	□	凹凸	□	其他	□

中盛通体砖产品技术参数

吸水率	破坏强度	断裂模数	长度	宽度	厚度	边直度	直角度	耐磨度	光泽度	抗冻性	表面平整度
≤0.1%	≥1600N	≥35MPa	±0.1%	±0.1%	±3%	±0.15%	±0.15%	≤160mm³	≥65	符合国家标准	±0.15%

⚠ 注意：由于印刷关系，可能与实际产品的颜色有所差异，选用时请以实物颜色为准。

佛山市中盛陶瓷有限公司
地址:广东省佛山市禅城区南庄华夏陶瓷博览城恒发楼
邮编:528219

钢琴砖系列 陶质釉面砖。

产品编号:2-25008（亚光)室内墙砖
规格(mm):500×200×9
参考价格(元/片):10.00
参考价格(元/m²):100.00

产品编号:2-25008FA（亚光)室内墙砖
规格(mm):500×200×9
参考价格(元/片):28.00

产品编号:2-25010（亚光)室内墙砖
规格(mm):500×200×9
参考价格(元/片):10.00
参考价格(元/m²):100.00

产品编号:2-25010FA（亚光)室内墙砖
规格(mm):500×200×9
参考价格(元/片):28.00

产品编号:2-25008Y（亚光）腰线
规格(mm):500×50×9
参考价格(元/片):15.00

产品编号:2-25008Y-2（亚光）腰线
规格(mm):500×50×9
参考价格(元/片):15.00

产品编号:2-25010Y（亚光）腰线
规格(mm):500×50×9
参考价格(元/片):15.00

产品编号:2-25010Y-2（亚光）腰线
规格(mm):500×50×9
参考价格(元/片):15.00

产品编号:2-L25001（亮光)室内墙砖
规格(mm):500×200×9
参考价格(元/片):9.00
参考价格(元/m²):90.00

产品编号:2-L25001FA（亮光)室内墙砖
规格(mm):500×200×9
参考价格(元/片):22.00

产品编号:2-L25001FA-2（亮光)室内墙砖
规格(mm):500×200×9
参考价格(元/片):22.00

产品编号:2-L25003（亮光)室内墙砖
规格(mm):500×200×9
参考价格(元/片):9.00
参考价格(元/m²):90.00

产品编号:2-L25003FA（亮光)室内墙砖
规格(mm):500×200×9
参考价格(元/片):22.00

产品编号:2-L25003FA-2（亮光)室内墙砖
规格(mm):500×200×9
参考价格(元/片):22.00

产品编号:25000（亚光)室内墙砖
规格(mm):500×200×9
参考价格(元/片):9.00
参考价格(元/m²):90.00

产品编号:K25002（凹凸)室内墙砖
规格(mm):500×200×9
参考价格(元/片):10.00
参考价格(元/m²):100.00

产品编号:K25006（凹凸)室内墙砖
规格(mm):500×200×9
参考价格(元/片):10.00
参考价格(元/m²):100.00

采用中盛钢琴砖系列2-L25003/2-L25003FA/2-L25003FA-2产品铺贴效果

※中盛钢琴砖系列产品技术参数见釉面砖产品技术参数表格。

 注意:由于印刷关系,可能与实际产品的颜色有所差异,选用时请以实物颜色为准。

電話:0757-85385681
傳真:0757-85326008

網址:www.zhongsheng-ceramic.com
E-mail:zhongshengceramics@126.com

品牌國別:中國
生產地區:中國

九龙壁系列
陶质抛光釉面砖,亮光釉面。

产品编号:LP4004 室内墙砖
规格(mm):300×450×10.5
参考价格(元/片):50.00
参考价格(元/m²):371.00

产品编号:LP4004F 室内墙砖
规格(mm):300×450×10.5
参考价格(元/片):55.00

产品编号:LP4001 室内墙砖
规格(mm):300×450×10.5
参考价格(元/片):50.00
参考价格(元/m²):371.00

产品编号:LP4001F 室内墙砖
规格(mm):300×450×10.5
参考价格(元/片):55.00

产品编号:LP3116 室内墙砖
规格(mm):330×250×8.2
参考价格(元/片):31.00
参考价格(元/m²):376.00

产品编号:LP3116F 室内墙砖
规格(mm):330×250×8.2
参考价格(元/片):35.00

产品编号:LP3116Y 腰线
规格(mm):330×80×8.2
参考价格(元/片):20.00

浓情咖啡系列
陶质釉面砖,亮光釉面。

产品编号:2-L23005 室内墙砖
规格(mm):330×250×8.2
参考价格(元/片):5.00
参考价格(元/m²):61.00

产品编号:2-L23005FA 室内墙砖
规格(mm):330×250×8.2
参考价格(元/片):17.00

产品编号:2-L23005Y 腰线
规格(mm):330×80×8.2
参考价格(元/片):10.00

产品编号:2-L23005Y-2 腰线
规格(mm):330×80×8.2
参考价格(元/片):10.00

采用中盛九龙壁系列LP4004/LP4004F产品铺贴效果

※中盛九龙壁系列产品技术参数见釉面砖产品技术参数表格。

注意:由于印刷关系,可能与实际产品的颜色有所差异,选用时请以实物颜色为准。

佛山市中盛陶瓷有限公司
地址:广东省佛山市禅城区南庄华夏陶瓷博览城恒发楼
邮编:528219

巴黎假日系列 陶质釉面砖,亚光釉面。

产品编号:35008 室内墙砖
规格(mm):300×450×9.5
参考价格(元/片):9.00
参考价格(元/m²):67.00

产品编号:35008FA 室内墙砖
规格(mm):300×450×9.5
参考价格(元/片):23.00

产品编号:35008Y 腰线
规格(mm):300×105×9.5
参考价格(元/片):12.00

产品编号:30008D 室内地砖
规格(mm):300×300×9.5
参考价格(元/片):6.00
参考价格(元/m²):62.00

时尚领地系列 陶质釉面砖,亚光釉面。

产品编号:35000 室内墙砖
规格(mm):300×450×9.5
参考价格(元/片):9.00
参考价格(元/m²):67.00

产品编号:35000FA-2 室内墙砖
规格(mm):300×450×9.5
参考价格(元/片):23.00

产品编号:35000Y-2 腰线
规格(mm):300×100×9.5
参考价格(元/片):12.00

产品编号:2-30000D 室内地砖
规格(mm):300×300×9.5
参考价格(元/片):7.00
参考价格(元/m²):70.00

心心相印系列 陶质釉面砖,亮光釉面。

产品编号:2-L35009 室内墙砖
规格(mm):300×450×9.5
参考价格(元/片):9.00
参考价格(元/m²):67.00

产品编号:2-L35009FB 室内墙砖
规格(mm):300×450×9.5
参考价格(元/片):29.00

产品编号:2-L35009Y 腰线
规格(mm):300×108×9.5
参考价格(元/片):12.00

左岸情怀系列 陶质釉面砖,亮光釉面。

产品编号:2-L35019 室内墙砖
规格(mm):450×300×9.5
参考价格(元/片):9.00
参考价格(元/m²):67.00

产品编号:30019D 室内地砖
规格(mm):300×300×9.5
参考价格(元/片):6.00
参考价格(元/m²):62.00

产品编号:2-L35019Y2-2 腰线
规格(mm):450×50×9.5
参考价格(元/片):10.00

产品编号:2-L35019Y2-3 腰线
规格(mm):450×50×9.5
参考价格(元/片):10.00

※中盛巴黎假日系列/时尚领地系列/心心相印系列/左岸情怀系列产品技术参数见右页。

⚠ 注意:由于印刷关系,可能与实际产品的颜色有所差异,选用时请以实物颜色为准。

电话:0757-85385681
传真:0757-85326008

网址:www.zhongsheng-ceramic.com
E-mail:zhongshengceramics@126.com

品牌国别:中国
生产地区:中国

铂金时代系列 陶质釉面砖,亮光釉面。

产品编号:2-L36501 室内墙砖
规格(mm):330×600×9.5
参考价格(元/片):15.00
参考价格(元/m²):76.00

产品编号:2-L36501Y 腰线
规格(mm):330×100×9.5
参考价格(元/片):29.00

产品编号:2-L36501E 欧姆线
规格(mm):330×50×9.5
参考价格(元/片):8.00

产品编号:2-L36501EX 欧姆线
规格(mm):330×25×9.5
参考价格(元/片):7.00

产品编号:2-L36501FB 室内墙砖
规格(mm):330×600×9.5
参考价格(元/片):35.00

产品编号:33501D 室内地砖
规格(mm):330×330×9.5
参考价格(元/片):7.00
参考价格(元/m²):57.00

轩辕玉系列——镜泊湖 陶质釉面砖,亮光釉面。

产品编号:3-GL36107 室内墙砖
规格(mm):330×600×9.5
参考价格(元/片):18.00
参考价格(元/m²):91.00

产品编号:3-GL36107Y 腰线
规格(mm):330×117×9.5
参考价格(元/片):12.00

产品编号:3-GL36107E 欧姆线
规格(mm):330×50×9.5
参考价格(元/片):8.00

产品编号:3-GL36107EX 欧姆线
规格(mm):330×30×9.5
参考价格(元/片):7.00

产品编号:3-GL36107FB 室内墙砖
规格(mm):330×600×9.5
参考价格(元/片):35.00

产品编号:2-GL33107D 室内地砖
规格(mm):330×330×9.5
参考价格(元/片):10.00
参考价格(元/m²):87.00

素色魅力系列 陶质釉面砖,亚光釉面。

产品编号:35022 室内墙砖
规格(mm):450×300×9.5
参考价格(元/片):9.00
参考价格(元/m²):67.00

产品编号:2-35026 室内墙砖
规格(mm):450×300×9.5
参考价格(元/片):9.00
参考价格(元/m²):67.00

产品编号:2-30026D 室内地砖
规格(mm):300×300×9.5
参考价格(元/片):7.00
参考价格(元/m²):70.00

产品编号:35022Y 腰线
规格(mm):450×50×9.5
参考价格(元/片):10.00

产品编号:35022Y-2 腰线
规格(mm):450×50×9.5
参考价格(元/片):10.00

中盛釉面砖产品技术参数

吸水率	破坏强度	断裂模数	长度	宽度	边弯曲度	直角度
平均10%≤E≤20%,单个≥9.3%	厚度≥7.5mm≥700N,厚度<7.5mm≥300N	平均值≥19.3MPa,单个值≥18.8～19.8MPa	-0.13%～-0.04%	-0.20%～+0.03%	+0.06%	-0.05%～+0.06%

中盛釉面砖产品技术参数

边直度	抗热震性	抗釉裂性	中心弯曲度	翘曲度	耐磨度	耐污染性	线性热膨胀系数	耐酸性	耐碱性	光泽度	耐家庭化学试剂	抗冻性
-0.07%～+0.06%	符合国家标准	符合国家标准	+0.07%	-0.07%	用于铺墙0级,用于铺地2级	5级	符合国家标准	CLA级	CLA级	≥60	CA级	符合国家标准

⚠ 注意:由于印刷关系,可能与实际产品的颜色有所差异,选用时请以实物颜色为准。

佛山市中盛陶瓷有限公司
地址:广东省佛山市禅城区南庄华夏陶瓷博览城恒发楼
邮编:528219

中盛外墙砖系列

可提供特殊规格加工、建筑外墙铺贴效果设计服务。
本系列另有规格(mm):45×195/60×60/60×108/73×73/95×95。

TZ 系列

瓷质通体外墙砖,带装饰点。
参考价格(元/m²):65.00

产品编号:TZ02G-111
规格(mm):95×45×6

产品编号:TZ02G-112
规格(mm):95×45×6

产品编号:TZ02G-113
规格(mm):95×45×6

产品编号:TZ02G-114
规格(mm):95×45×6

产品编号:TZ02G-116
规格(mm):95×45×6

产品编号:TZ02G-117
规格(mm):95×45×6

产品编号:TZ02G-118
规格(mm):95×45×6

产品编号:TZ02G-119
规格(mm):95×45×6

产品编号:TZ02G-120
规格(mm):95×45×6

产品编号:TZ02G-122
规格(mm):95×45×6

产品编号:TZ02G-123
规格(mm):95×45×6

TC 系列

瓷质通体外墙砖,纯色。
联砖尺寸(mm):300×300
(2×6片/贴,灰缝5mm)
参考价格(元/m²):55.00~65.00

产品编号:TC02G-126
规格(mm):145×45×6

产品编号:TC02G-130
规格(mm):145×45×6

产品编号:TC02G-132
规格(mm):145×45×6

产品编号:TC02G-135
规格(mm):145×45×6

产品编号:TC02G-136
规格(mm):145×45×6

产品编号:TC02G-137
规格(mm):145×45×6

产品编号:TC02G-138
规格(mm):145×45×6

产品编号:TC02G-139
规格(mm):145×45×6

产品编号:TC02G-140
规格(mm):145×45×6

TY 系列

瓷质通体外墙砖,三色混合。
参考价格(元/m²):65.00

产品编号:TY03G-01
规格(mm):145×45×6

产品编号:TY03G-02
规格(mm):145×45×6

产品编号:TY03G-03
规格(mm):145×45×6

产品编号:TY03G-04
规格(mm):145×45×6

※中盛外墙砖TZ系列/TC系列/TY系列产品技术参数见右页。

 注意:由于印刷关系,可能与实际产品的颜色有所差异,选用时请以实物颜色为准。

电话:0757-85385681
传真:0757-85326008
网址:www.zhongsheng-ceramic.com
E-mail:zhongshengceramics@126.com
品牌国别:中国
生产地区:中国

YCM系列
瓷质釉面外墙砖,色彩丰富。
联砖尺寸(mm):300×300(灰缝5mm)
参考价格(元/m²):50.00~60.00

产品编号:YCM02F-12
规格(mm):95×45×7

产品编号:YCM02F-13
规格(mm):95×45×7

产品编号:YCM02F-14
规格(mm):95×45×7

产品编号:YCM02F-15
规格(mm):95×45×7

产品编号:YCM02F-16
规格(mm):95×45×7

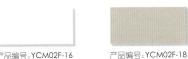
产品编号:YCM02F-18
规格(mm):95×45×7

产品编号:YCM02F-20
规格(mm):95×45×7

产品编号:YCM02F-22
规格(mm):95×45×7

产品编号:YCM02F-23
规格(mm):95×45×7

产品编号:YCM02F-25
规格(mm):95×45×7

产品编号:YCM02F-26
规格(mm):95×45×7

产品编号:YCM02F-28
规格(mm):95×45×7

产品编号:YCM02F-29
规格(mm):95×45×7

产品编号:YCM02F-30
规格(mm):95×45×7

产品编号:YCM02F-31
规格(mm):95×45×7

产品编号:YCM02F-32
规格(mm):95×45×7

产品编号:YCM02F-33
规格(mm):95×45×7

产品编号:YCM02F-34
规格(mm):95×45×7

产品编号:YCM02F-36
规格(mm):95×45×7

产品编号:YCM02F-37
规格(mm):95×45×7

产品编号:YCM02F-38
规格(mm):95×45×7

产品编号:YCM02F-39
规格(mm):95×45×7

产品编号:YCM45F-11
规格(mm):45×45×7

产品编号:YCM45F-17
规格(mm):45×45×7

产品编号:YCM45F-19
规格(mm):45×45×7

产品编号:YCM45F-21
规格(mm):45×45×7

产品编号:YCM45F-24
规格(mm):45×45×7

产品编号:YCM45F-27
规格(mm):45×45×7

产品编号:YCM45F-35
规格(mm):45×45×7

产品编号:YCM45F-40
规格(mm):45×45×7

中盛外墙砖产品技术参数							
吸水率	破坏强度	长度	宽度	厚度	边直度	表面平整度	耐酸碱性	耐家庭化学试剂
≤0.5%	≥700N	±1.2%	±1.2%	±1.0%	±0.5%	±0.7%	ULA级	UA级

厂商简介:中盛陶瓷有限公司位于历史悠久的南国陶都——广东佛山,是集科研、生产、销售于一体的大中型建陶企业;亦是全国建筑陶瓷行业中产品系列完整,品种规格齐全,信誉良好的生产企业之一。中盛陶瓷产品涵盖抛光砖、内墙砖、外墙砖三大系列,成为全国为数不多同时提供装饰工程外墙和内装建陶产品的生产厂商。公司管理先进,技术雄厚,勇于创新,拥有现代化的生产设备和高素质的人才队伍。企业以高品质和不断创新的产品参与市场竞争。公司以"中盛"商标品牌为核心,投入大量的资源推动品牌发展,提高品牌价值,成功地走出品牌发展之路。

各地联系方式:

北京唐韵陶瓷有限公司
地址:北京市丰台区花乡桥仓储建材城23号
电话:010-63730637

济南中盛建材有限公司
地址:山东省济南市历山路中段52号中盛建材有限公司
电话:0531-8979366

石家庄和力丰建材有限公司
地址:河北省石家庄市槐中西路7号和力丰建材有限公司
电话:0311-6109896

上海闵展建材有限公司
地址:上海市恒大建材交易市场5号库1号门
电话:0510-2400474

杭州波司海陶瓷有限公司
地址:浙江省杭州市上城区复兴街南复路59号陶瓷品市场5-1-1/2-1-3
电话:0571-86081519

西安时捷建材有限公司
地址:陕西省西安市大明宫建材市场东区B3排21~22号
电话:029-86735841

重庆博跃建材有限公司
地址:重庆市沙坪坝区石桥铺白马函建材市场5-7/5-8
电话:023-68621286

成都中盛建材有限公司
地址:四川省成都市二环路北四段512建材市场1区F座7号
电话:028-83263152

深圳旭石建材公司
地址:广东省深圳市八卦岭工业区八卦二路422栋
电话:0755-82265782

代表工程:北京汇生科技中心 上海奥林匹克花园 广州大学城 山东济南机场 江苏淮安大学城 西北政法学院 重庆交通学院学府大道69号工程 成都富临沙河新城 杭州娃哈哈小学 南京金源大厦

⚠ 注意:由于印刷关系,可能与实际产品的颜色有所差异,选用时请以实物颜色为准。

爱和陶(广东)陶瓷有限公司
地址：广东省佛山市禅城区江湾三路中国陶瓷城222号
邮编：528031

灰缝材料

一、品种

类别	系列	使用范围	灰缝宽度
常规灰缝材料	IM-	外墙砖、石材、内墙砖	5～8mm
细灰缝材料	IMY-	外墙砖、石材、内墙砖	1～5mm
粗灰缝材料	IMSL-	外墙砖、石材、内墙砖	8～35mm
宽灰缝材料	IMW-	外墙砖、石材、内墙砖	8～20mm

※注意事项：在浴室、卫生间、厨房等长期湿度较大的环境，建议使用防霉粉体的材料。

IM-　　　　IMY-　　　　IMSL-　　　　IMW-

二、特点

1. 高强度。
2. 具有一定的抗渗透性能，杜绝"流泪"现象。
3. 作为特注品，可以制作防霉灰缝材料。
4. 加水搅拌后的灰缝材料粘附性好，操作时不易掉落，具有触变性，操作轻松。
5. 可根据客户的要求，配制特注颜色。

使用水泥的效果

使用灰缝材料的效果

三、产品规格、常规使用量

1. 25kg/包（纸袋包装）。
2. 常规使用量：1kg灰缝材料填充400cm³体积的灰缝（按15%损耗计算）。

四、常备品种颜色：24色

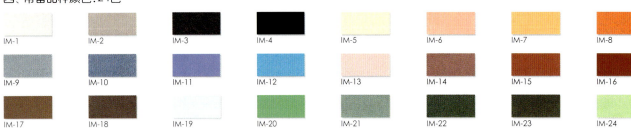

IM-1　IM-2　IM-3　IM-4　IM-5　IM-6　IM-7　IM-8
IM-9　IM-10　IM-11　IM-12　IM-13　IM-14　IM-15　IM-16
IM-17　IM-18　IM-19　IM-20　IM-21　IM-22　IM-23　IM-24

五、技术参数

检测项目	性能指标	检测方法
保水率(%)	≥50	JISA6904
抗压强度(MPa)28天	≥20	Q/ICOT 2-2002
抗折强度(MPa)28天	≥5.5	Q/ICOT 2-2002
收缩率(%)	≤0.12	Q/ICOT 2-2002
吸水率(%)	平均≤16,单值≤17	Q/ICOT 2-2002
抗冻性	无断裂、破碎,质量损失≤3%	Q/ICOT 2-2002

灰缝材料施工方法

一、灰缝材料施工方法类型

IM-、IMY-、IMW-Y的施工方法采用涂抹法或挤入法，IMSL-的施工方法采用挤入法。

二、灰缝材料的保管

禁止淋水、受潮，在干燥的地方保管，不可直接堆放在地面；确认产品的生产日期，超过6个月以上不可使用。

三、灰缝材料施工方法

1. 底层处理

灰缝部分如有灰粉、水泥块，用刮刀、刷子清除掉；如灰缝太干燥，需喷适量水分润湿。

2. 拌合

·要求使用清洁的自来水，并保持所使用的容器、工具清洁。

- 拌水量：5～6kg/包灰缝材料。
- 拌合的方法：先在容器中加入约4kg水，然后加入灰缝材料，同时进行搅拌；逐步加入剩余的水，搅拌至适当的柔软度；可用人工或电动搅拌器搅拌。
- 拌合好的填缝料，要求在1小时内用完，否则需废弃，不可重复加水或干粉再搅拌。
- 在相同的施工条件下，每包灰缝材料中添加的水量保持一致，以保证色调的一致。
- 灰缝材料的拌合要一次性完成，中途不可再加水重调。

3. 施工
- 涂抹法——用橡胶填缝刀或合适刮刀，将搅拌好的填缝料填入瓷砖缝隙内，按对角线方向或以环形转动方式将填缝料填满瓷砖缝隙。尽可能不在瓷砖面上残留过多的填缝料。尽快清除发现的任何瑕疵，并尽早修补完好。
- 挤入法——本方法适用于吸水率偏大、面状粗糙凹凸不平不易清洗的瓷砖。将拌好的填缝料装进塑料袋，剪开漏料口往砖里挤料并挤满砖缝；料挤完后，重复装料、挤料，塑料袋要适时清洁，可重复利用，勿浪费。
- 填缝时要保证灰缝材料充分填入灰缝中，不得有空位。
- 填缝以后，待灰缝有一定的硬度，再用塑料管等工具将灰缝压紧；填缝和压缝之间间隔大约30～90分钟，气温越低，时间越长。
- 填缝完毕后，在以下基本养护时间内，不可淋水湿润灰缝，以保证灰缝充分固化，有较高强度。

环境气温	基本养护时间
26℃以上	12小时
18～26℃	24小时
12～18℃	36小时
3～12℃	48小时

※用铁器刺入灰缝觉得困难时，可以认为达到基本养护时间。

4. 清洗
- 达到基本养护时间后，可以用清水按由上到下的顺序进行清洗，以清除粘于瓷砖和灰缝上的污渍、异物。
- 在用清水确实难以清洗干净时，可用调和了适量水分的工业碱砂擦洗瓷砖表面污渍。
- 如用工业碱砂仍不能清洗干净，可用稀释到浓度为2%以下盐酸溶液进行清洗。
- 用稀酸清洗前，必须先淋少量水润湿墙面，再涂抹稀盐酸，并用适当工具用力擦拭。
- 然后用大量清水冲洗掉瓷砖和灰缝表面的酸液；从用酸液开始到冲洗结束，时间控制在2分钟以内，以避免影响灰缝颜色。
- 稀酸溶液会损坏灰缝颜色效果，建议灰缝在达到7天以上固化期后再使用酸洗的方法。

※注意：①未达到基本养护时间时，不可用湿海绵清洁瓷砖表面，以免造成填缝料的色差及泛碱。②根据瓷砖面状和气候条件，清洗程度会有所不同，建议先进行小试后，再确定施工方法。

四、注意事项

1. 施工时因环境、气候、加水量、施工方法等条件的不同会使灰缝颜色产生差异。为保证施工效果，建议在正式施工前先做小面积试验确认。
2. 贴完瓷砖后，请勿马上填灰缝，建议参考以下时间后再填灰缝。

环境气温	施工最佳时间
26℃以上	3天以后
18～26℃	3～7天以后
18℃以下	7天以后

3. 填缝前确保施工时瓷砖表面、边沿无糨糊、水渍。
4. 建议使用塑料管或其他合适的材料工具进行压缝，勿使用铁质工具。
5. 对于吸水率大或表面粗糙的墙砖制品，建议使用挤入法施工，勿采用涂抹法。
6. 气温低于3℃或下雨、刮大风且无防雨、防风措施时期，建议暂停施工。

▲人工拌和方法

▲挤入法施工工艺

▲涂抹法施工工艺

▲压缝

▲清洗

浙江荣联陶瓷工业有限公司
地址：浙江省海盐县经济开发区海兴东路55号
邮编：314300

罗马磁砖粘着剂，与世界潮流同步

近几年瓷砖铺贴技术大幅度的改变，欧美地区、亚洲的日本、香港、新加坡及澳纽地区100%地砖和100%墙砖皆已使用瓷砖粘着剂，先进国家对于瓷砖粘着剂材料与技术已广泛的应用于瓷砖粘贴上。

罗马好粘泥
KAG-1001A
（适用于中小型瓷砖、石材）

产品说明
（普通型）墙面瓷砖高强度和微韧性的粘着剂。室内、室外均可使用。

适用范围
内、外墙面硬底施工，适合于各类中小体积瓷砖的粘贴。

注意
不可使用于以下底层：石膏、硬石膏、大理石、旧瓷砖面、塑胶、木头、金属及可能移动的底层。

罗马A级好粘泥
KAG-1003A
（适用于各种规格瓷砖、石材）

产品说明
（加强型）墙面瓷砖高粘度粘着剂。室内、室外均可使用。

适用范围
内外墙面硬底施工，适合于各类大中型瓷砖的粘贴。

注意
不可使用于以下底层：石膏、硬石膏、大理石、旧瓷砖面、塑胶、木头、金属及可能移动的底层。

罗马弹性好粘泥
KAG-1031A
（适用于特殊底材表面粘贴）

产品说明
墙面、地面瓷砖高粘度、高韧性粘着剂。室内、室外均可使用。

适用范围
柔性结构之硬底施工
粘着底层：水泥刷底和石灰胶泥、水泥板、矽酸钙板、石膏板、水泥织维板、旧瓷砖、木板。

应用地点
适用于超高层建筑，室内外温差大地区，及有墙壁震动的发电室、机械管道间之墙面瓷砖石材铺贴用，寒带地区亦适用。

罗马磁砖粘着剂的优点

- 罗马瓷砖粘着剂是罗马研究开发中心特地针对水平及垂直吸水水泥表面粘贴瓷砖而开发。
- 罗马瓷砖粘着剂由硅酸盐水泥、石英砂、合成树脂、添加剂等组成，呈灰色的粉状粘剂。
- 罗马瓷砖粘着剂加水搅拌均匀，即是用途广泛、使用简易的胶泥，具有长时间的粘贴期（open time）及粘贴后之调整期（adjustment time），经粘贴后不脱落，且粘着力可长久持续。
- 粘结强度高，抗老化性强，施工质量大大提高。
- 柔韧性强，可承受一定的伸缩位移。
- 粘贴层薄，自重轻，材料用量少，减低楼体负荷。
- 不易发生垂流（即瓷砖下滑），特别适用于由上往下施工作业。
- 由于具有防霉、防冻、抗潮之特性，适合于室内、外混凝土和水泥沙浆底材。
- 减少工序，不需要浸砖湿墙，施工省时省力。
- 使用罗马弹性好粘泥，可在旧有瓷砖上粘贴瓷砖。
- 符合环保标准无任何毒副作用，无可燃性。

电话:0573-6129456
传真:0573-6129465
网址:www.roma.com.cn
E-mail:roma@mail.roma.com.cn
品牌国别:中国
生产地区:中国

R 罗马 辅助材料

罗马防霉填缝剂色系：(以下颜色仅供参考,选用时请以实物颜色为准)

KAG2001 本色	KAG2101 米黄	KAG2102 浅黎黄	KAG2103 梨黄	KAG2201 特白	KAG2202 象牙白	KAG2203 水蓝白	KAG2301 天蓝
KAG2302 土耳其蓝	KAG2401 浅灰	KAG2403 深灰	KAG2404 深浓灰	KAG2502 金刚黑	KAG2601 浅咖啡	KAG2602 深咖啡	KAG2701 黎明
KAG2703 砖红	KAG2704 橘黄	KAG2705 茶色	KAG2801 水绿	KAG2802 柳绿	KAG2803 墨绿	KAG2901 紫色	KAG2702 粉红

特点:防霉、防水、坚固、效率、美观、环保。

性能比较

	抗裂性	抗水性	防霉性	美观性	硬度	其他
罗马防霉填缝剂	长期不易开裂,抗老化性极佳。	具有较强的防渗水性,液体难以渗入其中,大大降低水分对瓷砖粘贴底层产生的影响,本身性能长期稳定。	不易为污物附着,各种菌类难以繁殖,易清洁。	颜色多变化,使用特有色料,不易老化、褪色、变色。	有一定的变形延展力,保护瓷砖不易开裂。	不易开裂,有效防止污水渗入。有效防止白桦的产生,墙面长期色泽均匀。
水泥砂浆	3年水泥和瓷砖之间会产生开裂现象。	易渗水,不仅对瓷砖底层的相关特性产生影响,而且会由于本身的渗水,造成脱落、变质、老化。	易为污物附着,成为细菌的寄主。	颜色单一,且易卡黑、变色、泛黄。	脆性高,不能抵消瓷砖热胀冷缩,产生开裂。	一段时间后,受雨水渗透,会从缝隙中渗出污水,析出无机盐类,产生白桦现象,极大影响美观度。

粘着剂与水泥砂浆施工经济效益比较 —— 花费更少

粘着剂(干贴法)	一般水泥(传统湿贴法)
·每平方米用量约2.5kg	·每平方米用量约6~10kg
·每人每天可施工约20~30m²	·每人每天可施工约7~8m²
·节省工期为水泥砂浆的3倍	·需增加约3倍工人
·减轻企业管销费用及职员负担	·工期增长增加企业管销及利息支出
·节省租赁鹰架及发电机费用	·鹰架费及发电机等设备租金负沉重

填缝剂参考用量表（kg/m²）

		2mm	3mm	5mm
室内墙地砖	200×200×8	0.30	0.45	0.77
	200×300×8	0.25	0.38	0.63
	300×300×8	0.20	0.30	0.49
		3mm	5mm	10mm
外墙砖	45×45×7	1.67	2.86	5.88
	45×95×7	1.25	2.13	4.17
	45×145×7	1.14	1.89	3.85
	95×95×7	0.83	1.37	2.70

购买信息

填缝剂(元/2kg):25.00～35.00
罗马好粘泥(元/25kg):105.00
罗马A级好粘泥(元/25kg):150.00
罗马弹性好粘泥(元/25kg):218.00

苏州瑞比机电科技有限公司
地址：江苏省苏州市高新区华山路158-100号
邮编：215011

手动瓷砖切割机

瑞比(RUBI)手动瓷砖切割机可以在任何角度对瓷砖进行多点分离或单点分离。由于其具有精准的测量系统、配有外箱包装以及一系列根据切割不同种类瓷砖可选择的配件，所以能够满足专业人士的严格要求。高品质的部件和其先进的生产工艺使得瑞比手动瓷砖切割机成为市场上同类产品中惟一具有三年质保期的产品。

产品型号：POCKET-50

产品型号：SPEED-62

产品型号：TR-600-S

产品型号：TS-60-E

产品型号：TS-60-PLUS

产品型号：TX-900-N/TX-1200-S

高精度镀铬导轨

双导轨

强劲的分离系统

边定位器

产品型号	切割长度(mm)	对角线切割长度(mm)	切割厚度(mm)	分离器压力(Kg)
POCKET-50	510	360×360	12	
SPEED-62	620	440×440	5~15	
TR-600-S	600	420×420	6~15	600
TS-60-E	600	420×420	6~15	400
TS-60-PLUS	660	460×460	6~15	750
TX-900-N	930	650×650	6~20	1000
TX-1200-S	1250	850×850	6~20	1000

| 电话:0512-66626100 | 网址:www.rubi.com | 品牌国别:西班牙 | 辅助材料 RUBI |
| 传真:0512-66626101 | E-mail:rubitechnologies@rubi.com | 生产地区:西班牙 | |

碳化钨钻头

瑞比(RUBI)拥有一系列适用于各种材料钻孔的工具。直径从27mm~85mm的碳化钨钻头可安装在瑞比手动切割机或手枪钻上,可以毫不费力地在墙砖上钻孔。

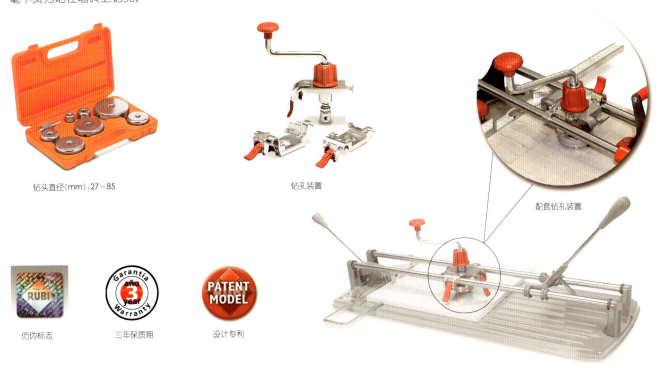

钻头直径(mm):27~85　　钻孔装置　　配套钻孔装置

仿伪标志　　三年保质期　　设计专利

切割刀头

瑞比(RUBI)切割刀头由碳化钨材料制成,具有很高的硬度,可持久使用。

刀头直径(mm):6　　刀头直径(mm):8　　刀头直径(mm):10　　刀头直径(mm):18　　刀头直径(mm):22

刀头直径(mm)	适用范围
6	质地较软、表面光滑的墙砖及地砖
8	表面光滑且硬度、厚度均相对较大的釉面砖、抛光砖及玻化砖
10	表面稍显凹凸不平的墙砖、地砖
18	表面呈细小颗粒状、较为粗糙的瓷砖
22	硬度高且表面呈不规则形状凹凸不平的瓷砖

苏州瑞比机电科技有限公司
地址：江苏省苏州市高新区华山路158-100号
邮编：215011

电动瓷砖切割机

最新一代可倒角电动瓷砖切割机共包含DR、DS、DT、DX、DU、DW六个系列。产品具有很高的技术含量，均配有不同功率的电机，适合切割包括瓷砖、大理石和花岗岩等不同质地的石材。无论直线、倒角或是其他类型的切割都可以达到很高的精度，亦可以切割长度达到1300mm，厚度达到232mm的较大型石材。此外，机器上配有防过热的电力保护开关，并符合现行的电动工具标准，使RUBI成为市场上最为安全的切割机。

产品型号：ND-200

产品型号：DW-200-LPS

产品型号：DR-300-EN

产品型号：DS-250-L

45°倒角切割

方孔切割

倒角切割

倒角切割

产品型号	功率(H.P.)	转速	切割长度(mm)	切割厚度(mm)	锯片直径(mm)
ND-125	0.8	4800	600	30	115~125
ND-200	1.2	2770	600	40	200
DW-200-LPS	1.5	2875	700	40~62	200
DS-250-L	3	2800	1300	55	250
DR-300-EN	3	2800	760	92~150	300~350
DT-250	2	2800	520	60~110	250

电话:0512-66626100
传真:0512-66626101

网址:www.rubi.com
E-mail:rubitechnologies@rubi.com

品牌国别:西班牙
生产地区:西班牙

金刚石锯片

瑞比(RUBI)金刚石锯片可分为连续齿、涡轮片、结块形锯片等,直径由115mm~350mm不等,可切不同种类的石材(釉面砖、抛光砖、玻化砖、大理石、花岗岩、水泥等等),以满足专业人士的所有要求。上述高质量的锯片将带来完好的切割效果和速度,为客户提高工作效率。由于生产工艺精细,RUBI金刚石锯片具有良好的耐磨性,经久耐用。

CEV
标准型锯片

CPC
特硬型锯片

CPA
较硬型锯片

金刚石钻头

直径由6mm~120mm的瑞比(RUBI)金刚石钻头适用于各类瓷砖以及大理石、花岗岩等石材的钻孔。这些钻头与定位器FORAGRES、FORAGRES PLUS 或MINIGRES 配合使用,并在水冷却的环境下作业。

直径(mm):6~12

产品型号:MINIGRES

直径(mm):20~120

产品型号:FORAGRES

厂商简介:苏州瑞比机电科技有限公司是西班牙GERMANS BOADA,S.A.-RUBI 在苏州的分公司。RUBI 自1951年成立以来,始终致力于如何提高建筑工程质量的研究。在瓷砖切割机和其他建筑工具的制造领域一直处于领先地位,已经在五大洲的同行业领域里建立了稳固的领导地位,在中国也不例外。RUBI 最新几代手动瓷砖切割机包括:TR、TS、TF、TX和TM系列,这些切割机具有很高的切割精度,有外箱包装,便于携带;且配有一系列工具,以便切割各种形状,是世界上惟一具有长达3年质保期的机器。RUBI 电动切割机包括一系列可携带的切割机,适用于各种类型的石材,并保证高精度的直线切割;另有一些较大规格的切割机,适合大型石材的切割。同时也有一系列的手动工具,如:抹刀、带齿刮刀、以及油灰刀等工具。

附录
墙地砖技术标准参考资料

陶瓷砖分类及术语 /2
墙地面砖铺装工程 /4
饰面砖工程质量验收标准 /8
瓷砖干挂技术参考 /9
陶瓷砖试验方法 /15
墙地砖技术参数对照表 /20

参考文献：
《陶瓷砖和卫生陶瓷分类及术语》（GB/T 9195-1999）
《住宅装饰装修工程施工规范》（GB 50327-2001）
《住宅建筑构造》（03J930-1）
《建筑装饰装修工程质量验收规范》（GB 50210-2001）
《斯米克玻化石幕墙技术手册》
《陶瓷砖试验方法》（GB/T 3810-1999）

特别鸣谢单位：
上海斯米克建筑陶瓷股份有限公司
佛山石湾虎牌陶瓷有限公司
广东蒙娜丽莎陶瓷有限公司
宁波现代建筑材料有限公司

陶瓷砖分类及术语

中华人民共和国国家标准 陶瓷砖和卫生陶瓷分类及术语（GB/T 9195—1999）

陶瓷砖 ceramic tile 定义

由黏土或其他无机非金属原料,经成型、烧结等工艺处理,用于装饰与保护建筑物、构筑物墙面及地面的板状或块状陶瓷制品。也可称为陶瓷饰面砖(ceramic facing tile)。

陶瓷砖分类

1. 瓷质砖 porcelain tile

   吸水率(E)不超过0.5%的陶瓷砖。

2. 炻瓷砖 vitrified tile

   吸水率大于0.5%,不超过3%的陶瓷砖。

3. 细炻砖 fine stoneware tile

   吸水率大于3%,不超过6%的陶瓷砖。

4. 炻质砖 stoneware tile

   吸水率大于6%,不超过10%的陶瓷砖。

5. 陶质砖 fine earthenware tile

   吸水率大于10%的陶瓷砖,正面施釉的也可称为釉面砖。

6. 挤出砖 extruded tile

   将可塑性坯料经过挤压机挤出,再切割成型的陶瓷砖。

7. 干压陶瓷砖 powder-pressed tile

   将坯粉置于模具中高压下压制成型的陶瓷砖。

8. 其他成型方式陶瓷砖 tiles made by other processes

   通常生产的干压陶瓷砖和挤压陶瓷砖以外的陶瓷砖。

9. 内墙砖 interior wall tile

   用于装饰与保护建筑物内墙的陶瓷砖。

10. 外墙砖 exterior wall tile

    用于装饰与保护建筑物外墙的陶瓷砖。

11. 室内地砖 indoor floor tile

    用于装饰与保护建筑物内部地面的陶瓷砖。

12. 室外地砖 outdoor ground tile

    用于装饰与保护室外构筑物地面的陶瓷砖。

13. 有釉砖 glazed tile

    正面施釉的陶瓷砖。

14. 无釉砖 unglazed tile

    不施釉的陶瓷砖。

15. 平面装饰砖 pattern tile

    正面为平面的陶瓷砖。

16. 立体装饰砖 stereoscopic tile

    正面呈凹凸纹样的陶瓷砖。

17. 陶瓷锦砖 ceramic mosaic tile

    用于装饰与保护建筑物地面及墙面的由多块小砖拼贴成联的陶瓷砖(也称马赛克)。

18. 广场砖 plaza stone

    用于铺砌广场及道路的陶瓷砖。

19. 配件砖 trimmers

    用于铺砌建筑物墙脚、拐角等特殊装修部位的陶瓷砖。

20. 抛光砖 polished tile

    经过机械研磨、抛光,表面呈镜面光泽的陶瓷砖。

21. 渗花砖 color-penetrated tile

    将可溶性色料溶液渗入坯体内,烧成后呈现色彩或花纹的陶瓷砖。

22. 劈离砖 split tile

    由挤出法成型为两块背面相连的砖坯,经烧成后敲击分离而成的陶瓷砖。

缺陷名称术语

1. 开裂 cracking

   贯穿坯体和釉层的裂缝。

2. 坯裂 crack on boby

   出现在坯体上的裂纹。

3. 釉裂 crazing

   出现在釉层上的微细裂纹。

4. 缺釉 cut glaze, exposed boby

   应施釉部位局部无釉。

5. 缩釉 crawling

   釉层聚集卷缩致使坯体局部无釉。

6. 釉泡 glaze bubble

   釉面出现的开口或闭口泡。

7. 波纹 waviness ripple
釉面呈波浪纹样。

8. 釉缕 excess glaze
釉面突起的釉条或釉滴。

9. 桔釉 orange peel
釉面似桔皮状，光泽较差。

10. 釉粘 glaze sticking
有釉制品在烧成时相互粘接或与窑具粘连而造成的缺陷。

11. 针孔 pinprick
釉面出现的针刺状的小孔。

12. 棕眼 pinholes
釉面出现的针样小孔眼。

13. 斑点 speck
制品表面的异色污点。

14. 剥边 edge peeling
产品边缘出现条状或小块状剥落。

15. 磕碰 chip, knocking
产品因碰击致使边部或角部残缺。

16. 夹层 lamination
坯体内部出现层状裂纹或分离。

17. 色差 color difference, tint unevenness
同件或同套产品正面的色泽出现差异。

18. 坯粉 boby refuse
产品正面粘有粉料屑。

19. 落脏 ash contamination
产品正面粘附的异物。

20. 花斑 speck, color spot
产品正面呈现的块状异色斑。

21. 烟熏 smoke staining, smoked glaze
因烟气影响使产品正面呈现灰、褐色或使釉面部分乃至全部失光。

22. 坯泡 blistering of boby
坯体表面突起的开口或闭口泡。

23. 麻面 dimple
产品正面呈现的凹陷小坑。

24. 熔洞 pit, fusion hole
易熔物熔融使产品正面形成的孔洞。

25. 漏抛 omission from polishing
产品的应抛光部位局部无光。

26. 抛痕 polished trace, polished mark
产品的抛光面出现磨具擦划的痕迹。

27. 中心弯曲 center curvature
产品正面的中心部位上凸或下凹。

28. 边缘弯曲 edge curvature
产品的边缘部位上凸或下凹。

29. 侧面弯曲 side curvature
产品的侧面外凸或内凹。

30. 翘曲 warping, warpage
产品的一个角偏离由另三个角所组成的平面。

31. 楔形 wedging, taper
产品正面平行边的长度不一致。

32. 角度偏差 angle deviation
产品的角度不符合设计规定的要求。

其他术语

1. 名义尺寸（又名公称尺寸）nominal size
用于统称产品规格的尺寸。

2. 工作尺寸（又名加工尺寸）work size, manufacturing size
按制造结果确定的尺寸。

3. 实际尺寸（又名产品尺寸）actual size
用计量器具测量得到的尺寸。

4. 配合尺寸 coordinating size
产品与产品间相互连接的尺寸，即工作尺寸与相邻产品间隔连接宽度之和。

5. 模数尺寸 modular sizes
模数尺寸包括了尺寸为M[①]，2M，3M和5M以及它们的倍数或分数为基数的砖，不包括表面积小于9000mm²的砖。

6. 非模数尺寸[②] non-modular sizes
不是以模数M为基数的尺寸。

7. 背纹 back side pattern
产品背面凸起或凹陷的图纹。

※注①：见ISO1006中M=100mm。
②：这些尺寸砖通常应用在人多数国家。

墙地面砖铺装工程

(摘自 GB 50327-2001、03J930-1)

墙面铺装工程

一、一般规定

1. 墙面铺装工程应在墙面隐蔽及抹灰工程、吊顶工程已完成并经验收后进行。当墙体有防水要求时，应对防水工程进行验收。

2. 在防水层上粘贴饰面砖时，粘结材料应与防水材料的性能相容。因憎水性防水材料使防水材料与粘结材料不相容，故防水层上粘贴饰面砖不应采用憎水性防水材料。

3. 基层表面的强度和稳定性是保证墙面铺装质量的前提，因此要首先根据铺装材料要求处理好基层表面。其表面质量应符合国家现行标准的有关规定。

4. 为防止砂浆受冻，影响粘结力，故现场湿作业施工环境温度宜在5℃以上；裱糊时空气相对湿度不宜大于85%；裱糊过程中和干燥前，气候条件突然变化会干扰均匀干燥而造成表面不平整，故应防止过堂风及温度变化过大。

二、施工要点

1. 墙面砖铺贴前应进行挑选，并应浸水2h以上，晾干表面水分。

2. 铺贴前应进行放线定位和排砖，非整砖应排放在次要部位或阴角处。每面墙不宜有两列非整砖，非整砖宽度不宜小于整砖的1/3。

3. 铺贴前应确定水平与竖向标志，垫好底尺，挂线铺贴。墙面砖表面应平整、接缝应平直、缝宽应均匀一致。阴角砖应压向正确，阳角线宜做成45°角对接。在墙面突出物处，应整砖套割吻合，不得用非整砖拼凑铺贴。宜制定面砖分配详图，按图施工。在制定详图时，不仅要考虑墙面整体的高度与宽度，还应考虑与墙面有关的门窗洞口及管线设备等应尽可能符合面砖的模数。

4. 结合砂浆宜采用1:2水泥砂浆，砂浆厚度宜为6~10mm。水泥砂浆应满铺在墙砖背面，一面墙不宜一次铺贴到顶，以防塌落。为加强砂浆的粘结力，可在砂浆中掺入一定量的胶粘剂。

三、墙面做法

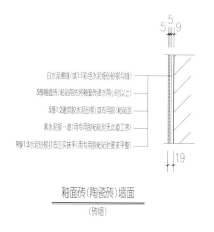

釉面砖(陶瓷砖)墙面
(砖墙)

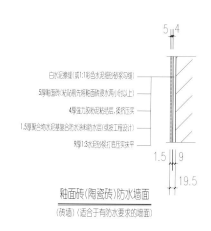

釉面砖(陶瓷砖)防水墙面
(砖墙)(适合于有防水要求的墙面)

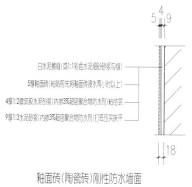

釉面砖(陶瓷砖)刚性防水墙面
(砖墙)(适合于有防水要求的墙面)

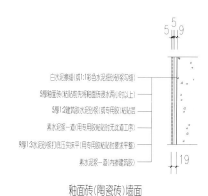

釉面砖(陶瓷砖)墙面
(混凝土墙、小型混凝土空心砌块墙)

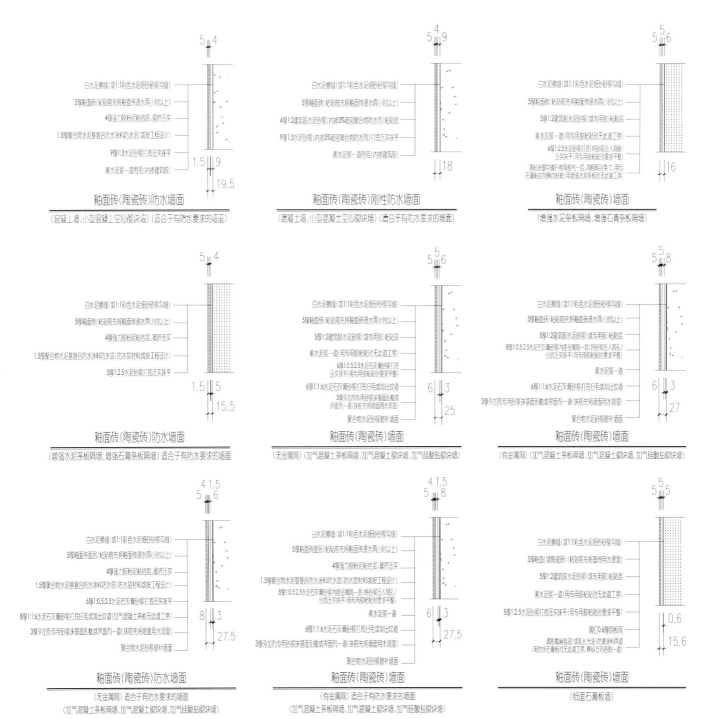

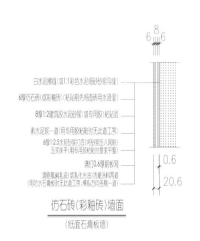

仿石砖(彩釉砖)墙面
(纸面石膏板墙)

附注：
* 燃烧性能等级为A级。
* 砖规格、颜色、缝宽由设计人员定，并在施工图中注明。
* 防水层高度由设计人员定，沐浴区高度应≥1800mm。
* 防水层如改用聚氨酯涂膜等表面不易粘结釉面砖的防水涂膜时，应在防水层涂膜表面未固化前在表面稀甩干净砂粒压实粘牢。
* 墙面防水层与地面防水层须做好交接处理。
* 超密聚合物防水剂使用方法详见厂家说明。
* 砂浆粘贴适用于小面积墙面。
* 建筑胶品种由选用人员定。

2. 外墙

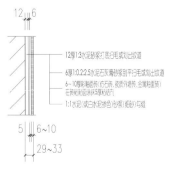

彩釉、仿石、瓷质、金属釉面砖墙面
(砖墙)

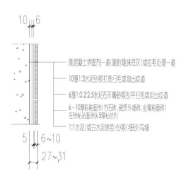

彩釉、仿石、瓷质、金属釉面砖墙面
(混凝土墙)(小型混凝土空心砌块)

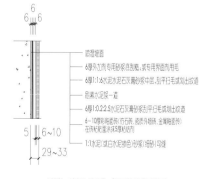

彩釉、仿石、瓷质、金属釉面砖墙面
(加气混凝土墙)

附注：
* 面砖规格、颜色、缝宽由设计人员定，并在施工图中注明。

地面铺装工程

一、一般规定

1. 地面铺装宜在地面隐蔽工程(如电线、电缆等)、吊顶工程、墙面抹灰工程完成并验收后进行。
2. 地面面层应有足够的强度,其表面质量应符合国家现行标准、规范的有关规定。
3. 地面铺装图案及固定方法等应符合设计要求。依施工程序,各类地面面层铺设宜在顶、墙面工程完成后进行。
4. 湿作业施工现场环境温度宜在5℃以上。地面砖面层铺设后,表面应进行湿润养护,其养护时间应不少于7d。

二、施工要点

1. 地面砖铺贴前应浸水湿润。
2. 铺贴前应根据设计要求确定结合层砂浆厚度,拉十字线控制其厚度和石材、地面砖表面平整度。
3. 结合层砂浆宜采用体积比为1:3的干硬性水泥砂浆,厚度宜高出实铺厚度2~3mm。铺贴前应在水泥砂浆上刷一道水灰比为1:2的素水泥浆或干铺水泥1~2mm后洒水。
4. 地面砖铺贴时应保持水平就位,用橡皮锤轻击使其与砂浆粘结紧密,同时调整其表面平整度及缝宽。
5. 铺贴后应及时清理表面,24h后应用1:1水泥浆灌缝,选择与地面颜色一致的颜料与白水泥拌合均匀后嵌缝。

三、楼地面做法

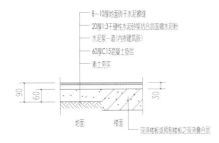

地面砖

附注:

* 燃烧性能等级为A级。
* 地面砖规格、品种、颜色、缝宽均见工程设计,要求宽缝时用1:1水泥砂浆勾平缝。
* 找坡层厚度按平均40mm计算,如与实际不应当适当增减。
* 建筑胶品种见工程设计,但须选用经检测、鉴定、品质优良的产品。

饰面砖工程质量验收标准

(摘自 GB 50210-2001)

一、一般规定

1. 饰面砖工程验收时应检查下列文件和记录：
   ① 饰面砖工程的施工图、设计说明及其他设计文件。
   ② 材料的产品合格证书、性能检测报告、进场验收记录和复验报告。
   ③ 后置埋件的现场拉拔检测报告。
   ④ 外墙饰面砖样板件的粘结强度检测报告。
   ⑤ 隐蔽工程验收记录。
   ⑥ 施工记录。

2. 饰面砖工程应对下列材料及其性能指标进行复验：
   ① 粘贴用水泥的凝结时间、安定性和抗压强度。
   ② 外墙陶瓷面砖的吸水率。
   ③ 寒冷地区外墙陶瓷面砖的抗冻性。

3. 饰面砖工程应对下列隐蔽工程项目进行验收：
   ① 预埋件（或后置埋件）。
   ② 连接节点。
   ③ 防水层。

4. 各分项工程的检验批应按下列规定划分：
   ① 相同材料、工艺和施工条件的室内饰面砖工程每50间（大面积房间和走廊按施工面积30m^2为一间）应划分为一个检验批，不足50间也应划分为一个检验批。
   ② 相同材料、工艺和施工条件的室外饰面砖工程每500~1000m^2应划分为一个检验批，不足500m^2也应划分为一个检验批。

5. 检查数量应符合下列规定：
   ① 室内每个检验批应至少抽查10%，并不得少于3间；不足3间时应全数检查。
   ② 室外每个检验批每100m^2应至少抽查一处，每处不得小于10m^2。

6. 外墙饰面砖粘贴前和施工过程中，均应在相同基层上做样板件，并对样板件的饰面砖粘结强度进行检验，其检验方法和结果判定应符合《建筑工程饰面砖粘结强度检验标准》（JGJ110）的规定。

7. 饰面砖工程的抗震缝、伸缩缝、沉降缝等部位的处理应保证缝的使用功能和饰面的完整性。

二、饰面砖粘贴工程

适用于内墙饰面砖粘贴工程的高度不大于100m、抗震设防烈度不大于8度、采用满粘法施工的外墙饰面砖粘贴工程的质量验收。

（一）主控项目

1. 饰面砖的品种、规格、图案、颜色和性能应符合设计要求。
   检验方法：观察；检查产品合格证书、进场验收记录、性能检测报告和复验报告。

2. 饰面砖粘贴工程的找平、防水、粘贴和勾缝材料及施工方法应符合设计要求及国家现行产品标准和工程技术标准的规定。
   检验方法：检查产品合格证书、复验报告和隐蔽工程验收记录。

3. 饰面砖粘贴必须牢固。
   检验方法：检查样板件粘结强度检测报告和施工记录。

4. 满粘法施工的饰面砖工程应无空鼓、裂缝。
   检验方法：观察；用小锤轻击检查。

（二）一般项目

1. 饰面砖表面应平整、洁净、色泽一致，无裂痕和缺损。阴阳角处搭接方式、非整砖使用部位应符合设计要求。
   检验方法：观察。

2. 墙面突出物周围的饰面砖应整砖套割吻合，边缘应整齐。墙裙、贴脸突出墙面的厚度应一致。饰面砖接缝应平直、光滑，填嵌应连续、密实；宽度和深度应符合设计要求。
   检验方法：观察；尺量检查。

3. 有排水要求的部位应做滴水线（槽）。滴水线（槽）应顺直，流水坡向应正确，坡度应符合设计要求。
   检验方法：观察；用水平尺检查。

4. 饰面砖粘贴的允许偏差和检验方法应符合表1的规定。

饰面砖粘贴的允许偏差和检验方法　　表1

项次	项目	允许偏差(mm)		检验方法
		外墙面砖	内墙面砖	
1	立面垂直度	3	2	用2m垂直检测尺检查
2	表面平整度	4	3	用2m靠尺和塞尺检查
3	阴阳角方正	3	3	用直角检测尺检查
4	接缝直线度	3	2	拉5m线，不足5m拉通线，用钢直尺检查
5	接缝高低差	1	0.5	用钢直尺和塞尺检查
6	接缝宽度	1	1	用钢直尺检查

瓷砖干挂技术参考

一、瓷板装饰工程设计

1. 一般规定

(1) 瓷板装饰的建筑设计应符合下列规定：
- 满足建筑物的使用功能和美观要求；
- 构图、色调和虚实组成应与建筑整体及环境协调；
- 分格尺寸应与瓷板规格尺寸相匹配。

(2) 干挂瓷质饰面高度不宜大于100m，挂贴瓷质饰面高度不宜大于5m。

2. 干挂瓷质饰面设计

(1) 干挂瓷质饰面的结构设计应符合下列规定：
- 干挂瓷质饰面结构计算应满足建筑物围护结构设计要求；
- 在风荷载设计值作用下，干挂瓷质饰面不得破坏；
- 在设防烈度地震作用下，经修理后的干挂瓷质饰面仍可使用；在罕遇地震作用下，钢架不得脱落。

(2) 干挂瓷质饰面的瓷板拼缝最小宽度应符合表1规定。

干挂瓷质饰面的瓷板拼缝最小宽度(mm)　　表1

设防类别		拼缝的最小宽度
非抗震设防		4
抗震设防烈度	6度、7度	6
	8度	8

(3) 干挂瓷质饰面宜采用钢架作安装基面，钢架应符合下文中(4)的规定。当选用不锈钢挂件时，也可采用符合下列规定之一的建筑物墙体作安装基面：
- 强度等级不低于C20的混凝土墙体，且混凝土灌注质量符合现行国家标准《混凝土结构施工质量验收规范》GB50204的有关规定；
- 按下面(5)的要求加设钢筋混凝土梁柱的砌体；
- 按下面(6)的要求进行加固的砌体。

(4) 用作安装基面的钢架应符合下列规定：
- 满足挂件连接要求；
- 钢架应作防锈镀膜处理，防锈镀膜处理应符合国家现行有关标准的规定；
- 钢架及钢架与建筑物主体结构连接的设计，应符合现行国家标准《钢结构设计规范》GB50017的有关规定。

(5) 当用作安装基面的砌体尚未施工时，可在瓷板挂件的锚固位置加设钢筋混凝土梁、柱，应符合下列规定：
- 梁(柱)截面尺寸、配筋及与主体结构的连接，应按支承瓷板传递的荷载计算确定；
- 梁(柱)截面尺寸沿墙面方向不宜小于200mm，沿墙厚方向不宜小于140mm；
- 混凝土强度等级不得低于C20；
- 纵向钢筋不宜小于4Ø12，箍筋直径不得小于6mm，间距不得大于200mm。

(6) 当用作安装基面的砌体已施工且砌块强度等级不小于MU7.5、砌块空心率不大于15%、砂浆强度等级不小于M5时，可在砌体内外侧加设钢丝网水泥砂浆加强层。加设的加强层应符合下列规定：
- 钢丝网可采用规格为1.5、孔目15mm×15mm的钢丝网；
- 钢丝网片搭接或搭入相邻墙体面不宜小于200mm，并作可靠连接；
- 水泥砂浆的强度等级不应低于M7.5、厚度不应小于25mm；
- 当固定挂件的穿墙螺栓间距大于600mm时，应加设螺栓连接墙体两侧的钢丝网。

(7) 不锈钢挂件与安装基面的连接应符合下列规定：
- 扣槽式的扣齿板与基面连接不得少于2个锚固点，且锚固点间距不得大于700mm，距相邻板角不宜大于200mm；当风荷载设计值大于4kN/m^2时，锚固点的间距不得大于500mm。插销式的瓷板连接点均应与基面连接；
- 当基面为钢架时，可采用M8不锈钢螺栓连接；
- 当基面为混凝土墙体或钢筋混凝土梁柱时，可采用M8×100不锈钢胀锚螺栓连接，胀锚螺栓锚入混凝土结构层深度不得小于60mm；

· 当基面为钢丝网水泥砂浆加固的砌体时，连接可采用M8不锈钢螺栓穿墙锚固，螺栓所用的垫圈改用垫板。

(8) 铝合金挂件与钢架基面连接应符合下列规定：

· 挂件的水平力作用方向宜通过或接近连接型材截面的形心；

· 当采用CECS101:98规程附录A给出的铝合金挂件时，挂件应与连接的L型钢挂接并辅以M4不锈钢螺栓（或M4不锈钢抽芯铆钉）锚固。

(9) 挂件与瓷板连接的方式应符合下列规定：

· 当抗震设防烈度不超过7度时，可采用扣槽式或插销式干挂法；当抗震设防烈度为8度时，应采用扣槽式干挂法。

· 根据建筑物所在地的基本风压及瓷质饰面的高度选择连接方式，并应符合下面(11)~(13)的规定。

(10) 挂件与瓷板的连接应符合下列规定：

· 当为不锈钢挂件时，瓷板与钢架面或墙面的间距可采用30~70mm；当为铝合金挂件时，瓷板与钢架面的间距应与挂件尺寸相适应；

· 采用扣槽式干挂法时，支承边应对称布置；不锈钢扣齿板宜与瓷板支承边等长，铝合金扣齿板宜取比瓷板支承边短20~50mm；

· 采用插销式干挂法时，连接点数应为偶数且对称布置。当单块瓷板面积小于1m²时，每块板的连接点数不得少于4点；当单块瓷板面积不小于1m²时，每块板的连接点数不得少于6点；

· 扣槽式不锈钢扣齿插入瓷板的深度宜取8mm，铝合金扣齿插入的深度宜取5mm，插销式销钉插入瓷板的深度宜取15mm；

· 不锈钢挂件与瓷板接合部位均应填涂环氧树脂。

(11) 作用在干挂瓷质饰面的风荷载设计值可按下式计算：

$$\omega = 1.4 \beta_z \mu_z \mu_s \omega_0$$

式中 ω——作用在瓷质饰面的风荷载设计值(kN/m²)；

β_z——瞬时风压的阵风系数，可取2.25；

μ_s——风荷载体型系数，竖直饰面外表面可按±1.5取用。当建筑物体型复杂或局部凹凸变化较大时，相应部分的风荷载体型系数宜根据风洞试验结果或设计经验调整；

μ_z——风压高度变化系数，按现行国家标准《建筑结构荷载规范》GB50009采用；

ω_0——基本风压(kN/m²)，按现行国家标准《建筑结构荷载规范》GBJ9采用；对于高层建筑，ω_0宜乘以系数1.1。

(12) 瓷板承载力应满足下式要求：

$$\omega A \leq R$$

式中 ω——单块瓷板所在位置的风荷载设计值，按上面(11)计算，当$\omega < 2.0$kN/m²时，取$\omega = 2.0$kN/m²；

R——单块瓷板的承载力设计值(KN)；

A——单块瓷板面积(m²)。

(13) 当挂件与瓷板连接符合本规程(10)规定时，单块瓷板承载力设计值可按下列公式计算：

· 扣槽式

$$R = 6.0 \left(\frac{b}{a}\right)$$

当为铝合金挂件时，尚应满足下式

$$R = 3.0b$$

· 插销式

$$R = 0.45n$$

式中 R——单块瓷板的承载力设计值(KN)；

b——瓷板支承边边长(m)。当为不锈钢挂件且扣齿板短于瓷板支承边时，b取扣齿板长；当为铝合金挂件且扣齿板短于瓷板支承边的0.9倍时，b取扣齿板长；

a——瓷板非支承边边长(m)。当a<1m时，取a=1m计算；

n——插销个数。

(14) 离地面2m高以下的干挂瓷质饰面，在每块瓷板的中部宜加设一加强点。加强点的连接件应与基面连接，连接件与瓷板结合部位的面积不宜小于20cm²，并应满涂胶粘剂。

(15) 特殊规格或饰面边缘的瓷板，在保证可靠的连接承载力的条件下，可采用多种连接方式。

3. 挂贴瓷质饰面设计

(1) 挂贴瓷质饰面可直接采用建筑物墙体作挂贴基面，瓷板与墙面间距可采用30~50mm。

(2) 瓷板拉结点应符合下列规定：

· 拉结点应为偶数且对称布置，间距不宜大于700mm；

· 当单块瓷板面积小于1m²时，每块板的拉结点数不得少于4点；当单块瓷板面积不小于1m²时，每块板的拉结点数不得少于6点。

(3) 拉结钢筋网设置应符合下列规定：

· 钢筋直径不得小于6mm；

· 钢筋间距应与瓷板拉结点相适应。

(4) 拉结钢筋网应焊接在建筑物墙面的锚固点上，锚固点设置应符合下列规定：

· 锚固点位置在瓷板拉结点附近，锚固点数不宜少于瓷板拉结点数；

· 墙体为混凝土墙体时，宜采用预埋铁件，也可采用M8×100胀锚螺栓;胀锚螺栓锚入混凝土结构层深度不得小于60mm。墙体为砌体时,可采用M8穿墙螺栓锚固。

4.瓷质地面设计

(1)瓷质地面应设置瓷质面层、结合层、找平层,并根据需要设置隔离层、填充层等构造层。

(2)瓷质地面坡度应符合下列规定:

· 室内地面,当无排水要求时,可采用水平地面;当有排水要求时,地面坡度不宜小于0.5%;

· 室外地面坡度不宜小于1%。

二、瓷板装饰工程施工

1.一般规定

(1)瓷板装饰工程施工准备包括下列工作:

· 会审图纸(含节点大样图),并编制施工组织设计;

· 施工所用的动力、脚手架等临时设施应满足施工要求;

· 材料按工程进度进场,并按有关规定送检合格。

(2)进施工现场的材料应符合设计要求,其产品质量应符合CECS101:98规程第3章规定。

(3)瓷板堆放、吊运应符合下列规定:

· 按板材的不同品种、规格分类堆放;

· 板材宜堆放在室内;当需要在室外堆放时,应采取有效措施防雨防潮;

· 当板材有减震外包装时,平放堆高不宜超过2m,竖放堆高不宜超过2层,且倾斜角不宜超过15°;当板材无包装时,应将板的光泽面相向,平放堆高不宜超过10块,竖放宜单层堆放且倾斜角不宜超过15°;

· 吊运时宜采用专用运输架。

(4)吊运及施工过程中,严禁随意碰撞板材,不得划花、污损板材光泽面。

(5)密封胶等化工类产品应注意防火防潮,分类堆放在阴凉处。

(6)安装瓷质饰面的建筑物墙体应符合下列规定:

· 主体结构施工质量应符合有关施工及验收规范的要求;

· 穿过墙体的所有管道、线路等施工已全部完成。

(7)干挂瓷质饰面的钢架安装应符合下列规定:

· 钢架与主体结构连接的预埋件应牢固、位置准确,预埋件的标高偏差不得大于10mm,预埋件位置与设计位置的偏差不得大于20mm;

· 钢架与预埋件的连接及钢架防锈处理应符合设计要求。

· 钢架制作及焊接质量应符合现行国家标准《钢结构工程施工质量验收规范》GB50205及现行行业标准《建筑钢结构焊接规程》JGJ81的有关规定;

· 钢架制作允许偏差应符合表2规定。

(8)干挂瓷质饰面的墙体为混凝土结构时,应对墙体表面进行清理修补,使墙面平整坚实。对粘贴瓷质饰面的墙体,应将其表面的浮灰、油污等清除干净;对表面较光滑的墙体,应凿毛处理。

(9)使用密封胶、粘结胶、环氧树脂浆液时,应在产品说明书规定的有效使用期内使用,并按要求的温度施工。

(10)安装瓷质饰面使用的螺栓时,均应套装与螺栓相配的弹簧垫圈。

(11)瓷质地面的基土、垫层、填充层、隔离层、找平层等构造层的施工应符合设计要求,并应符合现行国家标准《建筑地面工程施工质量验收规范》GB50209的有关规定。

(12)冬期施工时,砂浆的使用温度不得低于5℃。砂浆硬化前,应采取防冻措施。

钢架制作的允许偏差(mm) 表2

项目		允许偏差值	检查方法
构件长度		±3	用钢尺检查
焊接H型钢截面高度	接合部位	±2	
	其他部位	±3	
焊接H型钢截面宽度		±3	
挂接铝合金挂件用的L型钢截面高度		±1	
构件两端最外侧安装孔距		±3	
构件两组安装孔距		±3	
同组螺栓	相邻两孔距	±1	
	任意两孔距	±1.5	
构件挠曲矢高		l/1000且不大于10	用拉线及钢尺

注:l为构件长度。

2.干挂瓷质饰面施工

(1)瓷板的安装顺序宜由下往上进行,避免交叉作业。

(2)瓷板编号、开槽或钻孔应符合下列规定:

- 板的编号应满足安装时流水作业的要求;
- 开槽或钻孔前应逐块检查瓷板厚度、裂缝等质量指标,不合格者不得使用;
- 开槽长度或钻孔数量应符合设计要求,开槽钻孔位置应在规格板厚中心线上;开槽、钻孔的尺寸要求及允许偏差应符合表3和表4规定;钻孔的边孔至板角的距离宜取0.15b~0.2b,其余孔应在两边孔范围内等分设置;

注:b为瓷板支承边长。

- 当开槽或钻孔造成瓷板开裂时,该块瓷板不得使用。

瓷板开槽钻孔的尺寸要求(mm)　　表3

项目		尺寸要求
开槽	宽度	2.5(2.0)
	深度	10(6)
钻孔	直径	3.2
	深度	20

注:括号内数值为铝合金扣齿板用。

瓷板开槽钻孔的允许偏差　　表4

项目		允许偏差
开槽宽度		+0.5mm / 0mm (±0.5mm)
钻孔直径		+0.3mm / 0mm
位置	开槽	±0.3mm
	钻孔	±0.5mm
深度	开槽	±1mm
	钻孔	±2mm
槽、孔垂直度		1°

注:括号内数值为铝合金扣齿板用。

(3)胀锚螺栓、穿墙螺栓安装应符合下列规定:

- 在建筑物墙体钻螺栓安装孔的位置应满足瓷板安装时角码板调节要求;
- 钻孔用的钻头应与螺栓直径相匹配,钻孔应垂直,钻孔深度应能保证胀锚螺栓进入混凝土结构层不小于60mm或使穿墙螺栓穿过墙体;
- 钻孔内的灰粉应清理干净,方可塞进胀锚螺栓;
- 穿墙螺栓的垫板应保证与钢丝网可靠连接,钢丝网搭接应符合设计要求;
- 螺栓紧固力矩取40~45N·m,并应保证紧固可靠。

(4)挂件安装应符合下列规定:

- 挂件连接应牢固可靠,不得松动;
- 挂件位置调节适当,并应能保证瓷板连接固定位置准确;
- 不锈钢挂件的螺栓紧固力矩应取40~45N·m,并应保证紧固可靠;
- 铝合金挂件挂接钢架L型钢的深度不得小于3mm,M4螺栓(或M4抽芯铆钉)紧固可靠且间距不宜大于300mm;
- 铝合金挂件与钢材接触面,宜加设橡胶或塑胶隔离层。

(5)瓷板安装应符合下列规定:

- 当设计对建筑物外墙有防水要求时,安装前应修补施工过程中损坏的外墙防水层;
- 除设计特殊要求外,同幅墙的瓷板色彩应一致;
- 板的拼缝宽度应符合设计要求,安装质量应符合CECS101:98规程表6.2.3规定;
- 瓷板的槽(孔)内及挂件表面的灰粉应清理干净;
- 扣齿板的长度应符合设计要求;当设计未作规定时,不锈钢扣齿板与瓷板支承边等长,铝合金扣齿板比瓷板支承边短20~50mm;
- 扣齿或销钉插入瓷板深度应符合设计要求,扣齿插入深度允许偏差为±1mm;销钉插入深度允许偏差为±2mm;
- 当为不锈钢挂件时,应将环氧树脂浆液抹入槽(孔)内,满涂挂件与瓷板的接合部位,然后插入扣齿或销钉。

(6)瓷板中部加强点的施工应符合下列规定:

- 连接件与基面连接应可靠;
- 连接件与瓷板接合位置及面积应符合要求。当设计未作规定时,应符合本规程干挂瓷质饰面设计(14)条规定;
- 连接件与瓷板接合部位应预留0.5~1mm间隙,并应清除干净后满涂胶粘剂;
- 胶粘剂的质量应符合CECS101:98规程第3.3.6条规定;当设计未作规定时,胶粘剂可采用符合CECS101:98规程第3.3.7条规定的环氧树脂浆液代替。

(7)干挂瓷质饰面的密封胶施工前应完成下列准备工作:

- 检查复核瓷板安装质量;
- 清理拼缝;
- 当瓷板拼缝较宽时,可塞填充材料;填充材料质量应符合CECS101:98规程第3.3.8条规定,并预留不小于6mm的缝深作为密封胶的灌缝;
- 当为铝合金挂件时,应采用符合CECS101:98规程第3.3.4条规定的弹性胶条将挂件上下扣齿间隙塞填压紧,塞填前的胶条宽度不宜小于上下扣齿间隙的1.2倍。

(8)密封胶灌缝应符合下列规定：
· 密封胶颜色应符合设计规定；当设计未作规定时，密封胶颜色应与瓷板色彩相配；
· 灌缝高度应符合设计规定；当设计未作规定时，灌缝高度宜与瓷板的板面齐平；
· 灌缝应饱满平直，宽窄一致；
· 灌缝时不能污损瓷板面，一旦发生应及时清理；
· 当瓷板缝潮湿时，不得进行密封胶灌缝施工。

(9)当底层板的拼缝有排水孔设置要求时，应保证排水通道顺畅。

(10)瓷质饰面与门窗框接合处等的边缘处理应符合设计要求；当设计未作规定时，应用密封胶灌缝。

3.挂贴瓷质饰面施工

(1)瓷板编号、钻孔应符合下列规定：
· 板的编号应满足挂贴的流水作业要求；
· 瓷板拉结点的竖孔应钻在板厚中心线上，孔径为3.2~3.5mm深度为20~30mm；板背横孔应与竖孔连通；并用防锈金属丝穿入孔内固定，作拉结之用；
· 当拉结金属丝直径大于瓷板拼缝宽度时，应凿槽埋置。

(2)挂贴瓷质饰面施工顺序应符合下列规定：
· 同幅墙的瓷板挂贴宜由下而上进行；
· 突出墙面勒脚的瓷板，应待上层的饰面工程完工后进行；
· 楼梯栏杆、栏板及墙裙的瓷板，应在楼梯踏步、地面面层完工后进行。

(3)拉结钢筋网的安装应符合系列规定：
· 钢筋网应与锚固点焊接牢固；

· 锚固点为螺栓时，螺栓紧固力矩应取40~45N·m。

(4)挂装瓷板应符合下列规定：
· 除设计特殊要求外，同幅墙的瓷板色彩应一致；
· 挂装瓷板时，应找正吊直后采取临时固定措施，并将瓷板拉结金属丝绑牢在拉结钢筋网上；
· 挂装时可垫木楔调整，瓷板的拼缝宽度应符合设计要求；当设计未作规定时，拼缝宽度不宜大于1mm。

(5)灌注填缝砂浆前应完成下列准备工作：
· 检查复核瓷板挂装质量；
· 浇水将瓷板背面和墙体表面润湿；
· 用石膏灰临时封闭瓷板竖缝，以防漏浆。

(6)灌注填缝砂浆应符合下列规定：
· 填缝砂浆使用的水泥和砂应符合CECS101：98规程第3.3.9条规定，砂浆体积比（水泥：砂）宜取1:2.5~1:3，稠度宜取100~150mm；
· 灌注砂浆应分层进行。每层灌注高度为150~200mm；插捣密实，待其初凝后，应检查板面位置，如移动错位应拆除重装，若无移动，方可灌注上层砂浆，施工缝应留在瓷板水平接缝以下50~100mm处；
· 填缝砂浆初凝后，方可拆除石膏及临时固定物。

(7)瓷板拼缝处理应符合设计要求；当设计未作规定时，宜用与瓷板颜色相配的水泥浆抹勾严密。

(8)挂贴瓷质饰面的冬期施工宜采用暖棚法。无条件搭设暖棚时，可采用冷作法，但应根据室外气温，采取在填缝砂浆内掺入无氯盐抗冻剂、裹挂保温层等有效措施，严禁砂浆在硬

化前受冻。

4.瓷质地面施工

(1)铺设瓷板面层前应完成下列准备工作：
· 按设计要求，根据瓷板颜色、花纹等试拼编号；
· 剔除有裂缝、掉角、翘曲和表面有缺陷的瓷板；
· 用水浸湿瓷板，并擦干或晾干表面待铺。

(2)结合层施工应符合下列规定：
· 采用水泥砂浆结合层时，水泥砂的体积比宜取1:4~1:6，并应洒水干拌均匀。结合层厚度宜取20~30mm；
· 采用水泥砂浆结合层时，水泥砂的体积比宜取1:2，强度等级不得低于M15，稠度宜取25~35mm，结合层厚度宜取10~15mm。

(3)结合层与瓷板应分段同时铺砌，铺砌时宜采用水泥浆或干铺水泥洒水作粘结。

(4)铺砌的瓷板应平整，线路顺直，镶嵌正确；瓷板间、瓷板与结合层以及在墙角、镶边和靠墙处均应紧密砌合，不得有空隙。

(5)瓷板面层的表面应洁净、平整、坚实；瓷板间拼缝宽度应符合设计要求，当设计未作规定时，拼缝宽度不宜大于1mm。

(6)瓷板面层铺砌后，其表面应加以保护，待结合层的水泥砂浆强度达到要求后，方可打蜡达到光滑结亮。

5.安全措施

(1)瓷板装饰工程施工遵守现行行业标准《建筑机械使用安全技术规程》JGJ33及《施工现场临时用电安全技术规范》JGJ46等标准的有关规定。

(2)瓷板开槽、钻孔、切割的操作人员应配带防护眼镜。

(3)瓷质饰面施工用的脚手架搭设必须牢固，

经验收后方可使用。脚手架上堆放材料不宜过多和过于集中，严禁超过脚手架的设计荷载，并应注意防止物品碰撞下跌。

(4)使用挥发性材料时，应戴防毒口罩，操作人员连续操作不得超过2h。

(5)遇6级以上风或雨天应停止一切高空作业。

全龙骨干挂幕墙施工要点

1. 横竖向放线

- 由下而上起线，标示出每一楼层的层高1米线。
- 在建筑外表面标示出第一排瓷板的上、下水平完成线。
- 在建筑外表面标示出主要轴线位置。
- 在建筑物转角处根据轴线位置确定阳角完成面垂线。
- 根据图纸轴线尺寸确定预埋件位置，在建筑外表面用墨线标示出预埋件及主龙骨位置线。
- 根据建筑轴线尺寸布投主龙骨和横龙骨完成面导线网。
- 主要工具：水准仪、激光铅垂仪、线锤、墨斗、钢卷尺、细钢琴线。

2. 按设计要求在建筑物上钻孔

- 钻孔时注意保持钻孔方向的垂直度，钻孔深度符合锚栓施工要求。
- 应选择比锚栓直径大约2mm的钻头钻孔。
- 控制钻孔位置至砼梁、柱边缘的距离应大于或等于7d（d为锚栓直径），防止钻孔导致砼产生裂缝及锚栓承载力折减。
- 钻孔过程中碰到钢筋，可经设计师同意后更改钻孔位置。

3. 植入化学锚栓

- 首先将孔洞中的尘沙清理干净，防止尘沙导致锚栓黏结力下降。
- 将装有化学药剂的胶管塞入孔中。
- 启动电锤带动锚杆旋转搅拌，并匀速将锚杆推至孔底，随时调整锚栓垂直度。
- 锚栓植入后承载前不要使其移动或晃动。
- 严格按照锚栓说明书中的规定时间承载。

4. 固定竖龙骨

- 弯曲的龙骨应先整形后再安装。
- 焊接时焊缝应均匀、饱满，所有焊渣必须清除，避免产生漏焊或虚焊。
- 所有焊缝应按要求进行相应的防腐处理。
- 连接螺栓的直径、长度、材质均应符合设计要求。
- 根据主龙骨的完成面导线位置调整主龙骨的平整度和垂直度。
- 主龙骨位置调整好后所有螺栓必须拧紧。

5. 在竖龙骨上安装横龙骨

- 横龙骨的下料长度不宜过长，否则龙骨容易弯曲变形。
- 横龙骨的水平位置分割应在上、下层的1米线之间进行，不会产生误差累积。
- 横龙骨钻孔位置应准确。

6. 在横龙骨上安装挂件

- 挂件铣孔位置应准确。
- 挂件在幕墙产生变形时应具有位移能力。

7. 在已钻孔的瓷板上安装锚栓和挂件

- 安装锚栓和挂件前应检查瓷板是否有裂纹或其他缺陷。
- 检查瓷板孔径大小、深度是否符合安装要求，不合格的重新加工钻孔。
- 挂件与瓷板间应设置塑胶垫片。

8. 挂瓷板幕墙，并调整好缝隙

- 首先检查瓷板设计图与现场材料是否一致。
- 瓷板安装由下向上，避免交叉施工。
- 以每一层1米线标高线控制施工高程误差，若产生误差，则在上一排瓷板来调整。
- 安装时可利用平面调整夹等工具，以达到安装快速平整。
- 安装时可利用与缝宽相同的垫片，放置在每一排瓷板的上口，待上排瓷板安装固定后取出，可基本保持缝宽一致。

9. 用泡沫棒和耐候胶嵌缝

- 嵌缝应使用对瓷板无污染的中性耐候密封胶。
- 嵌缝前应清理瓷板缝隙间的灰尘、油污或其他影响施工的杂物。
- 嵌缝时瓷板缝隙间应保持干燥。
- 注胶时保持注入厚度，浇缝应均匀、饱满，避免裹进空气产生气泡。
- 应注意泡沫棒与耐候胶的相容性。

陶瓷砖试验方法

(摘自 GB/T 3810-1999)

一、长度和宽度的测量

1. 仪器

   游标卡尺，或其他适合测量长度的器具。

2. 步骤

   在离砖顶角5mm处测量砖的每边，测量值精确到0.1mm。

二、厚度的测量

1. 仪器

   测头直径为5~10mm的螺旋测微卡或其他合适的仪器。

2. 步骤

   对表面平整的砖，在砖面上划两条对角线，测量4条线段每段上最厚的点，每块试样测量4点，精确到0.1mm。

   对于表面不平的砖，垂直于挤出方向划4条线，线的位置分别为从砖的末端起测量砖的长度的0.125，0.375，0.625，0.875，在每条直线上最厚点测量厚度。

三、边直度的测量

1. 定义

   边直度：在砖的平面内，边的中央偏离直线的偏差。这种测量只适用砖的直边（见图1）。

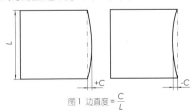

图1 边直度 = $\dfrac{C}{L}$

   边直度用百分比表示，计算公式如下：

   边直度 = $\dfrac{C}{L} \times 100$

   式中：C —— 测量边的中央偏离直线的偏差，mm；

   L —— 测量边长度，mm。

2. 仪器

   图1所示的仪器或其他合适的仪器，其中千分表（D_F）（5.4）用于测量边直度。

   钢制标准版，有精确的尺寸和平直的边。

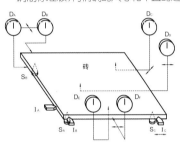

图2 测量边直度、直角度和平整度的仪器

四、直角度的测量

1. 定义

   直角度：将砖的一个角紧靠着放在用标准板校正过的直角上（见图3），测量它与标准直角的偏差。

   直角度用百分比表示，计算公式如下：

   直角度 = $\dfrac{\delta}{L} \times 100$

   式中：δ —— 砖的测量边与标准板相应边在距转角5mm处测得的偏差值，mm；

   L —— 砖相邻两边的长度，mm。

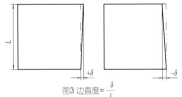

图3 边直度 = $\dfrac{\delta}{L}$

2. 仪器

   图1所示的仪器或其他合适的仪器，千分表（D_A）用于测量直角度。

   钢制标准板，有精确的尺寸和平直的边。

五、平整度的检验（弯曲度和翘曲度）

1. 定义

   表面平整度：由砖面上3点的测量值来定义。有凸纹浮雕的砖，如果正面无法检验，可能时应在其背面检验。

   边弯曲度：砖一条边的中点偏离由该边两角为直线的距离（见图4）。

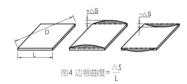

图4 边弯曲度 = $\dfrac{\triangle S}{L}$

   中心弯曲度：砖的中心点偏离由4个角中3个角所决定的平面的距离（见图5）。

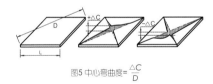

图5 中心弯曲度 = $\dfrac{\triangle C}{D}$

   翘曲度：砖的3个角决定一个平面，其第4个角偏离该平面的距离（见图6）。

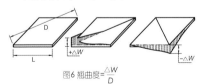

图6 翘曲度 = $\dfrac{\triangle W}{D}$

2. 仪器

1) 尺寸大于40mm×40mm的砖

   采用如图1所示的或其他合适的仪器。检验表面平滑的砖，采用直径为5mm的支承销（SA，SB，SC）。对其他表面的砖，为得到有意义的结果，应采用其他适当的支承销。

   使用 块理想平整的金属或玻璃标准

版,其厚度至少为10mm。

2)尺寸等于或小于40mm×40mm的砖

金属直尺;

塞尺。

3. 结果表示

中心弯曲度以对角线长的百分数表示。边弯曲度,长方形砖以长度和宽度的百分数表示;正方形砖以边长的百分数表示。

翘曲度以对角线长的百分数表示。有间隔凸缘的砖检验时用mm表示。尺寸小于或等于40mm×40mm的砖不检验翘曲度。

六、表面质量

1. 定义

裂纹:在砖的表面、背面或两面有可见的裂缝。

釉裂:釉面上有不规则如头发丝的微细裂纹。

缺釉:施釉砖釉面局部无釉。

不平整:在砖或施釉砖的表面有非人为的凹陷。

针孔:在施釉砖表面的针状小孔。

桔釉:釉面有明显可见的非人为结晶,光泽较差。

斑点:砖的表面有明显可见的非人为的异色点。

釉下缺陷:被釉覆盖的明显缺点。

装饰缺陷:在装饰方面的明显缺点。

磕碰:砖的边、角或表面崩裂掉细小的碎屑。

釉泡:表面的小气泡或烧结时释放气体后的破口泡。

毛边:砖的边缘有非人为的不平整。

釉缕:沿砖边有较明显的釉堆集成的隆起。

2. 仪器

色温为6000~6500K的荧光灯。

1m长的直尺或其他合适测量距离的量具。

照度计。

3. 步骤

将砖的正面放置在1m远处垂直观察,砖表面用照度为300lx的灯光均匀地照射,检验被检验砖组的中心部分和每个角上的照度。

用肉眼观察被检验砖组(平时戴眼镜的可戴上眼镜)。

检验的准备和检验不应是同一个人。

砖表面的人为装饰效果不能算缺陷。

4. 结果表示

表面质量以表面无缺陷砖的百分数表示。

七、吸水率的测定

计算每一块砖的吸水率E(b,v),用干砖质量的百分数表示。计算公式如下:

$$E_{(b,v)} = \frac{m_{2(b,v)} - m_1}{m_1} \times 100$$

式中:m_1—— 干砖的质量,g;

m_2—— 湿砖的质量,g。

E_b表示用m_{2b}测定的吸水率,E_v表示用m_{2v}测定的吸水率。E_b代表水仅注入容易进入的气孔,而E_v代表水最大可能地注入所有气孔。

八、断裂模数和破坏强度的测定

1. 定义

破坏荷载:从压力表上读出的使试样破坏的力,单位N。

破坏强度:破坏荷载乘以两支撑棒之间的跨距/试样宽度,单位N。

断裂模数:破坏强度除以沿破坏断面最小厚度的平方,单位N/mm^2。

2. 步骤

用硬刷刷去试样背面松散的粘结颗粒。将试样放入110℃±5℃的烘箱中干燥至恒重,即间隔24h的连续两次称量的差值不大于0.1%。然后将试样放在密闭的烘箱或干燥器中冷却至室温,干燥器中放有硅胶或其他合适的干燥剂,但不可放入酸性干燥剂。需在试样达到室温至少3h后才能进行试验。

将试样置于支撑棒上,使釉面或正面朝上,试样伸出每根支撑棒外的长度为L(见表1和图7)。

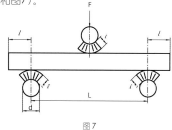

图7

棒的直径、橡胶厚度和长度(单位:mm) 表1

砖的尺寸K	棒的直径d	橡胶厚度	砖伸出支撑棒外的长度l
K≥95	20	5±1	10
48≤K<95	10	2.5±0.5	5
18≤K<48	5	1±0.2	2

对于两面相同的砖,例如无釉马赛克,以哪面在上都可以。对于挤压成型的砖,应将其背肋垂直于支撑棒放置,对所有其他矩形砖,应以其长边垂直于支撑棒放置。对凸纹浮雕的砖,在与浮雕面接触的中心棒上再垫一层厚度与表1相对应的橡胶层。

中心棒应与两支撑棒等距，以1N/(mm²·s)±0.2N/(mm²·s)的速率均匀地增加负载，每秒的实际增加率可按下面公式(2)计算，记录断裂荷载F。

3. 结果表示

只有在宽度与中心棒直径相等的中间部位断裂试样，其结果才能用来计算平均破坏强度和平均断裂模数，计算平均值至少需5个有效的结果。

如果有效结果少于5个，应取加倍数量的砖再作第二组试验，此时至少需要10个有效结果来计算平均值。

破坏强度(S)以N表示，计算公式(1)如下：

$$S = \frac{FL}{b}$$

式中：F—— 破坏荷载，N；
L—— 支撑棒之间的跨距，mm(见图7)；
b—— 试样的宽度，mm。

断裂模数(R)以N/mm²表示，计算公式(2)如下：

$$R = \frac{3FL}{2bh^2} = \frac{3S}{2h^2}$$

式中：F—— 破坏荷载，N；
L—— 支撑棒之间的跨距，mm(见图7)；
b—— 试样的宽度，mm；
h—— 试验后沿断裂边测得的试样断裂面的最小厚度，mm。

记录所有结果，以有效结果计算试样的平均破坏强度和平均断裂模数。

九、砖的抗冲击性

1. 原理

把一个钢球从一个固定的高度落到试样上并测定其回跳高度，以此测定恢复系数。

2. 步骤

用水平旋钮调节落球设备以使钢棒垂直。将试验部件放到电磁铁的下面，使从电磁铁中落下的钢球落到被紧固定位的试验部件的中心。(见图8)

将试验部件放到支架上，使试样的正面水平地向上放置。从1m高处将钢球落下并使它回跳，测出回跳高度(精确到±1mm)进而计算出恢复系数(e)。

另一种方法是让钢球回跳二次，记下二次回跳之间的时间间隔(精确到毫秒级)。算出回跳高度，从而计算出恢复系数。

任何测试回跳高度的方法或两次碰撞的时间间隔的方法都可应用。

检查有缺陷或裂纹的砖表面，所有在距1m远处未能用肉眼或平时戴眼镜的眼睛观察到的轻微的电磁波裂纹都可以忽略。记下边缘的磕碰，但在瓷砖分类时可予忽略。

对于另外的试验部件则应重复上述全部步骤。

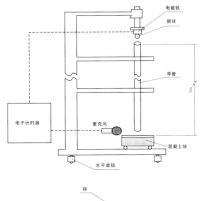

图8

3. 结果表示

当一个球碰撞到一个静止的水平面上时，它的恢复系数计算公式如下：

$$e = \frac{v}{u}$$
$$v = \sqrt{2gh_2}$$
$$u = \sqrt{2gh_1}$$
$$e = \sqrt{\frac{h_2}{h_1}}$$

式中：v—— 离开(回跳)时的速度，cm/s；
u—— 接触时的速度，cm/s；
h_2—— 回跳的高度，cm；
g—— 重力加速度，(=981cm/s²)
h_1—— 落球的高度，cm。

如果回跳的高度由回跳两次而测定这回跳两次之间的时间间隔来确定的话，则运动的公式为：

$$h_2 = u_0 t + \frac{1}{2}gt^2$$
$$t = \frac{T}{2}$$
$$h_2 = 122.6T^2$$

式中：u_0—— 回跳到最高点时的速度，(=0)
T—— 两次的时间间隔，s。

十、无釉砖耐磨深度的测定

原理

测定无釉砖的耐磨性即测量磨坑的长度，磨坑是在规定条件和有磨料的情况下通过摩擦钢轮在砖的正面旋转产生的。

十一、有釉砖表面耐磨性的测定

原理

砖釉面耐磨性的测定，是通过釉面上放置研磨介质(符合GB/T 308要求)并旋转，对已磨损的试样与未磨损的试样的观察对比，评价陶瓷砖耐磨性的方法。

十二、线性热膨胀的测定

1. 原理

从室温到100℃的温度范围内,测定线性热膨胀系数。

2. 仪器

适用于测量热膨胀的仪器。加热速率为5℃/min±1℃/min,为使热量在试样上均匀分布,要求这类仪器能在100℃保温一定的时间。

游标卡尺或其他合适的测量器具。

能在110℃±5℃下工作的烘箱。能在测试中得到相同结果的微波、远红外或其他干燥系统也可使用。

干燥器。

3. 步骤

试样在110℃±5℃下干燥至恒温,即相隔24h先后两次称量之差小于0.1%,然后将试样放入干燥器内冷却至室温。

用游标卡尺测量试样长度,精确到长度的0.2%。

将试样放入所述仪器内并记录此时的室温。

在最初和全部加热过程中,测定试样的长度,精确到0.01mm。测量并记录在不超过15℃间隔的温度和长度值。加热速率为5℃/min±1℃/min。

4. 结果表示

线性热膨胀系数 α_1 用 10^{-6} 每摄氏度表示 ($10^{-6}/℃$),精确到小数点后面第一位,按下式表示。

$$\alpha_1 = \frac{1}{L_0} \times \frac{\triangle L}{\triangle t}$$

式中:L_0——室温下试样的长度,mm;

$\triangle L$——试样在室温和100℃之间长度的增长,mm;

$\triangle t$——温度的升值,℃。

十三、抗热震性的测定

1. 原理

抗热震性的测定是用整砖在15℃和145℃两种温度之间进行10次循环试验。

2. 步骤

试样的初步检查。首先用肉眼(平常戴眼镜的可戴上眼镜)在距砖25cm到30cm,光源照度约300lx的光照条件下观察砖面。所有试样在试验前应没有缺陷。可用亚甲基篮溶液进行测定前的检验。

浸没试验。吸水率不大于质量分数为10%的低气孔率砖,垂直浸没在15℃±5℃的冷水中,并使它们互不接触。

非浸没试验。吸水率大于质量分数为10%的有釉砖,使其釉面向下与15℃±5℃的冷水槽上的铝粒接触。

对上述两项步骤,在低温下保持5min后,立即将试样移至145℃±5℃的烘箱内重新达到此温度后保温(通常为20min),然后立即将它们移回低温环境中。

重复此过程10次循环。

然后用肉眼(平常戴眼镜的可戴上眼镜),在距试样25~30cm,光源照度约300lx的条件下观察试样的可见缺陷。为帮助检查,可将合适的染色溶液(如含有少量湿润剂的1%亚甲基蓝溶液)刷在试样的釉面上,1min后,用湿布抹去染色液体。

十四、有釉砖抗釉裂性的测定

1. 原理

抗釉裂性是使整砖在蒸压釜中承受高压蒸汽的作用,然后使釉面染色来观察砖的釉裂情况。

2. 步骤

首先用肉眼(平常戴眼镜的可戴上眼镜),在300lx的光照条件下距离25~30cm观察砖面的可见缺陷,所有试样在试验前都不应有釉裂。可用亚甲基蓝溶液作釉裂检验。

除了刚出窑的砖,作为质量保证的常规检验程序,砖应在以升温速率不大于150℃/h加热到500℃±15℃的环境下,保温时间不少于2h。

将试样放在蒸压釜内,试样之间应有空隙。使蒸压釜中的压力逐渐升高,1h内达到500kPa±20kPa,159℃±1℃,并保持压力2h。然后关闭汽源,对于直接加热式蒸压釜则停止加热,使压力尽可能快地降低到试验室大气压,在蒸压釜中冷却试样0.5 h。将试样移出试验至大气中,单独放在平台上,继续冷却0.5h。

在试样釉面上涂刷适宜的染色液,如含有少量润湿剂的1%亚甲基蓝溶液。1min后用湿布擦去染色液。

检查试样的釉裂情况,注意区分釉裂与划痕及可忽略的裂纹。

十五、抗冻性的测定

原理

陶瓷砖浸水饱和后,在5℃和-5℃之间循环。所有砖的面须经受到至少100次冻融循环。

十六、耐化学腐蚀性的测定

1. 原理

试样直接接受试验溶液的作用，经一定时间后观察并确定其受化学腐蚀的程度。

2. 水溶性试验溶液

1）家庭用化学药品氯化铵溶液：100g/L。

2）游泳池盐类

次氯酸钠溶液：20mg/L（由约含13%活性氯的次氯酸钠配制）。

3）低浓度(L)酸和碱

体积分数为3%的盐酸溶液，由浓盐酸（ρ=1.19g/mL）制得。

柠檬酸溶液：100g/L。

氢氧化钾溶液：30g/L。

4）高浓度(L)酸和碱

体积分数为18%的盐酸溶液，由浓盐酸（ρ=1.19g/mL）制得。

体积分数为5%的乳酸溶液。

氢氧化钾溶液：100g/L。

3. 步骤

1）无釉砖水溶性试验溶液

将试样在110℃±5℃的温度下进行烘干至恒重，即连续两次称量的差值小于0.1g。然后将试样冷却至室温。采用水溶性试验溶液中所列溶液。

将试样垂直浸入盛有试验溶液的容器中，试样浸深25mm。试样的非切割边必须完全浸入溶液中。盖上盖子在20℃±2℃的温度下保持12天。

12天后，将试样用流水冲洗5天，再完全浸泡在水中煮30min，然后从水中取出试样，用拧干但还带湿的麂皮轻轻擦拭，随即在110℃±5℃的烘干箱中烘干。

2）有釉砖水溶性试验溶液

将圆筒倒置在有釉表面的干净部分，并使其周边密封，即在圆筒周边涂抹3mm厚的一层均匀密封材料。

从开口处注入试验溶液，液面高为20mm±1mm，试验溶液必须是水溶性试验溶液所列前三项溶液中的任何一种；如果必要，还可采用水溶性试验溶液最后一项所列的各种溶液。试验装置在20℃±2℃下工作。

试验耐家用化学药品、游泳池用盐类及柠檬酸的腐蚀性时，使试验溶液与试样接触24h，移开圆筒并用适当的溶剂彻底清洗釉面上的密封材料。

试验耐盐酸和氢氧化钾腐蚀性时，使试验溶液与试样接触4天，每天轻轻摇动装置一次，并保证试验溶液的液面不变。2天后更换溶液，再过2天后移开圆筒并用合适的溶剂彻底清洗釉面上的密封材料。

十七、耐污染性的测定

原理

利用试验溶液和试验材料与砖正面接触在一定时间内的反应，然后按规定的清洗方法清洗砖面，以砖面的明显变化来确定砖的耐污染性。

墙地砖技术参数对照表（仅供参考）

ISO标准是空间的、建筑的和化学特性的陶瓷砖的等级程序。在美国，该标准由美国国家标准化组织（ANSI）建立。在欧洲，一般使用CEN（Comite Europeen Normalisation）标准。国际标准组织（ISO）标准现在已获得其组织成员认同成为世界统一标准。基本上，瓷砖行业一般采用EN（欧洲标准），该标准1984年颁布后又进行了一些修正和补充。

玻化砖技术参数

实验项目 Technical Characteristics	ISO标准 ISO Required Standards	EN标准 EN Required Standards	GB标准 GB Required Standards	JC标准 JC Required Standards
耐化学腐蚀性 Chemical resistance	>UB级	>B级	>UB级	由供需双方商定级别
吸水率(%) Water absorption	≤0.5	≤0.5	≤0.5	≤0.5
破坏强度(N) Breaking strength	>1300	——	≥1300	——
断裂模数(MPa) Bending strength	>35	>27	≥35	>30
长(%) Length	±0.6	±0.6	±1.0mm	±0.6
宽(%) Width	±0.6	±0.6	±1.0mm	±0.6
厚(%) Thickness	±5	±5	±5.0	±5
边直度(%) Straightness of sides	±0.5	±0.5	±0.2	±0.5
直角度(%) Squareness	±0.6	±0.6	±0.2	±0.6
侧边弯曲度(%) Side bending strength	±0.5	±0.5	±0.2	——
中心弯曲度(%) Center bending strength	±0.5	±0.5	±0.2	±0.5
翘曲度(%) Warpage	±0.5	±0.5	±0.2	±0.5
耐热震性 Thermal shock resistance	10次不裂	10次不裂	10次不裂	10次不裂
线性热膨胀 Thermal expansion coefficient	——	$<9 \times 10^{-6} K^{-1}$	——	——
莫氏硬度 Hardness(Mohs scale)	≥6	≥6	≥6	≥6
耐磨度(mm³) Scratch resistance	<175	<205	≤1.75	<205
光泽度 Luster	≥55	——	≥55	≥55
抗冻性 Frost resistance	10次不裂	50次不裂	100次不裂	20次不裂

釉面内墙砖技术参数

实验项目 Technical Characteristics	ISO标准 ISO Required Standards	EN标准 EN Required Standards	GB标准 GB Required Standards
耐化学腐蚀性 Chemical resistance	不底于GB级	最小B级	由供需双方商定级别
边直度(%) Straightness of sides	±0.3	±0.3	±0.2
直角度(%) Squareness	±0.5	±0.5	±0.3
吸水率(%) Water absorption	平均值E>10%	平均值E>10%	E>10%
厚度(%) Thickness	±10	±5.0	±10.0
长(%) Length	±0.5	±0.5	±0.5
宽(%) Width	+0.5	±0.5	±0.5
边弯曲度(%) Side bending strength	−0.3~+0.5	−0.3~+0.5	−0.2~+0.4
断裂模数(MPa) Bending strength	15	15	≥15
中心弯曲度(%) Center bending strength	−0.3~+0.5	−0.3~+0.5	−0.2~+0.4
耐急冷急热性 Thermal expansion coefficient	10次热循环不裂 (15~145℃)	10次热循环不裂 (15~145℃)	10次不裂 (15~145℃)
耐龟裂性	在500KPa压力下 2小时1次无裂纹	在500KPa压力下 2小时1次无裂纹	在500KPa压力下 2小时1次无裂纹

釉面地砖技术参数

实验项目 Technical Characteristics	ISO标准 ISO Required Standards	EN标准 EN Required Standards	GB标准 GB Required Standards
耐化学腐蚀性 Chemical resistance	不底于GB级	最小B级	由供需双方商定级别
边直度(%) Straightness of sides	±0.5	±0.3	±0.4
直角度(%) Squareness	±0.6	±0.5	±0.4
吸水率(%) Water absorption	3%<E<6%	3%<E<6%	3%≤E<6%
厚度(%) Thickness	±5.0	±5.0	±0.5
长(%) Length	±0.6	±0.6	±0.4
宽(%) Width	±0.5	±0.5	±0.4
侧边弯曲度(%) Side bending strength	±0.5	±0.5	±0.3
断裂模数(MPa) Bending strength	≥22	≥22	≥22
中心弯曲度(%) Center bending strength	±0.5	±0.5	±0.4
耐急冷急热性 Thermal expansion coefficient	10次热循环不裂 (15~145℃)	10次热循环不裂 (15~145℃)	10次热循环不裂 (15~145℃)
经耐龟裂性	在500KPa压力下 2小时1次无裂纹	——	在500KPa压力下 2小时1次无裂纹
抗冻性 Frost resistence	100次冻融循环不裂 (−5~+5℃)	50次冻融循环不裂 (−5~+5℃)zx	100次冻融循环不裂 (−5~+5℃)

通讯录
Addresses

品牌排序说明：品牌依照英文字母排序，以品牌LOGO左上起第一个英文字母为准，如遇中文，以中文拼音第一个字母为准。

A

1. altaeco 艾太克
公司名称：艾太克陶瓷(中国)联络处
地址：深圳市益田路3013号南方国际广场A座0220室
邮编：518048
电话：0755-82821023
传真：0755-82821255
服务热线：13189133533
网址：www.altaeco.com
E-mail:altaeco@126.com

2. AZUVI 雅诗美
公司名称：上海恒晖建筑材料有限公司(代理商)
地址：上海市静安区万航渡路1号环球世界大厦B座507室
邮编：200040
电话：021-62492061/62492063
传真：021-62497031
网址：www.hbmc-sh.com
E-mail:hangfai@sh163.net

B

3. BAOYU 宝玉
公司名称：南京金箔集团宝玉工艺有限公司
地址：江苏省南京市江宁区东山镇金箔路98号
邮编：211100
电话：025-52196303/52287074/52185198
传真：025-52282282
服务热线：025-52282282/52185198
网址：www.njbaoyu.net
E-mail:njbaoyu@yahoo.com.cn

4. BODE 博德
公司名称：广东博德精工建材有限公司
地址：广东省佛山市汾江南路162号创业大厦6楼
邮编：528000
电话：0757-83201938/83200989
传真：0757-83201971
网址：www.bodestone.com
E-mail:bodematerial@163.com

C

5. CHAMPION 冠军
公司名称：信益陶瓷(中国)有限公司
地址：江苏省昆山市玉山镇经济开发区冠军路1号
邮编：215300
电话：0512-57537755
传真：0512-57538808
网址：www.sinyih.com.cn
E-mail:welcome@sinyih.com.cn

6. CIMIC 斯米克
公司名称：上海斯米克建筑陶瓷股份有限公司
地址：上海市闵行区浦江镇三鲁公路2121号
邮编：201112
电话：021-64110567
传真：021-64110553
服务热线：021-54312300
网址：www.cimic.com
E-mail:xsglb@cimic.com

D

7. 东鹏
公司名称：广东东鹏陶瓷股份有限公司
地址：广东省佛山市禅城区江湾三路8号
邮编：528031
电话：0757-82273345/82272900
传真：0757-82272343
服务热线：0757-82272900
网址：www.dongpeng.com

H

8. 宏宇
公司名称：广东宏宇陶瓷有限公司
地址：佛山市禅城区江湾三路与槎湾路交汇处
邮编：528031
电话：0757-82266933
传真：0757-82276787
服务热线：0757-82266333
网址：www.hy100.com.cn
E-mail:hy100@hongyuceramics.com

9. 皇冠
公司名称：山东皇冠陶瓷股份有限公司
地址：山东省淄博市建陶工业园
邮编：255185
电话：0533-5493036/5493037
传真：0533-5490036
服务热线：0533-5493036/5490037
网址：www.sdcrownceramics.com
E-mail: support1@sdcrownceramics.com

10. 汇晋 STEPWISE
公司名称：上海汇晋建材公司(代理商)
地址：上海市徐汇区宜山路393号3楼
邮编：200235
电话：021-64689266
传真：021-64187022
网址：www.stepwise.cn
E-mail:ssbml@stepwise.cn

I

11. ICOT 爱和陶
公司名称：爱和陶(广东)陶瓷有限公司
地址：广东省佛山市禅城区江湾三路中国陶瓷城222号
邮编：528031
电话：0757-83960568
传真：0757-82268523
服务热线：0757-83960510/83960509/83960536
网址：www.icot.com.cn
E-mail:icot-05@icot.com

12. Individuality Ceramic 个性
公司名称：个性瓷砖有限公司
地址：佛山市季华四路国际陶瓷展览中心市场铺面A1馆9～11号
邮编：528031
电话：0757-82269111
传真：0757-82723320
服务热线：0757-82269111
网址：www.ge-xing.com
E-mail:fsjiade@126.com

J

13. 嘉俊
公司名称：佛山市嘉俊陶瓷有限公司
地址：广东省佛山市南海区小塘五星工业区
邮编：528222
电话：0757-82703618/82703600
传真：0757-82703602/86668282
服务热线：0757-82703618/82703600
E-mail:jiajun_bj@vip.163.com

K

14. 科马
公司名称：科马卫生间设计产品开发有限公司
地址：北京市东城区东直门东中街30号(东环广场对面)
邮编：100027
电话：010-64152288
传真：010-64161626
网址：www.dcdesign.com.cn
Email: market@dcdesign.cn

15. KITO 金意陶
公司名称：金意陶陶瓷有限公司
地址：广东省佛山市禅城区石湾小雾岗
邮编：528031
电话：0757-88331031
传真：0757-82276993
服务热线：0757-82703468/88331085
网址：www.ekito.com.cn
E-mail:ekito@ekito.com.cn

L

16. LA FE 蓝飞
公司名称：晋江海华建材工贸有限公司
地址：福建省晋江市安海镇菌柄工业区
邮编：362261
电话：0595-85762988
传真：0595-85762989
网址：www.lafe-ceramics.com
E-mail:master@lafe-ceramics.com

M

17. MAJOR 名家
公司名称：名家国际(中国)有限公司(代理商)
地址：珠海市吉大海滨南路光大国际贸易中心19F
邮编：519015
电话：0756-3322001
传真：0756-3322009
网址：www.major.com
E-mali:major@major.com.cn

18. Marco Polo 马可波罗
公司名称：广东唯美陶瓷有限公司
地址：广东省东莞市高埗北王路草墩桥侧唯美集团总部
邮编：523281
电话：0769-8463333
传真：0769-8463238
网址：www.marcopolotiles.com.cn
E-mail:kehu@gdwm.cn

19. MONALISA 蒙娜丽莎
公司名称：广东蒙娜丽莎陶瓷有限公司
地址：广东省佛山市南海区西樵镇太平工业区
邮编：528211
电话：0757-86822683
传真：0757-86822683
服务热线：0757-86826638
网址：www.monalisa.com.cn
E-mail:monalisa@monalisa.com.cn

N

20. 能强 GRIFINE
公司名称：广东能强陶瓷有限公司
地址：广东省佛山市禅城区南庄镇贸丰工业区
邮编：528061
电话：0757-85329988
传真：0757-85329911
网址：www.nengqiang.com
E-mail:nengqiangtaoci@vip.163.com

O

21. OCEANO 欧神诺
公司名称：欧神诺陶瓷有限公司
地址：广东省佛山市汾江中路75号华麟大厦
邮编：528000
电话：0757-82300966/82300900
传真：0757-82137825
网址：www.oceano.com.cn

22. ONNA 安拿度
公司名称：深圳市安拿度陶瓷有限公司
地址：广东省南庄华夏陶瓷城陶博大道28号
邮编：528061
电话：0757-85390633
传真：0757-85390630/85394253
服务热线：00852-23913059/0757-85390633
网址：www.onnaceramic.com
E-mail:onnaceramiche@libero.it/onna@onnaceramic.com

P

23. pierre cardin 皮尔卡丹
公司名称：浙江荣联陶瓷工业有限公司
地址：浙江省海盐县经济开发区海兴东路55号
邮编：314300
电话：0573-6129456
传真：0573-6129465
网址：www.roma.com.cn
E-mail:roma@mail.roma.com.cn

R

24. R.A.K. 哈伊马角
公司名称：佛山市哈伊马角陶瓷有限公司
地址：广东省佛山市江湾二路14号
邮编：528031
电话：0757-82704818/82706435
传真：0757-82704838
服务热线：0757-82706615
网址：www.rak.com.cn
E-mail:rakceramics@rak.com.cn

25. ROMA 罗马
公司名称：浙江荣联陶瓷工业有限公司
地址：浙江省海盐县经济开发区海兴东路55号
邮编：314300
电话：0573-6129456
传真：0573-6129465
网址：www.roma.com.cn
E-mail:roma@mail.roma.com.cn

26. RUBI 瑞比（切割机）
公司名称：苏州瑞比机电科技有限公司
地址：江苏省苏州市高新区华山路158 100号
邮编：215011
电话：0512-66626100
传真：0512-66626101
网址：www.rubi.com
E-mail:rubitechnologies@rubi.com

S

27. SANFI 兴辉
公司名称：佛山市兴辉陶瓷有限公司
地址：广东省佛山市南海西樵镇科技工业园
邮编：528211
电话：0757-82718199
传真：0757-82718966
服务热线：0757-82718199
网址：www.xinghuichina.com
E-mail:export@xinghuichina.com

T

28. TENGDA TILE 腾达
公司名称：晋江腾达陶瓷有限公司
地址：福建省晋江市安海镇菌柄工业区
邮编：362261
电话：0595-85765678
传真：0595-85787306
网址：www.tengdatile.com
E-mail:tengda@tengda-tile.com

29. TiDiY 特地
公司名称：佛山市特地陶瓷有限公司
地址：佛山市汾江中路75号华麟大厦10层
邮编：528000
电话：0757-82130338/82137802
传真：0757-82137801
服务热线：0757-82130338/82137802
网址：www.tidiy.com
E-mail:tidiy_fs@sina.com

30. TOTO
公司名称：东陶机器（中国）有限公司
地址：上海市延安西路2201号国贸中心210室
邮编：200336
电话：021-62701010
传真：021-62703099
网址：www.toto.com.cn
E-mail:tcc@toto.com.cn

X

31. 现代
公司名称：宁波现代建筑材料有限公司
地址：浙江省宁波市江北区三官堂
邮编：315211
电话：0574-87604113
传真：0574-87604127
服务热线：0574-87604114
网址：www.xiandai-tile.com
E-mail:twys@xiandai-tile.com

32. 新中源
公司名称：广东新中源陶瓷有限公司
地址：广东省佛山市南庄镇石南大道
邮编：528061
电话：0757-85388806
传真：0757-85386332/85380348
服务热线：0757-85387806
网址：www.newzhongyuan.com
E-mail:Newzhongyuan@ZYQY.com

Y

33. 鹰牌
公司名称：佛山石湾鹰牌陶瓷有限公司
地址：广东省佛山市石湾来长岗
邮编：528031
电话：0757-83963631
传真：0757-83980492
服务热线：0757-83962288
网址：www.eagleceramics.com

Z

34. 正中
公司名称：北京正中公司（代理商）
地址：北京市朝阳区幸福中路锦绣园公寓A座208室
邮编：100027
电话：010-64163135/64163136/64163137
传真：010-64164050
服务热线：010-84533034/64152167
网址：www.bestzz.com
E-mail:zhengzhongmark@263.net

35. 中盛
公司名称：佛山市中盛陶瓷有限公司
地址：广东省佛山市禅城区南庄华夏陶瓷博览城恒发楼
邮编：528219
电话：0757-85385681
传真：0757-85326008
网址：www.zhongsheng-ceramic.com
E-mail:zhongshengceramics@126.com

北京华标盛世信息咨询有限公司